河南省"十二五"普通高等教育规划教材
经河南省普通高等教育教材建设指导委员会审定

电机与拖动技术

许春香　员　莹　主编

河南科学技术出版社
·郑州·

内 容 提 要

本教材是电工系列基础教材之一，是将电机学、电力拖动和控制电机等课程有机结合而成的。本教材是根据高职高专应用型人才培养目标的要求，始终坚持“以应用为目的，以必需、够用为度，以讲清概念、突出实际应用、强化技能培养为重点”的总原则来编写的。

本教材主要内容有磁路、变压器、直流电机、直流电机的电力拖动、异步电动机、异步电动机的电力拖动、同步电机、控制电机、电动机的选择等。

本教材可作为高等职业技术院校、高等工程专科院校和部分成人高等教育学校的机械、电子类相关专业的“电机及拖动”教材，也可供有关工程技术人员参考。

图书在版编目（CIP）数据

电机与拖动技术/许春香，员莹主编．—郑州：河南科学技术出版社，2015.2
河南省“十二五”普通高等教育规划教材
ISBN 978－7－5349－7657－5

Ⅰ．电… Ⅱ．①许…②员… Ⅲ．①电机－高等学校－教材②电力传动－高等学校教材 Ⅳ．①TM3②TM921

中国版本图书馆 CIP 数据核字（2015）第 033652 号

出版发行：河南科学技术出版社
地址：郑州市经五路 66 号 邮编：450002
电话：（0371）65788001 65788624
网址：www.hnstp.cn
策划编辑：孙 彤
责任编辑：张 恒
责任校对：柯 姣
封面设计：张 伟
责任印制：朱 飞
印 刷：河南龙华印务有限公司
经 销：全国新华书店
幅面尺寸：185mm×260mm 印张：16.5 字数：400 千字
版 次：2015 年 2 月第 1 版 2015 年 2 月第 1 次印刷
定 价：35.00 元

前　　言

电机与拖动技术是高职高专院校工业电气自动化技术、建筑电气工程技术、电力系统继电保护、机电一体化等专业的专业基础课，是将电机学、电力拖动和控制电机等课程有机结合而成的一门课，具有重要的地位和作用。

本教材在重点讲解基本原理和基本概念的基础上强调基本理论的实际应用。编写教材时，采用“从实践出发，提出、分析和解决问题，最后总结出概念并推广到一般”的写作方法。教材中编入了一些工程中已经应用的、较为成熟的最新技术，尽量做到取材新颖，特别注重电机理论与电力拖动的衔接，以必需、够用为度，避免过深的理论分析与公式推导。本教材配有充足的思考与练习和自测题，用于巩固应掌握的基本知识，以便于学生自检、自测。本教材做到内容模块化，各模块教学目标明确，具有针对性、可组合性和可选择性，便于不同专业选修。为了满足各相关专业的需要，并考虑各相关专业讲授的学时数相差较大，本教材以多学时情况编写，少学时情况可根据专业需要进行选择。本教材内容叙述力求简明扼要，通俗易懂，深入浅出，富于启发性。

本教材由中州大学许春香和三门峡职业技术学院员莹担任主编，中州大学赵静、河南工业职业技术学院胡应占、郑州铁路职业技术学院梁明亮担任副主编。本教材分六篇、共19章，其中绪论和第7～13章、第15章由许春香编写，第2章和第14章由胡应占编写，第1章由员莹编写，第3章、第16章、第19章和附录一由河南质量工程职业学院靳雷编写，第4章由河南广播电视大学王娜娜编写，第5章、第17章、第18章由梁明亮编写，第6章由赵静编写。

限于编者水平，教材中如有不足或错误之处，敬请读者批评指正。

编　者

2014年7月

《电机与拖动技术》编写人员

主　编　许春香　员　莹
副主编　赵　静　胡应占　梁明亮
参　编　王娜娜　靳　雷　许春香　员　莹
　　　　　赵　静　胡应占　梁明亮

目　录

第三篇　三相异步电动机

第四篇 同步电机

第五篇 控制电机

第六篇 电动机的选择

绪　论

0.1　电能与电机

0.1.1　电能的特点及应用

电能是国民经济各部门中动力的主要来源，与其他形式能量相比，它具有明显的优越性，在工农业生产、交通运输、科学技术、信息传输以及日常生活等领域中得到极为广泛的应用，已经成为现代社会不可缺少的能量形式。而电机是一种将电能与机械能相互转换的电磁机械装置，是电能生产、传输、分配及应用所必需的重要设备。

0.1.2　电机的概念和发展

电机利用电磁感应原理工作，它应用广泛、种类繁多、性能各异，分类方法也很多。电机常用的分类方法主要有两种。

一种是按用途分类，可分为电动机、发电机、变压器和控制电机四大类。电动机将电能转换为机械能，可以作为拖动各种生产机械的动力，是国民经济各部门应用最多的动力机械，也是最主要的用电设备，各种电动机消耗的电能占全国总发电量的60% ~70%。发电机将机械能转换为电能。变压器利用电磁感应原理，可以将一种电压等级的电能转换为另一种电压等级的同频率电能。控制电机作为检测和执行元件主要用于信号的变换与传递，作为控制元件应用在自动控制系统中。

另一种是按结构或转速分类，可分为变压器和旋转电机两大类。变压器为静止电机。旋转电机根据所用电源，又可分为直流电机和交流电机两大类。交流电机又分为同步电机和异步电机。电力系统中的发电机几乎都是同步电机，异步电机主要用作电动机。

综合以上分类方法，可归纳如图 0 - 1 所示。

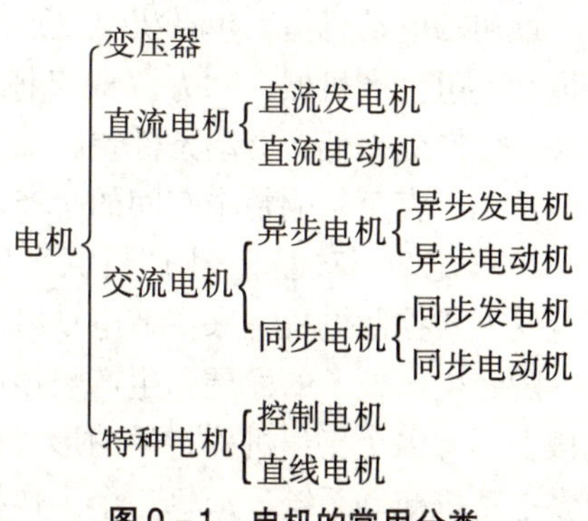

图 0 -1　电机的常用分类

电机行业是一个传统行业，经过 200 多年的发展，已经成为现代生产、生活的重要部分，是国民经济中重要的一环。生产现代化程度的不断提高和人们对家电、汽车等消费的不断增加，对电机提出了性能良好、运行可靠、单位容量的质量更轻、体积更小等方面的要求，推动电机行业在类型、运行性能、经济指标等方面有了很大的改进和提高，对电机的需求也将越来越大。到目前为止，我国电机制造业已经具有一定规模。大容量电机生产进步显著，电机类型日渐齐全，国产微控电机已经占世界电机市场的60%以上，而且有的产品已经达到世界先进水平。

近年来，我国电机行业发展保持快速增长势头，行业工业总产值、产品销售收入、利润都在逐年增长，从供求角度看，各类电机产品出口额均增长迅速。展望未来，一方面，电机产品在国内市场的有效需求会保持稳定发展，如汽车、家电等行业的快速发展，以及它们技术的进步、产品的快速更新换代将扩大电机行业需求空间。另一方面，电机行业在产品结构

调整、技术更新和管理水平方面不断提升竞争能力，已融入国际市场，而国际市场上电机需求量仍处于高增长阶段。

0.2　电机与电力拖动系统

0.2.1　电力拖动系统概述

在现代化工业生产过程中，为了实现各种生产工艺过程，需要使用各种各样的生产机械。拖动各种生产机械运动，可以采用气压传动、液压传动和电力拖动。电力拖动具有控制简单、调节性能好、损耗小、经济、能实现远距离控制和自动控制等一系列优点，因此被大多数生产机械采用。电力拖动系统是生产过程电气化、自动化的重要基础装置。

从19世纪末期开始，电动机开始逐步取代蒸汽机作为拖动生产机械的原动机。用电动机作为原动机来拖动生产机械运行的系统，称为电力拖动系统。电力拖动系统一般由控制设备、电动机、传动机构、工作机构和电源五部分构成，如图0－2所示。

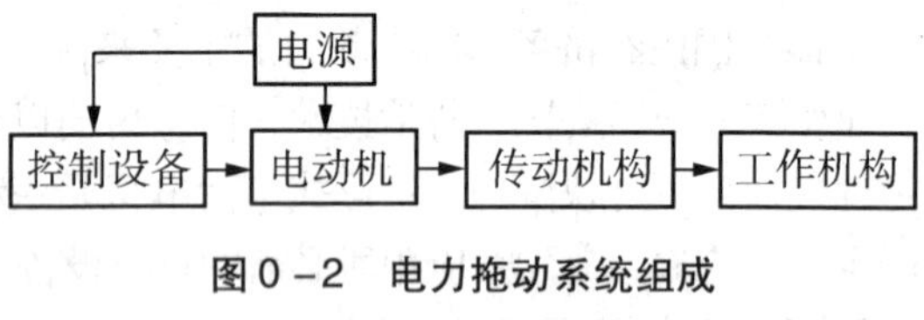

图0－2　电力拖动系统组成

电源向电动机输入电能，并给控制设备提供电力。控制设备由各种控制电机、电器、电子元器件及控制计算机等组成，用来控制电动机的运动，这样就实现了对生产机械运动的自动控制。电动机把电能转换为机械能，通过传动机构把电动机的运动经过中间变速或变换运动方式后，再传给生产机械，驱动生产机械的某一工作机构工作（有些情况下电动机直接拖动工作机构）。工作机构是生产机械为执行某一任务的机械部分，是电力拖动的对象。

按照电动机的种类，电力拖动系统分为直流电力拖动系统和交流电力拖动系统两大类。

0.2.2　电力拖动系统发展概况

最初的电动机拖动生产机械是通过天轴实现的，即用一台电动机通过天轴及机械传动系统拖动一组生产机械，称为“成组拖动”。能量传递以及分配完全用机械方法实现，能量损耗大，生产效率低，劳动条件差，而且容易出事故。如果电动机出现故障，则成组的生产机械将停车，直至影响整个车间的生产。这种落后的电力拖动方式已经被淘汰。

20世纪20年代起，生产机械采用单电动机拖动系统，省去了大量的中间传动机构，采用电气方式控制电机，来调节电动机的转速，提高了传动效率，增加了灵活性。

随着生产技术的发展和生产规模的扩大，制造出各种大型的复杂机械设备，在一台生产机械上具有多个工作机构，运动形式也相应增多。在20世纪30年代，某些生产机械开始采用多电动机拖动系统，即每一个工作机构用单独的电动机拖动，每台电动机拖动一根主轴运动。这样，不仅大大简化了生产机械的结构，用电气控制线路及装置控制，而且使每一个工作机构各自采用最合理的运动速度，进一步提高生产效率。目前，较大型的生产机械，如龙门刨床、摇臂钻床、铣床等，都采用多电动机拖动系统。

工业生产的发展对电机拖动系统提出了更高要求，比如更高的精度和速度，快速启动、制动和逆转，更宽范围的调速及整个生产过程的自动化等。因此，电机拖动系统要与各种控制单元组成的自动控制设备联系起来，组成自动化电力拖动系统。这就是现代意义上的电力拖动系统。随着自动控制理论的不断发展，现代电力电子技术、计算机技术以及数控技术的不断采用，自动化电力拖动系统正在不断完善和提高。

综上所述，电力拖动系统发展至今，具有很多其他拖动系统无法比拟的优点：启动、制动和调速的控制简单、方便、快速且效率高；电动机的类型多，且具有各种不同的运行特性来满足生产机械的要求；整个系统各参数的检测和信号的变换与传递方便，易于实现最优控制等。因此，电力拖动已经成为国民经济电气自动化的基础。

0.3 本课程的性质、内容及任务

本课程是将电机学和电力拖动基础有机结合起来的一门课，是工业电气自动化、电气技术、电力自动化、机电一体化等专业的一门主要的专业基础课。

本课程的内容主要有变压器、直流电机、直流电机的电力拖动、三相异步电动机、三相异步电动机的电力拖动、同步电机及微控电机以及电力拖动系统中电动机的选择等八个部分。

本课程从使用电机的观点出发，研究电机的基本结构、工作原理、内部电磁物理过程、功率关系和机械特性等问题，重点放在研究电动机的启动、制动和调速问题上。

本课程的任务是使学生从应用的角度掌握变压器、交直流电机及控制电机的基本结构和工作原理，对电力拖动系统的运行性能、分析计算有一个较全面的理解，掌握选择、使用和维护电机的一般理论和实践知识，从而为后续专业课的学习打好基础，并且有助于培养在电机和电力拖动方面分析和解决问题的能力。

0.4 本课程的特点和学习方法

电机与拖动技术既是一门理论性很强的技术基础课，又具有专业课的性质，涉及的基础理论和实际知识面广，是电学、磁学、动力学、热学等知识的综合。它运用物理、电工基础等基础课的基本理论来分析电机内部的电磁物理过程，但与物理和电工基础的性质不同。首先，它所研究的对象是实物，是一个电、磁、机械的综合体；其次，本课程前后的连贯性很强，各类电机都存在共同点和不同点；最后，本课程以定性分析为主，综合具体条件，对电机的运行进行分析。

电机是一种具体的生产应用机械，涉及结构、工艺、材料、应用等多个方面。用理论分析电机及拖动的实际问题时，应结合电机的具体结构，采用工程观点和工程分析方法，综合考虑生产实际涉及的多种因素，抓住主要问题，简化分析过程，并准确得出结论。

因此，在本课程的学习过程中，要求学生应注意以下几点：

（1）要有良好的学习方法，课前预习，并且阅读相关的思考题，带着问题学习。

（2）注意观察实物、增加感性认识，在熟悉结构的基础上牢固掌握基本概念、原理和主要特性。

（3）要抓住主要矛盾，了解工程背景，从工程实际角度考虑，有条件地忽略一些次要因素，抓住问题的本质。

（4）要抓住重点，在掌握基本概念和原理的基础上掌握电机和拖动系统的性能和应用。

（5）重视实验环节的训练和实习等实践环节的能力培养，加深理论知识理解，促进能力培养。

（6）大量阅读参考书籍，坚持在掌握基本概念、分析方法的基础上完成相关习题。

第一篇

磁路与变压器

本篇对该课程中涉及的基本电磁学理论进行简要介绍。以普通双绕组电力变压器为主要研究对象，介绍变压器的工作原理及基本结构，分析变压器的运行原理与特性，着重阐述三相变压器的连接组别，最后介绍其他用途的变压器。

第 1 章　磁　　路

电机用电磁感应原理实现能量转换，因此电机的工作原理既涉及电路问题又涉及磁路问题。本章主要介绍与磁路有关的基本物理量、电磁基本理论和常用铁磁材料及其性能。

1.1　磁路的基本物理量

1.1.1　磁感应强度 B

磁感应强度又称磁通密度，用 B 表示，它是表示磁场内某点磁场强弱及方向的物理量，单位为特斯拉（T）。磁场往往采用磁感线来描绘，B 的大小等于通过垂直于磁场方向单位面积的磁感线数目。磁感应强度 B 的方向为磁感线在某点的切线方向，如图 1－1 所示。

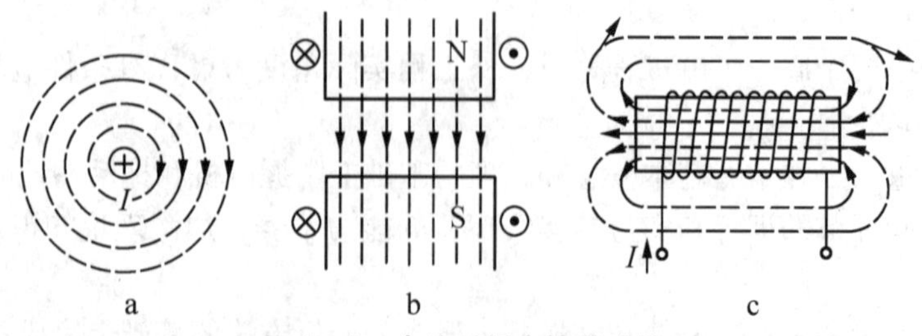

图 1－1　电流磁场中的磁感线

磁场是由电流产生的，磁感应强度 B 与产生该磁场的电流的方向满足右手螺旋定则，如图 1－2 所示。

1.1.2　磁通量 Φ

磁通量简称磁通，用 Φ 表示，它是表示穿过某一截面 S 的磁感应强度 B 的通量，通常用

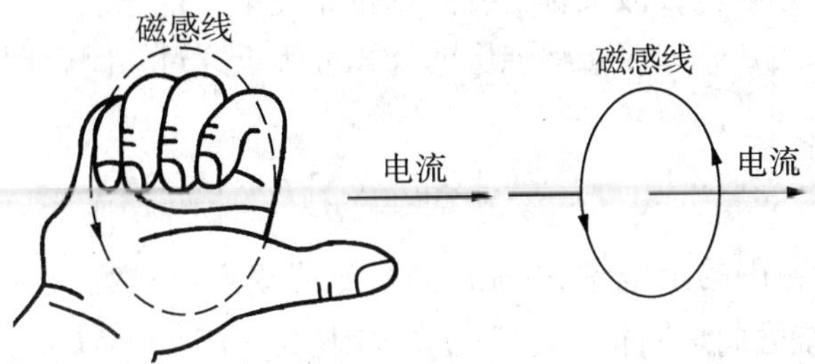

图1-2 磁感线与电流的右手螺旋定则

穿过该截面 S 的磁感线数目表示，即

$$\Phi = \int_S B\mathrm{d}S \tag{1-1}$$

在均匀磁场中，且磁场与截面 S 垂直时，式（1-1）可简化为

$$\Phi = BS \text{ 或 } B = \frac{\Phi}{S} \tag{1-2}$$

由式（1-2）可知，磁感应强度 B 为单位截面上的磁通，因此称为磁通密度。在国际单位制中，Φ 的单位为韦伯（Wb）；B 的单位为特斯拉（T），则 $1\text{T} = 1\text{Wb/m}^2$。

1.1.3 磁导率 μ

磁导率 μ 是表示导磁介质导磁性能的物理量，单位为亨/米（H/m）。磁导率 μ 越大的介质导磁性能越好。不同材料的磁导率是不同的，真空的磁导率 $\mu_0 = 4\pi \times 10^{-7}\text{H/m}$，是一个常数，其他导磁介质的磁导率通常用 μ_0 的倍数表示，即

$$\mu = \mu_r \mu_0 \tag{1-3}$$

式中，$\mu_r = \frac{\mu}{\mu_0}$ 为导磁介质的相对磁导率。

铁磁材料的相对磁导率 $\mu_r = 2000 \sim 6000$，但不是常数；非铁磁物质的相对磁导率 μ_r 近似为1，且为常数。

1.1.4 磁场强度 H

磁场强度 H 是描述磁场与产生磁场的电流之间关系的物理量，单位为安/米（A/m）。它与磁感应强度 B 的关系为

$$B = \mu H \text{ 或 } H = \frac{B}{\mu} \tag{1-4}$$

磁场强度 H 是一个矢量，只与电流大小、线圈匝数以及该点的几何位置有关，而与磁介质的磁导率 μ 无关，即在一定的电流作用下，同一点的磁场强度不因磁介质的不同而不同，其方向与该点的磁感应强度 B 的方向相同。但磁感应强度 B 与磁导率 μ 有关，当线圈内的磁介质不同时，同一点的磁感应强度大小不同，线圈内的磁通也不同。

1.2 磁路的基本定律

1.2.1 磁路定律

1. 磁路基尔霍夫第一定律　磁路中的任一闭合面内，在任一瞬间，穿过该闭合面的各分支磁路磁通的代数和等于零，即

$$\sum \Phi = 0 \tag{1-5}$$

2. 磁路基尔霍夫第二定律（安培环路定律）　安培环路定律又称为全电流定律，与电路

中的基尔霍夫第二定律相对应，故又称为磁路基尔霍夫第二定律。

在磁场中，沿任一闭合磁回路磁场强度的线积分等于穿过该闭合回路所有电流的代数和，即

$$\oint_l H\mathrm{d}l = \sum I \tag{1-6}$$

式中，$\sum I$ 是该磁路所包围的全电流。电流的正负这样规定：任意选定一个闭合回路的围绕方向，凡是与闭合回路围绕方向之间符合右手螺旋定则的电流方向作为正，反之为负。

在工程应用中，式（1－6）可以写为

$$\sum Hl = \sum I \tag{1-7}$$

即沿着闭合磁路各段平均磁场强度与磁路平均长度的乘积 Hl（称为磁压降）之和等于它所包围的全部电流 $\sum I$。当 H 与闭合路径 l 的循行方向一致时，Hl 取正，反之为负。

若磁场由电流为 I、匝数为 N 的线圈产生（图 1－3），则式（1－6）也可以写为

$$\oint_l H\mathrm{d}l = NI \tag{1-8}$$

式中，N 为线圈匝数；NI 称为磁动势，用字母 F 表示，即

$$F = NI \tag{1-9}$$

3. 磁路欧姆定律　图 1－4 所示是一个无分支铁芯磁路，铁芯上绕有 N 匝线圈，线圈中通有电流 i，铁芯截面积为 S，磁路的平均长度为 l，材料的磁导率为 μ。设铁芯柱截面上磁通密度均匀分布，则

$$\Phi = BS = \mu HS = \mu \frac{Ni}{l} S = \frac{Ni}{\frac{l}{\mu S}} = \frac{F}{R_m} \tag{1-10}$$

式中，$F = Ni$ 为铁芯磁路的磁动势；$R_m = \frac{l}{\mu S}$ 称为磁路磁阻，表示磁路对磁通的阻碍作用。磁阻 R_m 与磁路平均长度 l 成正比，与磁路截面积 S 及磁路材料的磁导率 μ 成反比。由于磁导率 μ 不是一个常数，所以磁阻不是常数，而是随磁路中磁通密度的大小而变化。

式（1－10）与电路的欧姆定律在形式上相似，因此称为磁路的欧姆定律。

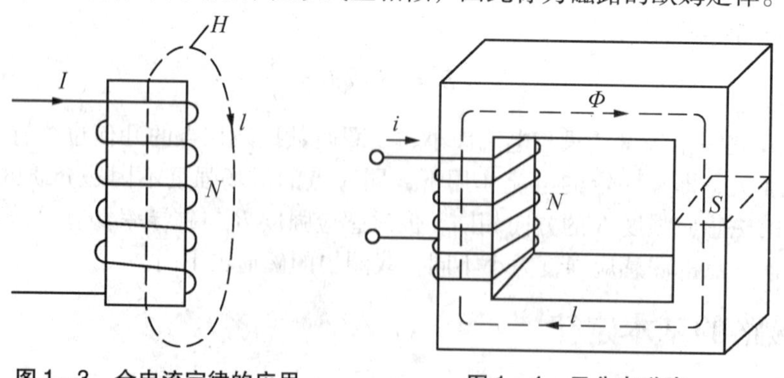

图 1－3　全电流定律的应用　　图 1－4　无分支磁路

1.2.2　电磁感应定律

变化的磁场会产生电场，使导体中产生感应电动势，这就是电磁感应现象。在电机中，电磁感应现象有两种形式：①与线圈交链的磁通发生变化时，线圈内将产生感应电动势，称为变压器电动势；②与磁场有相对运动、切割磁感线时，导体内将产生感应电动势，称为切

割电动势，又称为运动电动势。

1. 变压器电动势　设线圈位于磁场中，当与线圈交链的磁通发生变化时，在线圈中将有感应电动势产生，其方向由楞次定律判定。若感应电动势的正方向与磁通的正方向符合右手螺旋定则，有

$$e = -\frac{\mathrm{d}\Psi}{\mathrm{d}t} = -N\frac{\mathrm{d}\Phi}{\mathrm{d}t} \tag{1-11}$$

式中，Ψ 为磁链；Φ 为磁通；N 为线圈匝数。

式（1－11）表明，由电磁感应产生的电动势大小与线圈所交链的磁链变化率成正比，或者说，与线圈的匝数和磁通的变化率成正比。当 $\frac{\mathrm{d}\Phi}{\mathrm{d}t}>0$，即穿过线圈的磁通增加时，$e<0$，表明感应电流产生的磁场要阻止原磁场的增强；当 $\frac{\mathrm{d}\Phi}{\mathrm{d}t}<0$，即穿过线圈的磁通减少时，$e>0$，表明感应电流产生的磁场要阻止原磁场的减弱。

2. 切割电动势　当导体在恒定磁场中沿着与磁感线垂直方向运动时，所产生的感应电动势的大小与导体的有效长度 l、导体相对于磁场的运动速度 v 和磁感应强度 B 成正比：

$$e = Blv \tag{1-12}$$

其方向可用右手定则确定，即把右手伸开，大拇指与其他四指垂直，磁感线穿过手心，大拇指指向导体运动方向，其他四指的指向就是导体中感应电动势的方向。

1.2.3　电磁力定律

载流导体在磁场中会受到电磁力的作用，若磁感线方向与导体方向相互垂直，则载流导体所受电磁力 f 的大小为

$$f = BIl \tag{1-13}$$

式中，B 为导体所在处的磁感应强度；I 为导体中流过的电流；l 为导体在磁场中的有效长度。

电磁力的方向由左手定则来判定，即把左手伸开，大拇指与其他四指垂直，磁感线穿过手心，其他四指指向导体中电流的方向，大拇指的指向就是导体受力的方向。

1.3　电机所用材料和铁磁材料的特性

1.3.1　电机所用的材料

1. 导电材料　导电材料起导电作用，用于构成电机的电路系统。为了减少损耗，要求材料的电阻率小，导电性能好。常用的材料有铝和铜。

2. 导磁材料　导磁材料起导磁作用，用于构成电机的磁路系统，要求材料具有较高的导磁率和较低的铁损耗。常用的材料有硅钢片、钢板和铸钢。

3. 绝缘材料　绝缘材料用作带电体之间及带电体与铁芯之间的电气隔离，要求耐热好、介电性能高。按国际电工委员会（IEC）规定，绝缘材料的耐热能力可分为Y、A、E、B、F、H、C七级，常用的有A、E、B、F、H五个等级，它们的极限允许温度分别为105℃、120℃、130℃、155℃和180℃。绝缘材料的寿命受电机工作温度的影响很大，若电机工作温度超过极限允许值，则其寿命将缩短。目前，我国生产的变压器和电机多采用A级、E级和B级绝缘，发展趋势是采用F级和H级绝缘。

4. 结构材料　电机上的结构部件（如机座、端盖、轴与轴承等）专门用于机械支撑，要求所用材料的机械强度高、加工方便、重量轻。常用的材料有钢铁和铝合金。

1.3.2 铁磁材料的磁化特性

1. 磁性材料的磁化 铁磁物质在外加磁场的作用下，会产生一个与外磁场同方向的附加磁场，这种现象称为磁化。铁磁材料的导磁性能之所以好，是因为其内部存在大量的强烈磁化了的自发磁化单元——磁畴。在没有外磁场作用时，各个磁畴无规则排列，磁场互相抵消，对外不显示磁性。在外磁场作用下，磁畴同外磁场方向趋于一致，从而形成一个较强的附加磁场叠加在外磁场上，对外呈现很强的磁性。图 1－5 表示铁磁材料的磁化过程。铁磁材料（如铁、钴、镍）的磁导率是空气的几千到几万倍，因此铁磁材料的导磁系数比非铁磁材料大得多。

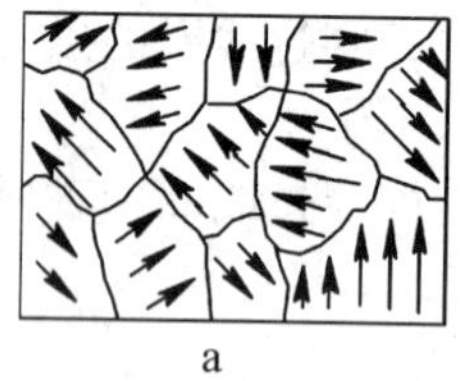
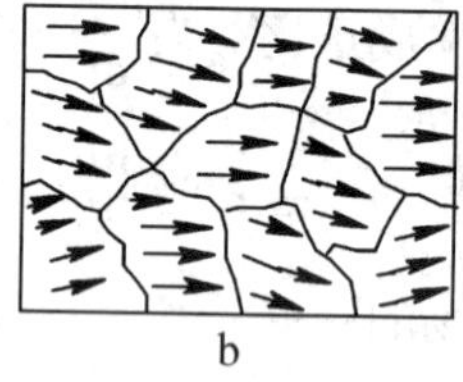
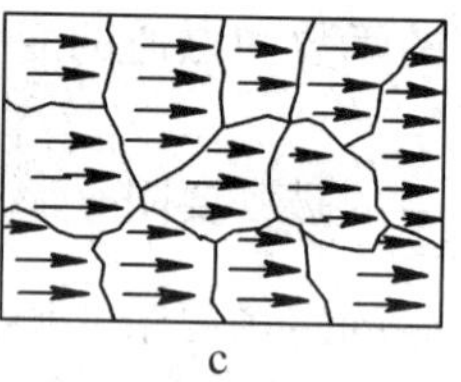

图 1－5 铁磁材料磁化过程

铁磁材料的强磁化性广泛应用在电工设备中，如电机和变压器的磁路均由导磁性能良好的铁磁材料组成。

2. 磁化曲线和磁滞回线 铁磁材料在磁化过程中，磁感应强度 B 随磁场强度 H 变化的曲线称为磁化曲线，如图 1－6 所示。

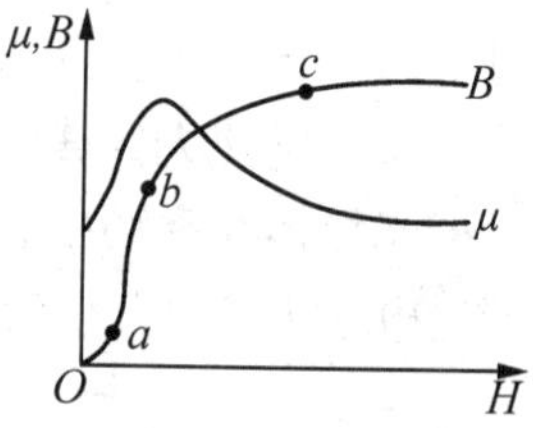

图 1－6 铁磁材料磁化曲线

在图 1－6 中 Oa 段为起始段。开始磁化时，外加磁场 H 较弱，磁通密度 B 随 H 缓慢增加。继续增大 H，到达 ab 段，此时 B 随 H 快速增加，$B-H$ 关系近似为直线，称为线性区。

若外加磁场 H 继续增大，大部分磁畴已趋向外磁场方向，可转向的磁畴越来越少，B 随 H 增大变慢，如 bc 段所示。这种现象称为饱和，c 点称为饱和点，该区域称为饱和区。饱和是磁性材料的特性之一。

由图 1－6 可以看出，铁磁材料的磁化曲线不是一条直线，因此 μ 不是常数，而是随 H 的变化而变化。设计电机和变压器时，为使主磁路内得到较大的磁通量而又不过分增大励磁磁通势，通常把铁芯内的工作磁通密度选择在 b 点附近。

如果对铁磁材料进行周期性磁化，磁感应强度 B 随磁场强度 H 变化的关系曲线称为磁滞回线，如图 1－7 所示。由图 1－7 可知，当 H 从零增加到 H_m 时，B 相应从零增加到 B_m；若逐渐减小磁场强度 H，B 将沿曲线 ab 下降。当 H 减小到零值时，B 并未回到零值，而是等于 B_r。B_r 称为剩余磁通密度，简称剩磁。这种磁感应强度 B 的变化滞后于磁场强度 H 变化的现象称为磁性材料的磁滞现象。如果要使铁磁材料的剩磁消失，必须改变磁场强度的方向进行反向磁化，使$B=0$ 的 H 值称为矫顽力 H_c。

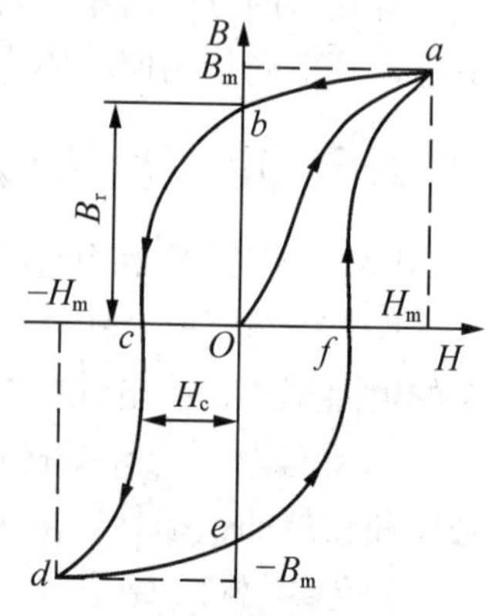

图 1－7 磁滞回线

3. 铁磁材料的分类 按照磁滞回线形状的不同，铁磁材料通常分为以下两种类型：

（1）软磁材料：具有较小的剩磁 B_r 和矫顽力 H_c，磁滞回线较窄，如图 1－8a 所示。常用的软磁材料有铸铁、硅钢、坡莫合金及铁氧体等。软磁材料的磁导率较高，一般用来制造电机、电器及变压器的铁芯。

（2）硬磁（永磁）材料：具有较大的剩磁 B_r 和矫顽力 H_c，磁滞回线较宽，如图 1－8b 所示。由于剩磁 B_r 大，一般用来制造永久磁铁，因而硬磁材料又称为永磁材料。常用的硬磁材料有碳钢、铁镍铝钴合金、稀土钴等。

4. 铁磁损耗　铁磁材料在实际的设备中存在着两种损耗：磁滞损耗和涡流损耗。

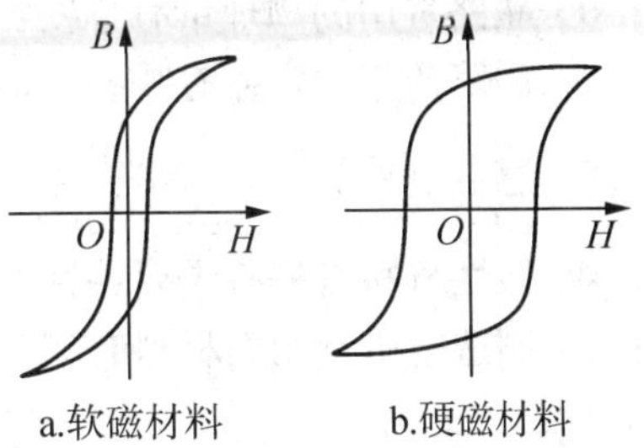

图 1－8　铁磁材料磁滞回线

（1）磁滞损耗：磁滞损耗 p_h 与磁通的交变频率 f 及磁通密度的幅值 B_m 的关系为

$$p_h \propto f \cdot B_m^{\alpha} \tag{1-14}$$

对于常用的硅钢片，当 $B_m=1.0\sim1.6\text{T}$ 时，$\alpha\approx2$。

（2）涡流损耗：涡流损耗 p_e 与磁通的交变频率 f、铁芯中磁通密度幅值 B_m、钢片的电阻 R_e 及厚度 d 有关，其关系为

$$p_e \propto f^2 \cdot B_m^2 \cdot d^2/R_e \tag{1-15}$$

由式（1－15）可知，为了减少涡流损耗，必须减小钢片厚度，因此电工钢片的厚度一般为 0.35～0.5mm 且两面涂有绝缘漆。同时，为了增加钢片的电阻率，常在电工钢片中加入 4% 左右的硅而成为硅钢片。

通常把磁滞损耗和涡流损耗合在一起，称为铁损耗 p_{Fe}。当硅钢片厚度及材料一定时，铁损耗 p_{Fe} 与磁通的交变频率 f 及磁通密度幅值 B_m 的关系为

$$p_{Fe} \propto f^{\beta} \cdot B_m^2 \tag{1-16}$$

式中，$\beta=1.2\sim1.6$。

小　结

电机是利用电磁感应原理实现机电能量转换的机械，其工作原理不仅涉及电路问题，还涉及磁路问题。磁路的基本物理量有四个：磁感应强度 B、磁通量 Φ、磁导率 μ 和磁场强度 H。磁感应强度 B 表示磁场内某点磁场强弱及方向；磁通量 Φ 反映穿过某一截面 S 的磁感应强度 B 的通量；磁导率 μ 表示导磁介质的导磁性能；磁场强度 H 描述磁场与产生磁场的电流之间的关系。

磁路常用的基本定律有磁路定律、电磁感应定律和电磁力定律。磁路定律包括磁路基尔霍夫第一定律、安培环路定律和磁路欧姆定律。电机中电磁感应现象有两种形式，即变压器电动势和切割电动势，产生的感应电动势的方向用右手定则判定。电磁力定律说明载流导体在磁场中会受到电磁力的作用，其方向由左手定则判定。

电机所用的材料可分为四类：导电材料、导磁材料、绝缘材料和结构材料。常用的导电材料有铝和铜；常用的导磁材料有硅钢片、钢板和铸钢；常用的绝缘材料分 A、E、B、F、H 五个等级，我国生产的变压器和电机多采用 A 级、E 级和 B 级绝缘，发展趋势是采用 F 级和 H 级绝缘；常用的结构材料有钢铁和铝合金。

铁磁物质在外加磁场的作用下会产生一个与外磁场同方向的附加磁场，这种现象称为磁化。在对铁磁材料进行周期性磁化的过程中，磁感应强度 B 随磁场强度 H 变化的关系曲线称为磁滞回线。按磁滞回线形状的不同，铁磁材料通常可分为软磁材料和硬磁材料。

铁磁材料在实际的设备中存在着两种损耗：磁滞损耗 p_h 和涡流损耗 p_e。两者合在一起称为铁损耗 p_{Fe}。

思考与练习

1. 磁路常用的物理量有哪些？单位各是什么？
2. 磁路的基本定律有哪些？简述其内容。
3. 感应电动势 $e = -N\dfrac{\mathrm{d}\Phi}{\mathrm{d}t}$ 中的负号有什么意义？
4. 磁性材料有哪些主要特性？
5. 制造电机常用的材料有哪些？

第2章 变压器

变压器是电力系统中一种重要的电气设备，利用变换电压的功能，就可以根据输电距离的远近和用电要求的不同，来决定输配电线路合适的电压等级，从而实现电能的经济传输、合理分配和安全使用。在电力拖动系统和自动控制系统中，变压器作为能量传递或信号传递的元件，也应用得非常广泛。在国民经济的各个部门，各种类型的变压器广泛使用，以提供特种电源或满足特殊需要。

2.1 变压器的基本工作原理和结构

2.1.1 变压器的基本工作原理及分类

1. 变压器的基本工作原理　变压器是利用电磁感应原理实现两个电路之间能量传递的。变压器的主要部件是一个铁芯和套在铁芯上的两个绕组，这两个绕组具有不同的匝数且互相绝缘，两绕组之间只有磁的耦合而没有电的联系，如图2－1所示。其中，与电源相连、接收交流电能的绕组称为一次绕组，又称为原绕组；与负载相连、输出交流电能的绕组称为二次绕组，又称为副绕组。

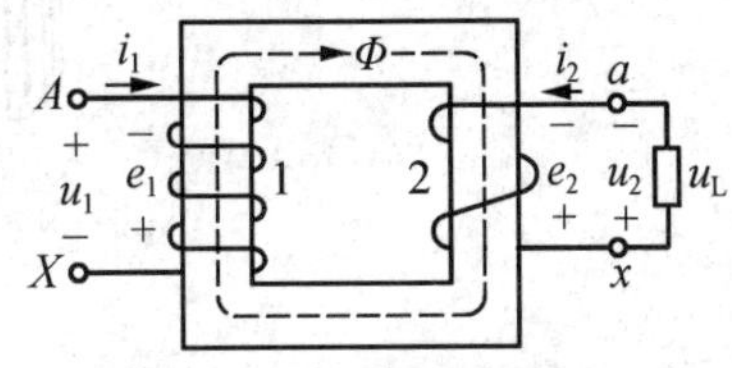

图2－1　变压器工作原理

当一次绕组的出线端 A、X 接至交流电源 u_1 时，一次绕组中便有交流电流 i_1 流过，在铁芯中产生与外加电源同频率且与一、二次绕组同时交链的交变磁通 Φ。该交变磁通分别在一、二次绕组中感应出同频率的电动势 e_1 和 e_2。根据电磁感应定律，有

$$\left.\begin{aligned} e_1 &= -N_1\frac{\mathrm{d}\Phi}{\mathrm{d}t} \\ e_2 &= -N_2\frac{\mathrm{d}\Phi}{\mathrm{d}t} \end{aligned}\right\} \tag{2-1}$$

式中，N_1 为一次绕组匝数；N_2 为二次绕组匝数。

若二次绕组出线端 a、x 接入负载，那么在感应电动势 e_2 的作用下，二次绕组中流过交流电流 i_2，并向负载输出电功率。这样，就实现了交流电能从一次侧到二次侧的传递。

由式（2－1）可知，一、二次绕组感应电动势的大小正比于各自绕组的匝数，而绕组的感应电动势又近似等于各自的电压。因此，只要改变一、二次绕组的匝数比，就能够在二次绕组中得到不同的电压值，达到改变电压的目的，这就是变压器的变压原理。

2. 变压器的分类　变压器的应用范围十分广泛，分类方法很多。

（1）根据用途分：可分为电力变压器和特种变压器。电力变压器又可分为升压变压器、降压变压器、配电变压器和联络变压器等；特种变压器又可分为试验用变压器、仪用变压器、电炉变压器、电焊变压器和整流变压器等。

（2）根据相数分：可分为单相变压器、三相变压器和多相变压器。

（3）根据冷却介质和方式分：可分为油浸变压器、干式变压器和充气式冷却变压器。

（4）根据铁芯结构分：可分为芯式变压器和壳式变压器。

（5）根据绕组数目分：可分为单绕组（自耦）变压器、双绕组变压器、三绕组变压器和多绕组变压器。

（6）根据调压方式分：可分为无励磁调压变压器和有载调压变压器。

2.1.2 变压器的基本结构

变压器主要由铁芯和绕组两个基本部分组成，此外还有油箱、绝缘套管等。图 2－2 所示为一台三相油浸式电力变压器的结构。

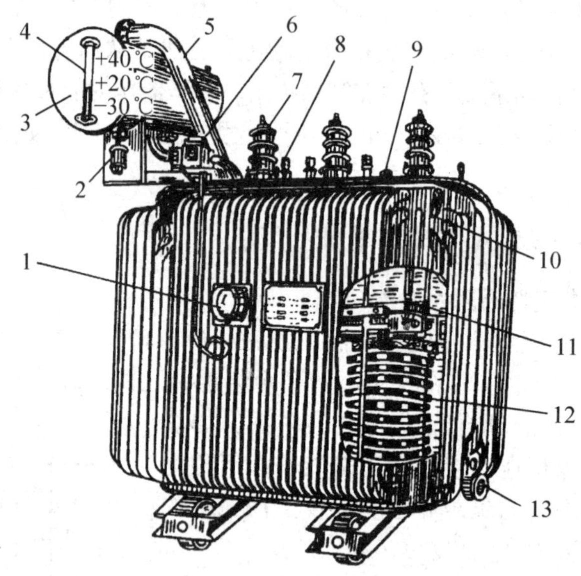

图 2－2 油浸式电力变压器的结构

1. 信号式温度计 2. 吸湿器 3. 储油柜 4. 油表 5. 安全气道
6. 气体继电器 7. 高压套管 8. 低压套管 9. 分接开关
10. 油箱 11. 铁芯 12. 绕组及绝缘 13. 放油阀门

1. 铁芯 铁芯是变压器的主磁路。为了提高磁路的导磁性能以及减少铁芯中的磁滞和涡流损耗，铁芯通常由 0. 35mm 或 0. 5mm 厚、表面涂有绝缘漆的冷轧或热轧硅钢片冲压叠装而成。冷轧硅钢片又分为有取向和无取向两类，有取向冷轧硅钢片沿碾压方向有较高的导磁性能和较小的损耗，因此变压器铁芯通常采用有取向的冷轧硅钢片。

铁芯由铁芯柱和铁轭两部分组成，铁芯柱上套装绕组，铁轭的作用则是使整个磁路闭合。

铁芯结构的基本形式有芯式和壳式两种。

芯式变压器的铁芯被绕组包围着，如图 2－3 所示。其结构较为简单，绕组的装配及绝缘也较容易，因而国产电力变压器铁芯主要用芯式结构。

壳式变压器的绕组被铁芯包围着，如图 2－4 所示。其机械强度高，但制造工艺复杂，使用的材料较多，通常用于一些特殊变压器（如电炉变压器）。

为了尽量减少变压器的励磁电流，铁芯磁回路不能有间隙，因此铁芯硅钢片一般采用交错的叠装方式，使上、下层的接缝错开，如图 2－5 所示。

若变压器铁芯采用冷轧硅钢片，由于冷轧硅钢片沿碾压方向的导磁系数高、损耗小，所以采用斜切钢片的叠装方式，如图 2－6 所示。

a.单相　　b.三相

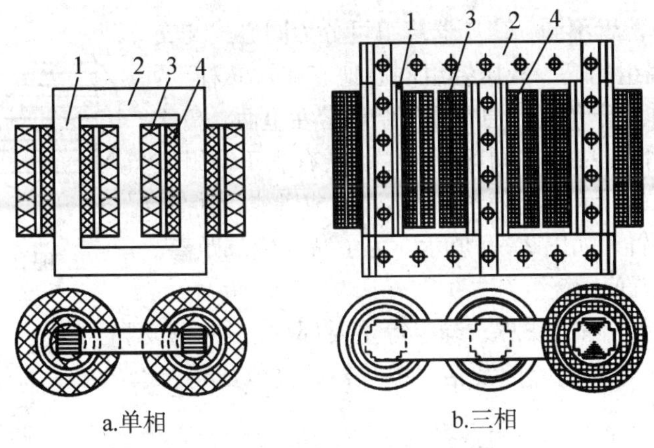

图 2－3　芯式变压器绕组和铁芯的装配方式

1. 铁芯柱　2. 铁轭　3. 高压绕组　4. 低压绕组

a.单相　　b.三相

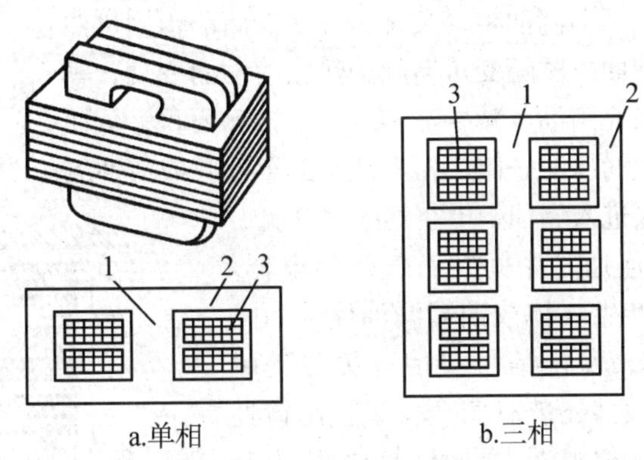

图 2－4　壳式变压器绕组和铁芯的装配方式

1. 铁芯柱　2. 铁轭　3. 绕组

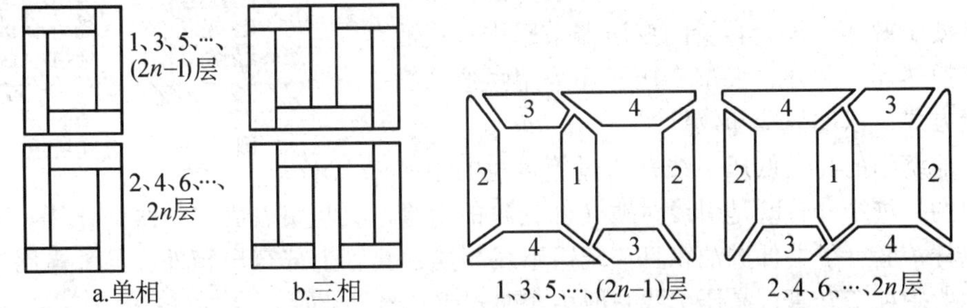

a.单相　　b.三相

图 2－5　叠片式铁芯交错的叠装方式

1、3、5、…、(2n−1)层　　2、4、6、…、2n层

图 2－6　斜切冷轧硅钢片的叠装方式

对于叠装好的铁芯，其铁轭用槽钢（或焊接夹件）及螺杆固定，铁芯柱用环氧无纬玻璃丝粘带绑扎。为了充分利用线圈内部空间，大型变压器铁芯柱截面通常采用阶梯形状，而小型变压器则采用方形或矩形，如图 2－7 所示。

近年来，出现了一种渐开线形铁芯变压器，如图 2－8 所示。其铁芯柱硅钢片是在专门的成型机上采用冷挤压成型方法轧制而成的，铁轭则由同一宽度的硅钢带卷制而成，铁芯柱按三角形方式布置，三相磁路完全对称。这种变压器的主要优点是可以节省硅钢片、便于生产机械化和减少装配工时。

2. 绕组　绕组是变压器的电路部分，一般由绝缘的铜线或铝线绕制而成。

变压器中接于高压电网的绕组称为高压绕组，接于低压电网的绕组称为低压绕组。根据高、

低压绕组之间的相对位置不同，变压器绕组可分为同心式和交叠式两种。同心式绕组的高、低压绕组同心地套在铁芯柱上，如图2－3所示。为了便于绝缘，通常低压绕组套在里面，高压绕组套在外面，高、低压绕组之间留有油道，既有利于绕组散热，又有利于两绕组之间绝缘。交叠式绕组都做成饼式，其高、低压绕组互相交叠放置，如图2－9所示。为了减少绝缘距离，通常在靠近铁轭处放置低压绕组。

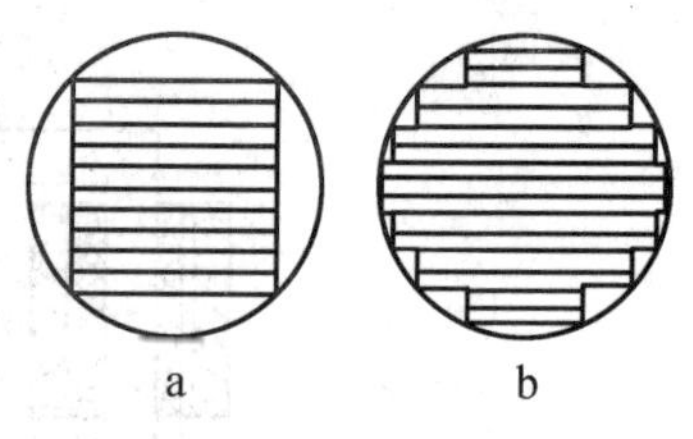

图2－7　铁芯柱截

3. 其他结构部件　除了铁芯、绕组等主要部件以外，典型的油浸式电力变压器还有油箱、储油柜、散热器、高低压绝缘套管以及继电保护装置等。

图2－8　三相渐开线形铁芯

1. 铁轭　2. 铁芯柱

变压器油既是绝缘介质，又是冷却介质，它通过受热后的对流，将铁芯和绕组的热量带到箱壁及冷却装置，再散发到周围空气中。变压器油箱上装有圆筒形储油柜，又称为油枕。储油柜用弯曲联管与油箱连通，柜内油面高度随变压器油的热胀冷缩而变动，其作用是保证变压器油箱内充满油，减少油和空气的接触面积，从而降低变压器油受潮和老化的速度。储油柜上装有放置硅胶或活性氧化铝的吸湿器，用于吸收进入储油柜中空气的水分。

在储油柜和油箱的连通管中间装有气体继电器。当变压器内部发生故障产生气体或油箱漏油使油面降低时，气体继电器动作，发出信号或使开关自动跳闸。较大的变压器油箱顶部还装有安全气道，出口处用薄玻璃板盖住。当气体继电器失灵时，箱内压力升高，超过一定限度时，气体从气道喷出，以免造成重大事故。

为了便于散热，较大容量的变压器采用排管式油箱或装有散热器。此外，大型变压器还采用强迫油循环冷却等方式，以增强冷却效果。

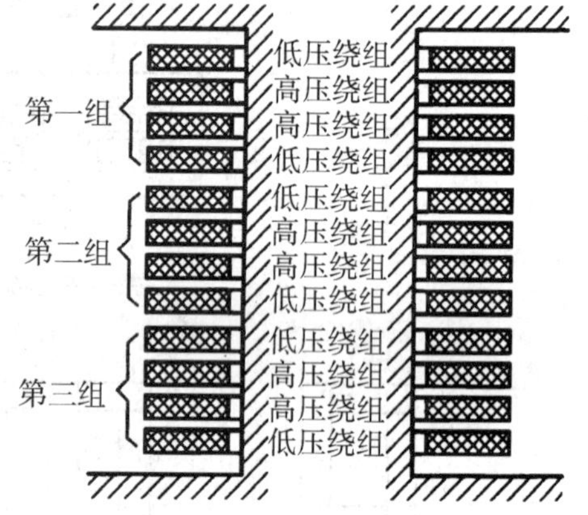

图2－9　交叠式绕组

变压器绕组的高、低压引线是通过箱盖上的绝缘套管引出的，绝缘套管既是引线对地（外壳）的绝缘，又担负着固定引线的作用。套管中间穿有导电杆，套管下端伸进油箱且与绕组引线相连，套管上部露出箱外，与外电路连接。低压引线一般用纯瓷套管，高压引线一般用充油式或电容式套管。

2.1.3　变压器的型号与额定值

为了使变压器安全、经济、合理的运行，每台变压器上都安装有一块铭牌，上面标明了变压器的型号及各种额定数据，作为正确使用变压器的依据。

1. 变压器的型号　变压器的型号可反映出变压器的结构、额定容量、电压等级、冷却方式等内容，其表示方法如图2－10所示。各部分的代表含义如下：

（1）绕组耦合方式：自耦变压器用“O”表示。

（2）相数：单相变压器用“D”表示；三相变压器用“S”表示。

（3）冷却方式：干式空气自冷用“G”表示；干式浇注式绝缘用“C”表示；油浸风冷用“F”表示；油浸水冷用“S”表示；强迫油循环风冷用“FP”表示；强迫油循环水冷用

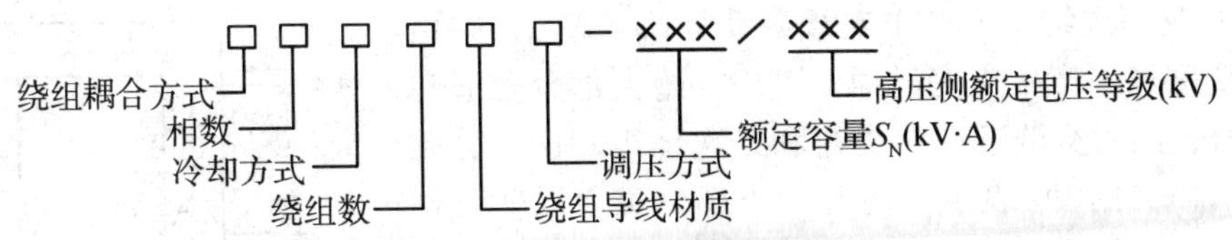

图2－10　变压器型号

“SP”表示；油浸自冷无代表符号。

（4）绕组数：双绕组无代表符号；三绕组用“S”表示。

（5）绕组导线材质：铜线无表示符号；铝线用“L”表示。

（6）调压方式：无励磁调压无表示符号；有载调压用“Z”表示。

例如：SL7－500/10 为额定容量500kV·A，高压侧额定电压10 kV 级的低损耗三相油浸自冷双绕组铝线电力变压器，其中“7”代表设计序号；SFPL－63000/110 为额定容量63000kV·A，高压侧额定电压110kV 级的三相强迫油循环风冷双绕组铝线电力变压器。

2. 变压器的额定值　变压器的额定值是制造厂根据设计或试验数据，对变压器正常运行状态所做的规定值。变压器在规定的额定值状态下运行，可以保证长期可靠的工作，并且具有良好的性能。变压器的额定值主要有：

（1）额定容量 S_N：指变压器在铭牌规定的额定使用条件下所能输出的视在功率，单位为伏·安（V·A）或千伏·安（kV·A）。对于三相变压器，额定容量指三相容量之和。对于双绕组变压器，总是把变压器的一、二次侧的额定容量设计得相同。

（2）额定电压 U_N：指变压器长时间运行时能承受的工作电压，单位为伏特（V）或千伏特（kV）。一次侧额定电压 U_{1N} 指规定加在一次侧的电压；二次侧额定电压 U_{2N} 指一次侧加额定电压，变压器处于空载状态时的二次侧端电压。在三相变压器中额定电压指线电压。

（3）额定电流 I_N：指变压器在额定容量下允许长期通过的电流，单位为安培（A）或千安培（kA）。在三相变压器中，额定电流指线电流。

单相变压器的一次、二次绕组的额定电流为

$$I_{1N}=\frac{S_{1N}}{U_{1N}},\quad I_{2N}=\frac{S_{2N}}{U_{2N}} \tag{2-2}$$

三相变压器的一次、二次绕组的额定电流为

$$I_{1N}=\frac{S_{1N}}{\sqrt{3}U_{1N}},\quad I_{2N}=\frac{S_{2N}}{\sqrt{3}U_{2N}} \tag{2-3}$$

（4）额定频率 f_N：单位为赫兹（Hz），我国规定标准工频为50Hz。

此外，额定值还包括效率、温升等。除额定值外，铭牌上还标有变压器的相数、连接组别、阻抗电压、接线图等。

2.2　单相变压器的运行

2.2.1　单相变压器的空载运行

变压器一次绕组接在额定频率、额定电压的交流电源上，二次绕组开路的运行状态称为空载运行。图2－11是单相变压器的空载运行示意图。

1. 空载运行时的电磁关系　当一次绕组接入交流电压 $\dot{U}_1$，一次绕组中便流过交流电流 $\dot{I}_0$。由于二次侧开路，故二次绕组内电流 $\dot{I}_2=0$，此时一次绕组内的电流 $\dot{I}_0$ 称为空载电流。

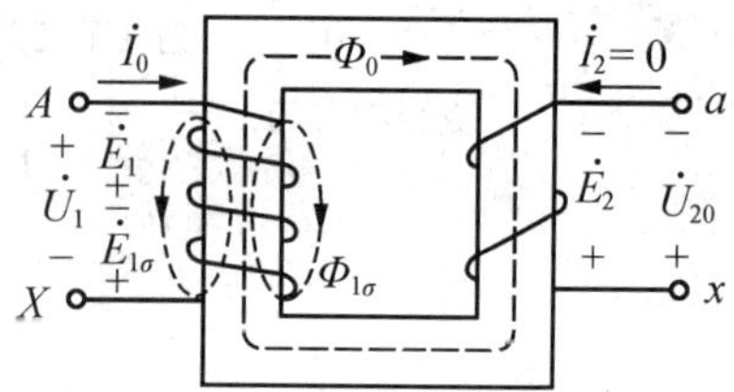

图 2-11　单相变压器的空载运行

空载电流 $\dot{I}_0$ 在一次绕组内产生空载磁动势 $\dot{F}_0=N_1\dot{I}_0$，并由它建立交变磁场，产生交变磁通。其中，绝大部分磁通在铁芯内闭合，同时交链于一次绕组和二次绕组，这部分磁通称为主磁通，用 Φ_0 表示；还有一小部分磁通以非磁性介质（空气或油）作为闭合回路，仅交链于一次绕组，这部分磁通称为漏磁通，用 $\Phi_{1\sigma}$ 表示。主磁通磁路由铁磁材料组成，漏磁通磁路比较复杂，除铁磁材料外，还要经空气或变压器油等非铁磁材料构成回路。由于铁芯采用磁导率高的硅钢片制成，铁芯磁阻小，磁通的绝大部分通过铁芯而闭合，所以主磁通远大于漏磁通，漏磁通的数量很小，仅占 1% 以下。根据电磁感应原理，主磁通 Φ_0 在一次、二次绕组中感应产生主磁电动势 $\dot{E}_1$ 和 $\dot{E}_2$，漏磁通 $\Phi_{1\sigma}$ 在一次绕组中感应产生漏磁电动势 $\dot{E}_{1\sigma}$。此外，空载电流 $\dot{I}_0$ 还将在一次绕组产生电阻压降 $R_1\dot{I}_0$。变压器空载时的电磁关系如图 2-12 所示。

下面就图 2-12 中的电磁量讨论几个问题。

$\dot{U}_1 \rightarrow \dot{I}_0 \rightarrow \dot{F}_0=N_1\dot{I}_0 \rightarrow$ $\Phi_0 \rightarrow \dot{E}_2,\ \dot{E}_1$；$\Phi_{1\sigma} \rightarrow \dot{E}_{1\sigma}$；$\dot{I}_0 \rightarrow R_1\dot{I}_0$

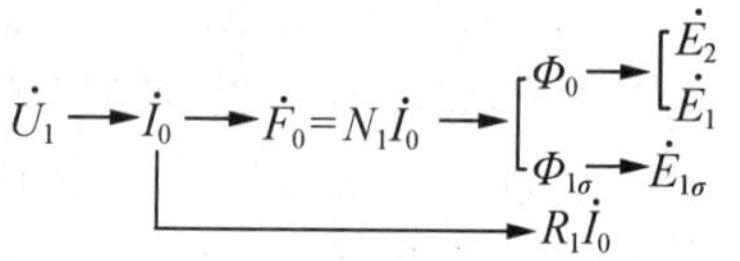

图 2-12　变压器空载时的电磁关系

（1）感应电动势与磁通：设主磁通按正弦规律变化，即

$$\Phi_0=\Phi_m\sin\omega t \quad (2-4)$$

式中，Φ_m 为主磁通的幅值；$\omega=2\pi f$ 为磁通变化的角频率；f 为频率。

根据图 2-12 中参考方向的规定，一、二次绕组感应主磁电动势的瞬时值分别为

$$e_1=-N_1\frac{d\Phi_0}{dt}=-N_1\omega\Phi_m\cos\omega t=2\pi fN_1\Phi_m\sin(\omega t-90°)=E_{1m}\sin(\omega t-90°) \quad (2-5)$$

$$e_2=-N_2\frac{d\Phi_0}{dt}=-N_2\omega\Phi_m\cos\omega t=2\pi fN_2\Phi_m\sin(\omega t-90°)=E_{2m}\sin(\omega t-90°) \quad (2-6)$$

式中，$E_{1m}=2\pi fN_1\Phi_m$、$E_{2m}=2\pi fN_2\Phi_m$ 分别为一、二次绕组感应主磁电动势的幅值。

一、二次绕组感应主磁电动势的有效值 E_1、E_2 分别为

$$E_1=\frac{E_{1m}}{\sqrt{2}}=\frac{2\pi fN_1\Phi_m}{\sqrt{2}}=4.44\,fN_1\Phi_m \quad (2-7)$$

$$E_2=\frac{E_{2m}}{\sqrt{2}}=\frac{2\pi fN_2\Phi_m}{\sqrt{2}}=4.44\,fN_2\Phi_m \quad (2-8)$$

由式（2-5）和式（2-6）可知，当主磁通 Φ_0 按正弦规律变化时，它所感应产生的主磁电动势 e_1、e_2 也按正弦规律变化，但在时间、相位上滞后主磁通 90°。因此，E_1、E_2 的相量表达式为

$$\dot{E}_1=-j4.44fN_1\Phi_m \quad (2-9)$$

$$\dot{E}_2=-j4.44fN_2\Phi_m \quad (2-10)$$

由式（2-9）、（2-10）可知，按正弦规律变化的磁通、在变压器绕组内感应产生的主电动势的大小与电源频率、绕组匝数及主磁通最大值成正比，且在相位上滞后主磁通 90°。

同理可知，漏磁通在一次绕组产生的漏磁电动势瞬时值为

$$e_{1\sigma}=-N_1\frac{d\Phi_{1\sigma}}{dt}=-N_1\omega\Phi_{1\sigma m}\cos\omega t=2\pi fN_1\Phi_{1\sigma m}\sin(\omega t-90°)$$

$$= E_{1\sigma m}\sin(\omega t - 90°) \quad (2-11)$$

式中，$E_{1\sigma m}=2\pi fN_1\Phi_{1\sigma m}$为漏磁电动势的幅值。

漏磁电动势的有效值$E_{1\sigma}$及相量表达式$\dot{E}_{1\sigma}$分别为

$$E_{1\sigma}=\frac{E_{1\sigma m}}{\sqrt{2}}=\frac{2\pi fN_1\Phi_{1\sigma m}}{\sqrt{2}}=4.44fN_1\Phi_{1\sigma m} \quad (2-12)$$

$$\dot{E}_{1\sigma}=-\mathrm{j}4.44fN_1\Phi_{1\sigma m} \quad (2-13)$$

(2) 空载电流与空载损耗：变压器空载运行时，二次侧没有电能输出。此时，一次绕组中的电流称为空载电流，它的主要作用是在铁芯中建立磁场，产生主磁通。为了充分利用铁磁材料，变压器铁芯总是设计成饱和的。由于磁路饱和，空载电流i_0与它所产生的主磁通Φ呈非线性关系，当磁通按正弦规律变化时，空载电流呈尖顶波，如图2-13所示。尖顶波的空载电流可以分解为基波（与主磁通Φ同频率）和一系列奇次谐波。虽然实际的空载电流并不是正弦波形，但为了分析、测量和计算的方便，在相量图和计算式中，均用等效正弦电流代替实际的空载电流。

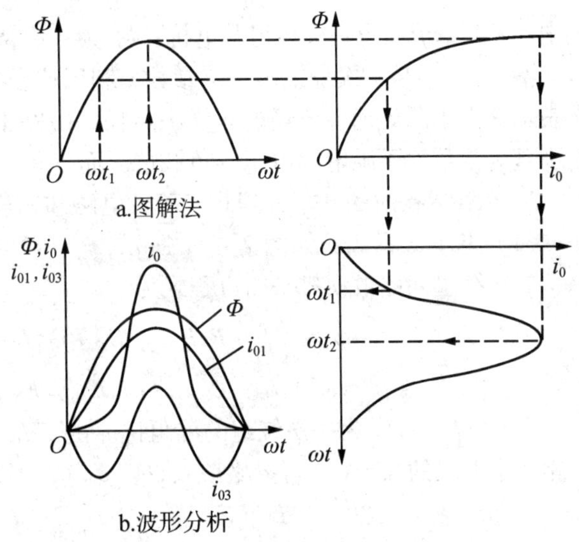

图2-13 不考虑铁芯损耗时的空载电流波形

变压器空载运行时，一次绕组从电源吸收少量有功功率，这个功率主要用来补偿铁芯中的铁损耗p_{Fe}以及少量的绕组铜损耗$R_1I_0^2$，因此称为空载损耗p_0。由于R_1和I_0均很小，所以$p_0\approx p_{Fe}$，即空载损耗近似等于铁损耗。对于已经制成的变压器，铁损耗与磁通密度幅值的平方、电源频率的β次方成正比，即

$$p_{Fe}\propto f^{\beta}\cdot B_m^2 \quad (2-14)$$

式中，$\beta=1.2\sim1.6$。空载损耗占额定容量的0.2%～1%且随变压器容量的增大而下降。

由于存在铁损耗，所以空载电流$\dot{I}_0$必然含有有功分量$\dot{I}_{0a}$，其作用是供给因主磁通在铁芯中交变时，而产生的磁滞损耗和涡流损耗；而用于建立主磁通Φ_0的励磁分量$\dot{I}_{0r}$为一无功电流。故空载电流$\dot{I}_0$可表示为

$$\dot{I}_0=\dot{I}_{0a}+\dot{I}_{0r} \quad (2-15)$$

通常$I_{0r}\gg I_{0a}$，空载电流可近似认为是感性无功性质，即$I_0\approx I_{0r}$，因此空载电流又称为励磁电流，其大小常用百分值$I_0\%$表示，即

$$I_0\%=\frac{I_0}{I_N}\times100\% \quad (2-16)$$

变压器的空载电流越小越好，而且容量越大，$I_0\%$越小。由于采用导磁性能良好的硅钢片，所以一般电力变压器的$I_0\%=2\%\sim10\%$，大型变压器的$I_0\%$在1%以下。

(3) 漏磁通与漏电抗：主磁通磁路由铁磁材料组成，具有饱和特性，Φ_0与I_0呈非线性关系，而漏磁通磁路不饱和，$\Phi_{1\sigma}$与I_0呈线性关系。前面已经指出：变压器绕组内产生的感

应电动势的有效值与该绕组相交链的磁通量的幅值成正比。同样，漏磁电动势 $\dot{E}_{1\sigma}$ 的有效值也与漏磁通的幅值 $\Phi_{1\sigma m}$ 以及产生漏磁通的电流 $\dot{I}_0$ 的有效值成正比，即

$$E_{1\sigma} \propto \Phi_{1\sigma m} \propto I_0 \tag{2-17}$$

再考虑到漏磁电动势 $\dot{E}_{1\sigma}$ 在相位上滞后漏磁通 $\Phi_{1\sigma}$ 90°，并认为漏磁路是线性的，则 $\Phi_{1\sigma}$ 与 $\dot{I}_0$ 同相，因此，$\dot{E}_{1\sigma}$ 也滞后于 $\dot{I}_0$ 90°。$\dot{E}_{1\sigma}$ 与 $\dot{I}_0$ 的关系可表示为

$$\dot{E}_{1\sigma} = -\mathrm{j}X_1\dot{I}_0 \tag{2-18}$$

式中，$X_1 = 2\pi fL_{1\sigma}$ 为一次绕组漏电抗；$L_{1\sigma}$ 为一次绕组的漏感系数。

漏电抗 X_1 是一次绕组的一个参数，利用这个参数，可以将漏磁电动势用电抗压降的形式来表示。由于漏磁通主要经过非铁磁路径，磁路不饱和，故磁阻很大且为常数，因而漏电抗很小且为常数，不随电源电压及负载情况而变化。

2. 空载运行时的基本方程式、等效电路和相量图

（1）基本方程式：如图 2-11 所示，变压器空载运行时，根据基尔霍夫定律，可列出一、二次绕组回路电动势平衡方程式为

$$\dot{U}_1 = -\dot{E}_1 - \dot{E}_{1\sigma} + R_1\dot{I}_0 = -\dot{E}_1 + \mathrm{j}X_1\dot{I}_0 + R_1\dot{I}_0 = -\dot{E}_1 + Z_1\dot{I}_0 \tag{2-19}$$

$$\dot{U}_{20} = \dot{E}_2 \tag{2-20}$$

式中，$Z_1 = R_1 + \mathrm{j}X_1$ 为一次绕组的漏阻抗。由于 I_0 和 Z_1 较小，所以 Z_1I_0 更小，一般不超过一次侧额定电压的 0.5%，若忽略该项，则式（2-19）可变为

$$\dot{U}_1 \approx -\dot{E}_1 \tag{2-21}$$

若仅考虑有效值，则

$$U_1 \approx E_1 = 4.44fN_1\Phi_m \tag{2-22}$$

由式（2-22）可知，当频率 f 和匝数 N_1 一定时，主磁通 Φ_m 的大小几乎决定于所加电源电压 U_1 的大小。一次绕组主磁电动势 E_1 与二次绕组主磁电动势 E_2 之比称为变压器的变比，用 k 表示，即

$$k = \frac{E_1}{E_2} = \frac{N_1}{N_2} \approx \frac{U_1}{U_{20}} = \frac{U_{1N}}{U_{2N}} \tag{2-23}$$

由式（2-23）可知，变比即为两侧绕组匝数比，或近似等于空载时两侧电压比。

对于三相变压器，变比指一、二次侧相电动势比，近似等于一、二次侧相电压比。

只要 $N_1 \neq N_2$，$k \neq 1$，一、二次侧电压不相等，就实现了变压的目的。$k > 1$，变压器是降压变压器；$k < 1$，变压器是升压变压器。

（2）空载时的等效电路和相量图：变压器空载运行时，由空载电流 $\dot{I}_0$ 产生的漏磁通 $\Phi_{1\sigma}$ 在一次绕组中感应出漏磁电动势 $\dot{E}_{1\sigma}$，其数值可用空载电流 $\dot{I}_0$ 在漏电抗 X_1 上的压降 $X_1\dot{I}_0$ 表示；由空载电流 $\dot{I}_0$ 产生的主磁磁通 Φ_0 在一次绕组中感应出主磁电动势 $\dot{E}_1$，虽然铁芯磁导率不是常数，但为了便于分析，也可以把 $\dot{E}_1$ 与 $\dot{I}_0$ 之间的关系直接用参数形式表示。但是，考虑到主磁通在铁芯中还产生铁损耗，因而不能单纯引入一个电抗参数 X_m，还需引入一个电阻参数 R_m 来反映变压器的铁损耗。

下面引入一个阻抗参数 Z_m，将 $\dot{E}_1$ 与 $\dot{I}_0$ 联系起来，即

$$-\dot{E}_1 = Z_m\dot{I}_0 = (R_m + \mathrm{j}X_m)\dot{I}_0 \tag{2-24}$$

式中，$Z_m = R_m + jX_m$ 为励磁阻抗；R_m 为励磁电阻，它是对应于铁损耗的等效电阻；X_m 为励磁电抗，它是对应于主磁通的电抗。

将式（2－24）代入式（2－19），可得

$$\dot{U}_1 = -\dot{E}_1 + Z_1\dot{I}_0 = Z_m\dot{I}_0 + Z_1\dot{I}_0 = (R_m + jX_m + R_1 + jX_1)\dot{I}_0 \quad (2-25)$$

根据式（2－25）可画出相应的等效电路，如图2－14所示。由图2－14可知，变压器空载时的等效电路可看作由两个线圈串联而成：一个是没有铁芯的线圈，其阻抗 $Z_1 = R_1 + jX_1$ 为定值；另一个是有铁芯的线圈，其阻抗 $Z_m = R_m + jX_m$ 随外加电压增大而变小。但是，变压器正常工作时，电源电压变化范围很小，故 Z_m 可近似认为是个常数。

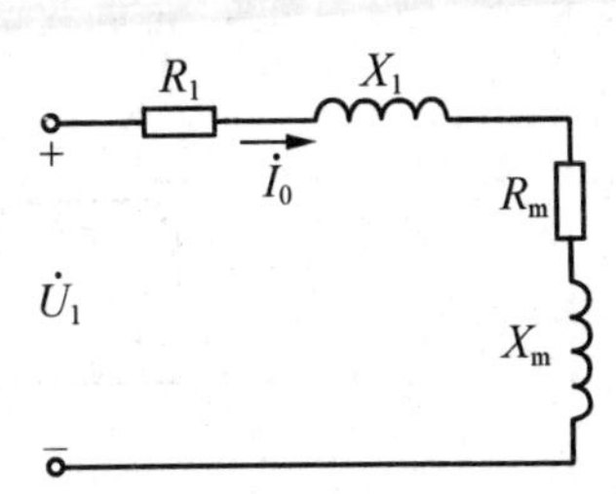

图2－14　变压器空载时的等效电路

对于电力变压器，由于 $R_1 \ll R_m$、$X_1 \ll X_m$，所以 $Z_1 \ll Z_m$。若忽略一次侧漏阻抗 Z_1 的影响，则变压器空载时的等效电路只包含一个励磁阻抗 Z_m，当外加电压 $\dot{U}_1$ 一定时，变压器空载电流 $\dot{I}_0$ 的大小只取决于励磁阻抗 Z_m 的大小。为了减小 $\dot{I}_0$，提高变压器的运行效率和功率因数，应增大 Z_m，因此变压器的铁芯应采用高导磁率的铁磁材料。

图2－15为变压器空载时的相量图。

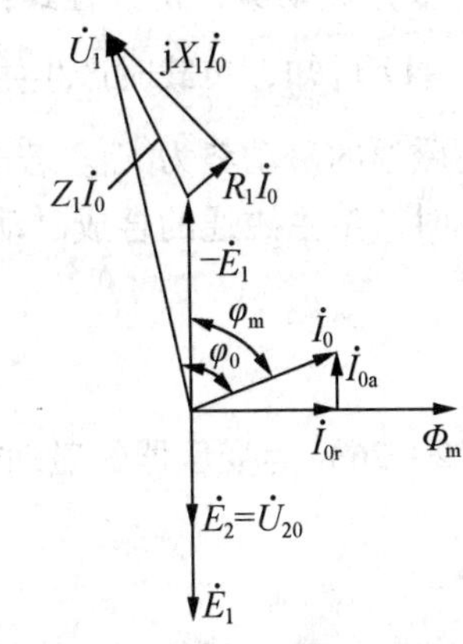

图2－15　变压器空载时的相量图

2.2.2　单相变压器的负载运行

变压器一次侧接在额定频率、额定电压的交流电源上，二次侧接上负载的运行状态称为变压器的负载运行。此时二次绕组中有电流 $\dot{I}_2$ 流过，其大小随负载的大小而变化。图2－16为单相变压器的负载运行示意图。

1. 负载运行时的电磁关系　变压器空载运行时，作用在铁芯上的磁动势只有空载磁动势 $\dot{F}_0 = N_1\dot{I}_0$，它是由空载电流 $\dot{I}_0$ 产生的。该磁动势在铁芯中建立主磁场，产生主磁通 Φ_0。

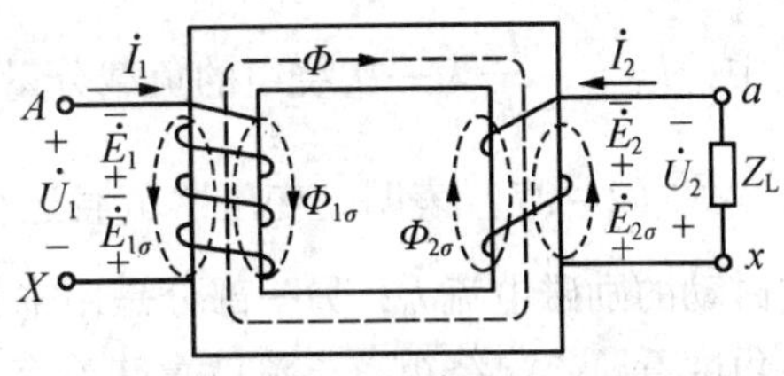

图2－16　单相变压器的负载运行

变压器负载运行时二次绕组中的电流 $\dot{I}_2$ 产生二次磁动势 $\dot{F}_2 = N_2\dot{I}_2$，该磁动势也作用在主磁路铁芯上，从而会改变空载运行时的主磁通 Φ_0。由于电源电压 $\dot{U}_1$ 恒定，铁芯中主磁通也应保持不变，当二次磁动势力图改变铁芯中产生主磁通的磁动势时，一次绕组将产生一个附加电流 $\dot{I}_{1L}$，它产生的磁动势 $N_1\dot{I}_{1L}$ 恰好与二次磁动势 $N_2\dot{I}_2$ 相抵消，以维持铁芯中主磁通基本不变。此时，一次绕组中电流就由 $\dot{I}_0$ 变成了 $\dot{I}_1 = \dot{I}_0 + \dot{I}_{1L}$，而作用在铁芯中的总磁动势为 $N_1\dot{I}_1 + N_2\dot{I}_2$，它产生负载运行时的主磁通 Φ，并分别在一、二次绕组中感应主磁电动势 $\dot{E}_1$ 和 $\dot{E}_2$。此外，$\dot{F}_1 = N_1\dot{I}_1$ 和 $\dot{F}_2 = N_2\dot{I}_2$ 还分别产生一小部分只交链于各自绕组的漏磁通 $\Phi_{1\sigma}$ 和 $\Phi_{2\sigma}$，并分别在各自交链的绕组中感应漏磁电动势 $\dot{E}_{1\sigma}$ 和 $\dot{E}_{2\sigma}$。另外，一、二次绕组电流 $\dot{I}_1$ 和 $\dot{I}_2$ 分别在各自绕组中产生电阻压降 $R_1\dot{I}_1$ 和 $R_2\dot{I}_2$。变压器负载时的电磁关系如图2－17所示。

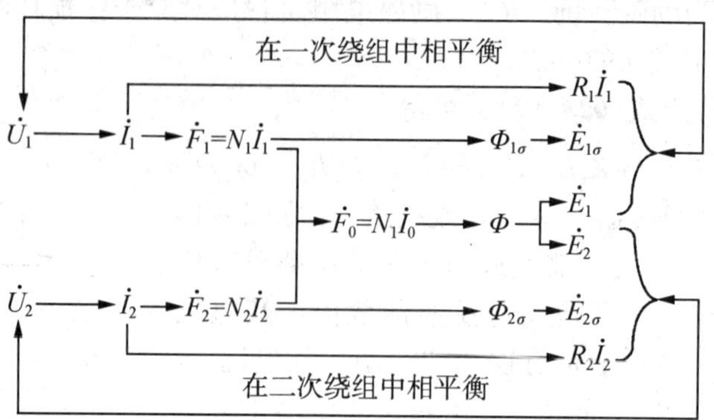

图 2－17　变压器负载时的电磁关系

2. 负载运行时的基本方程式

(1) 磁动势平衡方程式：变压器负载运行时的磁动势平衡方程式可由磁路定律导出。由图 2－17 可知，负载时产生主磁通的磁动势为一、二次绕组的合成磁动势 $\dot{F}_1+\dot{F}_2$，空载时产生主磁通的磁动势为 $\dot{F}_0$。若电源电压 $\dot{U}_1$ 不变，则从空载到负载变压器主磁通基本不变，即负载时产生主磁通的合成磁动势和空载时产生主磁通的励磁磁动势基本相等，即

$$\dot{F}_1+\dot{F}_2=\dot{F}_0$$

或

$$N_1\dot{I}_1+N_2\dot{I}_2=N_1\dot{I}_0 \tag{2-26}$$

式（2－26）为变压器的磁动势平衡方程式。将式（2－26）两边同除以 N_1，可得

$$\dot{I}_1+\frac{N_2}{N_1}\dot{I}_2=\dot{I}_0$$

或

$$\dot{I}_1=\dot{I}_0+\left(-\frac{N_2}{N_1}\dot{I}_2\right)=\dot{I}_0+\left(-\frac{\dot{I}_2}{k}\right)=\dot{I}_0+\dot{I}_{1L} \tag{2-27}$$

式中，$\dot{I}_{1L}=-\frac{\dot{I}_2}{k}$为一次绕组的负载分量电流；$k=\frac{N_1}{N_2}$为变压器变比。

式（2－27）表明，变压器负载运行时，一次绕组电流 $\dot{I}_1$ 由两部分组成：一部分是维持主磁动的励磁电流 $\dot{I}_0$；另一部分是用来补偿二次磁动势 $\dot{F}_2$ 作用的负载分量电流 $\dot{I}_{1L}$。从功率平衡角度看，二次绕组有电流就意味着有功率输出，一次绕组应增大相应的电流，增加输入功率，才能达到功率平衡。

变压器负载运行时，由于 $\dot{I}_0\ll\dot{I}_1$，若忽略 $\dot{I}_0$，则一、二次侧电流关系为

$$\dot{I}_1\approx-\frac{\dot{I}_2}{k}$$

或

$$\frac{I_1}{I_2}\approx\frac{1}{k}=\frac{N_2}{N_1} \tag{2-28}$$

式（2－28）表明，一、二次侧电流的大小近似与绕组匝数成反比。对于降压变压器，$I_2>I_1$；对于升压变压器，$I_2<I_1$。

(2) 电动势平衡方程式：如图 2－16 所示，变压器负载运行时，根据基尔霍夫定律，可列出一、二次绕组回路电动势平衡方程为

$$\left.\begin{aligned}\dot{U}_1 &= -\dot{E}_1 - \dot{E}_{1\sigma} + R_1\dot{I}_1 = -\dot{E}_1 + (R_1 + jX_1)\dot{I}_1 = -\dot{E}_1 + Z_1\dot{I}_1 \\ \dot{U}_2 &= \dot{E}_2 + \dot{E}_{2\sigma} - R_2\dot{I}_2 = \dot{E}_2 - (R_2 + jX_2)\dot{I}_2 = \dot{E}_2 - Z_2\dot{I}_2\end{aligned}\right\} \quad (2-29)$$

式中，R_1、R_2 分别为一、二次绕组的电阻；X_1、X_2 为一、二次绕组的漏电抗；$Z_1 = R_1 + jX_1$ 为一次绕组的漏阻抗；$Z_2 = R_2 + jX_2$ 为二次绕组的漏阻抗；$\dot{E}_{1\sigma} = -jX_1\dot{I}_1$ 为一次漏磁电动势；$\dot{E}_{2\sigma} = -jX_2\dot{I}_2$ 为二次漏磁电动势。

若变压器的负载阻抗为 Z_L，则二次侧端电压可写为

$$\dot{U}_2 = Z_L\dot{I}_2 \quad (2-30)$$

经过上面的分析，变压器负载运行时的基本方程式为

$$\left.\begin{aligned}&\dot{U}_1 = -\dot{E}_1 + (R_1 + jX_1)\dot{I}_1 \\ &\dot{U}_2 = \dot{E}_2 - (R_2 + jX_2)\dot{I}_2 \\ &\frac{\dot{E}_1}{\dot{E}_2} = k \\ &\dot{I}_1 = \dot{I}_0 - \frac{\dot{I}_2}{k} \\ &\dot{E}_1 = -Z_m\dot{I}_0 \\ &\dot{U}_2 = Z_L\dot{I}_2\end{aligned}\right\} \quad (2-31)$$

3. 变压器的等效电路及相量图　变压器负载时的基本方程式反映了变压器内部的电磁关系，利用这些方程式可研究和分析变压器的各种运行性能。但是，变压器的一、二次绕组不是直接相连的，而是通过电磁感应联系起来的，而且 $N_1 \neq N_2$，$\dot{E}_1 \neq \dot{E}_2$，因此不能直接将一、二次绕组连在一起，这将使实际计算时精确度降低，也不便于比较，特别是画相量图时更困难。为此，希望有一个既能正确反映变压器内部电磁关系，又便于工程计算的单纯电路来代替实际变压器，这种电路称为等效电路。

要想得出变压器的等效电路，首先要对变压器进行绕组折算。绕组折算就是在保持变压器电磁效应不变的前提下，将二次绕组的匝数变换成一次绕组的匝数（二次侧归算到一次侧）或者将一次绕组的匝数变换成二次绕组的匝数（一次侧归算到二次侧），通常将二次侧归算到一次侧。

若要保持变压器的电磁关系不变，绕组折算应遵循以下原则：①折算前后二次侧磁动势 $\dot{F}_2$ 不变；②折算前后二次侧各功率（损耗）不变。折算后，一、二次绕组的匝数相同，故它们的感应电动势相同，因此就有可能把一、二次绕组连接成为一个等效电路，从而大大简化变压器的分析计算。下面来推导各量的折算值，并用原来的符号加“′”表示。

（1）二次侧电动势和电压的折算值：折算后变压器一、二次绕组有相同的匝数，即 $N_2' = N_1$，而电动势的大小与绕组的匝数成正比，则

$$\frac{E_2'}{E_2} = \frac{N_2'}{N_2} = \frac{N_1}{N_2} = k$$

故

$$E_2' = kE_2 \quad (2-32)$$

因此，要把二次侧电动势折算到一次侧，只需乘以变比 k 即可。同理，二次侧其他电动势和电压也应按同一比例折算，即

$$E'_{2\sigma} = kE_{2\sigma} \tag{2-33}$$

$$U'_2 = kU_2 \tag{2-34}$$

（2）二次侧电流的折算值：根据折算前后二次侧磁动势 $\dot{F}_2$ 不变的原则，可得

$$N'_2 I'_2 = N_2 I_2$$

故

$$I'_2 = \frac{N_2}{N'_2} I_2 = \frac{N_2}{N_1} I_2 = \frac{1}{k} I_2 \tag{2-35}$$

因此，二次侧电流的折算值为折算前电流的 $\frac{1}{k}$ 倍。

（3）二次侧阻抗的折算值：根据折算前后二次绕组铜损耗和漏磁无功损耗不变的原则，可得

$$R'_2 I'^2_2 = R_2 I_2^2，R'_2 = \left(\frac{I_2}{I'_2}\right)^2 R_2 = k^2 R_2 \tag{2-36}$$

$$X'_2 I'^2_2 = X_2 I_2^2，X'_2 = \left(\frac{I_2}{I'_2}\right)^2 X_2 = k^2 X_2 \tag{2-37}$$

因此，二次侧阻抗的折算值为折算前阻抗的 k^2 倍。同理，负载阻抗也应按同一比例进行折算，即

$$Z'_L = k^2 Z_L \tag{2-38}$$

折算后，变压器负载运行时的基本方程式将变为

$$\left.\begin{aligned} \dot{U}_1 &= -\dot{E}_1 + (R_1 + jX_1)\dot{I}_1 \\ \dot{U}'_2 &= \dot{E}'_2 - (R'_2 + jX'_2)\dot{I}'_2 \\ \dot{E}_1 &= \dot{E}'_2 \\ \dot{I}_1 + \dot{I}'_2 &= \dot{I}_0 \\ \dot{E}_1 &= -Z_m \dot{I}_0 \\ \dot{U}'_2 &= Z'_L \dot{I}'_2 \end{aligned}\right\} \tag{2-39}$$

根据式（2－39）可画出变压器的 T 形等效电路，如图 2－18 所示。消耗在电阻 R_1 和R'_2 上的电功率分别代表变压器一、二次绕组的铜损耗 $p_{Cu1} = R_1 I_1^2$ 和 $p_{Cu2} = R'_2 I'^2_2$，消耗在励磁电阻 R_m 上的电功率代表变压器的铁损耗 $p_{Fe} = R_m I_0^2$，$U_1 I_1$ 为变压器的输入视在功率 S_1，$U'_2 I'_2$为变压器的输出视在功率 S_2，$E_1 I_1 = E'_2 I'_2$为变压器一次侧通过电磁感应传递给二次侧的视在功率。

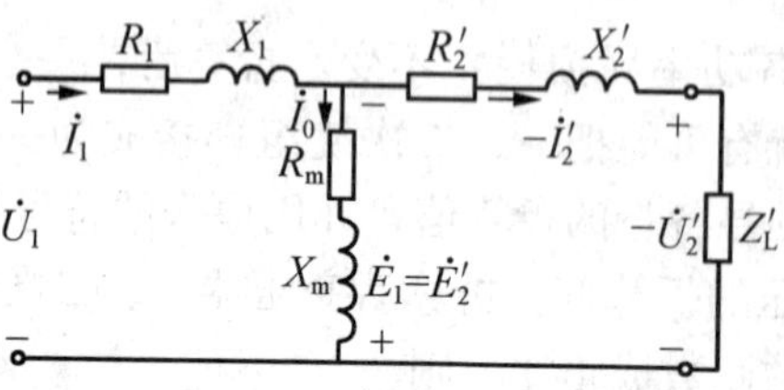

图 2－18　变压器 T 形等效电路

根据变压器的 T 形等效电路，可画出相应的相量图。相量图不仅表明变压器中的电磁关系，而且还可以直观表示变压器负载运行时各物理量的大小和相位关系，图 2－19 为变压器带感性负载时的相量图。

T 形等效电路虽然能正确反映变压器内部的电磁关系，但它是一种复联电路，计算比较繁杂。考虑到变压器负载运行时 $Z_m >> Z_1$，若把励磁支路前移，可得到图 2－20 所示的近似等效电路，根据这种电路对变压器的运行情况进行定量计算，所引起的误差很小。由于等效电路形状像字母 Γ，所以称为 Γ 形等效电路。

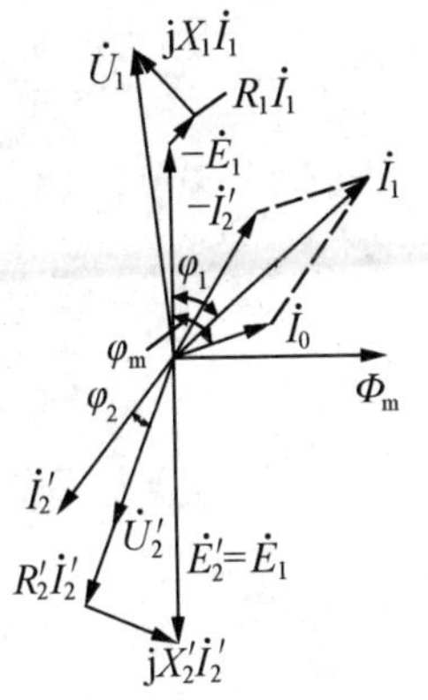

在分析计算变压器负载运行的某些问题，如二次侧电压变化、并联运行的负载分配等，由于 $I_0 << I_N$，可以进一步把励磁电流 I_0 忽略，即将励磁支路去掉，得到图 2－21 所示的变压器简化等效电路。在该电路中，有

图 2－19　感性负载时变压器的相量图

$$\left.\begin{aligned} R_S &= R_1 + R_2' \\ X_S &= X_1 + X_2' \\ Z_S &= R_S + jX_S \end{aligned}\right\} \tag{2－40}$$

式中，R_S 为短路电阻；X_S 为短路电抗；Z_S 为短路阻抗。

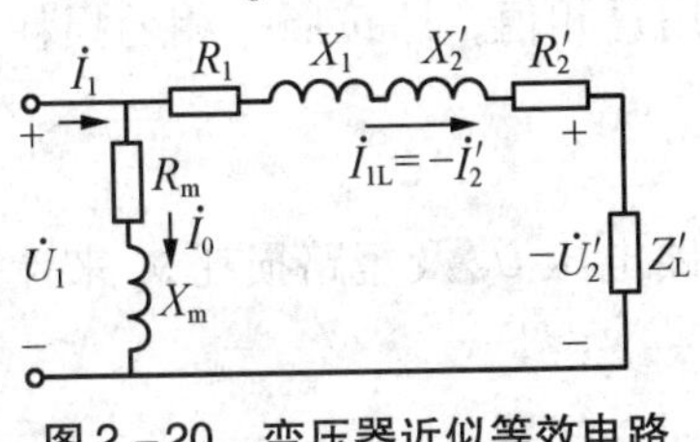

图 2－20　变压器近似等效电路

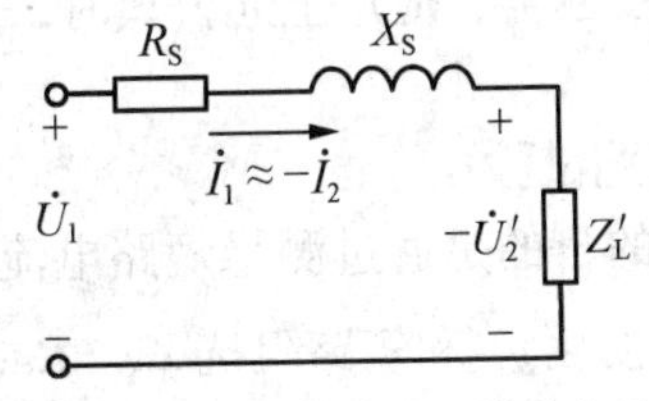

图 2－21　变压器简化等效电路

2.3　等效电路参数的测定

等效电路中各种电阻、电抗或阻抗对变压器的运行性能有直接影响，已知变压器参数，就可以得出变压器等效电路，从而分析、计算变压器的运行性能。在设计变压器时，可根据使用的材料及结构尺寸把它们计算出来；对于已制成的变压器，可用试验方法求得。

2.3.1　空载试验

空载试验的目的是通过测量空载电流 I_0，一、二次侧电压 U_1 和 U_{20} 及空载损耗 p_0 来计算变压器的变比 k、空载电流百分值 $I_0\%$、铁损耗 p_{Fe} 以及励磁参数 Z_m。

图 2－22 是单相变压器空载试验的接线图。试验时，二次侧开路，一次侧加额定电压，通过仪表分别测量出 U_{20}、I_0 及 p_0。变压器空载运行时，空载电流 I_0 在一次绕组中产生铜损耗 $p_{Cu1} = I_0^2 R_1$，由于 I_0 较小，p_{Cu1} 可忽略不计，故可以认为变压器空载时的输入功率 p_0 完全用来抵消铁损耗，即

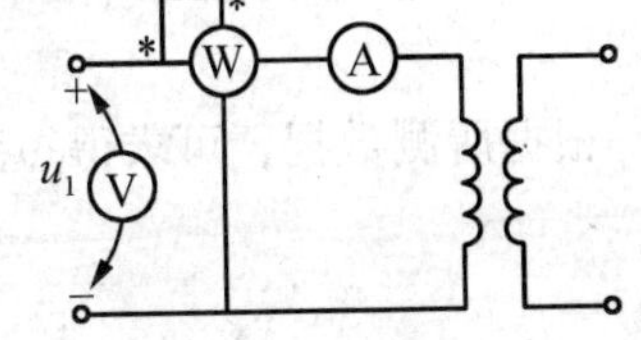

图 2－22　变压器空载试验电路

$$p_{Fe} \approx p_0 \tag{2－41}$$

根据变压器空载运行时的等效电路，可知

$$Z_0 = \frac{U_1}{I_0} = |Z_1 + Z_m| = \sqrt{(R_1 + R_m)^2 + (X_1 + X_m)^2} \tag{2－42}$$

由于 $R_m >> R_1$、$X_m >> X_1$，故可认为

$$\left.\begin{aligned} Z_m &= \frac{U_1}{I_0} \\ R_m &= \frac{p_0}{I_0^2} \\ X_m &= \sqrt{Z_m^2 - R_m^2} \end{aligned}\right\} \tag{2-43}$$

变比为

$$k = \frac{U_{20}(\text{高压})}{U_1(\text{低压})} \tag{2-44}$$

空载电流百分值为

$$I_0\% = \frac{I_0}{I_{1N}} \times 100\% \tag{2-45}$$

应当注意，铁损耗 p_{Fe}、励磁参数 Z_m 与磁路的饱和程度有关，不同电压下测出的数值是不一样的。通常用额定电压下测量的数据来计算励磁支路的参数。

空载试验可在任一侧进行，通常为了安全起见，一般在低压侧进行。但应注意，低压侧所测得的 Z_m 要折算到高压侧，必须乘以变比 k 的平方，即高压侧励磁阻抗为 $k^2 Z_m$。

对于三相变压器，应用上述公式时，必须采用每相值，即按照一相的损耗、相电压和相电流计算。

2.3.2 短路试验

短路试验的目的是通过测量短路电流 I_S、短路电压 U_S 及短路损耗 p_S 来计算短路电压百分值 $u_S\%$、铜损耗 p_{Cu}和短路阻抗 $Z_S = R_S + jX_S$。

单相变压器短路试验的接线，如图 2-23 所示。短路试验可以在任何一侧进行，为了便于测量，一般在高压侧进行。进行短路试验时，二次侧短路，为了避免过大的短路电流损坏变压器绕组，短路试验应降低电压进行，通常降低到额定电压 10% 以下。试验时，先将外加电源电压从零开始逐步增加，直到一、二次侧电流达到额定值为止，然后读取对应的 I_S、U_S 和 p_S，并记录试验时的室温 θ（℃）。

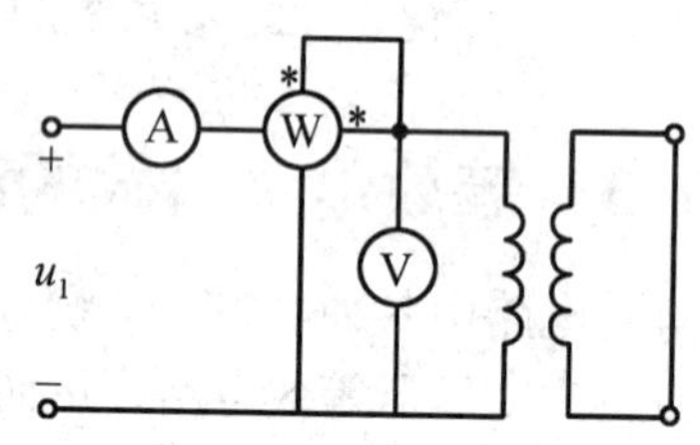

图 2-23 变压器短路试验电路

短路试验时，外加电压很低，铁芯中的主磁通很小，磁滞损耗和涡流损耗也很小，可以忽略不计。因此，变压器从电源输入的功率 p_S 完全消耗在一、二次绕组的铜损耗上，即

$$p_{Cu} \approx p_S \tag{2-46}$$

根据所测数据，可求得短路参数为

$$\left.\begin{aligned} Z_S &\approx \frac{U_S}{I_S} = \frac{U_S}{I_{1N}} \\ R_S &= \frac{p_{Cu}}{I_S^2} \approx \frac{p_S}{I_{1N}^2} \\ X_S &= \sqrt{Z_S^2 - R_S^2} \end{aligned}\right\} \tag{2-47}$$

对于 T 形等效电路，可认为 $R_1 \approx R_2' = \frac{1}{2}R_S$，$X_1 \approx X_2' = \frac{1}{2}X_S$。

由于绕组的电阻随温度而变化，而短路试验一般在室温下进行，故测得的短路参数应按国家标准规定折算到参考温度。油浸式变压器的绝缘耐热等级为 A、E、B 级，其短路电阻值应折算到 75℃时的数值。

对于铜线变压器，求得短路参数为

$$\left.\begin{aligned} R_{S75℃} &= \frac{234.5+75}{234.5+\theta}R_S \\ Z_{S75℃} &= \sqrt{R_{S75℃}^2+X_S^2} \end{aligned}\right\} \tag{2-48}$$

对于铝线变压器，求得短路参数为

$$\left.\begin{aligned} R_{S75℃} &= \frac{228+75}{228+\theta}R_S \\ Z_{S75℃} &= \sqrt{R_{S75℃}^2+X_S^2} \end{aligned}\right\} \tag{2-49}$$

和空载试验一样，对于三相变压器，应用上述公式时，必须采用每相值，即按照一相的损耗、相电压和相电流计算。

短路试验时，当绕组中电流达到额定值时，一次侧所加电压为 $U_S=Z_{S75℃}I_{1N}$，该电压称为短路电压或阻抗电压，通常用额定电压的百分值表示，即

$$u_S\%=\frac{U_S}{U_{1N}}\times100\%=\frac{Z_{S75℃}I_{1N}}{U_{1N}}\times100\% \tag{2-50}$$

短路电压是变压器的一个重要参数，其大小直接反映了短路阻抗的大小，短路阻抗又直接影响变压器的运行性能。从运行性能考虑，希望变压器的阻抗电压小一些，即漏阻抗小一些，当负载变化时，二次绕组端电压波动小些；从限制变压器短路电流的角度来看，希望短路电压大些，这样可以使变压器由于某种原因而引起短路时的过电流小一些。因此，设计变压器时必须慎重考虑，兼顾两者的要求。一般来说，中、小型电力变压器的 $u_S\%=4\%\sim10.5\%$，大型变压器的 $u_S\%=12.5\%\sim17.5\%$。

为了便于计算，变压器的参数通常采用标幺值（即相对值）来表示。标幺值就是指某一物理量的实际值与该物理量的基准值的比值，即

$$标幺值=\frac{实际值（任意单位）}{基准值（与实际值同单位）} \tag{2-51}$$

标幺值通常在各物理量原来符号的右上角加上“＊”号来表示。一般取各物理量的额定值作为基准值，各基准值之间也应符合电路定律，若一、二次绕组电压的基准值为 U_{1N}、U_{2N}，电流的基准值为 I_{1N}、I_{2N}，则阻抗的基准值为 $Z_{1N}=U_{1N}/I_{1N}$、$Z_{2N}=U_{2N}/I_{2N}$。

例 2-1 已知三相变压器额定数据：$S_N=100\text{kV}\cdot\text{A}$，$U_{1N}/U_{2N}=6300\text{V}/400\text{V}$，(Y，d) 连接，$I_0\%=7\%$，$p_0=600\text{W}$，$u_S\%=4.5\%$，$p_{SN}=2250\text{W}$。试求变压器近似等效电路参数的标幺值。

解 空载试验时，因为一次侧加额定电压，所以

$$U_0^*=\frac{U_0}{U_N}=1$$

根据空载电流百分值的定义，可知

$$I_0^*=I_0\%=0.07$$

励磁阻抗为

$$Z_m^*=\frac{U_0^*}{I_0^*}=\frac{1}{I_0^*}=\frac{1}{0.07}=14.29$$

励磁电阻为

$$R_m^* = \frac{p_0^*}{I_0^{*2}} = \frac{p_0/S_N}{I_0^{*2}} = \frac{0.6/100}{0.07^2} = 1.224$$

励磁电抗为

$$X_m^* = \sqrt{Z_m^{*2} - R_m^{*2}} = \sqrt{14.29^2 - 1.224^2} = 14.24$$

短路试验时，因为短路电流为额定值，所以

$$I_S^* = \frac{I_S}{I_N} = 1$$

根据短路电压百分值的定义，可知

$$U_S^* = u_S\% = 0.045$$

短路阻抗为

$$Z_S^* = \frac{U_S^*}{I_S^*} = U_S^* = 0.045$$

短路电阻为

$$R_S^* = \frac{p_S^*}{I_S^{*2}} = p_S^* = \frac{p_{SN}}{S_N} = \frac{2.25}{100} = 0.0225$$

短路电抗为

$$X_S^* = \sqrt{Z_S^{*2} - R_S^{*2}} = \sqrt{0.045^2 - 0.0225^2} = 0.039$$

2.4 变压器的运行特性

变压器的运行特性主要有外特性和效率特性，而衡量变压器运行性能好坏的主要指标有电压变化率和效率，下面分别介绍。

2.4.1 变压器的外特性

变压器带负载运行时，由于一、二次绕组存在漏阻抗，故当负载电流流过时，变压器内部将产生阻抗压降，使二次端电压发生变化。当电源电压和负载的功率因数等于常数时，二次端电压随负载电流变化的规律称为变压器的外特性 $U_2=f(I_2)$，如图 2－24 所示。由图 2－24 可知，变压器二次端电压的大小不仅与负载电流的大小有关，而且还与负载的功率因数有关。变压器带纯电阻和感性负载时外特性是下降的，不过带纯电阻负载时，端电压变化比较小；带容性负载时外特性可能上翘也可能下降，而且感性或容性成分越大，端电压变化也越大。

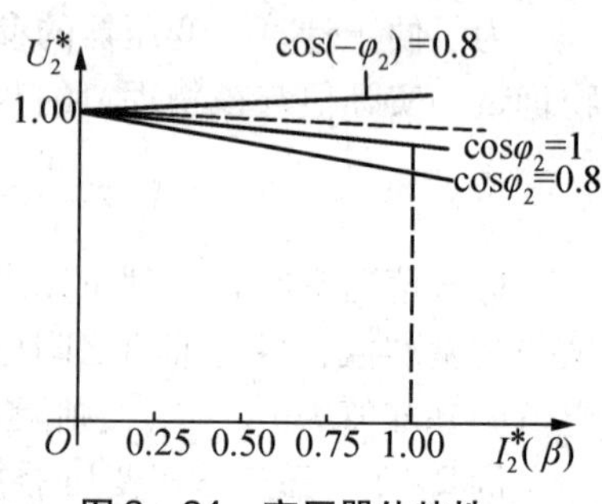

图 2－24 变压器外特性

为了表示二次端电压 U_2 随负载电流 I_2 变化的程度，引入电压变化率 ΔU 的概念。电压变化率 ΔU 指变压器一次侧加额定电压，空载与负载时二次端电压之差（$U_{20}-U_2$）与二次侧额定电压 U_{2N}的比值，用百分值表示，即

$$\Delta U = \frac{U_{20}-U_2}{U_{2N}} \times 100\% = \frac{U_{2N}-U_2}{U_{2N}} \times 100\% = \frac{U_{1N}-U_2'}{U_{1N}} \times 100\% \tag{2-52}$$

根据变压器的简化等效电路及其相量图可求得（证明略）

$$\Delta U = \frac{I_1 R_S \cos\varphi_2 + I_1 X_S \sin\varphi_2}{U_{1N}} \times 100\% \tag{2-53}$$

$$=\beta(R_S^*\cos\varphi_2+X_S^*\sin\varphi_2)\times 100\%$$

式中，$\beta=\dfrac{I_1}{I_{1N}}=\dfrac{I_2}{I_{2N}}$称为负载系数。

由式（2－53）可知，电压变化率ΔU不仅与变压器本身参数（R_S^*、X_S^*）有关，还与负载大小（β）及负载性质（φ_2）有关。在实际变压器中一般$X_S^*>>R_S^*$，当变压器带纯电阻负载（$\varphi_2=0$）时ΔU很小，端电压变化很小；当变压器带感性负载（$\varphi_2>0$）时$\cos\varphi_2$和$\sin\varphi_2$均为正值，ΔU为正值，而且φ_2角越大，端电压变化也越大；当变压器带容性负载（$\varphi_2<0$）时ΔU可能为正值也可能为负值；当$|X_S^*\sin\varphi_2|>|R_S^*\cos\varphi_2|$时，$\Delta U$为负值，而且$\varphi_2$角绝对值越大，端电压变化也越大。

电压变化率ΔU是表征变压器运行性能的主要指标之一，它的大小反映了电网电压的稳定性。为了保证二次侧端电压的变化在允许范围内，通常在变压器高压侧设置抽头和分接开关，通过调节高压侧绕组匝数来调节二次端电压。之所以在变压器高压侧设置抽头和分接开关，是因为高压绕组套在最外面，便于引出；而且因为高压侧电流相对比较小，抽头的引线及分接开关载流部分的导体截面很小，开关触点易于制造。

2.4.2 变压器的效率特性

变压器输出功率P_2与输入功率P_1之比称为变压器的效率η，即

$$\eta=\frac{P_2}{P_1}\times 100\%=\left(1-\frac{\sum p}{P_1}\right)\times 100\% \qquad (2-54)$$

式中，$\sum p$为变压器的总损耗，主要包括铁损耗和铜损耗两大类。

变压器的铁损耗与外加电源电压的大小有关，而与负载大小基本无关。当电源电压一定时，铁损耗基本不变，因此铁损耗又称为不变损耗，它包括基本铁损耗和附加铁损耗两部分。基本铁损耗主要是磁滞损耗和涡流损耗，磁滞损耗与硅钢片材料的性质、磁通密度的最大值以及频率有关；涡流损耗与硅钢片的厚度、电阻率、磁通密度最大值有关。附加损耗产生的原因很多，包括由铁芯叠片间绝缘损伤引起的局部涡流损耗、主磁通在结构部件中引起的涡流损耗等，一般为基本铁损耗的15%～20%。

变压器铜损耗的大小与负载电流的平方成正比，因此铜损耗又称为可变损耗，它包括基本铜损耗和附加铜损耗两部分。基本铜损耗指电流在一、二次绕组直流电阻上引起的损耗。附加损耗包括由集肤效应引起导线等效截面变小而增加的损耗以及漏磁场在结构部件中引起的涡流损耗等，一般为基本铜损耗的0.5%～20%。

因此，式（2－54）可写为

$$\eta=\left(1-\frac{\sum p}{P_1}\right)\times 100\%=\left(1-\frac{p_{Fe}+p_{Cu}}{P_2+p_{Fe}+p_{Cu}}\right)\times 100\% \qquad (2-55)$$

由于没有机械损耗，所以变压器的效率比旋转电机高，一般中、小型电力变压器效率在95%以上，大型变压器效率可达到99%以上。工程上常采用间接法测定变压器的效率，即测出各种损耗，并利用式（2－55）计算效率。为了便于计算，可采取以下几个假定：

（1）视额定电压下空载损耗p_0为铁损耗p_{Fe}，即$p_{Fe}\approx p_0$，并认为铁损耗不随负载变化。

（2）以额定电流时的短路损耗p_{SN}作为额定电流时的铜损耗p_{Cu}，并认为铜损耗与负载电流的平方成正比，即

$$p_{Cu}=\left(\frac{I_2}{I_{2N}}\right)^2 p_{SN}=\beta^2 p_{SN}$$

（3）计算 P_2 时，忽略负载运行时二次侧端电压的变化，即输出功率为

$$P_2 = U_{2N}I_2\cos\varphi_2 = \beta U_{2N}I_{2N}\cos\varphi_2 = \beta S_N\cos\varphi_2$$

经过上述假定，式（2－55）可变为

$$\eta = \left(1 - \frac{p_0 + \beta^2 p_{SN}}{\beta S_N\cos\varphi_2 + p_0 + \beta^2 p_{SN}}\right) \times 100\% \tag{2-56}$$

对于给定的变压器，因为 p_0 和 p_{SN} 是一定的，所以效率与负载大小和功率因数有关。当功率因数一定时，效率与负载系数之间的关系 $\eta = f(\beta)$ 称为变压器的效率特性，如图 2－25 所示。由图 2－25 可知，空载运行时，$\beta = 0$、$P_2 = 0$、$\eta = 0$。负载运行时，随着输出功率的增大，铜损耗也增加，但由于此时 β 较小，铜损耗没有输出功率增加得快，因此效率仍是升高的；当负载增加到某个值时，效率达到最大；负载再增大时，铜损耗较大，成了损耗中的主要部分，因此效率随着 β 增大反而又降低。

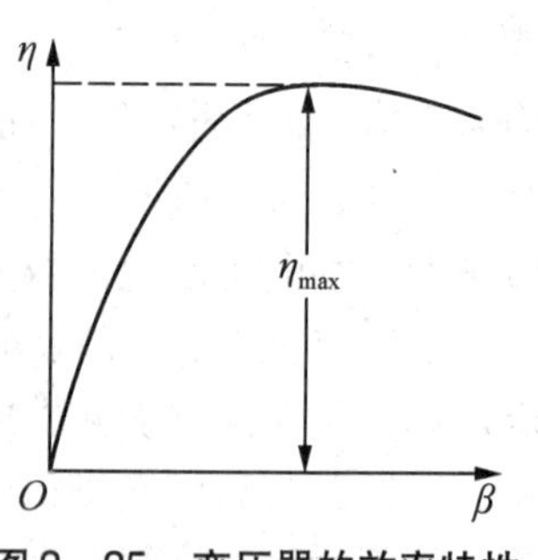

图 2－25　变压器的效率特性

效率特性曲线是一条具有最大值的曲线，最大值出现在 $\mathrm{d}\eta/\mathrm{d}\beta = 0$ 处。将式（2－56）右边对 β 取一阶导数，并令其等于零，可得变压器产生最大效率的条件为

$$\beta_m^2 p_{SN} = p_0 \quad 或 \quad \beta_m = \sqrt{\frac{p_0}{p_{SN}}} \tag{2-57}$$

式中，β_m 为最大效率时的负载系数。

式（2－57）表明，铜损耗等于铁损耗，即可变损耗等于不变损耗时变压器效率最高。

一般电力变压器的负载都不是恒定不变的，而是有一定的波动，因此变压器不可能总在额定负载下运行。为了提高变压器的运行效率，设计时一般取 $\beta_m < 1$，到底为多大，应视变压器负载的实际情况而定。

2.5　三相变压器

现代电力系统均采用三相制，因此三相变压器的应用非常广泛。三相电能的传递可采用两种形式的变压器：一种是三个同容量的单相变压器组成的三相组式变压器；另一种是铁芯为三相所共有的三相芯式变压器。三相变压器在对称负载下运行时，各相电压和电流的大小相等、相位彼此相差 120°，各相参数相等。对三相变压器的研究可归结为先分析一相的电压和电流，然后根据对称关系再求出其余两相的电压和电流。因此，单相变压器的基本方程式、等效电路、相量图以及运行特性的分析方法和结论等，完全适用于三相变压器。本节主要就三相变压器的特有问题——三相变压器的磁路系统和电路系统进行讨论。

2.5.1　三相变压器的磁路系统

三相变压器的磁路系统，即三相变压器的铁芯，根据结构不同可分为组式磁路和芯式磁路。前者的磁路彼此独立，后者的磁路互相联系。

三相组式变压器是由三台单相变压器组成的，其磁路为组式磁路，如图 2－26 所示。各相主磁通 Φ 都有自己独立的磁路，当一次侧加对称三相电压时，各相主磁通必然对称，由于磁路三相对称，因此三相空载电流也是对称的。

三相芯式变压器每相有一个铁芯柱，三个铁芯柱用铁轭连接起来构成的三相磁路为芯式磁路，如图 2－27 所示。任何一相的主磁通都要通过其余两相的磁路作为自己的闭合磁路。

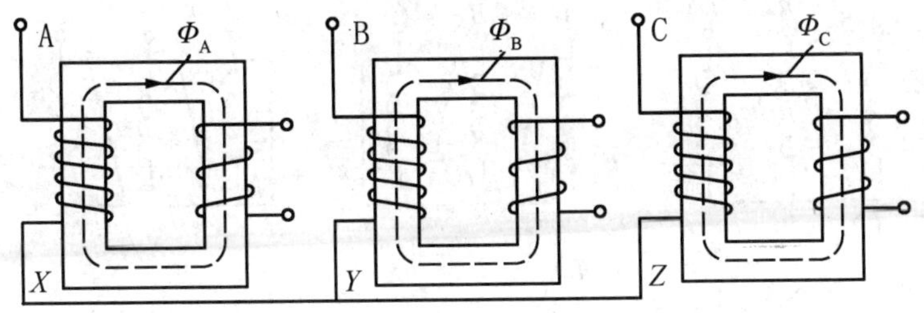

图 2-26　三相组式变压器的磁路系统

三相芯式变压器中间 B 相磁路最短，A、C 相磁路较长，因此三相磁路不对称。当一次侧加对称三相电压时，三相空载电流便不相等，但由于其值较小，所以对变压器负载运行的影响不大，可以忽略不计。

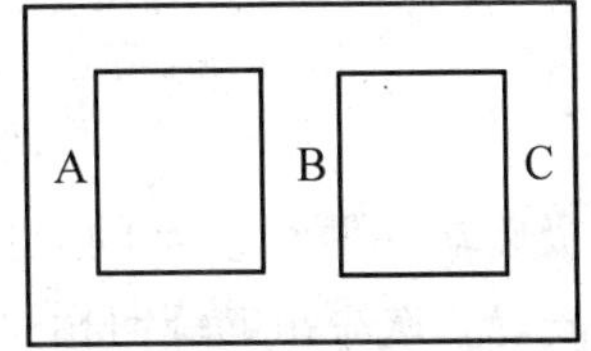

图 2-27　三相芯式变压器的磁路系统

与三相组式变压器相比，芯式结构虽然磁路不对称，但省材料、成本低、运行维护方便。而组式结构的磁路对称，由于“化整为三”，因此运输较为方便，并可减少备用容量。

2.5.2　三相变压器的电路系统——连接组别

三相电力变压器的绕组一般有两种连接法：星形（用字母 Y 或 y 表示）和三角形（用字母 D 或 d 表示）。为了能正确表示变压器的连接，绕组的首端和末端都有一个标记，其规定如表 2-1 所示。

表 2-1　绕组首、末端的标记

绕组名称	单相变压器		三相变压器		中性点
	首端	末端	首端	末端	
高压绕组	*A*	*X*	*A*、*B*、*C*	*X*、*Y*、*Z*	*N*
低压绕组	*a*	*x*	*a*、*b*、*c*	*x*、*y*、*z*	*n*

高、低压绕组星形连接时，三个末端 *X*、*Y*、*Z*（或 *x*、*y*、*z*）连接在一起，三个首端 *A*、*B*、*C*（或 *a*、*b*、*c*）向外引出，如图 2-28a 所示。高、低压绕组三角形连接时，将一相绕组的末端和另一相绕组的首端连接在一起，顺次连接成一个闭合回路，然后从首端 *A*、*B*、*C*（或 *a*、*b*、*c*）向外引出，如图 2-28b、图 2-28c 所示。在图 2-28b 中，变压器三相绕组按 $A \to X \to C \to Z \to B \to Y \to A$ 的顺序连接，称为逆序；在图 2-28c 中，变压器三相绕组按 $A \to X \to B \to Y \to C \to Z \to A$ 的顺序连接，称为顺序。

由于三相变压器可以视为由三个单相变压器组成，所以要弄清楚三相变压器一、二次侧线电动势间的相位关系，必须首先掌握单相变压器一、二次侧电动势之间的相位关系，即单相变压器的极性。

1. 单相变压器的极性　单相变压器的一、二次绕组套在同一个铁芯柱上，它们被同一个主磁通交链。当主磁通交变时，一、二次绕组中产生的感应电动势也是交变的，没有固定的极性。这里所说的极性是指某一瞬间的相对极性，即任一瞬间，高压绕组某一端点的电位为正时，低压绕组必有一个端点的电位也为正，这两个具有正极性的端点，称为同极性端，用符号“·”表示。同样，两个具有负极性的端点也为同极性端。当一、二次绕组的绕向相同

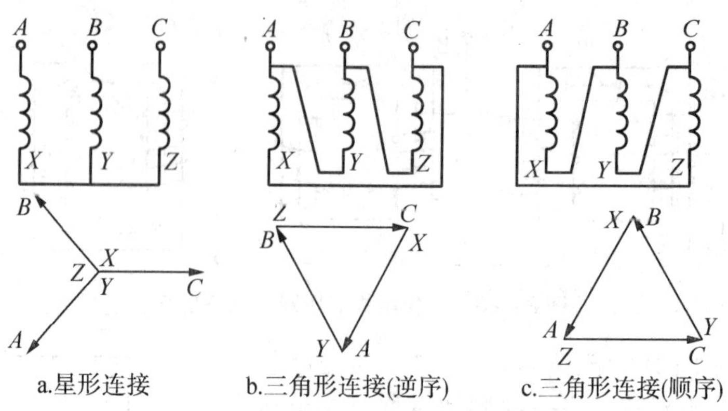

图 2-28　三相绕组连接方法及相量图

时，同极性端在两个绕组的对应端，如图 2-29a 所示；当一、二次绕组的绕向相反时，同极性端在两个绕组的非对应端，如图 2-29b 所示。

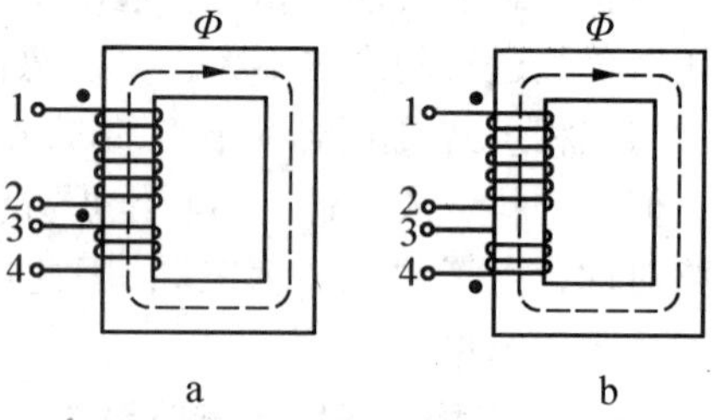

图 2-29　线圈的同极性端

单相变压器首端和末端的标法有两种：一种是将一、二次绕组的同极性端都标为首端（或末端），称为标法和极性一致；另一种是将一、二次绕组的异极性端标为首端（或末端），称为标法和极性相反。若感应电动势的参考方向规定从末端指向首端，当标法和极性一致时，如图 2-30a 所示，一、二次绕组感应电动势 $\dot{E}_{AX}$ 与 $\dot{E}_{ax}$ 同相位，$\dot{E}_{Aa}=\dot{E}_{AX}-\dot{E}_{ax}$；当标法和极性相反时，如图 2-30b 所示，一、二次绕组感应电动势 $\dot{E}_{AX}$ 与 $\dot{E}_{ax}$ 反相位，$\dot{E}_{Aa}=\dot{E}_{AX}+\dot{E}_{ax}$。

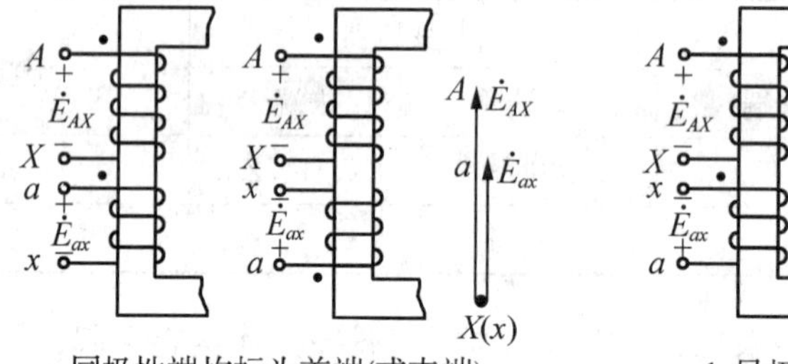

图 2-30　不同标志和绕向时一、二次绕组感应电动势之间的相位关系

由上述分析可知，单相变压器一、二次绕组中感应产生的电动势相位关系有两种可能：同相位和反相位（相位差 180°）。这取决于绕组的绕制方向和首末端标号的标法。

2. 三相变压器的连接组别　三相变压器的绕组可以采用星形或三角形连接。表示三相变压器的连接法时，通常将高压绕组连接符号写在前面，低压绕组连接符号写在后面，中间用逗号隔开。如果星形连接的中性点向外有中性线引出，就用 YN（或 yn）表示。

三相绕组采用不同的连接，三相变压器一、二次绕组中的线电动势会出现不同的相位差，根据一、二次绕组线电动势的相位关系可把变压器绕组的连接分成各种不同的连接组别。理论和实践证明，对于三相绕组，无论采用什么连接法，一、二次绕组线电动势的相位差总是 30°的倍数。为了形象表示高、低压绕组线电动势的相位关系，通常采用“时钟表示法”，即把高压侧线电动势的相量作为时钟的分针，始终指向“12”，低压侧线电动势的相量作为时针，它所指的数字称为三相变压器连接组别的“标号”，该数字乘以 30°就是高、低压绕组线电动势的相位差。

例 2 -2 确定图 2 - 31a 所示三相变压器的连接组别。

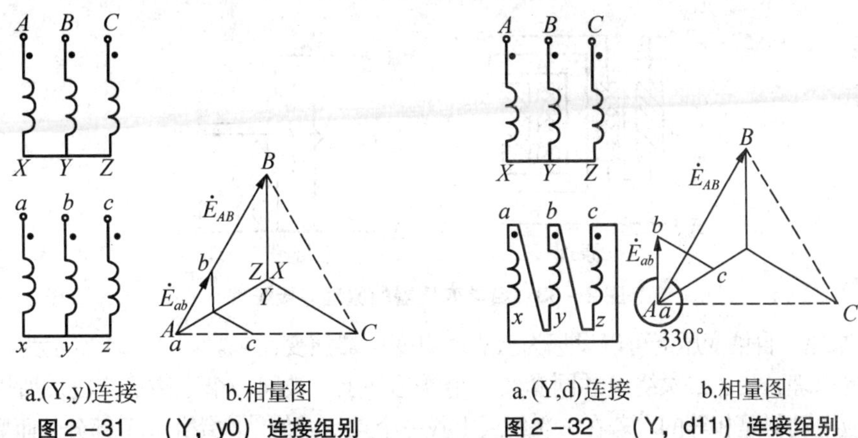

a.(Y,y)连接　　b.相量图

图 2 -31　(Y，y0) 连接组别

a.(Y,d)连接　　b.相量图

图 2 -32　(Y，d11) 连接组别

解　由图 2 -31a 可知，该三相变压器为（Y，y）连接，而且标法和极性一致。按照电动势正方向确定高、低压相电动势之间的相位，并画出相量图，如图 2 -31b 所示。画图时，将 A 和 a 连在一起，根据线电动势和相电动势的相量关系，确定高、低压绕组的线电动势 $\dot{E}_{AB}$ 和 $\dot{E}_{ab}$。由图 2 -31b 可知，相量 $\dot{E}_{ab}$ 在相位上滞后相量 $\dot{E}_{AB}$ 0°，若将 $\dot{E}_{AB}$ 作为分针指向数字"12"，$\dot{E}_{ab}$ 作为时针也指向数字"12"，因此这类连接的标号为"0"。该三相变压器的连接组别为（Y，y0）。

例 2 -3　确定图 2 -32a 所示三相变压器的连接组别。

解　由图 2 -32a 可知，该三相变压器为（Y，d）连接，而且标法和极性一致。按照电动势正方向确定高、低压相电动势之间的相位，并画出相量图，如图 2 -32b 所示。画图时，将 A 和 a 连在一起，根据线电动势和相电动势的相量关系，确定高、低压绕组的线电动势 $\dot{E}_{AB}$ 和 $\dot{E}_{ab}$。由图 2 -32b 可知，相量 $\dot{E}_{ab}$ 在相位上滞后相量 $\dot{E}_{AB}$ 330°，正好符合将 $\dot{E}_{AB}$ 作为分针指向数字"12"、$\dot{E}_{ab}$ 作为时针指向数字"11"的情况，因此这类连接的标号为"11"。该三相变压器的连接组别为（Y，d11）。

三相变压器（Y，y）连接时，可以得到（Y，y0）、（Y，y2）、（Y，y4）、（Y，y6）、（Y，y8）、（Y，y10）几种连接组别，时钟标号都是偶数；（Y，d）连接时，可以得到（Y，d1）、（Y，d3）、（Y，d5）、（Y，d7）、（Y，d9）、（Y，d11）几种连接组别，时钟标号都是奇数。

三相双绕组电力变压器的标准连接组为（Y，yn0）、（Y，d11）、（YN，d11）、（YN，y0）、（Y，y0）。（Y，yn0）连接组的二次绕组有中性线引出，成为三相四线制，用作配电变压器时可兼供动力和照明负载。（Y，d11）连接组常用于低压侧电压超过 400V 的线路。（YN，d11）连接组的一次绕组有中性线引出，主要用于高压输电线路、电力系统高压侧可以接地的场合。

2.6　其他用途的变压器

前面以普通双绕组电力变压器为例，阐述了变压器的基本理论。变压器的品种繁多，除大量采用双绕组的变压器外，还有用于多种特殊用途的变压器。虽然各类变压器的规格不一，但其基本理论都是一样的，本节主要介绍常用的自耦变压器和互感器的工作原理及特点。

2.6.1　自耦变压器

普通双绕组变压器的一、二次绕组是相互绝缘的，它们之间只有磁的耦合，没有电的直

接联系。而自耦变压器仅有一个绕组，如图 2－33 所示，自耦变压器一、二次绕组之间既有磁的耦合，又有电的联系。

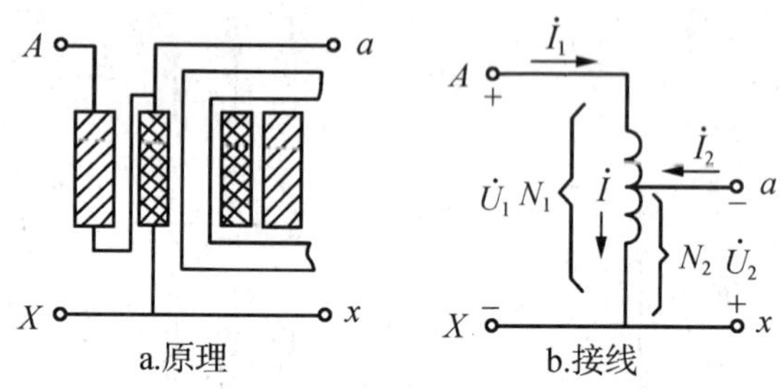

图 2－33　自耦变压器的原理与接线

1. 工作原理　自耦变压器可以设想为从双绕组变压器演变而来。图 2－34 所示为双绕组降压单相变压器的原理，一、二次绕组共同套在一个铁芯柱上，被同一个主磁通交链，所以一、二次绕组每匝感应电动势是相等的。若在一次绕组上找一个点 a' 并使一次绕组 $a'X$ 部分的匝数与二次绕组 ax 的匝数相等，则相应绕组中的感应电动势必然相等，即 $\dot{E}_{a'X}=\dot{E}_{ax}$。将 a' 与 a、X 与 x 直接相连，不会改变变压器内部的电磁关系。若将二次绕组 ax 与一次绕组 $a'X$ 部分直接并联，并省去二次绕组，就形成一台自耦变压器，如图 2－35 所示。

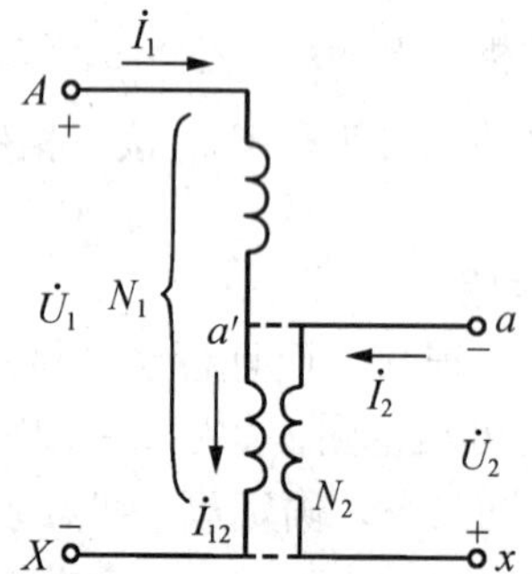

图 2－34　公共部分合并的双绕组单相变压器

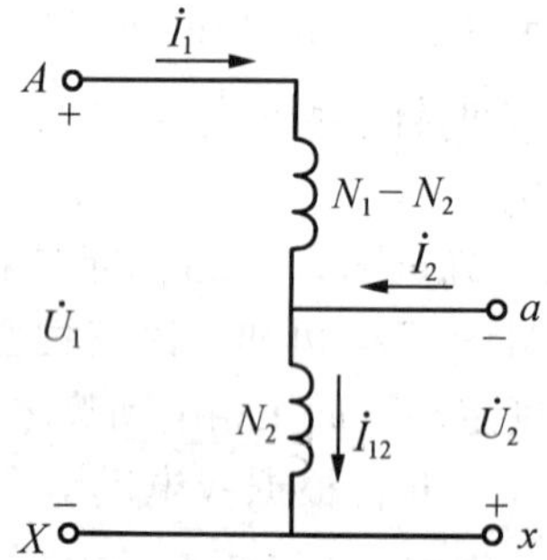

图 2－35　自耦变压器的原理

当一次绕组两端加交变电压 $\dot{U}_1$ 时，铁芯中产生交变磁通，并分别在一、二次绕组中产生感应电动势 $\dot{E}_1$ 和 $\dot{E}_2$，若不考虑漏阻抗压降，则自耦变压器变比为

$$k_a=\frac{E_1}{E_2}=\frac{N_1}{N_2}\approx\frac{U_1}{U_2} \tag{2-58}$$

自耦变压器空载运行时一次侧流过励磁电流 $\dot{I}_0$，产生的空载磁动势为 $N_1\dot{I}_0$；负载运行时，二次侧流过电流 $\dot{I}_2$，若从空载到负载，外加电源电压不变，则其磁动势平衡方程式为

$$N_1\dot{I}_1+N_2\dot{I}_2=N_1\dot{I}_0 \tag{2-59}$$

若忽略励磁电流，则绕组两部分所产生的磁动势互相平衡，即

$$N_1\dot{I}_1+N_2\dot{I}_2=0 \tag{2-60}$$

则有

$$\dot{I}_1=-\frac{N_2}{N_1}\dot{I}_2=-\frac{1}{k_a}\dot{I}_2 \tag{2-61}$$

在图 2－35 中，流过公共绕组中的电流为 $\dot{I}_{12}$，根据基尔霍夫第一定律，它与一、二次绕组电流相量的关系为

$$\dot{I}_{12}=\dot{I}_1+\dot{I}_2 \tag{2-62}$$

将式（2-61）代入式（2-62），可得

$$\dot{I}_{12}=\left(1-\frac{1}{k_a}\right)\dot{I}_2 \tag{2-63}$$

式中，k_a 为自耦变压器的变比（$k_a>1$），因此流过公共绕组中的电流 $\dot{I}_{12}$ 总是小于输出电流 $\dot{I}_2$。$\dot{I}_{12}$ 与 $\dot{I}_1$、$\dot{I}_2$ 有效值的关系为

$$I_2=I_{12}+I_1 \tag{2-64}$$

2. 容量关系　自耦变压器的额定容量（通过容量）为

$$S_N=U_{1N}I_{1N}=U_{2N}I_{2N}=U_{2N}(I_{12}+I_{1N})=U_{2N}I_{12}+U_{2N}I_{1N} \tag{2-65}$$

式（2-65）表明，自耦变压器的额定容量由两部分组成：一部分是通过公共绕组部分的电磁感应作用从一次侧传递到负载中的电磁容量 $U_{2N}I_{12}$；另一部分是直接由电源经串联绕组传递到负载中去的传导容量 $U_{2N}I_{1N}$。传导容量只有在一、二次绕组之间有电的联系时才可能出现，不需要增加绕组容量，也就是说，自耦变压器负载可以直接向电源吸取部分功率，这是自耦变压器的特点。

自耦变压器串联绕组 Aa 段的绕组容量为

$$S_{Aa}=U_{Aa}I_{1N}=\frac{N_1-N_2}{N_1}U_{1N}I_{1N}=\left(1-\frac{1}{k_a}\right)S_N \tag{2-66}$$

公共绕组 ax 段的绕组容量为

$$S_{ax}=U_{ax}I_{12}=U_{2N}I_{2N}\left(1-\frac{1}{k_a}\right)=\left(1-\frac{1}{k_a}\right)S_N \tag{2-67}$$

式（2-67）表明，自耦变压器串联绕组 Aa 段的绕组容量与公共绕组 ax 段的绕组容量相等，并小于自耦变压器的额定容量。而且，k_a 越接近于1，系数$(1-\frac{1}{k_a})$越小，绕组容量越小，其优越性越显著。故系数$(1-\frac{1}{k_a})$又称为效率系数。因此，自耦变压器适用于一、二次侧电压比变化不大的场合，一般 $k_a<2$。

与额定容量相同的双绕组变压器相比，自耦变压器具有外形尺寸小、重量轻、效率较高、便于运输和安装等优点。但是，自耦变压器的短路阻抗小，短路电流大；而且一次侧过电压时，由于一、二次侧存在电的直接联系，会引起二次侧产生严重过电压。在高电压、大容量的输电系统中，自耦变压器主要用来连接两个电压等级相近的电力网，作为联络变压器使用；在实验室中主要用作调压器使用；此外，还可以作为异步电动机的启动补偿器。

2.6.2 仪用互感器

仪用互感器是一种测量用设备，其工作原理和变压器的工作原理相同，通常可分为电流互感器和电压互感器。采用仪用互感器，一方面，可以使测量仪表与高压电路隔离，确保工作人员的安全；另一方面，可以将较大的电压（或电流等）按一定比例变换为能用标准仪表直接进行测量的电压（或电流等）。互感器有各种各样的规格，通常电流互感器二次侧额定电流为1A或5A，电压互感器二次侧额定电压为100V。

仪用互感器的应用非常广泛，除了可以测量电压和电流以外，还可以用于各种继电保护装置的测量系统。下面分别介绍电压互感器和电流互感器。

1. 电压互感器　测量高压线路中的电压，如果用标准电压表直接测量，不仅会危及工作人员的安全，而且需要大大加强仪表绝缘，这样会给仪表制造带来困难。故需要采用一台有一定电压比的电压互感器先将高电压变成低电压，然后再用标准电压表测量。电压互感器的

原理如图 2 - 36 所示，一次绕组直接并联在高压电路上，匝数较多；二次绕组接电压表或功率表的电压线圈，匝数较少。由于电压表或功率表的电压线圈内阻抗很高，所以电压互感器实际上相当于一台二次侧处于空载状态的降压变压器。

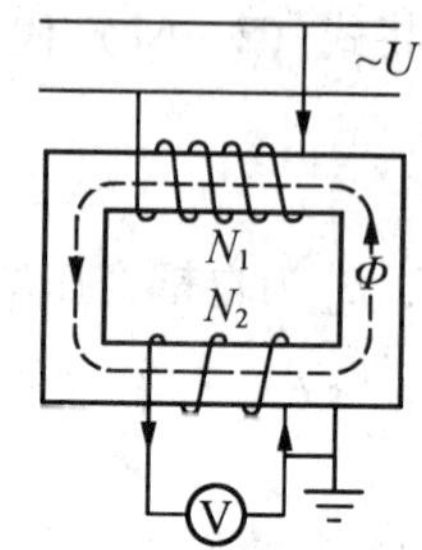

图 2 - 36　电压互感器原理

若忽略漏阻抗压降，则

$$\frac{U_1}{U_2} \approx \frac{E_1}{E_2} = \frac{N_1}{N_2} = k_u \tag{2-68}$$

式中，k_u 为电压变比。电压互感器二次侧电压值乘以电压变比 k_u 即为一次侧被测电压值。

使用互感器时必须考虑误差问题。实际电压互感器内部总存在漏阻抗，因此一、二次绕组电压比近似认为是一个常数。根据误差的大小，电压互感器可分为 0.2、0.5、1.0、3.0 几个等级，每个等级的允许误差可以参考有关技术标准。

使用时，为了确保测量的安全，防止静电累积，影响仪表的读数，电压互感器二次侧必须有一端接地；而且电压互感器二次侧不允许短路，否则会产生很大的短路电流，绕组将会因过热而烧毁。

2. 电流互感器　测量高压线路中的电流或大电流时，也不能将标准电流表直接接入电路，而应采用一台有一定电压变比的电流互感器先将大电流变成小电流，再用标准电流表测量。电流互感器的原理如图 2 - 37 所示。其一次绕组与待测电流 $\dot{I}_1$ 所在的主电路相串联，匝数较少；二次绕组与内阻抗很小的电流表或功率表的电流线圈构成闭合回路，匝数较多。同电压互感器一样，电流互感器在使用时，二次侧必须有一端接地。因此，电流互感器实际上相当于一台二次侧短路的升压变压器。

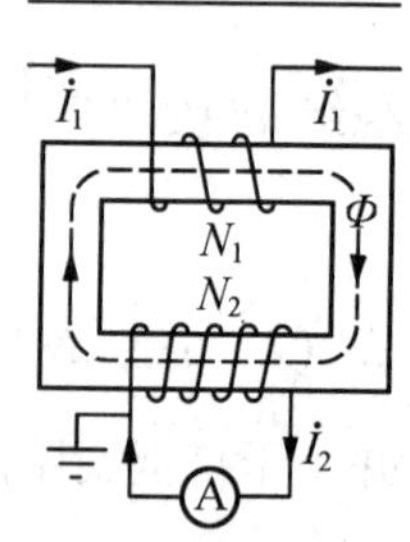

图 2 - 37　电流互感器原理

若忽略励磁电流，由变压器的磁通势平衡关系式可得

$$\frac{I_1}{I_2} = \frac{N_2}{N_1} = k_i \tag{2-69}$$

式中，k_i 为电流变比。电流互感器二次侧电流值乘以电流变比 k_i 即为一次侧被测电流值。

电流互感器总有一定的励磁电流，因此电流互感器也存在着误差，一、二次侧电流比近似认为是一个常数。根据误差的大小，电流互感器可分为 0.2、0.5、1.0、3.0、10.0 几个等级。

电流互感器在使用时，二次侧绝对不允许开路，否则电流互感器将处于空载状态，被测线路中的大电流全部为励磁电流，从而造成以下两方面的危害。一方面，会使铁芯中的磁通密度大为提高，铁损耗急剧增加，铁芯过热甚至烧坏绕组；另一方面，二次侧会感应出非常高的电压，不但使绝缘击穿，而且危及工作人员和其他设备的安全。因此，电流互感器在一次侧工作时，如需接入或拆除仪表，必须先将互感器二次侧短路。

2.7　变压器常见故障分析与排除

电力变压器在电力系统中有着举足轻重的作用，然而由于其设计制造技术、工艺以及运行维护水平等多方面的原因，变压器故障在电力系统中频繁发生，大大影响了电力系统的安全稳定运行。因此，加强对变压器的运行维护，采取切实有效的措施防止变压器故障的发生，对确保变压器的安全稳定运行有着重要的意义。

变压器在运行中常见的故障是绕组、套管和电压分接开关故障，而铁芯、油箱及其他附件的故障较少。下面将分别叙述几种主要的常见故障。

2.7.1 绕组故障

绕组故障有匝间短路、绕组接地、相间短路、断线及接头开焊等。其主要原因如下：

（1）在制造或检修时，局部绝缘受到损害，留下缺陷。

（2）在运行中因散热不良或长期过载，绕组内有杂物落入，使温度过高绝缘老化。

（3）制造工艺不良，压制不紧，机械强度低，不能经受短路冲击，使绕组变形绝缘损坏。

（4）绕组受潮，绝缘膨胀堵塞油道，引起局部过热。

（5）绝缘油内混入水分而劣化；或与空气接触面积过大，使油的酸价过高、绝缘水平下降；或油面太低，部分绕组露在空气中未能及时处理。

由于上述各种原因，在运行中一旦发生绝缘击穿，就会造成绕组的短路或接地故障。匝间短路时的故障现象是变压器过热油温增高，电源侧电流略有增大，各相直流电阻不平衡，有时油中有“吱吱”声和“咕嘟咕嘟”的冒泡声。轻微的匝间短路可以引起瓦斯保护动作，严重时差动保护或电源侧的过流保护也会动作。一旦发现匝间短路应及时处理，因为绕组匝间短路常常会引起更为严重的单相接地或相间短路等故障。

2.7.2 绝缘降低

变压器在运行中，往往会出现绝缘降低的现象。绝缘降低会导致绝缘电阻下降，运行泄露电流增加，温升增高，从而进一步促进绝缘老化。若延续下去，后果非常严重。绝缘下降产生的主要原因如下：

（1）绝缘受潮。

（2）绝缘老化。一些年久失修的变压器最容易出现这类故障。

（3）油质劣化，绝缘性变差。

2.7.3 分接开关故障

分接开关故障会引起变压器表面熔化与灼伤、相间触头放电或各接头放电。产生分接开关故障的主要原因如下：

（1）连接螺钉松动。

（2）带负荷调整装置不良和调整不当。

（3）分接头绝缘板绝缘不良。

（4）接头焊锡不满，接触不良，制造工艺不好，弹簧压力不足。

（5）油的酸价过高，使分接开关接触面被腐蚀。

2.7.4 声响异常

变压器运行正常时，电流通过铁芯产生交变磁通会发出均匀的“嗡嗡”声，声响的强弱正比于运行电压和负荷电流的大小。若发现声音异常，则说明变压器出现故障，应根据声响性质进行检查。

（1）运行时声音增大，一要检查是否外加电压过高，二要检查油温是否异常增高。如果没有异常情况，则说明铁芯太松。

（2）运行时发出“吱吱”声，说明变压器表面有闪络，应检查套管，将套管擦净或更换。如果套管没有闪络，说明闪络在变压器内部，需要对内部进行检查。

（3）变压器有“哔剥”声，说明有击穿现象，可能发生在线圈间或铁芯与夹件间。如果

是后者，需要吊出铁芯，将铁芯接地，检查铜皮和铁芯夹板间的绝缘状况。

2.7.5 温升过高

温升过高最明显的特征是电流表指针超过了预定界限，变压器发热和油面上升，严重时保护装置动作，切断继电器。温升过高产生的主要原因如下：

（1）电流过大，负荷过重，超过变压器容量允许限度。

（2）通风不良。造成通风不良的主要原因有变压器表面积尘、风道阻塞、风叶片损坏、风扇电动机转速降低、环境温度升高等。应针对具体情况分别处理。

（3）变压器内部损坏，主要有线圈损坏、短路、油质不良等。

2.7.6 瓦斯保护故障

瓦斯保护是变压器的主保护，瓦斯保护动作说明变压器可能有问题。

（1）若瓦斯保护动作不跳闸，其可能原因如下：

1）油位降低，二次回路故障。由外部检查可确定。

2）滤油或冷却系统不严密，致使空气进入变压器。这时，应鉴定变压器内部积聚的气体性质。若气体无色无味且不可燃，则为空气。如果在继电器顶端上方5～6mm处点火可燃，则不是空气，可能是变压器故障产生的少量气体。

（2）若瓦斯保护动作跳闸，可能是变压器内部发生严重故障，引起变压器油分解出大量气体，也可能是二次回路发生故障等。此时，应先投入备用变压器，然后检查油枕防爆门、各焊接缝是否裂开，变压器外壳是否变形；最后检查气体的可燃性。

若变压器自动装置跳闸，此时应检查外部有无短路、过负荷和二次回路等故障。若故障原因不在外部，则需要检查绝缘电阻。若失火，则需要拉闸放油，使油面低于着火处，并进行灭火。

变压器常见故障的分析及检查方法如表2－2所示。

表2－2　变压器故障的分析及检查方法

故障	现象	原因	检查方法
铁芯片间绝缘损坏	空载损耗增大，油质变坏	铁芯片间绝缘老化；有局部损坏	吊出器身，检查外观；用直流电压电流法测片间绝缘电阻
铁芯片局部短路和铁芯局部烧毁	浮子继电器内有气体；信号回路动作；油的闪燃点降低；油色变黑并有特殊气味	铁芯或铁轭螺杆的绝缘损坏；故障处有金属件将铁芯片短路；片间绝缘层损坏严重；接地错误，构成短路	吊出器身，检查外观；用直流电压电流法测片间绝缘电阻
接地片断裂	当高压升高时，内部可能发生轻微放电声		吊出器身，检查接地片
不正常的响声或噪声		铁芯叠片中缺片或多片；铁芯油道内或夹件下有未夹紧的自由端；铁芯紧固件松动	应补片或抽片确保铁芯夹紧；将自由端用纸板塞紧压住；检查紧固件并予以紧固

续表

故障	现象	原因	检查方法
绝缘油油质坏		油中有气体溶解	分析油质
线圈匝间短路	浮子继电器内气体呈灰白色或蓝色，跳闸回路动作；油温升高；油有时发生“咕嘟”声；一次电流略增高；各相直流电阻不平衡；故障严重时，差动保护动作，如在供电侧装有过电流保护装置，也要动作	1. 由于自然损坏，散热不良或长期过负载，使匝间绝缘老化 2. 由于变压器短路或其他故障，使线圈受到震动或变形，损伤匝间绝缘 3. 线圈绕制时未发现的缺陷，或线匝排倒与换位，线圈压装等不正确，使绝缘受到损伤	1. 吊出器身，外观检查 2. 测直流电阻 3. 将器身置于空气中，在线圈上加不超过15kV的电压进行空载试验，如有损坏点，则会冒烟或者损坏显著增大
线圈断线	断线处发生电弧，使绝缘油分解，促使浮子继电器动作	由于连接不良或短路应力使引线断裂；导线内部焊接不良，匝间短路使线匝烧断	吊出器身检查，如线圈三角形连接，检测线圈的相电流或直流电阻。如有一相断线，则在三相三次测量中，有两次测的电阻值相近，另一次为前两次的两倍，即该相有故障；如未完全断线，则第三次仅比前两次略大。如线圈星形连接，可测直流电阻或用兆欧表检查
对地击穿	浮子继电器动作	主绝缘因老化而有破裂、折磨等缺陷；绝缘油受潮；线圈内有杂物落入；过电压；短路时线圈变形损坏	用兆欧表测线圈对油箱的绝缘电阻；将绝缘油进行简化试验，吊出器身检查
线圈相间短路	浮子继电器、差动保护、过电流保护均发生动作；安全气道爆炸	原因与对地击穿相似，也可能由引线间短路或套管间短路等引起	吊出器身检查
分接开关触点表面熔化或灼伤	浮子继电器动作，有时差动保护和过电流保护装置也动作	结构与装配上存在缺陷，如接触不可靠，弹簧压力不够，短路时触点过热	用兆欧表检查有无断裂处，吊出器身进行外观检查，测量各分接头的直流电阻
相间触点放电或各分接头放电	浮子继电器动作，安全气道爆炸	过电压作用；变压器内部有灰尘或受潮；绝缘受潮	用兆欧表检查；吊出器身检查
浮子继电器信号回路动作		继电器中有气体，油面下降，变压器线端短路时油面有振荡	分析气体的数量、颜色、气味和可燃性等

续表

故障	现象	原因	检查方法
浮子继电器跳闸回路动作		油面急剧下降；变压器内有严重故障，产生大量可燃性气体	分析气体性质，将绝缘油进行简化试验；分析油面急剧下降的原因
套管对地击穿	外部保护装置动作	磁件表面较脏或有裂纹	用兆欧表检查
套管间放电	外部保护装置动作	套管间有杂物存在	外观检查

变压器许多故障不能全靠外部直观检查就能正确判断，必须结合外观检查进行试验测量，才能迅速而且准确地判断故障的性质和部位，如表 2－3 所示。

表 2－3　变压器故障检查的试验项目和方法

试验项目	试验结果	故障原因	检查方法
绝缘电阻测量（用2500V 兆欧表）	绝缘电阻为零	线圈对地或线圈与线圈之间有击穿现象	解体检查线圈和绝缘
线圈－线圈 线圈－地	绝缘电阻值较前一次测量降低 4% 以上（温度换算后）	绝缘受潮	用 2500V 兆欧表测量吸收比，要求吸收比大于 1.3
绝缘电阻测量（用2500V 兆欧表） 线圈－线圈 线圈－地	线圈间以及每相间的绝缘电阻不相等	可能是套管损坏	将套管与线圈间的引线拆除，单独测线圈对油箱或套管对箱盖的绝缘电阻
线圈直流电阻试验	分接开关接触不同分接位置时直流电阻相差很大	分接开关接触不良，触头有污垢，分接头与开关的连接位置有错误（未经拆卸检修的变压器不可能发生这种情况）	吊出器身检查分接开关与分接头的连接以及分接开关的接触状况
	每相电阻之差与三相电阻平均值之比超过 4%	线圈出头与引线的连接焊接不良，接触不良，匝间有短路，引线与套管间的连接不良	分段测量直流电阻，若匝间短路可由空载试验发现，此时空载损耗显著增大
空载试验	空载损耗与电流值非常大	铁芯螺杆或铁轭螺杆与铁芯有短路处，接地片装得不正确，构成短路；匝间短路	吊出器身，检查接地情况及匝间短路处，用1000V兆欧表测铁轭螺杆的绝缘电阻，检查夹件的绝缘状况。当一相短路时，测量PAC4PBC ≤25%，若与此不符，则表明匝间有短路
	空载损耗非常大	铁芯片间绝缘不良	用直流电压电流法测片间漆膜绝缘电阻
	空载电流很大	铁芯接缝装配不良，硅钢片不足量	吊出器身检查，观察铁芯接缝及测量铁轭截面

续表

试验项目	试验结果	故障原因	检查方法
短路试验	阻抗电压很大	各部分接触不良	分段测量直流电阻
	短路损耗过大	并联导线中有断裂；换位不正确；导线截面较小	将低压短路，当高压星形接线时，分别在ABBCCA线端施压，进行三次短路试验，对每次测量的结果加以分析比较。当高压接线时，应分别短接一相
线圈连接组测量	所得结果同任一连接组均不相符（未经拆卸检修的变压器不可能发生这种情况）	某相线圈中有一个线圈方向反了	进行连接组测量，找出线圈接错部位

相关技能训练一

试验一　变压器的参数测定

一、试验目的

通过空载和短路试验测单相变压器的变比和参数。

二、试验项目

单相变压器的空载试验和短路试验。

三、试验设备

D33：交流电压表。D32：交流电流表。D34－3：单三相智能功率、功率因数表。D51：波形测试及开关板。

四、试验步骤

（一）单相变压器的空载试验

（1）按图2－38接线，将控制屏左侧调压器旋钮按逆时针方向旋转到底，即将其调到输出电压为零的位置。

（2）接通三相交流电源，调节三相调压器旋钮，使变压器空载电压 $U_0=1.2U_N$，然后逐渐降低电源电压，在 $0.2U_N\sim1.2U_N$ 范围内，测取 U_0、I_0、P_0。$U=U_N$ 点必须测，共测取7～8组数据记录于表2－4中。

表2－4　试验数据记录表1

序号	试验数据				
	U_0（V）	I_0（A）	U_{AX}（V）	P_0（W）	$\cos\varphi_0$

（3）为了计算变压器的变比，在 U_N 以下测取原方电压的同时，测出副边电压的数据也

记录于表 2－4 中。

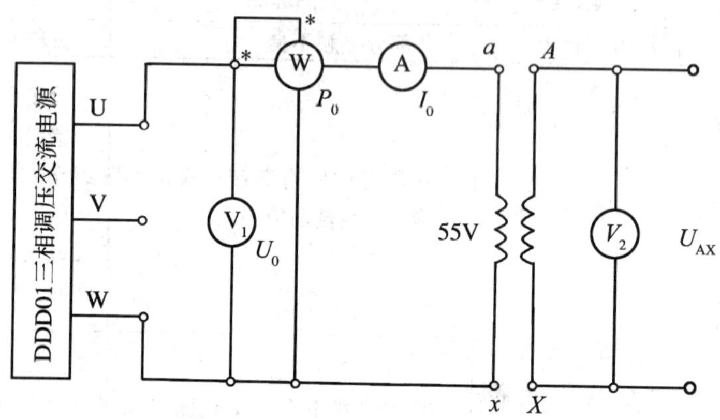

图 2－38 单相变压器空载试验接线

（二）单相变压器的短路试验

（1）按图 2－39 接线，将交流调压器旋钮逆时针方向调到输出电压为零的位置。

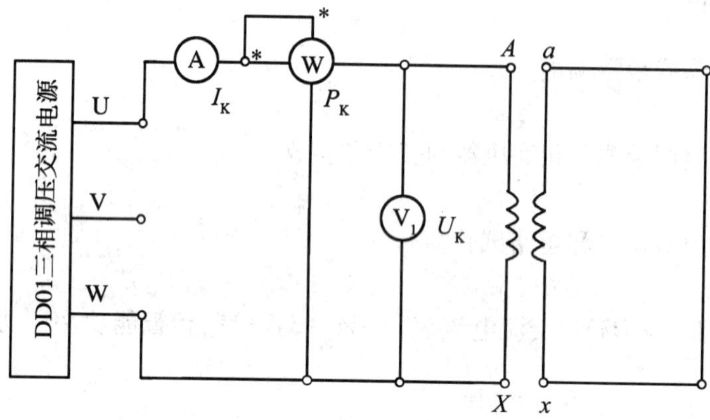

图 2－39 单相变压器短路试验接线

（2）接通交流电源，逐渐缓慢增加输入电压，直到短路电流 $I_S=1.1I_N$ 为止，然后逐渐降低电源电压，在 $0.2I_N \sim 1.1I_N$ 范围内测 U_S、I_S、P_S。$I_S=I_N$ 点必须测，取 6～7 组数据填于表 2－5 中。

（3）试验时记下周围环境温度（℃）。

表 2－5 试验数据记录表 2

室温____℃

序号	试验数据			
	U_S（V）	I_S（A）	P_S（W）	$\cos\varphi_S$

五、注意事项

(1) 在变压器试验中，应注意电压表、电流表、功率表的合理布置及量程选择。

(2) 短路试验操作要快，否则线圈发热引起电阻变化。

六、试验报告

1. 计算变比　由空载试验测取的数据，分别计算出变比，然后取其平均值作为变压器的变比 K。其中，$K = \dfrac{U_{AX}}{U_{ax}}$。

2. 绘制空载特性曲线、计算励磁参数

(1) 绘出空载特性曲线 $U_0 = f(I_0)$、$P_0 = f(U_0)$、$\cos\varphi_0 = f(U_0)$。

(2) 由空载特性曲线查出对应于 $U_0 = U_N$ 时的 I_0 和 P_0 值并计算出励磁参数：

$$R_m = \frac{P_0}{I_0^2}, Z_m = \frac{U_0}{I_0}, X_m = \sqrt{Z_m^2 - R_m^2}$$

3. 绘制短路特性曲线、计算短路参数

(1) 绘出短路特性曲线 $U_S = f(I_S)$、$P_S = f(U_S)$、$\cos\varphi_S = f(I_S)$。

(2) 由短路特性曲线查出对应于短路电流 $I_S = I_N$ 时的 U_S 和 P_S 值并计算出短路参数：

$$Z'_S = \frac{U_S}{I_S}, R'_S = \frac{P_S}{I_S^2}, X'_S = \sqrt{Z'^2_S - R'^2_S}$$

折算到低压侧：

$$Z_S = \frac{Z'_S}{K^2}, R_S = \frac{R'_S}{K^2}, X_S = \frac{X'_S}{K^2}$$

由于短路电阻 R_S 随温度变化，因此，算出的短路电阻应按国家标准换算到基准工作温度75℃时的阻值。

对于铜线变压器　$$R_{S75℃} = \frac{234.5 + 75}{234.5 + \theta}R_S, Z_{S75℃} = \sqrt{R_{S75℃}^2 + X_S^2}$$

对于铝线变压器　$$R_{S75℃} = \frac{228 + 75}{228 + \theta}R_S, Z_{S75℃} = \sqrt{R_{S75℃}^2 + X_S^2}$$

试验二　三相变压器的组别判定

一、试验目的

(1) 掌握用试验方法测三相变压器的极性。

(2) 掌握用试验方法判别变压器的联结组别。

二、试验内容

(1) 掌握用试验方法测定三相变压器的极性。

(2) 掌握用试验方法判别变压器的连接组别。

三、试验设备

D33：交流电压表。D32：交流电流表。D34－3：单三相智能功率、功率因数表。DJ11：三相组式变压器。D51：波形测试及开关板。

四、试验步骤

(一) 测定极性

(1) 按图2－40接线，高压侧施加50% U_N，用电压表测 U_{AX}、U_{BY}、U_{CZ}、U_{ax}、U_{by}、U_{cz}、U_{Aa}、U_{Bb}、U_{Cc}。若 $U_{Aa} = U_{AX} - U_{ax}$，则标法和极性一致，A 和 a 为同极性端。若 $U_{Aa} = U_{AX} +$

U_{ax}，则标法和极性相反，A 和 a 为异极性端。

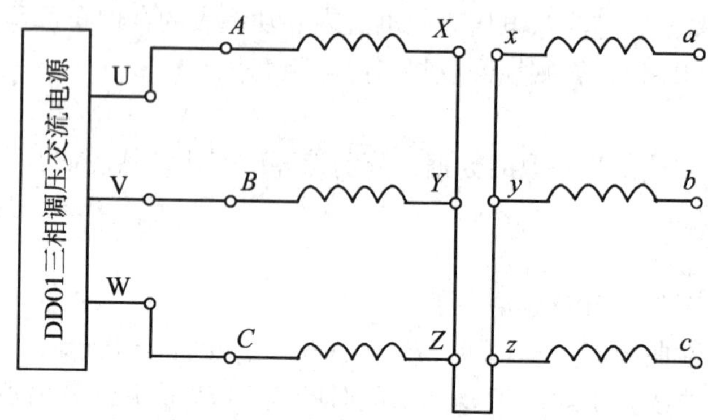

图 2-40　测定一、二次绕组极性的接线

（2）用同样的方法可以判别出其他一、二次绕组的极性。

（二）检验连接组别

（1）按图 2-41 接线，高压侧施加额定电压，测取 U_{AB}、U_{ab}、U_{Bb}、U_{Cc}及 U_{Bc}，记录于表 2-6 中。

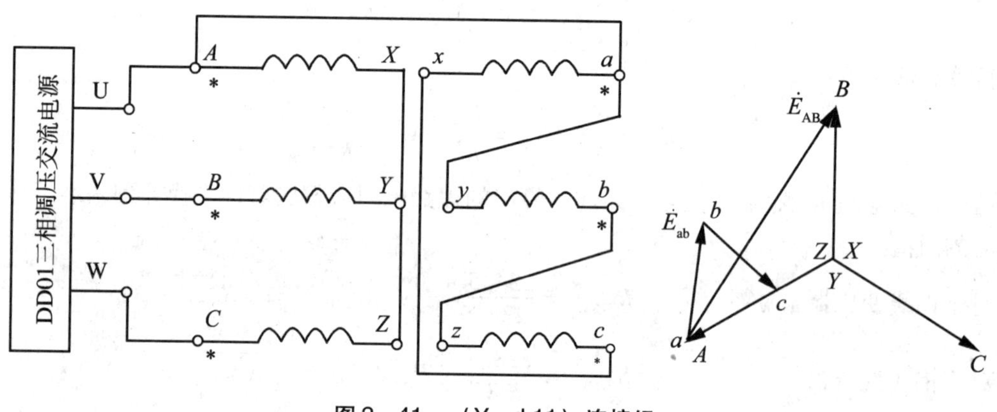

图 2-41　（Y，d 11）连接组

表 2-6　试验数据记录表 3

试验数据					计算数据
U_{AB}（V）	U_{ab}（V）	U_{Bb}（V）	U_{Cc}（V）	U_{Bc}（V）	$K=\frac{U_{AB}}{U_{ab}}$

（2）若 $U_{Bb}=U_{Cc}=U_{Bc}=U_{ab}\sqrt{K^2-\sqrt{3}K+1}$，则为（Y，d11）连接组别。

五、试验报告

计算出 U_{Bb}、U_{Cc}、U_{Bc}的数值与实测值进行比较，判别绕组连接是否正确。

小 结

变压器是利用电磁感应原理，将一种电压等级的交流电能转变成同频率的另一种电压等级的交流电能的静止电气设备，以满足对电能传输、分配和使用的需要。

根据磁通的实际分布和所起作用不同，变压器内部磁通可分为主磁通和漏磁通两部分。主磁通以铁芯作闭合回路，磁路是非线性的；漏磁通以非铁磁性材料作闭合回路，磁路是线性的。主磁通在一、二次绕组中感应主磁电动势，起着传递能量的媒介作用；漏磁通只起电抗压降的作用，不能传递能量。

空载运行与负载运行时的物理情况是变压器的理论基础。其中，研究了变压器在稳定运行时的内部电磁过程和所应遵循的客观规律，并导出了变压器的基本方程式、等效电路和相量图。基本方程式是电磁关系的一种数学表达式，它综合了电动势和磁动势平衡两个基本电磁关系。负载运行时一次绕组的磁动势包含两个分量：用来产生主磁通的励磁分量和用来平衡二次绕组磁动势的负载分量。等效电路是从基本方程式出发用电路形式来模拟实际变压器的，它正确模拟了变压器内部所发生的全部电磁过程。相量图是基本方程式的一种图形表示法，能直观反映各物理量的大小和相位关系，常用于定性分析。三者互相紧密联系，在物理意义上完全一致。

变压器等效电路的主要参数有励磁电抗 X_m 和漏阻抗 X_1、X_2。每一种电抗都对应磁场中的一种磁通，与励磁电抗 X_m 对应的是主磁路中的主磁通，受磁路饱和的影响，它不是常数；与漏阻抗 X_1、X_2 对应的是一、二次绕组漏磁路中的漏磁通，由于基本上不受铁芯饱和的影响，所以它们是常数。励磁阻抗和漏阻抗参数可以通过空载试验和短路试验来测定。

衡量变压器运行性能好坏的主要指标有两个：电压变化率 ΔU 和效率 η。电压变化率 ΔU 的大小取决于变压器的短路参数、负载性质及大小，它表明了变压器负载运行时二次侧电压的稳定性，直接影响供电的质量；效率 η 取决于空载损耗、负载损耗、负载性质和大小，其高低直接影响变压器运行的经济性。

三相变压器带对称负载时，它的每一相都相当于一个单相变压器，因此完全可用单相变压器的基本方程式、等效电路和相量图进行讨论。根据磁路系统的不同，三相变压器可分为三相组式变压器和三相芯式变压器。三相组式变压器各相磁路彼此独立，三相芯式变压器各相磁路彼此相关。

影响三相变压器连接组别的因素有绕组连接方式、绕组绕向及首末端端子标志。变压器共有十二种连接组别，国家规定三相变压器有五种标准连接组别。

与普通双绕组电力变压器不同的是，自耦变压器一、二次绕组不仅有磁的耦合，还有电的直接联系。其中一部分功率不是通过电磁感应作用，而是直接由一次侧传递到二次侧。与同容量普通变压器相比，自耦变压器具有省材料、损耗小、体积小、效率高等优点，但内部绝缘和过电压保护都需要加强。

电压互感器和电流互感器是测量用变压器，使用时应注意将其二次侧接地，而且电流互感器二次侧绝不允许开路，电压互感器二次侧绝不允许短路。仪用互感器的误差问题是一个主要问题，电压互感器和电流互感器是按误差来分等级的。

思考与练习

1. 简述变压器的基本工作原理、用途。

2. 变压器的主要结构部件有哪些？各部分的功能是什么？

3. 变压器的额定值中有哪些应注意的问题？

4. 为什么要把变压器的磁通分成主磁通和漏磁通，它们有哪些区别？并指出空载和负载时产生各磁通的磁动势。

5. 变压器按铁芯如何分类？

6. 变压器的励磁电抗和漏电抗各对应于什么磁通？对于已经制成的变压器，它们是否为常数？

7. 试分析变压器运行时，电源电压降低对铁芯饱和程度、励磁电流、励磁阻抗和铁损耗有什么影响？

8. 为什么变压器的空载损耗可近似看成铁损耗，短路损耗可近似看成铜损耗？

9. 电力变压器的效率与哪些因素有关？何时效率最高？

10. 自耦变压器的功率是如何传递的？为什么它的设计容量比额定容量小？

11. 当变比较大时，一般不采用自耦变压器，为什么？

12. 电流互感器正常工作时相当于普通变压器处于什么状态？使用时注意什么？

13. 有一台单相变压器，$S_N = 250\text{kV}\cdot\text{A}$，$U_{1N}/U_{2N} = 10\text{kV}/0.4\text{kV}$，试计算一、二次绕组的额定电流 I_{1N}、I_{2N}。

14. 某三相变压器的数据如下：$S_N = 5000\text{kV}\cdot\text{A}$，$U_{1N}/U_{2N} = 66\text{kV}/10.5\text{kV}$，一次侧为星形接法，二次侧为三角形接法。试求：三相变压器的额定电流 I_{1N}和 I_{2N}。

15. 某单相变压器的额定数据如下：$S_N = 3\text{kV}\cdot\text{A}$，$U_{1N}/U_{2N} = 230\text{V}/115\text{V}$，$f_N = 50\text{Hz}$。一、二次绕组的电阻及漏电抗分别为 $R_1 = 0.3\Omega$，$R_2 = 0.05\Omega$，$X_1 = 0.8\Omega$，$X_2 = 0.1\Omega$。试求：

（1）折算到高压侧的短路电阻 R_S，短路电抗 X_S 及阻抗 Z_S；

（2）折算到低压侧的短路电阻 R'_S，短路电抗X'_S 及阻抗 Z'_S。

16. 三相变压器的一、二次绕组按图 2－42 连接，试画出它们的线电动势相量图，并判断其连接组别。

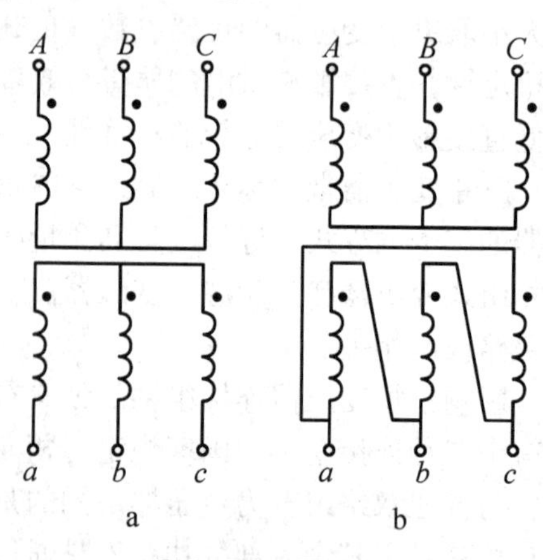

图 2－42　题 16 图

17. 分别画出连接组别为（Y，y2）、（Y，y6）、（D，y3）、（Y，d9）的三相变压器的绕组接线图。

自测题一

一、填空题

1. 磁通交变会在绕组感应电势，磁通（和电势 E 两者波形______，相位__________，幅值______________。

2. 只有当变压器的________损耗与__________损耗相等时，效率最高。

3. 变压器的励磁阻抗可以通过__________试验计算出来。

4. 在双绕组变压器中，只与一个绕组相交链的磁通为____磁通，对应的电抗为____电抗；同时与两个绕组相交链的磁通为____磁通，对应的电抗为____电抗。

5. 为了把只有磁的联系而无电的联系的两个独立电路化为一个统一电路，必须进行________折算，折算原则是________________，折算的方法是把二次绕组的______变成和一次绕组一样。

6. 变压器的损耗主要有两种，即____________和______________。

7. 由于磁化曲线非线性，若励磁电流为正弦波，磁通为______波；若磁通为正弦波，则励磁电流为__________波。

二、判断题

1. 变压器铁芯中的磁通为正弦波，电势为正弦波，励磁电流也为正弦波。（　　）

2. 变压器的短路阻抗等于一次绕组漏阻抗加上二次绕组漏阻抗。（　　）

3. 变压器负载运行时，铁芯中的主磁通是由一、二次绕组磁动势共同产生的。（　　）

4. 变压器的变比等于一、二次绕组匝数比，也等于一、二次绕组线电压比。（　　）

5. 变压器绕组中感应电势大小与铁芯磁通的最大值成正比。（　　）

6. 变压器铁损耗可通过空载试验测定，铜损耗可通过短路试验测定。（　　）

7. 变压器电压调整率为5%，说明二次侧电压下降5%，一次侧电压也下降5%。（　　）

8. 变压器带感性负载，随着负载电流的增大，电压是下降的；带容性负载，随着负载电流的增大，电压一定是上升的。（　　）

9. R_m 是模拟铁损耗的一个等效电阻。（　　）

10. 当电源电压一定时，无论是空载还是负载，变压器铁芯中磁通近似不变。（　　）

三、选择题

1. 已知变压器变比 $k=\sqrt{2}$，折算到高压侧的二次侧电阻为0.5Ω，变压器的二次侧实际电阻为（　　）。

A. 0.5Ω　　B. 0.35Ω　　C. 0.25Ω　　D. 1Ω

2. 一台（Y，y）连接的三相变压器，一、二次绕组额定电压为10000V/400V，若把低压侧1Ω电阻折算到高压侧，折算后的电阻为（　　）。

A. 1Ω　　B. 25Ω　　C. 0.04Ω　　D. 625Ω

3. 变压器等效电路中的励磁阻抗 X_m 对应的是（　　）。

A. 铁芯中主磁通　　B. 一次绕组漏磁通

C. 二次绕组漏磁通　　D. 三次谐波磁通

4. 变压器等效电路中的电阻 R_S 是指（　　）。

A. 一次绕组电阻　　B. 二次绕组电阻

C. 一次绕组电阻加二次绕组折算值　　D. 一、二次绕组电阻之和

5. 变压器感应电势有效值 $E=4.44fN\Phi$，式中 Φ 为铁芯中磁通的（　　）。

A. 有效值　　B. 最大值　　C. 平均值　　D. 瞬时值

6. 下述变压器变比表达式中，定义最准确的是（　　）。

A. $\frac{E_1}{E_2}$　　B. $\frac{U_1}{U_2}$　　C. $\frac{I_2}{I_1}$　　D. $\frac{Z_1}{Z_2}$

第二篇

直流电机

在生产、交通运输与科学研究中，离不开各种各样的直流电机。本篇重点介绍直流电机的工作原理、基本结构和换向，分析电机运行时的磁场关系及基本平衡方程式分析，并阐述直流电力拖动系统的运动方程、运动状态、机械特性和启动、制动、调速的原理及方法。

第3章　直流电机的结构及基本理论

直流电机是将直流电能和机械能相互转换的电机。把机械能转换为直流电能的电机称为直流发电机；把直流电能转换为机械能的电机称为直流电动机。

与交流电机相比，直流电机的结构复杂，消耗有色金属多，运行维护困难。但是，直流电动机具有良好的调速性能、较大的启动转矩和过载能力大等优点，多用于对启动和调速要求较高的生产机械，如轧钢机、电力牵引、挖掘机械、纺织机械等。直流发电机主要用作各种直流电源，例如，直流电动机电源，同步发电机的励磁直流电源，化学工业中电镀、电解等设备的直流电源。随着电力电子技术的发展，由晶闸管整流元件组成的直流电源设备将逐步取代直流发电机。

3.1　直流电机的基本工作原理和结构

3.1.1　直流电机的基本工作原理

1. 直流发电机的工作原理　图3－1所示为直流发电机的物理模型。在图3－1中，N、S为一对固定的磁极（一般是电磁铁，也可以是永久磁铁）。N、S磁极之间有一个可以转动的铁质圆柱体，其上固定一个线圈 $abcd$，线圈的首末端 a、d 分别接到两个互相绝缘的半圆形铜质换向片上。由换向片构成的圆柱体称为换向器。换向器固定在转轴上且与转轴绝缘，随转轴转动。在换向片上分别放上两个固定不动的由石墨制成的电刷 A 和 B，通过电刷 A 和 B 把旋转着的电枢电路与外部电路相连接。旋转的铁芯、线圈和换向器共同组成了直流电机的转子，又称为电枢。在磁极和电枢铁芯之间的间隙称为气隙。

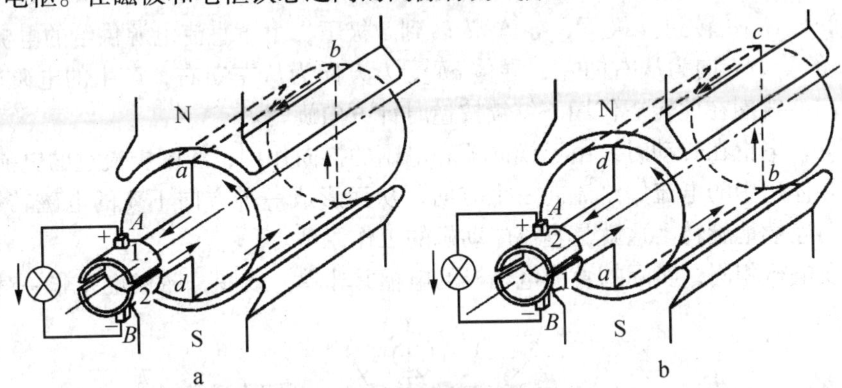

图 3－1　直流发电机模型

在模型中，当原动机拖动电枢以一定的转速逆时针转动时，根据电磁感应定律可知，在线圈 *abcd* 中将有感应电动势产生。感应电动势的方向按右手定则确定。在图 3－1a 所示位置时，导体 *ab* 在 N 极下，感应电动势的方向由 *b* 指向 *a*，即 *a* 为高电位，*b* 为低电位；导体 *cd* 在 S 极下，感应电动势的方向由 *d* 指向 *c*，即 *c* 为高电位，*d* 为低电位。这时，电刷 *A* 的极性为正，电刷 *B* 的极性为负。当电枢旋转 180°时，如图 3－1b，导体 *ab* 与 *cd* 互换了位置，由右手定则可知，此时导体 *ab* 中感应电动势的方向由 *a* 指向 *b*，导体 *cd* 中的感应电动势方向由 *c* 指向 *d*。这时，电刷 *A* 的极性仍为正，电刷 *B* 的极性仍为负。

由此可见，电枢每转一周，线圈 *abcd* 中感应电动势方向交变一次，因此线圈内的感应电动势是一种交变电动势，而由于换向器和电刷的作用，电刷 *A* 和 *B* 的极性不变，在电刷两端可获得直流电动势。因此，直流发电机的工作原理就是把电枢线圈中感应产生的交变电动势，通过换向器配合电刷的换向作用，使其从电刷端引出时变为直流电动势。

实际的直流发电机电枢上均匀嵌放了很多线圈，线圈分布在电枢铁芯表面的不同位置上，并按照一定的规律连接起来，构成电机的电枢绕组。换向器由很多换向片组成，线圈与换向片按一定的连接方式互相接通。磁极也是根据需要 N、S 极交替放置多对。

2. 直流电动机的工作原理　图 3－2 所示为直流电动机的物理模型。与直流发电机不同的是，线圈不被原动机拖动，电刷 *A*、*B* 接在一个直流电源上，电刷 *A* 接电源正极，电刷 *B* 接电源负极，此时将有电流流过电枢线圈。根据电磁力定律可知，线圈上将受到电磁力 *f* 的作用，方向由左手定则确定。在图 3－2a 中，位于 N 极下的导体 *ab* 受力方向为从右向左，位

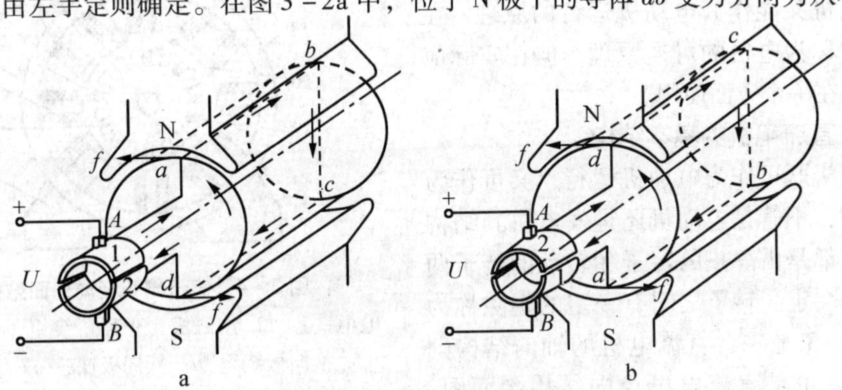

图 3－2　直流电动机模型

于S极下导体 cd 的受力方向为从左向右。这一对电磁力相对转轴形成电磁转矩，转矩的方向为逆时针，当电磁转矩大于阻转矩时，电枢沿逆时针方向旋转。当电枢旋转180°到图3－2b所示位置时，导体 cd 转到N极下，导体 ab 转到S极下，由于直流电源供给的电流方向不变，此时导体 cd 的受力方向为从右向左，导体 ab 受力方向为从左向右，产生的电磁转矩方向仍为逆时针方向，线圈在此转矩作用下继续按逆时针方向旋转。

由此可见，电枢在转动时，由于换向器和电刷的换向作用，线圈中流过的电流是交变的，但每个极下导体边中的电流始终流向一个方向，从而形成一种方向不变的电磁转矩，使电动机朝一个方向连续地旋转。这就是直流电动机的工作原理。

与直流发电机相同，实际的直流电动机的电枢并非单一线圈，磁极也并非一对。

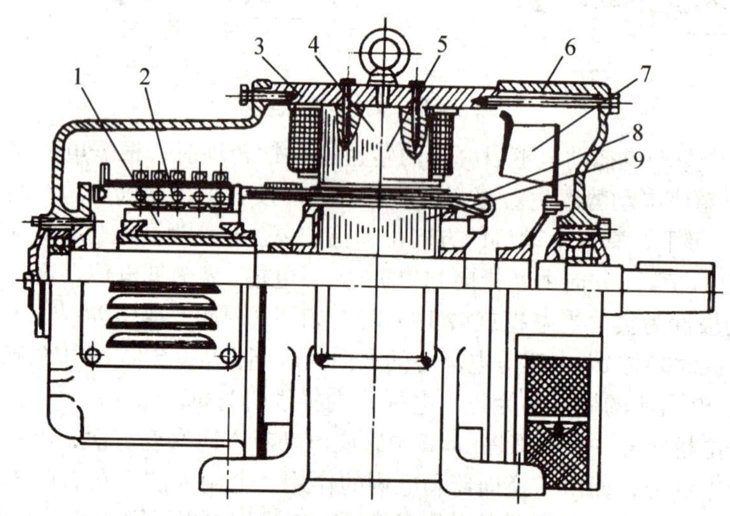

图3－3　直流电机轴向剖面结构

1. 换向器　2. 电刷装置　3. 机座　4. 主磁极　5. 换向极　6. 端盖　7. 风扇　8. 电枢绕组　9. 电枢铁芯

从上述分析可知，一台直流电机原则上既可以作为发电机运行，又可以作为电动机运行，只是其约束条件不同而已。如用原动机拖动直流电机的电枢，将机械能从电机轴上输入，则从电刷端可以引出直流电动势作为直流电源输出电能，电机将机械能转换为电能而成为发电机。如在电刷上加直流电压，将电能输入电枢，则从电机轴上输出机械能拖动生产机械，将电能转换为机械能而成为电动机。这种同一台电机既能作为发电机又能作为电动机运行的原理，在电机理论中称为电机的可逆原理，但在实际应用中一般只在一个方面使用。

3.1.2　直流电机的基本结构

直流电机既可作为电动机运行，又可作为发电机运行，不管是电动机还是发电机其结构基本相同，都是由静止的定子和转动的转子两部分组成的。定、转子之间有一定的间隙称为气隙。图3－3是一台直流电机的轴向结构剖面图，图3－4是直流电机径向结构剖面图。下面分别介绍各主要结构部件的基本结构及其

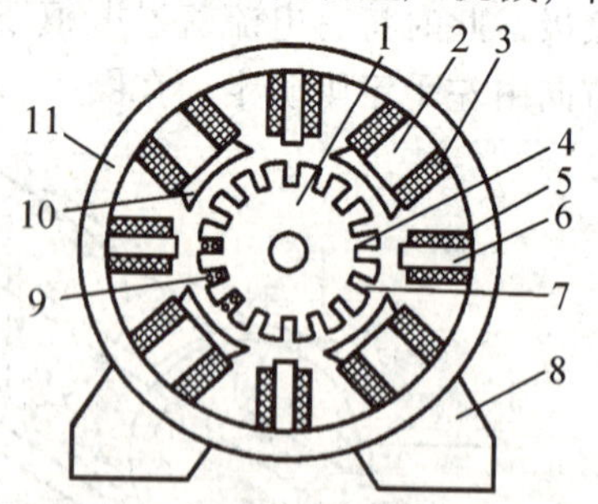

图3－4　直流电机径向剖面结构

1. 电枢铁芯　2. 主磁极　3. 励磁绕组　4. 电枢齿　5. 换向极绕组　6. 换向极铁芯　7. 电枢槽　8. 底座　9. 电枢绕组　10. 极靴　11. 机座（磁轭）

作用。

1. 定子部分　直流电机定子的主要作用是产生磁场并作为电机的机械支撑，主要由主磁极、换向极、机座、端盖、轴承和电刷装置等组成。

（1）主磁极：主磁极的作用是产生恒定、有一定空间分布形状的气隙磁通密度。主磁极一般由主磁极铁芯和励磁绕组组成。

主磁极铁芯分成极身和极靴，极靴的作用是使气隙磁通密度的空间分布均匀并减小气隙磁阻，同时极靴对励磁绕组也起支撑作用。为了减小涡流损耗，主磁极铁芯通常由1.0～1.5mm厚的低碳钢板冲制成一定形状并叠压紧固而成。绕制好的励磁绕组套在主磁极铁芯外面，其作用是产生主磁通。整个主磁极用螺钉固定在机座的内表面，如图3－5所示。

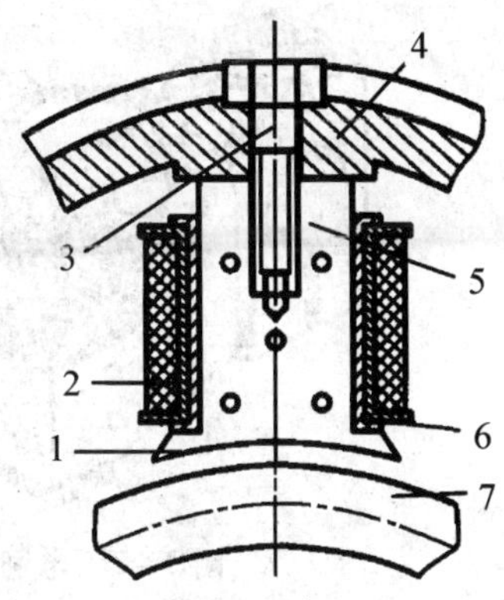

图3－5　直流电机主磁极的结构

1. 极靴　2. 励磁绕组　3. 固定螺钉　4. 机座　5. 机身　6. 框架　7. 转子

直流电机的主磁极总是成对的，相邻磁极的极性按*N*极和*S*极交替排列。大多数直流电机的主磁极都是在主磁极励磁绕组中通入直流电流来励磁的，而小型直流电机的主磁极大多采用永久磁铁，这种电机称为永磁直流电机。

（2）换向极：换向极又称为附加极或间极，其作用是产生附加磁场，改善直流电机的换向，减少电刷与换向器之间的火花。它装在相邻两个主磁极之间，由换向极铁芯和换向极绕组构成，如图3－6所示。换向极铁芯比主磁极的简单，一般由整块钢或钢板加工而成；换向极绕组与电枢绕组串联。

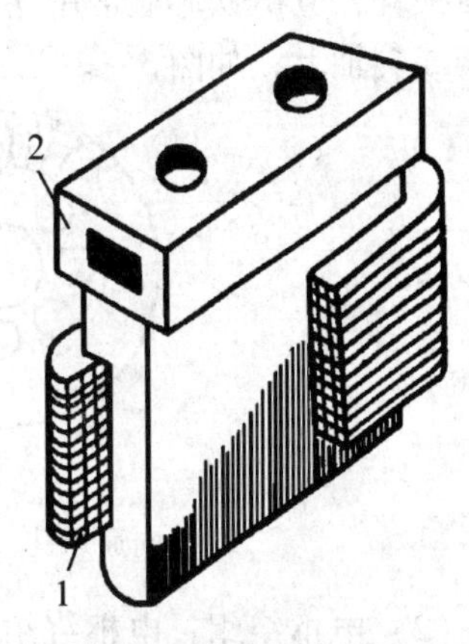

图3－6　换向极的结构

1. 换向极绕组　2. 换向极铁芯

（3）机座：机座通常由铸钢或厚钢板焊接而成，它是电机的机械支撑，用来固定主磁极、换向极和端盖；同时它也是电机磁路的一部分。在机座中有磁路经过的部分称为磁轭。

（4）电刷装置：电刷装置的作用是将直流电压、直流电流引入或引出的装置，由电刷、刷握、压紧弹簧和铜丝辫等构成，如图3－7所示。

电刷由石墨制成，固定在刷握内，用弹簧压紧在换向器上，保证电刷与换向器之间有良好的滑动接触，使电枢绕组与外电路接通。刷握用螺钉固定在刷杆上，一般直流电机刷杆的数目与电机的主磁极极数相等。刷杆固定在刷杆座上，刷杆座套在电机的端盖或轴承盖的凸出部分上。

需要调整电刷位置时，只需调整刷杆座位置即可。电刷的铜丝辫是用来把电流接通到刷杆上，并将刷杆上的电刷组连在一组，与换向极绕组串联后，引到出线盒的接线柱上。

（5）端盖：电机中的端盖固定在机座上，主要起支撑作用，其上放置轴承支撑直流电机的转轴，使直流电机能够旋转，一般为铸钢件。

2. 转子部分　直流电机的转子又称为电枢，其作用是产生电磁转矩和感应电动势，以实现能量转换。它包括电枢铁芯、电枢绕组、换向器、轴和风扇等，如图3－8所示。

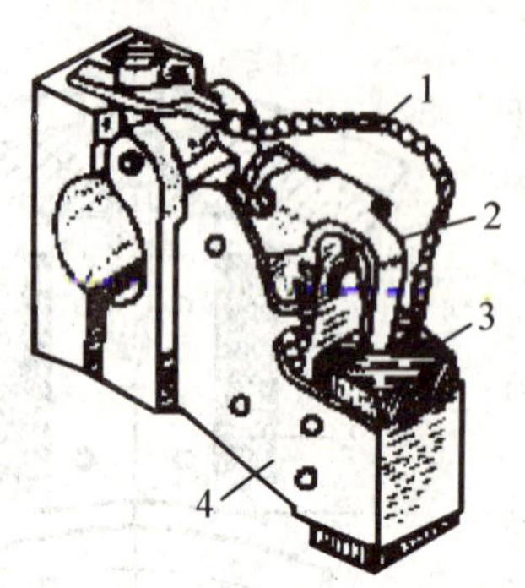

图3-7 电刷装置

1. 铜丝辫 2. 压紧弹簧

3. 电刷 4. 刷握

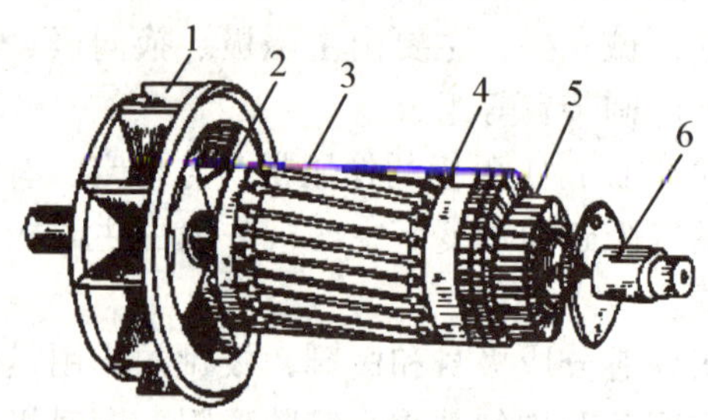

图3-8 直流电机的电枢

1. 风扇 2. 绕组 3. 电枢铁芯

4. 绑带 5. 换向器 6. 转轴

(1) 电枢铁芯：电枢铁芯是电机主磁路的一部分，电枢铁芯圆周上有均匀分布的槽，里面可嵌入电枢绕组。为了减少电机旋转时由于铁芯中的磁通方向发生变化引起的涡流损耗和磁滞损耗，电枢铁芯通常用0.5mm厚的表面涂有绝缘层的硅钢片冲片叠压而成，固定在转子支架或转轴上，如图3-9所示。

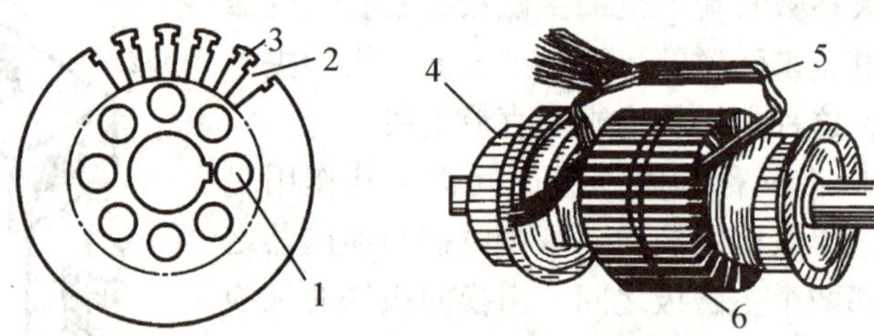

图3-9 电枢冲片和电枢铁芯

1. 轴向通风孔 2. 槽 3. 齿 4. 换向器 5. 电枢绕组 6. 电枢铁芯

(2) 电枢绕组：电枢绕组是用来产生电磁转矩和感应电动势，从而实现机电能量转换的关键部件。电枢绕组由带绝缘的导体绕制而成，对于小型电机常采用铜导线，对于大、中型电机常采用成型线圈。在电机中每一个线圈称为一个元件，多个元件有规律连接形成电枢绕组。绕制好的绕组或成型绕组放置在电枢铁芯上的槽内，放置在铁芯槽内的直线部分在电机运转时将产生感应电动势，称为元件的有效部分；在电枢两端把有效部分连接起来的部分称为端接部分。在实际电机中，为了使元件端接部分能平整地排列，每个槽中的元件边分上下两层叠放，一个元件边放在一个槽的上层，另一个元件边放在另一个槽的下层，因此直流电机绕组一般都是双层绕组，其元件形式如图3-10所示。

根据连接规律的不同，电枢绕组通常可分为单叠绕组和单波绕组。在单叠绕组的任何两个紧相串联的元件中，后一个元件的端接部分紧“叠”在前一个元件的端接部分上，同时元件两个端子所连的换向片之间的距离为一个换向片宽度。图3-11为某直流电机单叠绕组展开图，图3-12所示为其并联支路电路。由图3-12可知，单叠绕组并联支路数多，每个支路里的元件数少，支路合成感应电动势较低，而允许通过的总电枢电流较大，因此单叠绕组

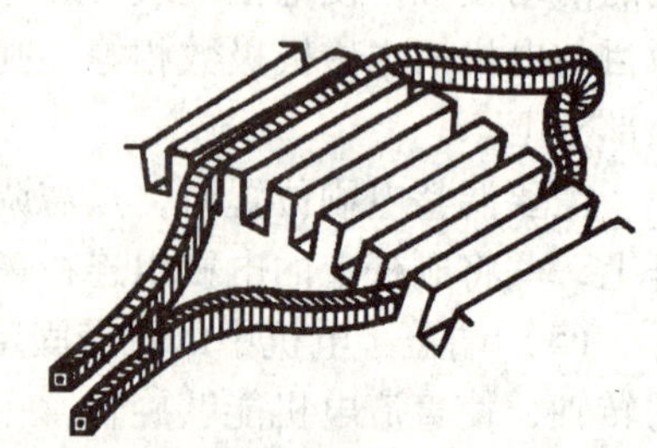

图3-10 直流电机绕组的元件形式

适用于低电压、大电流的直流电机。

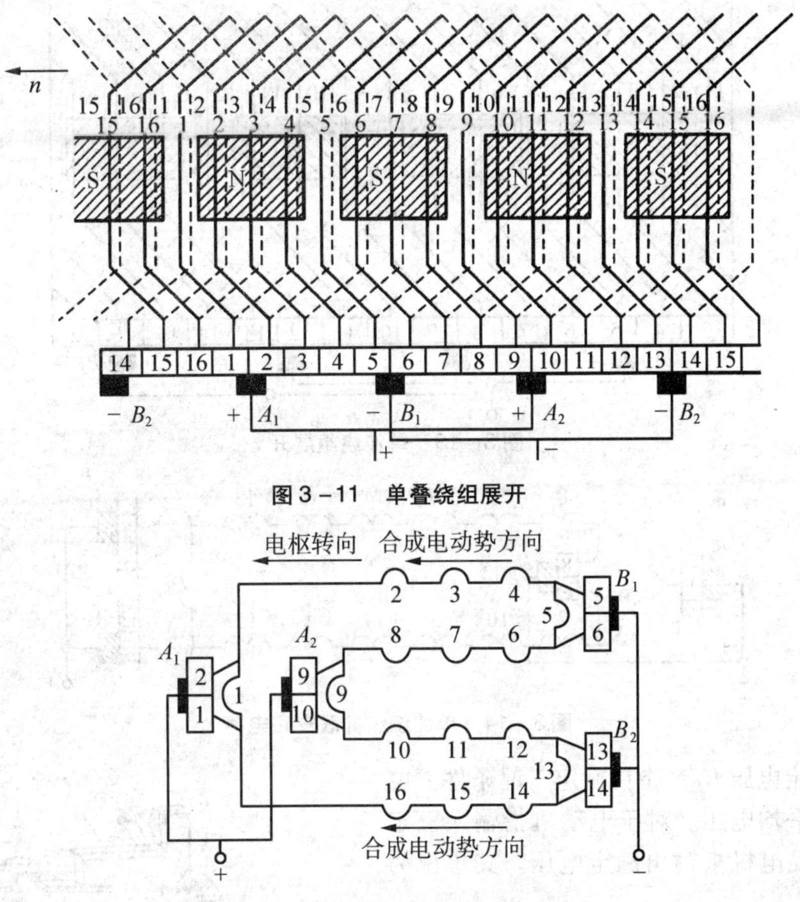

图 3－11　单叠绕组展开

图 3－12　单叠绕组并联支路电路

单波绕组的特点是元件两出线端所连接的换向片相隔较远，相串联的两元件也相隔较远，这样连接起来的元件形式犹如波浪一样向前延伸。图 3－13 为某直流电机单波绕组展开图，图 3－14 所示为其并联支路电路。由图 3－14 可知，单波绕组并联支路数少，每个支路里含的元件数较多，支路合成感应电动势较高，而允许通过的总电枢电流较小，因此单波绕组适合用于高电压、较小电枢电流的直流电机。

（3）换向器：换向器由许多彼此绝缘的换向片构成。在直流发电机中，它的作用是将绕组内的交变电动势转换为电刷端的直流电动势；在直流电动机中，它将电刷中所通过的直流电流转换为绕组内的交变电流。换向器安装在转轴上，换向片之间用云母绝缘，电枢绕组的每个线圈两端分别焊接在两个换向片上，如图 3－15 所示。

3.1.3　直流电机的铭牌数据及主要系列

1．铭牌数据　直流电机的机座外壳上钉有一块铭牌，上面标明电机的型号、额定值和额定运行下的有关技术数据，它们是正确选择、合理使用和检修电机的依据。

铭牌上所标常用额定数据主要有：

（1）额定功率 P_N：指额定条件下电机所能供给的功率。对于电动机，额定功率指电动机轴上输出的额定机械功率；对于发电机，额定功率指电刷间输出的额定电功率。其单位为千瓦（kW）。

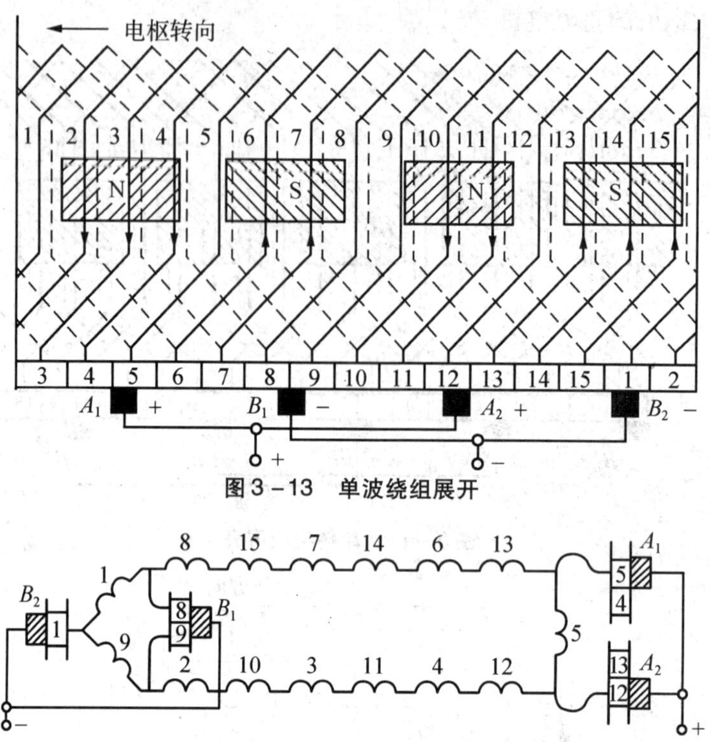

图 3－13　单波绕组展开

图 3－14　单波绕组并联支路电路

（2）额定电压 U_N：指在额定工况条件下电机出线端的平均电压。对于电动机指输入额定电压，对于发电机指输出额定电压。其单位为伏特（V）。

（3）额定电流 I_N：指电机在额定电压下运行于额定功率时的电流，单位为安培（A）。

（4）额定转速 n_N：指电机在额定电压、额定电流情况下，运行于额定功率时所对应的转速，单位为转/分（r/min）。

（5）额定励磁电流 I_{fN}：指电机在额定电压、额定电流、额定转速及额定功率下运行时的励磁电流，单位为安培（A）。

此外，电机铭牌上还标有其他数据，如励磁方式、励磁电压、出厂日期、出厂编号等。

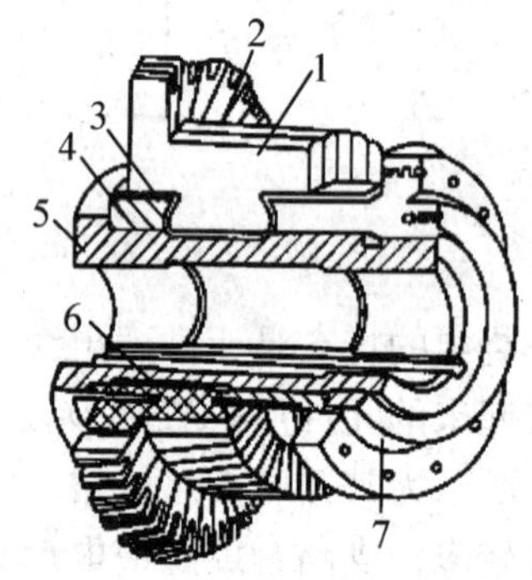

图 3－15　直流电机换向器

1. 换向片　2. 云母片　3. V 形钢环　4. 云母套筒　5. 钢套　6. 绝缘套筒　7. 螺旋压圈

直流电机运行时，若各个物理量都与它的额定值一样，就称为额定运行状态。在额定状态下，电机能可靠地工作，并具有良好的性能。但在实际应用中，由于负载的变化，电机不总运行在额定状态。如果电机的电流小于额定电流，就称为欠载运行；超过额定电流，称为过载运行。长期欠载运行时电机不能得到充分利用，效率降低，不经济；长期过载运行时可能因过热而损害电机的寿命。因此，应根据负载的要求选择电机，尽量让电机工作在额定状态。

2. 直流电机的主要系列　电机的产品型号表示电机的结构和使用特点，国产电机的型号一般采用大写的汉语拼音字母和阿拉伯数字表示，其中汉语拼音字母是根据电机的全名称选择有代表意义的汉字，再从该汉字的拼音中得到。

电机产品型号的格式为：第一部分，用大写的汉语拼音表示产品代号；第二部分，用阿拉伯数字表示设计序号；第三部分，用阿拉伯数字表示机座代号；第四部分，用阿拉伯数字表示电枢铁芯长度代号。

例如型号 Z2－31 的含义：Z 表示一般用途的直流电机；2 表示第二次设计；3 表示机座序号；1 表示电枢铁芯长度序号。

当前我国生产的直流电机主要序列有：Z 系列，一般用途直流电动机（如 Z2、Z3、Z4 等系列）；ZJ 系列，精密机床用直流电动机；ZQ 系列，直流牵引电动机；ZT 系列，广调速直流电动机；ZH 系列，船用直流电动机；ZA 系列，防爆安全型直流电动机；ZZJ 系列，冶金起重机用直流电动机；ZKJ 系列，挖掘机用直流电动机。

3.2 直流电机的励磁方式及磁场

由电机的工作原理可知，直流电机在正常工作时必须有磁场，电枢绕组切割磁场才能产生感应电动势；电枢电流在磁场中受力才能产生电磁转矩，从而才能实现机电能量转换。因此，要弄清直流电机的工作原理和特性，必须对直流电机的磁场情况有一个正确的了解。

3.2.1 直流电机的励磁方式

直流电机主磁场的获得有两种方法：一种是用永久磁铁作为主磁极获得主磁场，另一种是给主磁极励磁绕组通过直流电流产生主磁场。直流电机的励磁方式是指直流电机励磁绕组电流的供给方式。根据励磁方式的不同，直流电机可分为他励和自励两大类。励磁电流由其他直流电源单独供给的称为他励电机，励磁电流由电机自身供给的称为自励电机。自励电机根据励磁绕组和电枢绕组的连接方式不同，又可分为并励电机、串励电机和复励电机三种。图 3－16 所示为直流发电机的各种励磁方式。

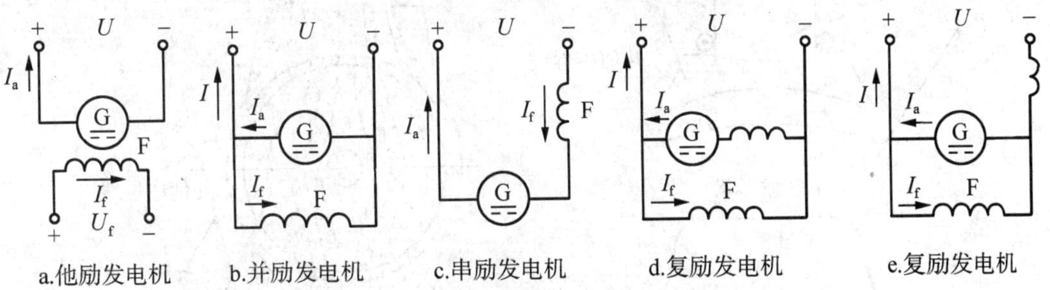

图 3－16 直流发电机的励磁方式

3.2.2 直流电机的空载磁场

直流电机的空载指电机无负载，即无功率输出，电枢电流等于零或者很小，可以忽略其影响的一种运行状态。此时，直流电机的空载磁场指由励磁磁动势单独建立的磁场。

1. 直流电机的磁路 图 3－17 所示为一台四极直流电机空载时的磁场分布。当励磁绕组通入励磁电流 I_f 时，每极的励磁磁动势为

$$F_f = I_f N_f \tag{3-1}$$

式中，N_f 为一个磁极上励磁绕组的串联匝数；F_f 为励磁磁动势，单位为安·匝（A·匝）。

由图 3－17 可以看出，由 N 极出来的磁通，大部分经过气隙进入电枢齿部，再经过电枢

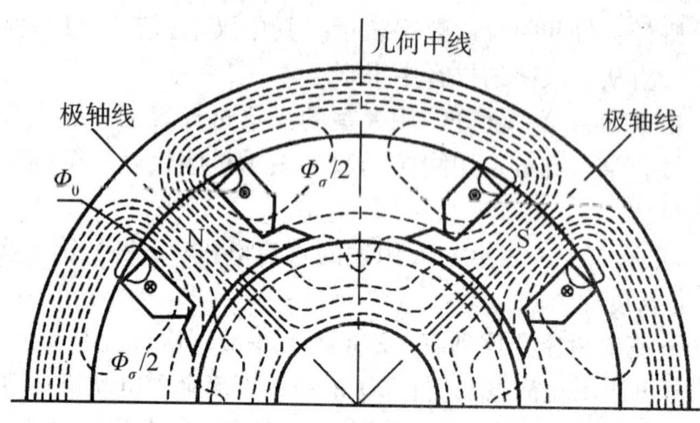

图 3－17 直流电机空载时的磁场分布

磁轭到另一部分的电枢齿，又通过气隙进入 S 极，再经过定子磁轭回到原来出发的 N 极，形成闭合回路。这部分磁通同时与励磁绕组和电枢绕组相交链，称为主磁通 Φ_0，主磁通所经过的磁路称为主磁路。还有一小部分磁通不进入电枢铁芯，直接经过相邻的磁极或者定子磁轭形成闭合回路，这部分磁通仅与励磁绕组相交链，称为漏磁通 Φ_σ，漏磁通所经过的磁路称为漏磁路。直流电机中，进入电枢中的主磁通是主要的，它在电枢绕组中感应电动势或产生电磁转矩，而漏磁通没有这个作用，它只是增加了主磁极磁路的饱和程度。由于主磁通磁路中的气隙较小、磁阻小，而漏磁通磁路中的空间较大、磁阻也大，所以漏磁通在数量上比主磁通要小得多，仅为主磁通的 1% 以下。

2. 空载时的气隙磁通密度　直流电机空载磁场的磁通密度分布波形为平顶波，如图 3－18所示。由图 3－18 可以看出，在极靴范围内，气隙小，气隙中沿电枢表面上各点磁通密度较大；在极靴范围外，气隙长度增加很多，磁通密度显著减小，至两极间的几何中性线处磁通密度为零。

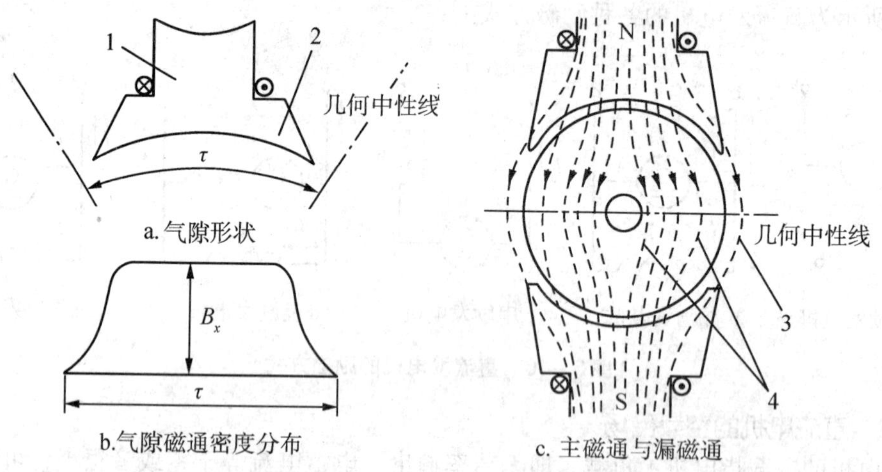

图 3－18 气隙磁通密度分布

1. 极身　2. 极靴　3. 漏磁通　4. 主磁通

3. 直流电机的空载磁化特性　电机运行时，要求每极下有一定量的主磁通 Φ_0，也就是要求有一定的励磁磁通势 F_{f0}。在实际电机中，励磁绕组匝数已经确定，因此就是要求有一定的励磁电流 I_{f0}。空载时，气隙每极磁通 Φ_0 与空载励磁磁动势 F_{f0} 或空载励磁电流 I_{f0} 的关系称为直流电机的空载磁化特性 $\Phi_0=f(F_{f0})$ 或 $\Phi_0=f(I_{f0})$，如图 3－19 所示。

直流电机的空载磁化特性曲线表明了电机磁路的特性。主磁路由主磁极铁芯、气隙、电枢齿、电枢铁芯和磁轭等五部分组成。由于主磁路中铁磁材料磁导率不是常数，因此电机磁化曲线的形状和所采用的铁磁材料的 $B-H$ 曲线相似，也是非线性的。

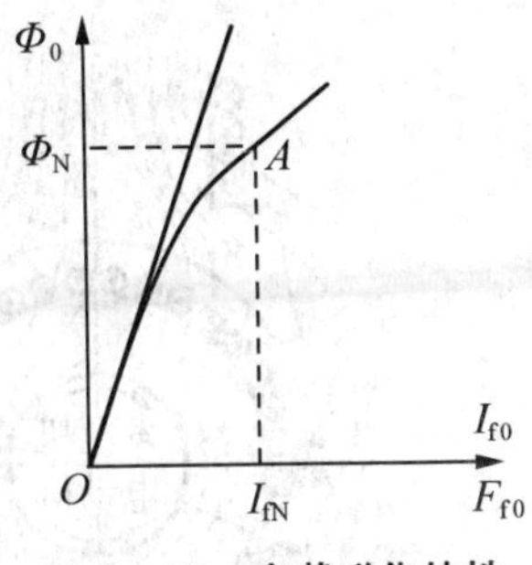

图 3－19　空载磁化特性

空载磁化特性曲线表明：电机中磁通增大时，磁动势增加比磁通增加得快；当磁通很大时，磁化曲线呈饱和特性，对应的磁动势剧烈增大，这时电机的饱和程度很高。为了经济、合理地利用材料，一般直流电机在额定运行时，它的额定磁通 Φ_N 设定在图 3－19 的 A 点，即在磁化特性曲线开始拐弯将进入饱和区的地方。

3.2.3　直流电机负载时的磁场

电机带负载后，电枢绕组中就有电流流过，在电机磁路中又形成一个磁动势——电枢磁动势 F_{ax}。因此，负载时的气隙磁场是由励磁磁动势和电枢磁动势共同建立的，电枢磁动势的出现使得磁路里的磁场发生变化。

1. 电枢磁动势和电枢磁场　电枢磁动势是由电枢电流产生的，不论什么形式的绕组，其各支路中的电流都是通过电刷引入或引出的。同一个极下元件边中的电流方向是相同的，不同极性的磁极下元件边中的电流方向总是相反的，因此电刷是电枢表面电流分布的分界线。电刷在几何中性线上时的电枢磁动势如图 3－20 所示。由于电刷和换向器的作用，尽管电枢是旋转的，但是每个极下元件边中的电流方向是不变的，因此电枢磁动势以及由它建立的电枢磁场是不变的。电枢磁场的轴线总是与电刷轴线重合，并与励磁磁动势产生的主磁场轴线相互垂直。由图 3－20 可知，在极靴范围内，气隙是均匀的，磁通密度分布也是一条直线。但在两极极靴之间的空间内，因气隙增大很快，磁阻急剧增加，虽然此处磁动势较大，磁通密度却减小，在两极之间的几何中性线处，磁通密度为零。因此，电枢磁通密度的分布曲线为马鞍形波。

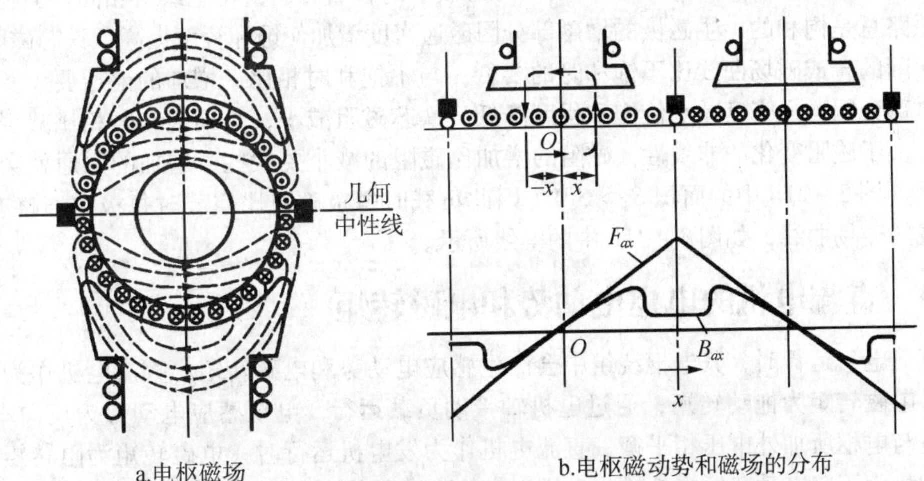

图 3－20　电刷在几何中性线上的电枢磁动势和磁场

2. 负载时的合成磁场和电枢反应　电机带负载运行时，气隙中的磁场是励磁磁场和电枢磁场共同作用的结果，如图 3－21a 所示。电枢磁场的出现必然会影响空载时只有励磁磁动势单独建立的磁场，使主磁场的大小和分布发生改变。通常把负载时电枢磁场对气隙磁场的影响称为电枢反应。

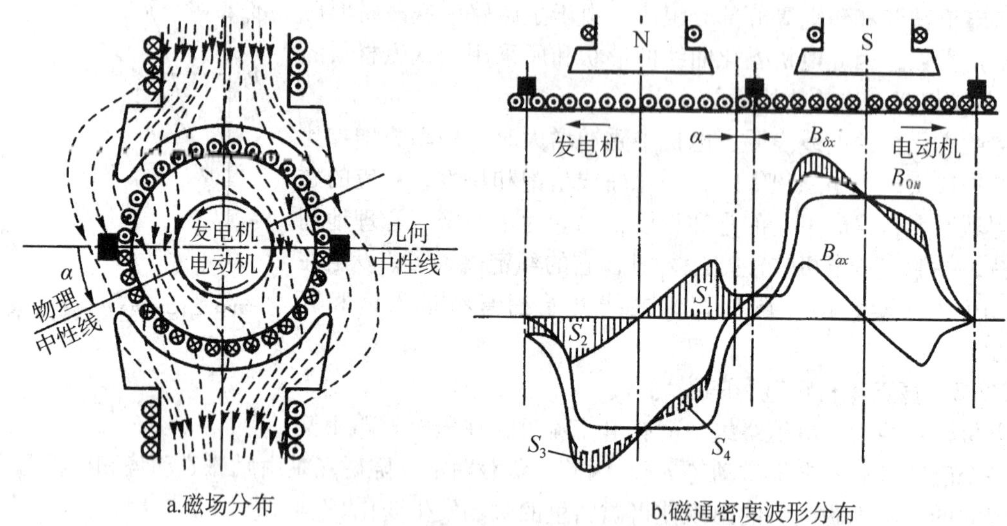

a.磁场分布　　b.磁通密度波形分布

图3－21　电刷在几何中性线上的电枢反应

当电刷位于几何中性线上时，电枢反应主要有以下两个特点：

（1）使气隙磁场发生畸变：电机中N极与S极的分界线称为物理中性线，在物理中性线处，磁场为零。空载时，几何中性线处的气隙磁场为零，物理中性线与几何中性线重合。负载时，由于电枢反应的影响，气隙磁场发生畸变，在每一个磁极下，电枢磁场使主磁极磁场的一端磁场被削弱，另一端则被加强，并使电枢表面磁通密度等于零处离开了几何中性线，即物理中性线与几何中性线不再重合。在电动机中，物理中性线逆电机旋转方向移过一个不大的α角；在发电机中，物理中性线顺电机旋转方向移过一个不大的α角。

（2）对主磁场起去磁作用：磁路不饱和时，主磁场被削弱的数量恰好等于被加强的数量（图3－21b中的面积S_1和S_2），因此负载时每极下的合成磁通量与空载时相同。但在实际电机中，磁路总是饱和的，主磁极的增磁部分因磁通密度增加使饱和程度提高，铁芯磁阻增大，从而使实际的合成磁场曲线比不饱和时的要低，与不饱和时相比，增加的磁通要少些；主磁极的去磁部分因磁通密度减小使饱和程度降低，铁芯磁阻减小，与不饱和时相比减少的磁通要少些。由于磁阻变化的非线性，磁阻的增加比磁阻的减小要大些，增加的磁通就会小于减少的磁通（图3－21b中的面积$S_3 > S_4$），因此负载时每极磁通比空载时每极磁通略有减少。实际合成的磁场曲线，如图3－21b中的实线所示。

3.3　直流电机的电枢电动势和电磁转矩

当直流电机运行时，其电枢绕组中会产生感应电动势和电磁转矩。直流电机作为电动机运行时，电磁转矩为拖动转矩，通过电机轴带动负载运行，电枢感应电动势为反向电动势，其作用是与电枢所加外电压相平衡。直流电机作为发电机运行时，电磁转矩为阻转矩，电枢感应电动势为正向电动势，向外输出电压，供给直流负载。

3.3.1　直流电机的电枢电动势

电枢电动势指直流电机正、负电刷之间的感应电动势，即电枢绕组每一条支路的感应电动势。每条支路所含的元件数是相等的，而且每条支路里的元件都是分布在同极性磁极下的不同位置上。因此，可先求出一根导体在一个极距范围内切割气隙磁通密度的平均感应电动势，再乘以一条支路中总的导体数，就是电枢电动势。

根据电磁感应定律，一根导体内的平均感应电动势为

$$e_{av}=B_{av}vl \tag{3-2}$$

式中，B_{av}为一个主磁极下的平均气隙磁通密度；l为导体的有效长度。B_{av}与每极磁通Φ、极距τ的关系为

$$B_{av}=\frac{\Phi}{\tau l} \tag{3-3}$$

线速度v与极距τ的关系为

$$v=2p\tau\frac{n}{60} \tag{3-4}$$

式中，p为磁极对数；n为电枢转速。

将式（3-3）、式（3-4）代入式（3-2），可得每根导体的平均感应电动势为

$$e_{av}=2p\Phi\frac{n}{60} \tag{3-5}$$

则每条支路中的感应电动势为

$$E_a=\frac{N}{2a}e_{av}=\frac{pN}{60a}\Phi n=C_e\Phi n \tag{3-6}$$

式中，N为电枢导体总数；$C_e=\frac{pN}{60a}$称为电动势常数，与电机结构有关；Φ为每极磁通，单位为韦伯（Wb）；n为电枢转速，单位为转/分（r/min）；E_a为每条支路中的感应电动势，单位为伏特（V）。

由式（3-6）可知，对于制造好的直流电机，其感应电动势与气隙磁通和电机转速有关，改变转速或磁通均可改变电枢电动势的大小。

3.3.2 直流电机的电磁转矩

电磁转矩指电枢上所有载流导体在磁场中受力所形成的转矩的总和。当电枢绕组中有电枢电流流过时，根据电磁力定律，任一导体在磁场中所受平均电磁力为

$$f_{av}=B_{av}li_a \tag{3-7}$$

式中，$i_a=\frac{I_a}{2a}$为导体中流过的电流，其中I_a为电枢电流，a为并联支路对数。

若以D表示电枢外径，则每根导体形成的平均电磁转矩为

$$T_{av}=\frac{D}{2}f_{av}=\frac{D}{2}B_{av}li_a \tag{3-8}$$

总的电磁转矩为

$$T_{em}=NT_{av}=\frac{D}{2}NB_{av}li_a \tag{3-9}$$

将$\frac{D}{2}=\frac{2p\tau}{2\pi}$和$i_a=\frac{I_a}{2a}$代入式（3-9），得

$$T_{em}=\frac{D}{2}NB_{av}li_a=\frac{2p\tau}{2\pi}N\frac{\Phi}{l\tau}l\frac{I_a}{2a}=\frac{pN}{2\pi a}\Phi I_a=C_T\Phi I_a \tag{3-10}$$

式中，$C_T=\frac{pN}{2\pi a}$为转矩常数，仅与电机结构有关。当磁通Φ的单位为韦伯（Wb）、电枢电流I_a的单位为安培（A）时，电磁转矩T_{em}的单位为牛·米（N·m）。

由式（3-10）可知，对于制造好的直流电机，其电磁转矩与气隙磁通和电枢电流的乘

积成正比。改变电流或磁通均可改变电磁转矩的大小。

电枢电动势和电磁转矩的计算公式是直流电机中的两个重要公式。对于同一台直流电机，电动势常数 C_e 和转矩常数 C_T 的关系为

$$C_T = 9.55C_e \tag{3-11}$$

3.4 直流电机的换向

直流电机在运行中，电枢绕组元件经过电刷从一条支路进入另一条支路时，该元件中的电流方向也发生了改变，这个过程称为换向。换向不良会产生电火花或环火，严重时将烧毁电刷，导致电机不能正常运行，甚至引起事故。

3.4.1 电机的换向过程

图 3－22 所示是一个单叠绕组当电刷宽度等于换向片宽度时，元件 1 的换向过程。电枢绕组以线速度 v_a 由右向左转动，电刷固定不动。当电刷完全与换向片 1 接触时，元件 1 中的电流流向如图 3－22a 所示，其大小为 $i = +i_a$；当电枢转到使电刷与换向片 1、2 同时接触（图 3－22b）时，元件 1 被电刷短路；当电刷仅与换向片 2 接触（图 3－22c）时，元件 1 进入另一条支路，其中电流从换向前的方向变为换向后的反方向，完成换向过程，这时元件 1 中流过的电流 $i = -i_a$。

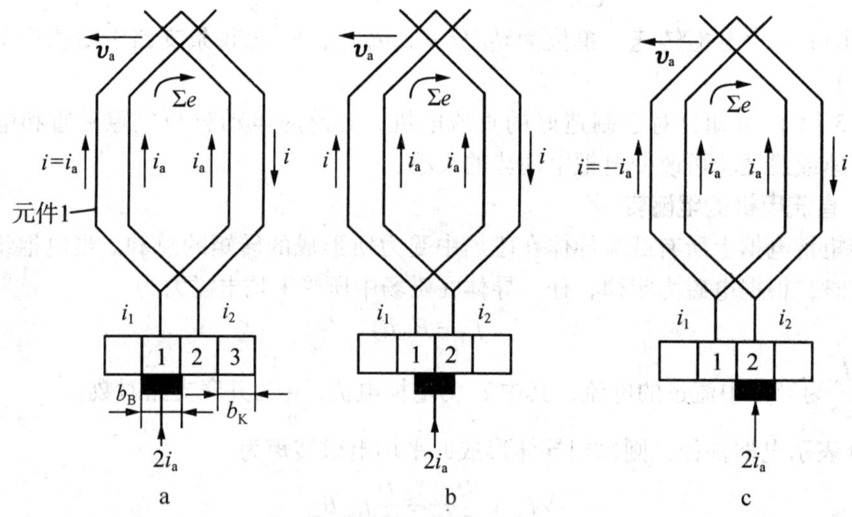

图 3－22 直流电机换向过程

换向过程所经过的时间称为换向周期 T_K。换向周期极短，通常只有千分之几秒。经过一个换向周期，元件中的电流由 $+i_a$ 变换到 $-i_a$。这期间如果电流随时间均匀变化，在整个换向周期里电流与时间成线性关系，如图 3－23 中的直线所示，这种换向称为直线换向。直线换向时，电流变化均匀，在整个换向过程中电刷各处电流密度相等，因此电刷下火花很小，基本可以实现无火花换向。

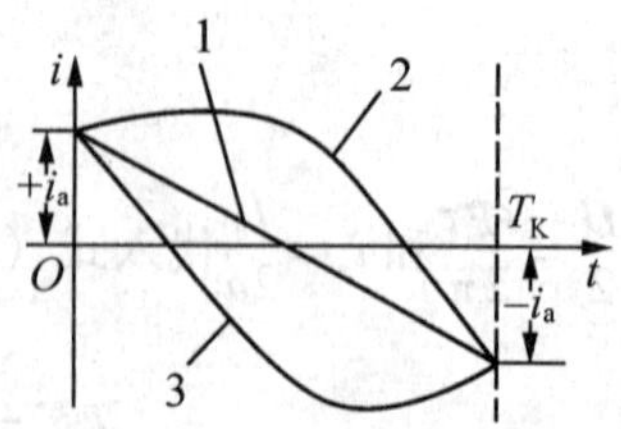

图 3－23 换向电流变化过程

1. 直线换向 2. 延迟换向 3. 超越换向

直线换向时，换向元件中各种电动势总和为零。但在实际电机中，换向元件的总电动势常常不为零，电机正常运行时换向元件中会产生以下几种电动势。

1. 电抗电动势 e_r　换向时，换向元件中的电流是变化的，并且换向元件本身就是线圈，线圈必有自感作用；同时被电刷短路而进行换向的元件一般不止一个，换向元件之间又有互感作用。因此，在电流变化时，换向元件中必然出现由自感与互感作用所引起的感应电动势，这个合成电动势称为电抗电动势 e_r，即

$$e_r = e_L + e_M = -(L+M)\frac{di}{dt} = -L_r\frac{di}{dt} \tag{3-12}$$

根据楞次定律，电抗电动势 e_r 的作用总是阻碍电流变化的。由于电流在减小，因此 e_r 的方向与元件换向前电流 $+i_a$ 的方向相同。

2. 电枢反应电动势 e_a　直流电机运行时，换向元件的有效边处于几何中性线上及其附近的区域。在几何中性线处，虽然主磁极磁场基本为零，但电枢磁场不为零。因此，换向元件必然切割电枢磁场，而在其中也必然感应产生一种旋转电动势，称为电枢反应电动势 e_a，其大小为

$$e_a = 2N_c B_a l v_a \tag{3-13}$$

式中，N_c 为元件的匝数；B_a 为换向元件边所在处的气隙磁通密度；l 为元件边导体的有效长度；v_a 为电枢表面线速度。

可以证明，电枢反应电动势 e_a 的方向与电抗电动势 e_r 的方向一致，同样阻碍换向元件中电流的变化。这种阻碍作用表现为使电流换向延迟，称为延迟换向，如图 3－23 所示。延迟换向电流开始变化得慢，电刷的前刷边电流密度小，后刷边电流密度大，因此后刷边出现的火花较大。

为了改善换向，应想办法使换向元件中再产生一个电动势 e_k，使 e_k 与 $e_a + e_r$ 大小相等、方向相反。这样换向元件中总电动势 $\Sigma e = 0$，成为直线换向。但是，如果把 e_k 加过了头，$e_k > e_a + e_r$，则 Σe 的方向是帮助换向中电流变化的，此时的换向称为超越换向，如图 3－23 所示。超越换向前刷边电流密度大，因而产生较大火花，严重时影响电机正常运行。

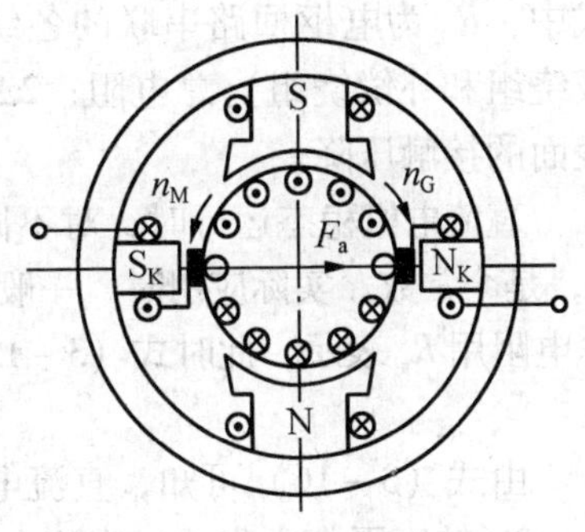

图 3－24　装换向极改善换向

3.4.2　改善换向的方法

改善换向的目的在于消除或削弱电刷下的火花。改善换向的方法可在换向元件中产生改善换向的电动势 e_k。常用的改善换向的方法有以下三种：

1. 选择合适的电刷以增加电刷与换向片之间的接触电阻　电刷型号规格很多，其中碳－石墨电刷的接触电阻最大，石墨电刷和电化石墨电刷的接触电阻次之，铜－石墨电刷的接触电阻最小。为了改善电机的换向，应采用接触电阻大的电刷，但这种电刷接触压降较大、电能损耗大、发热量大，允许的电流密度较小，电刷接触面积和换向器尺寸以及电刷的摩擦都将增大。因此，设计制造电机时应综合考虑两方面的因素，选择合适的电刷。

2. 装设换向极　在一般的直流电机中，常用的改善换向最有效的方法是安装换向极，换向极装设在相邻两主磁极之间的几何中性线上，如图 3－24 所示。换向元件切割换向极磁场产生电动势 e_k。为了使 e_k 的方向与 e_a、e_r 的方向相反，换向极磁场方向应与电枢磁场方向相反；为了使 e_k 的数值尽量与 $e_a + e_r$ 相等，换向极绕组应与电枢绕组串联。

3. 移刷改善换向　对于没有换向磁极的小型直流电机，可以采用移刷的方法改善换向。设物理中性线与几何中性线之间的夹角为 α，在直流发电机中，电刷应自几何中性线处顺电

枢转向移动一个 β 角（$\beta>\alpha$），如图 3－25 所示。在直流电动机中，电刷应自几何中性线处逆电枢转向移动一个 β 角（$\beta>\alpha$）。这样，换向元件切割主磁场产生的感应电动势 e_k，就可以抵消 e_a+e_r。

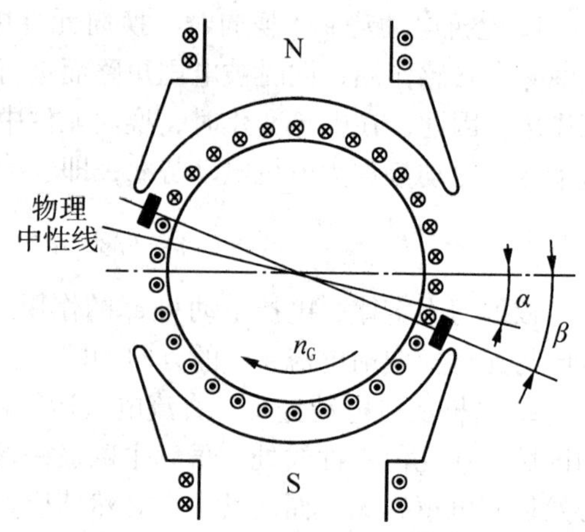

图 3－25　移动电刷改善换向

3.5　直流电动机

3.5.1　直流电动机的基本方程式

图3－26 所示为他励直流电动机的运行原理。在外加电源电压作用下，励磁绕组中流过励磁电流 I_f，建立主磁场。电枢绕组中流过电枢电流 I_a，在主磁场作用下产生电磁力形成电磁转矩 T_{em}，在电磁转矩的作用下电动机旋转。旋转电枢绕组切割磁场，产生方向与电枢电流相反的感应电动势 E_a，称为反电动势。各物理量参考方向如图 3－26 所示。

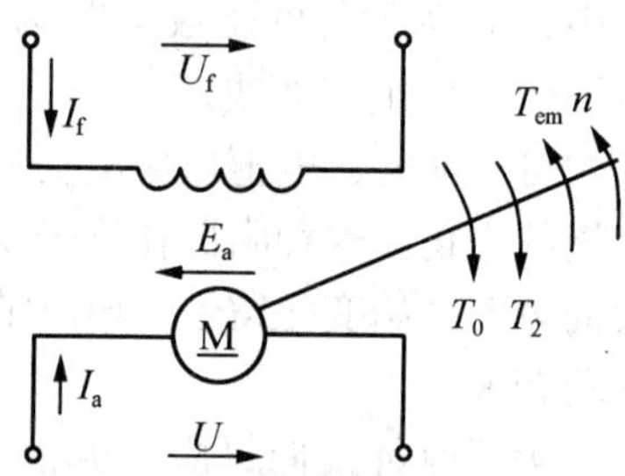

图 3－26　他励直流电动机运行原理

1. 电压平衡方程式　直流电动机的感应电动势为

$$E_a=C_e\Phi n \tag{3-14}$$

根据基尔霍夫电压定律，可得电压平衡方程式为

$$U=E_a+I_aR_\Sigma+2\Delta U_b \tag{3-15}$$

式中，R_Σ 为电枢回路串联的各绕组（包括电枢绕组、换向极绕组和补偿绕组）总电阻；$2\Delta U_b$ 为正、负电刷与换向器表面的接触压降。

直流电机稳态运行时，对不同材料的电刷，ΔU_b 有不同的数值。对于石墨电刷，$2\Delta U_b=2$ V，是个常数。实际应用时，一般不单独考虑 $2\Delta U_b$ 的作用，而是把它归入电枢回路，电枢回路总电阻用 R_a 表示，此时式（3－15）可写成

$$U=E_a+I_aR_a \tag{3-16}$$

由式（3－16）可知，直流电动机在电动机运行状态下，$U>E_a$。

2. 转矩平衡方程式　直流电动机通电后电枢绕组在磁场中受力产生电磁转矩 T_{em}，根据式（3－10）可知

$$T_{em}=C_T\Phi I_a \tag{3-17}$$

在电磁转矩的作用下，电动机旋转。因此，在直流电动机中电磁转矩是拖动性质的转矩，它必须与轴上负载转矩 T_2 和空载转矩 T_0 相平衡，即

$$T_{em}=T_2+T_0 \tag{3-18}$$

式中，T_0 为空载转矩，由电动机的机械摩擦和铁损耗引起。

3. 功率平衡方程式　将式（3－16）两边同时乘以电枢电流 I_a，可得功率平衡方程式为

$$P_1=P_{em}+p_{Cua} \tag{3-19}$$

式中，$P_1=UI_a$ 为直流电源输入电动机的电功率；$P_{em}=E_aI_a$ 为电枢吸收的电功率，即电磁功率；$p_{Cua}=I_a^2R_a$ 为电枢回路的铜损耗。

由式（3－6）和式（3－10）可得

$$P_{em}=E_aI_a=C_e\Phi nI_a=\frac{pN}{60a}\Phi nI_a=\frac{pN}{2\pi a}\Phi I_a\frac{2\pi n}{60}=T_{em}\Omega \tag{3-20}$$

式中，$\Omega=\frac{2\pi n}{60}$为电枢轴机械角速度。

式（3－20）表明，电磁功率 P_{em}既具有电功率的性质，又具有机械功率的性质，表明从电源吸收的电磁功率转换为机械功率 $T_{em}\Omega$。

将式（3－18）两边同时乘以电动机的机械角速度 Ω，可得

$$T_{em}\Omega=T_2\Omega+T_0\Omega \tag{3-21}$$

即

$$P_{em}=P_2+p_0 \tag{3-22}$$

式中，$P_2=T_2\Omega$ 为电动机输出的机械功率；$p_0=T_0\Omega$ 为空载损耗，包括机械摩擦损耗 p_{mec}和铁损耗 p_{Fe}。

综合式（3－19）和式（3－22），可得直流电动机的功率平衡方程式为

$$P_1=P_{em}+p_{Cua}=P_2+p_{Cua}+p_{mec}+p_{Fe}+p_{ad}=P_2+\sum p \tag{3-23}$$

式中，p_{ad}为附加损耗，是除了上述各种损耗之外的杂散损耗（如电枢齿槽影响产生的损耗、电枢反应引起的损耗等）；Σp 为他励直流电动机的总损耗。

直流电动机的效率可通过下式计算：

$$\eta=\frac{P_2}{P_1}\times 100\%=\left(1-\frac{\Sigma p}{P_2+\Sigma p}\right)\times 100\% \tag{3-24}$$

例 3－1 一台他励直流电机，$U_N=220\text{V}$，$C_e=12.4$，$\Phi=1.1\times 10^{-2}\text{Wb}$，$R_a=0.208\Omega$，$p_{Fe}=362\text{W}$，$p_{mec}=204\text{W}$，$n_N=1450\text{r/min}$，忽略其他损耗。

（1）判断这台电机是发电机运行还是电动机运行；（2）求输入功率和效率。

解 （1）由式（3－14）得

$$E_a=C_e\Phi n=12.4\times 1.1\times 10^{-2}\times 1450=197.78\ (\text{V})$$

因为 $U>E_a$，故这台电机处于电动机运行状态。

（2）由式（3－16）得

$$I_a=\frac{U-E_a}{R_a}=\frac{220-197.78}{0.208}=106.83\ (\text{A})$$

电磁转矩

$$T_{em}=C_T\Phi I_a=9.55C_e\Phi I_a=9.55\times 12.4\times 1.1\times 10^{-2}\times 106.83=139.16\ (\text{N}\cdot\text{m})$$

输入功率

$$P_1=UI_a=220\times 106.83=23.50\ (\text{kW})$$

输出功率

$$P_2=P_{em}-p_{Fe}-p_{mec}=E_aI_a-p_{Fe}-p_{mec}=197.78\times 106.83-362-204=20.56\ (\text{kW})$$

效率

$$\eta=\frac{P_2}{P_1}\times 100\%=\frac{20.56}{23.50}\times 100\%\approx 87.5\%$$

3.5.2 直流电动机的工作特性

直流电动机的工作特性是指在额定电压 U_N、额定励磁电流 I_{fN}、电枢回路不串联外加电阻条件下，电动机的转速 n、电磁转矩 T_{em}、效率 η 与电枢电流 I_a 的关系。

1. 他励直流电动机的工作特性

（1）转速特性 $n=f(I_a)$：将式（3－14）代入式（3－16），整理后可得他励直流电动机转速特性为

$$n=\frac{U_N}{C_e\Phi_N}-\frac{R_a}{C_e\Phi_N}I_a \tag{3-25}$$

如果忽略电枢反应的去磁作用，随着 I_a 增大，转速 n 下降，同时由于电枢回路电阻 R_a 较小，故 $n=f(I_a)$ 为一条略微向下倾斜的直线，如图 3－27 中的曲线 1 所示。如果考虑电枢反应的去磁作用，则随着负载电流 I_a 增大，磁通 Φ 减小，因而转速 n 有上升的趋势。

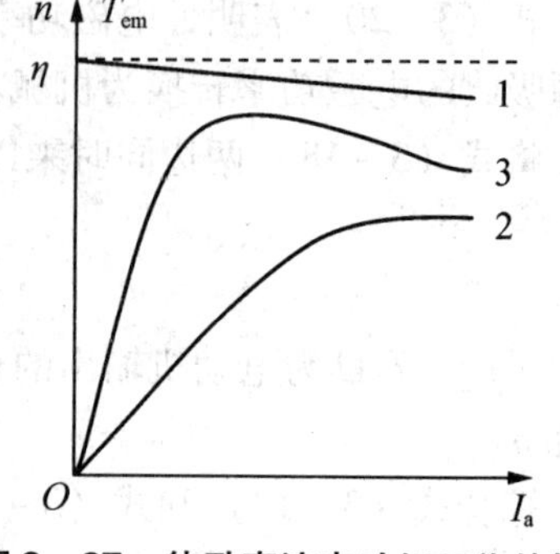

图 3－27　他励直流电动机工作特性

（2）转矩特性 $T_{em}=f(I_a)$：根据式（3－17），不考虑电枢反应的去磁作用，则

$$T_{em}=C_T\Phi I_a\propto I_a \tag{3-26}$$

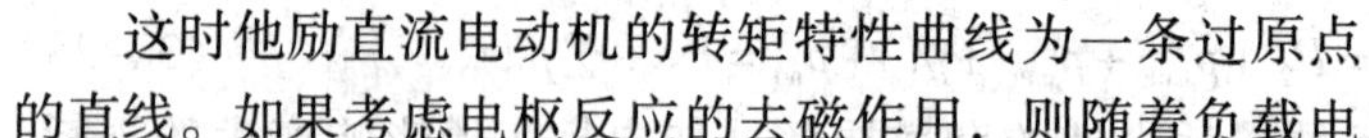

这时他励直流电动机的转矩特性曲线为一条过原点的直线。如果考虑电枢反应的去磁作用，则随着负载电流 I_a 增大，磁通 Φ 减小，故实际转矩特性曲线将略向下弯曲，如图 3－27 中的曲线 2 所示。

（3）效率特性 $\eta=f(I_a)$：由式（3－24）可知，他励直流电动机的效率特性（忽略附加损耗）为

$$\eta=\frac{P_2}{P_1}\times100\%=\left(1-\frac{p_{Fe}+p_{mec}+I_a^2R_a}{U_NI_a}\right)\times100\% \tag{3-27}$$

式中，p_{Fe} 为铁损耗，包括电动机旋转时电枢铁芯切割气隙磁场引起的磁滞损耗和涡流损耗，其大小取决于气隙磁通密度与转速；p_{mec} 为机械摩擦损耗，包括轴承与电刷的摩擦损耗以及电枢旋转部分与空气的摩擦损耗等，其大小取决于电动机转速的高低。

铁损耗和机械摩擦损耗都不随电枢电流变化，称为电动机的不变损耗。电枢回路的铜损耗 $p_{Cua}=I_a^2R_a$ 随电枢电流的变化而变化，称为电动机的可变损耗。当电枢电流 I_a 较小时，可变损耗增加缓慢，总损耗变化小，效率上升；当 I_a 增大时，可变损耗在总损耗中所占的比例增大，可变损耗与总损耗都将上升，效率下降。他励直流电动机的效率特性如图 3－27 中的曲线 3 所示。当不变损耗等于可变损耗时，电动机的效率达到最高。通常普通中、小型直流电动机的效率为 75%～85%，大型直流电动机的效率为 85%～94%。

2. 并励直流电动机的工作特性　并励直流电动机的工作特性与他励直流电动机的相似，故不再重述。

3. 串励直流电动机的工作特性　串励直流电动机的励磁绕组与电枢绕组串联，故励磁绕组的电流就是电枢绕组的电流，即 $I_f=I_a$。串励电动机的这一特点对其工作特性有很大影响，与并励、他励直流电动机有明显的不同。

（1）转速特性 $n=f(I_a)$：图 3－28 是串励直流电动机的原理图，其电压平衡方程式为

$$U=E_a+I_a(R_a+R_f) \tag{3-28}$$

式中，R_f 为励磁绕组电阻。将 $E_a=C_e\Phi n$ 代入式（3－28）得

$$n=\frac{U}{C_e\Phi}-\frac{R_a+R_f}{C_e\Phi}I_a \tag{3-29}$$

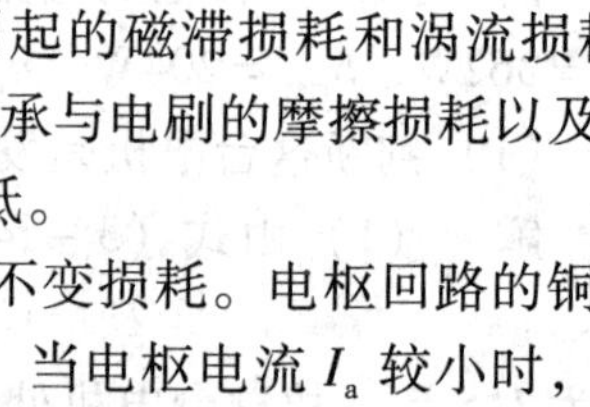

图 3－28　串励直流电动机原理

当负载电流较小时，电动机的磁路不饱和，每极气隙磁通 Φ 与励磁电流 I_f 成正比，即

$$\Phi=k_fI_f=k_fI_a \tag{3-30}$$

式中，k_f 是比例系数。将式（3－30）代入式（3－29），可得串励直流电动机的转速特性为

$$n=\frac{U}{k_f C_e I_a}-\frac{R_a+R_f}{k_f C_e} \tag{3-31}$$

式（3－31）表明，当负载电流较小时，转速 n 与电枢电流 I_a 成反比，串励直流电动机的转速特性呈现双曲线的性质，转速随电枢电流的增大而迅速降低；当负载电流较大时，励磁电流也随之增大而使磁路趋于饱和，磁通基本不变，转速特性曲线与并励时的相似，为略微向下倾斜的曲线。故串励直流电动机的转速特性如图 3－29 中的曲线 1 所示。

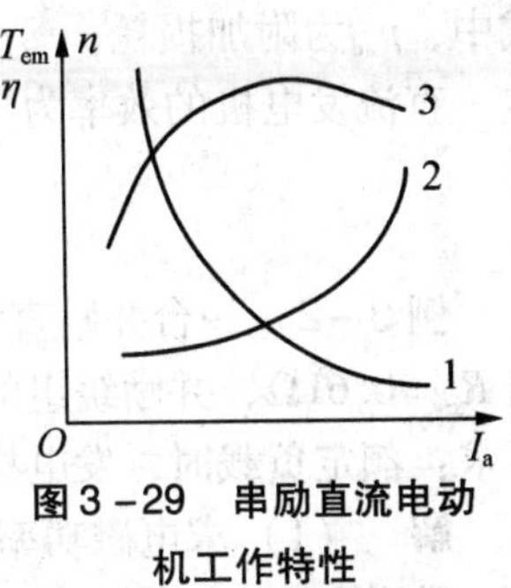

图 3－29　串励直流电动机工作特性

但要注意的是：当电枢电流很小时，电动机的转速将升至很高，会出现“飞车”现象，造成转子损坏，因此串励直流电动机不允许在空载或轻载情况下运行。

（2）转矩特性 $T_{em}=f(I_a)$：负载电流较小时将式（3－30）代入式（3－17）可得

$$T_{em}=C_T\Phi I_a=C_T k_f \Phi I_a^2 \tag{3-32}$$

式（3－32）表明，当负载电流较小时，串励直流电动机的电磁转矩 T_{em} 与电枢电流 I_a 的平方成正比，如图 3－29 中的曲线 2 所示。因而，串励直流电动机具有较大的启动转矩，过载能力强，适用于负载要求较高的场合。

（3）效率特性 $\eta=f(I_a)$：串励直流电动机的效率特性与他励直流电动机的效率特性相同，如图 3－29 中的曲线 3 所示。

3.6　直流发电机

3.6.1　直流发电机的基本方程式

图3－30 所示为他励直流发电机的运行原理。设原动机以转矩 T_1 拖动直流电机转子以转速 n 旋转，旋转的电枢绕组切割磁场产生感应电动势 E_a 和电枢电流 I_a。电枢绕组在磁场中受到电磁力的作用，形成电磁转矩 T_{em}，其方向与电机转速 n 方向相反，为制动转矩。

根据图 3－30 所示各物理量的参考方向，可列出直流发电机的基本方程式为

$$E_a=C_e\Phi n \tag{3-33}$$

$$E_a=U+I_aR_a \tag{3-34}$$

$$T_{em}=C_T\Phi I_a \tag{3-35}$$

$$T_1=T_{em}+T_0 \tag{3-36}$$

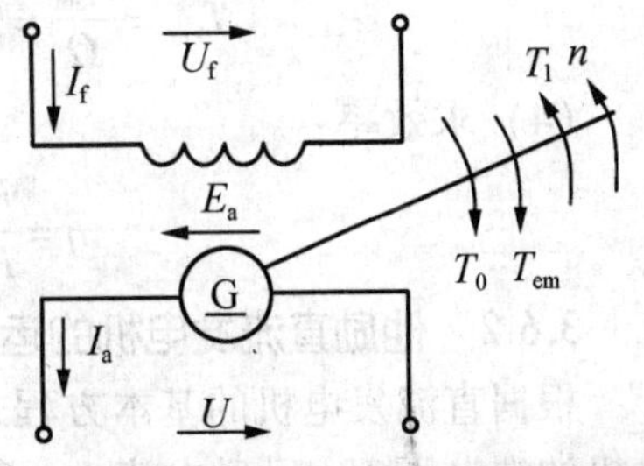

图 3－30　他励直流发电机运行原理

式中，T_1 为原动机输入发电机的拖动转矩；T_0 为空载转矩。

由式（3－34）可知，直流发电机在发电机运行状态下，$E_a>U$。将式（3－34）两边同时乘以 I_a，可得功率平衡方程式

$$P_{em}=P_2+p_{Cua} \tag{3-37}$$

式中，$P_{em}=E_aI_a$ 为电磁功率；$P_2=UI_a$ 为直流发电机输出的电功率；$p_{Cua}=I_a^2R_a$ 为铜损耗，指电枢回路绕组电阻及电刷与换向器表面接触电阻上的损耗。

式（3－36）两边同时乘以电枢轴机械角速度 Ω，可得

$$P_1=P_{em}+p_0 \tag{3-38}$$

式中，$P_1 = T_1\Omega$ 为输入的机械功率；$P_{em} = T_{em}\Omega$ 为电磁功率；$p_0 = T_0\Omega$ 为空载损耗，包括铁损耗 p_{Fe} 和机械摩擦损耗 p_{mec}。将式（3－37）代入式（3－38），可得

$$P_1 = P_{em} + p_0 = P_2 + p_{Cua} + p_{Fe} + p_{mec} + p_{ad} = P_2 + \Sigma p \tag{3-39}$$

式中，p_{ad} 为附加损耗；Σp 为总损耗。

直流发电机的效率为

$$\eta = \frac{P_2}{P_1} \times 100\% = \frac{P_2}{P_2 + \Sigma p} \times 100\% \tag{3-40}$$

例 3－2 一台并励直流发电机，$P_N = 6\text{kW}$，$U_N = 230\text{V}$，$n_N = 1450\text{r/min}$，电枢绕组总电阻 $R_a = 0.61\Omega$，并励绕组的电阻 $R_f = 177\Omega$，发电机的空载损耗 $p_0 = 295\text{W}$，不考虑其他损耗。试求：额定负载时，发电机的电磁功率、输入功率、电磁转矩和效率。

解 （1）求电磁功率：

励磁电流

$$I_f = \frac{U_N}{R_f} = \frac{230}{177} = 1.30 \text{ (A)}$$

发电机的额定电流

$$I_N = \frac{P_N}{U_N} = \frac{6 \times 10^3}{230} = 26.09 \text{ (A)}$$

电枢电流

$$I_a = I_N + I_f = 26.09 + 1.30 = 27.39 \text{ (A)}$$

电枢电动势

$$E_a = U_N + I_a R_a = 230 + 27.39 \times 0.61 = 246.71 \text{ (V)}$$

电磁功率

$$P_{em} = E_a I_a = 246.71 \times 27.39 = 6.76 \text{ (kW)}$$

（2）求输入功率：

$$P_1 = P_{em} + p_0 = 6.76 + 0.295 = 7.055 \text{ (kW)}$$

（3）求电磁转矩：

$$T_{em} = \frac{P_{em}}{\Omega} = 9.55\frac{P_{em}}{n_N} = 9550 \times \frac{6.76}{1450} = 44.52 \text{ (N·m)}$$

（4）求效率：

$$\eta = \frac{P_2}{P_1} \times 100\% = \frac{6}{7.055} \times 100\% = 85\%$$

3.6.2 他励直流发电机的运行特性

根据直流发电机的基本方程式可知，表征直流发电机运行特性的主要物理量有四个：发电机的端电压 U、励磁电流 I_f、负载电流 I 和转速 n。固定其中两个物理量，另外两个物理量之间的关系称为发电机的运行特性。他励直流发电机主要的运行特性有空载特性和外特性。

1. 空载特性 $U = f(I_f)\big|_{I=0}$ 他励直流发电机的空载特性是指当发电机由原动机以恒定的转速拖动、负载电流为零时，改变励磁电流 I_f 的大小，发电机输出端的输出电压 U 与励磁电流 I_f 之间的关系如图3－31所示。

由图 3－31 可以看出，直流发电机的空载特性曲线为非线性曲线，并且上升与下降过程是不重合的。在实际中，通常选用平均特性曲线作为他励直流发电机的空载特性曲线。

当负载电流 $I=0$ 时，他励直流发电机的输出端电压 U 与电枢绕组的空载感应电动势 E_0

相等，即 $U=E_0$。当原动机以恒定转速拖动发电机旋转时，$E_0=C_e\Phi n\propto\Phi$，因此空载特性曲线的形状与空载磁化特性曲线类似。

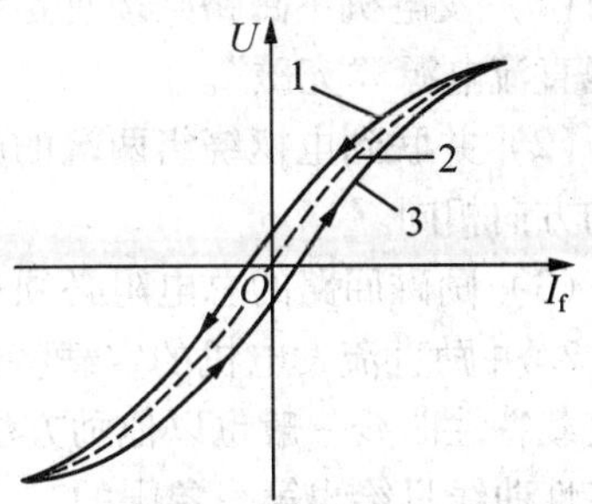

图 3－31　他励发电机空载特性
1. 空载特性曲线的下降分支
2. 平均空载特性曲线
3. 空载特性曲线的上升分支

2. 外特性 $U=f(I)\mid_{I_f=常数}$　他励直流发电机的外特性指保持发电机的励磁电流 $I_f=I_{fN}$、转速 $n=n_N$，改变负载的大小时发电机输出端的输出电压 U 与负载电流 I 之间的关系，如图 3－32 所示。

由图 3－32 可以看出，随着负载电流的增大，输出端电压略有下降。端电压下降的原因有两个：①随着负载电流的增加，发电机电枢回路电阻压降 I_aR_a 增大，由公式 $U=E_a-I_aR_a$ 可知，输出端电压 U 减小；②在励磁电流不变的情况下，当负载电流增加时，由于电枢反应的去磁作用使得电枢电动势 E_a 减小，从而使输出端电压 U 减小。

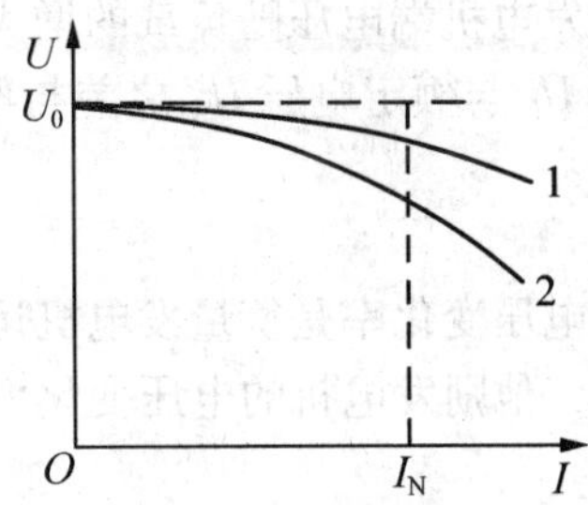

图 3－32　直流发电机外特性
1. 他励　2. 并励

3.6.3　并励直流发电机的自励过程和运行特性

并励直流发电机励磁绕组与电枢绕组并联，由发电机自身供给励磁电流，不需要其他直流电源励磁，比他励直流发电机使用方便，在实际生产中应用较为广泛。

1. 并励直流发电机的自励过程　并励直流发电机的励磁电流由发电机自身产生，称为自励。并励发电机只有自己建立起励磁电压，才能在励磁绕组中产生励磁电流，而发电机的端电压又是有了励磁电流才能产生。因此，并励直流发电机电压的建立，是一个特殊问题。并励直流发电机并不是在任何条件下都能够建立电压，满足并励发电机建立电压的条件称为自励条件。

并励直流发电机的建压过程如图 3－33 所示，图3－33 中的曲线 1 是发电机的空载特性曲线，曲线 2 是励磁回路的伏安特性曲线（电阻线）。当原动机拖动发电机以额定转速旋转时，如果电动机中有剩磁，电枢绕组切割剩磁产生剩磁电动势 E_r，该电动势作用于励磁回路产生励磁电流 I_{f1}。如果励磁绕组并联到电枢绕组两端的极性正确，则 I_{f1} 产生的磁通与剩磁磁通方向一致，使主磁路中的磁通增加，因此，电枢感应电动势增加至 E_1，E_1 又产生 I_{f2}，如此不断增长，直至电枢感应电动势增大到 A 点，磁通趋于饱和。A 点是并励发电机自励的稳定工作点。

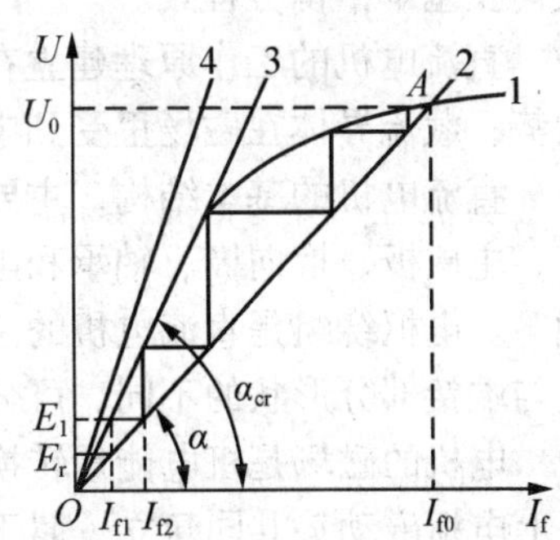

图 3－33　并励发电机建压过程

如果励磁绕组与电枢绕组两端的连接不正确，则励磁磁通与电机剩磁磁通方向相反，主磁通被削弱，电压就建立不起来，电动机不能自励。另外，如果增大励磁回路的电阻 R_f，则励磁曲线的斜率增大，A 点沿空载特性曲线下移，空载电压降低。当励磁回路的总电阻增加到使得伏安特性曲线与空载特性曲线相切（图 3－33 中的曲线 3），这时发电机将不能自励，此时对应的 R_f 值称为临界电阻，用 R_{cr}表示。

可见，并励直流发电机能够自励，必须满足三个条件：

（1）发电机主磁路必须有足够的剩磁，如果发电机磁路中没有剩磁或剩磁太弱，则可用其他直流电源“充磁”。

（2）并联到电枢绕组两端的励磁绕组极性要正确，以使励磁电流产生的磁通方向与剩磁通的方向相同。

（3）励磁回路的总电阻必须小于该转速下的临界电阻。

2. 并励直流发电机的空载特性　因为空载特性表明电机磁路的性质，所以并励直流发电机空载特性曲线一般也以他励方法测绘。由于并励发电机的励磁电压不能反向，所以它的空载特性曲线只绘出第一象限的。

3. 并励直流发电机的外特性　并励直流发电机的外特性如图 3 - 32 所示。与他励直流发电机相比，并励直流发电机的端电压随负载电流的增加而下降得更快。这是因为并励直流发电机除了存在电枢反应去磁效应和电枢回路电阻的压降以外，当端电压降低时还会引起励磁电流的减小，从而使端电压进一步降低。

发电机端电压随负载的增大而降低的程度，可用电压变化率来表示。电压变化率指空载电压 U_0 与额定电压 U_N 之差与额定电压之比的百分数，即

$$\Delta U = \frac{U_0 - U_N}{U_N} \times 100\% \tag{3-41}$$

电压变化率是衡量发电机运行性能的重要物理量。一般并励发电机的电压变化率为8% ~ 15%，他励发电机的电压变化率为 5% ~10%。

小　结

本章主要介绍了直流电机的基本工作原理、基本结构、磁场、电枢电动势、电磁转矩、换向及基本平衡方程式。

直流电机的工作原理建立在电和磁相互作用的基础上。导体在磁场里运动，产生感应电动势；载流导体在磁场里受到电磁力的作用。这两个定律是直流电机工作的基础。

直流电机的基本结构，主要由静止的定子和旋转的转子两大部分组成。定子部分包括机座、主磁极、换向极、轴承和电刷装置等。转子部分包括电枢铁芯、电枢绕组、换向器和转轴等。电枢绕组是直流电机的主要电路，机电能量转换就在这里面进行。根据元件串联的特点与端接部分形状的不同，可分为单叠绕组和单波绕组。

电机的磁场是机电能量转换的耦合介质。直流电机的磁场，由磁极上的励磁磁动势与电枢上电枢磁动势共同建立，属于双边励磁系统。电枢磁动势对气隙磁场的影响称为电枢反应，它不仅使气隙磁场发生畸变，而且还有一定的去磁作用。

在恒定磁场中，转动的电枢绕组产生感应电动势，其计算公式为

$$E_a = \frac{pN}{60a}\Phi n = C_e \Phi n$$

式中，$C_e = \frac{pN}{60a}$为电动势常数，仅与电机结构有关。

在恒定磁场中，通电的电枢绕组产生电磁转矩，其计算公式为

$$T_{em} = \frac{pN}{2\pi a}\Phi I_a = C_T \Phi I_a$$

式中，$C_T = \frac{pN}{2\pi a}$为转矩常数，仅与电机结构有关。C_T 与 C_e 的关系为

$$C_T = 9.55C_e$$

直流电机的换向，指电枢绕组元件从一条支路退出，经过电刷短路，进入另一条支路时，元件内电流先由 $+i_a$ 变为零、再变为 $-i_a$ 的整个过程。换向是直流电机在制造和运行中必须予以重视的问题，换向不良，电机电刷下就会出现火花。

为了改善电机的换向，可以采用移刷、装设换向极或选用合适碳刷的方法。

电机的电压平衡方程式、转矩平衡方程式和功率平衡方程式，综合了电机内部的电磁过程和机电能量转换过程，运用这些基本方程式可分析电机的运行特性。

并励直流发电机的励磁电压由其自身供给。并励直流发电机能产生励磁电压的条件是：发电机主磁路中有足够的剩磁，并励绕组接线极性正确，励磁绕组回路电阻小于临界值。

思考与练习

1. 试述直流发电机和直流电动机的工作原理及直流电机的可逆原理。

2. 试说明直流电机的电刷与换向器的作用。

3. 试述直流电动机的主要组成部分及其作用。

4. 直流电机有哪几种励磁方式？试分别说明励磁方式不同时，电机电流 I、电枢电流 I_a 与励磁电流 I_f 之间的关系。

5. 直流电机空载时气隙磁通密度是如何分布的？

6. 什么是电枢反应？电枢反应对电机的主极磁场有什么影响？

7. 如何改变直流发电机电枢感应电动势的方向和直流电动机电磁转矩的方向？

8. 如何判断直流电机是运行于发电机状态还是电动机状态？

9. 一台直流发电机的额定数据如下：额定功率 $P_N = 35\text{kW}$，额定电压 $U_N = 230\text{V}$，额定转速 $n_N = 1450\text{r/min}$，额定效率 $\eta_N = 87\%$。试求：

（1）额定电流 I_N；（2）额定负载时的输入功率 P_1。

10. 一台直流电动机额定数据如下：额定功率 $P_N = 17\text{kW}$，额定电压 $U_N = 220\text{V}$，额定转速 $n_N = 2850\text{r/min}$，额定效率 $\eta_N = 83\%$。试求：

（1）额定电流 I_N；（2）额定负载时的输入功率 P_1。

11. 一台他励直流电动机的数据如下：励磁电压 $U_f = 220\text{V}$，励磁绕组电阻 $R_f = 120\Omega$，电枢额定电压 $U_N = 220\text{V}$，额定功率 $P_N = 10\text{kW}$，电枢绕组电阻 $R_a = 0.2\Omega$，额定转速 $n_N = 1000\text{r/min}$。试求：

（1）励磁电流 I_f；（2）电枢电流 I_a；（3）感应电动势 E_a；（4）电磁转矩 T_{em}。

12. 一台他励直流电机，$U_N = 220\text{V}$，$C_e = 13.27$，$\Phi = 0.0103\text{Wb}$，$R_a = 0.17\Omega$，$p_{Fe} = 379\text{W}$，$p_{mec} = 276\text{W}$，$n_N = 1500\text{r/min}$，不计其他损耗。要求：

（1）此电机处于发电机运行状态还是电动机运行状态？（2）电磁转矩 T_{em}。（3）效率。

13. 一台并励直流电动机，$P_N = 40\text{kW}$，$U_N = 220\text{V}$，$I_N = 205.6\text{A}$，$I_f = 2.27\text{A}$，$n_N = 3000\text{r/min}$，电枢回路总电阻 $R_a = 0.053\Omega$。试求：

（1）额定输出转矩 T_N；（2）额定负载时电磁转矩 T_{em}。

14. 直流电动机的损耗主要有哪些？它们随负载变化吗？

15. 并励直流电动机正在运行时励磁绕组突然断开，试讨论在电动机有剩磁和没有剩磁的情况下会有什么后果？若启动时断线又会有什么后果？

16. 串励直流电动机的转速特性有何特点？为何串励直流电动机不允许空载运行？

17. 一台并励直流发电机，$P_N = 9kW$，$U_N = 115V$，$n_N = 1450r/min$，电枢电阻 $R_a = 0.07\Omega$，励磁回路电阻 $R_f = 330\Omega$，带额定负载运行时铁损耗 $p_{Fe} = 400W$、机械摩擦损耗 $p_{mec} = 110W$，忽略附加损耗。试求：

（1）额定负载时的输入功率和效率；（2）额定负载时的电磁功率和电磁转矩。

18. 并励直流发电机自励过程中建立电压的条件是什么？建立起来的电压大小受哪些因素影响？

19. 什么是直流发电机外特性？他励与并励直流发电机的外特性有何区别？为什么？

第4章 直流电动机的电力拖动

4.1 电力拖动系统的运动方程式和负载特性

在现代化工业生产过程中,为了实现各种生产工艺过程，需要使用各种各样的生产机械。这些生产机械的运转一般采用电动机来拖动。凡是用电动机作为原动力，拖动各种生产机械完成一定的生产工艺要求的系统，都称为电力拖动系统。电力拖动系统的一般组成部分及各部分的功能参见图0－2及相应的阐述。

4.1.1 电力拖动系统的运动方程式

1. 运动方程式　电力拖动系统的运动方程式描述了系统的运动状态。在生产实践中生产机械的结构和运动形式是多种多样的，其电力拖动系统也有多种类型，最简单的系统是电动机与负载同一根轴、同一转速，电动机转轴直接拖动生产机械的工作机构运转，这种系统称为单轴电力拖动系统，如图4－1所示。

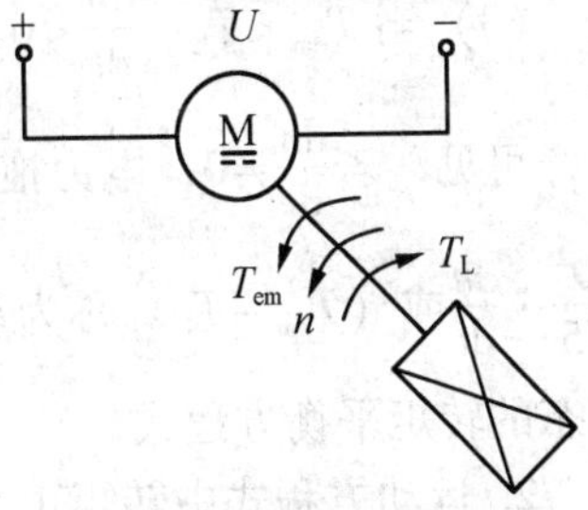

图4－1　单轴电力拖动系统

电动机在电力拖动系统中作直线运动（如直线电动机）或旋转运动时，由力学定律可知，必须遵循下列两个基本的运动方程式。对于直线运动，运动方程式为

$$F - F_z = m\frac{\mathrm{d}v}{\mathrm{d}t} \tag{4-1}$$

式中，F 为拖动力，单位为牛顿（N）；F_z 为阻力，单位为牛顿（N）；$m\frac{\mathrm{d}v}{\mathrm{d}t}$称为惯性力，如果质量 m 的单位为千克（kg），速度 v 的单位为米/秒（m/s），时间 t 的单位为秒（s），则惯性力的单位为牛顿（N）。

与直线运动相似，旋转运动的运动方程式为

$$T_{em} - T_L = J\frac{\mathrm{d}\Omega}{\mathrm{d}t} \tag{4-2}$$

式中，T_{em}为电动机的电磁转矩，单位为牛·米（N·m）；T_L 为负载转矩，单位为牛·米（N·m）；$J\frac{\mathrm{d}\Omega}{\mathrm{d}t}$为系统的惯性转矩或加速转矩，单位为牛·米（N·m）；J 为运动系统的转动惯量，单位为千克·米^2（kg·m^2）；Ω 为系统旋转的角速度，单位为弧度/秒（rad/s）。

在实际工程计算中，通常把电动机转子看成均匀的圆柱体，用转速 n 代替角速度 Ω，用飞轮矩 GD^2 代替转动惯量。Ω 与 n 的关系、J 与 GD^2 的关系分别为

$$\Omega = \frac{2\pi n}{60} \tag{4-3}$$

$$J = m\rho^2 = \frac{G}{g}\cdot\left(\frac{D}{2}\right)^2 = \frac{GD^2}{4g} \tag{4-4}$$

式中，n 为转速；m 和 G 分别为旋转部分的质量和重量；ρ 和 D 分别为旋转部分的惯性半径和直径；$g=9.8\text{m/s}^2$ 为重力加速度。

将式（4－3）、式（4－4）代入式（4－2），可得实用的电力拖动系统运动方程式为

$$T_{em}-T_L=\frac{GD^2}{375}\cdot\frac{dn}{dt} \tag{4-5}$$

式中，GD^2 为飞轮矩，单位为牛·米（N·m），它是反映物体旋转惯性的一个整体物理量，可在产品目录中查出；“375”是一个具有加速度量纲的系数。

电动机的工作状态可由运动方程式表示，由式（4－5）可知：

（1）当 $T_{em}=T_L$、$\frac{dn}{dt}=0$ 时，则 $n=0$ 或 $n=$ 常数，即电动机静止或恒转速旋转，电力拖动系统处于静止或稳定运行状态。

（2）当 $T_{em}>T_L$、$\frac{dn}{dt}>0$ 时，电力拖动系统处于加速运行状态，即处于动态过程。

（3）当 $T_{em}<T_L$、$\frac{dn}{dt}<0$ 时，电力拖动系统处于减速运行状态，即处于动态过程。

可见，若$\frac{dn}{dt}\neq0$，电力拖动系统就处于加速或减速运行状态，即处于动态过程。通常把$\frac{GD^2}{375}\cdot\frac{dn}{dt}$或（$T_{em}-T_L$）称为动负载转矩，而把 T_L 称为静负载转矩，运动方程式(4－5)就是动态的转矩平衡方程式。

2. 运动方程式中转矩正、负号的规定　在电力拖动系统中通常以电动机轴为研究对象。根据电动机类型、运行状态及生产机械负载类型，电动机轴上的电磁转矩 T_{em}和负载转矩 T_L 不仅大小不同，而且方向也是变化的。因此，运动方程式可写成一般形式：

$$(\pm T_{em})-(\pm T_L)=\frac{GD^2}{375}\cdot\frac{dn}{dt} \tag{4-6}$$

式（4－6）中的转矩 T_{em}和 T_L 都是带有正、负号的代数量，在实际应用时必须注意转矩的正、负号，一般规定如下：首先设定电动机转轴某一旋转方向为转速 n 的正方向，电磁转矩 T_{em}的方向与转速 n 的正方向相同时取正，相反时取负；负载转矩 T_L 的方向与转速 n 的正方向相反时取正，相同时取负。惯性转矩$\frac{GD^2}{375}\cdot\frac{dn}{dt}$的大小及正、负号由电磁转矩 T_{em}和负载转矩 T_L 的代数和决定。

实际的电力拖动系统往往不是单轴系统，而是通过一套传动机构把电动机和工作机构连接起来的多轴系统。在图 4－2 所示电力拖动系统中，采用四根轴把电动机角速度 Ω 变成工作机构所需要的转速 Ω_L，不同轴上各有其转动惯量和转速，也有相应的电磁转矩及阻转矩。对于多轴系统，应当先将其等效成单轴系统，再进行分析计算，其等效方法可参考有关书籍。

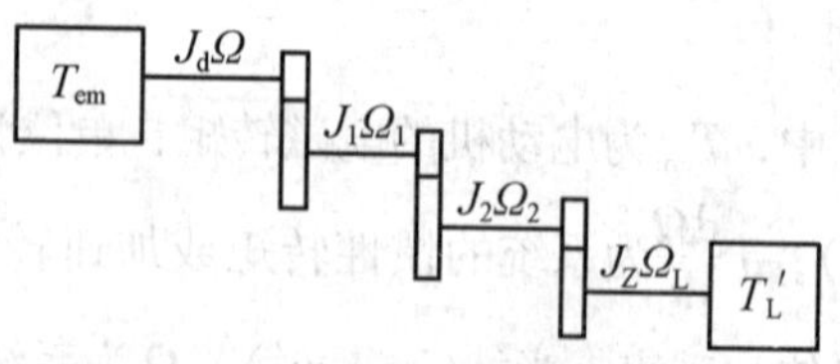

图 4－2　多轴电力拖动系统

4.1.2　负载特性

由电力拖动系统的运动方程式可知，系统的运行状态取决于电动机及其负载。电动机的电磁转矩 T_{em} 与转速 n 的关系称为电动机的机械特性 $n=f(T_{em})$；生产机械负载转矩 T_L 与转速 n 的关系称为电动机的负载转矩特性 $n=f(T_L)$，简

称负载特性。

负载转矩 T_L 的大小取决于多种因素。如车床切削工件，车床主轴转矩的大小与切削速度、切削量大小、工件直径、工件材料及刀具类型等因素都有密切关系。

虽然生产机械的类型很多，但是生产机械的负载特性基本上可归纳为下列三种类型：

1. 恒转矩负载特性　恒转矩负载特性指生产机械的负载转矩 T_L 的大小与转速 n 无关的特性，即无论转速 n 如何变化，负载转矩 T_L 的大小都保持不变。根据负载转矩的方向是否与转向有关，恒转矩负载又分为反抗性恒转矩负载和位能性恒转矩负载两类。

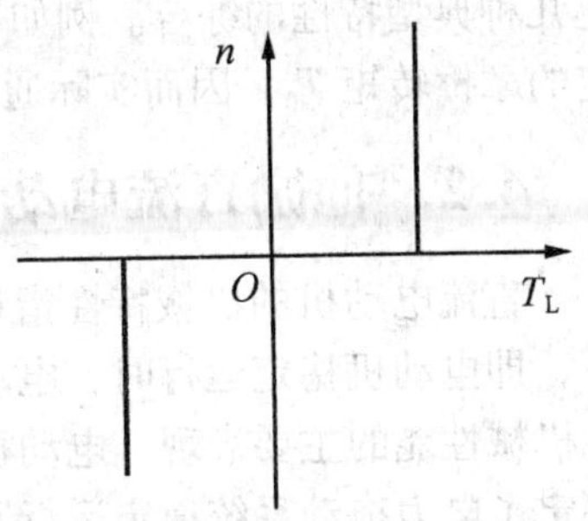

图 4－3　反抗性恒转矩负载特性

（1）反抗性恒转矩负载：此类负载又称为摩擦转矩负载。其特点是：负载转矩的大小恒定不变，而负载转矩作用的方向总是与转速的方向相反，即总是起到阻碍运动的制动作用。当转速方向改变时，负载转矩的大小不变，但作用方向改变。显然，反抗性恒转矩负载特性曲线在第一、三象限内，如图 4－3 所示。如皮带运输机、轧钢机、机床刀架的平移和行走机构等，由摩擦力产生转矩的机械都属于反抗性恒转矩负载。

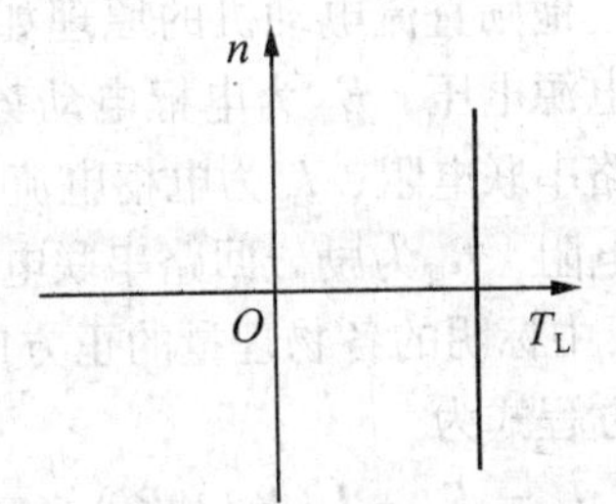

图 4－4　位能性恒转矩负载特性

（2）位能性恒转矩负载：位能性恒转矩负载是由拖动系统中某些具有位能的部件（如起重类型负载中的重物）造成的。其特点是：负载转矩 T_L 的大小不仅恒定不变，而且负载转矩的方向固定不变，不随转速方向的改变而改变。如起重机提升与下放重物时，不论提升还是下放，由重物重力所产生的负载转矩的方向总是不变的。因此，位能性恒转矩负载特性曲线位于第一、四象限内，如图 4－4 所示。

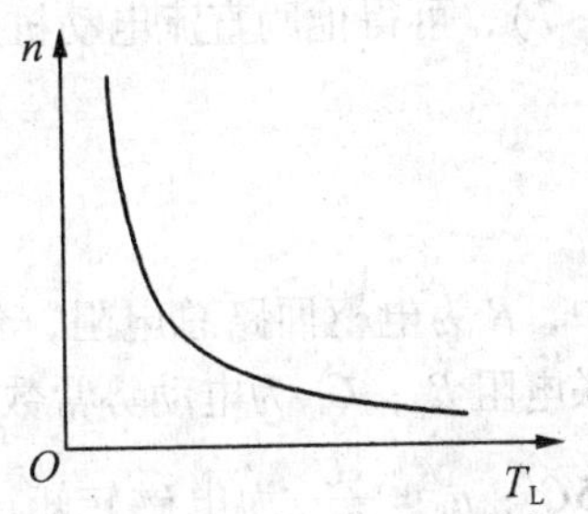

图 4－5　恒功率负载特性

2. 恒功率负载特性　恒功率负载特性就是负载转矩 T_L 与角速度 Ω 的乘积，即负载功率 $P_L = T_L\Omega = \frac{2\pi}{60}T_L n =$ 常数，从而可以看出负载转矩 T_L 与转速 n 成反比。其负载特性曲线是双曲线的一条分支，如图 4－5 所示。

某些机床（如车床、刨床等）在进行粗加工时切削量大、阻力矩较大，因此要低速切削；而进行精加工时切削量小，阻力矩也小，因此要高速切削。又如轧钢机轧制钢板，小工件需要高速度低转矩，大工件需要低速度高转矩。这些工艺要求都在应用恒功率负载特性。

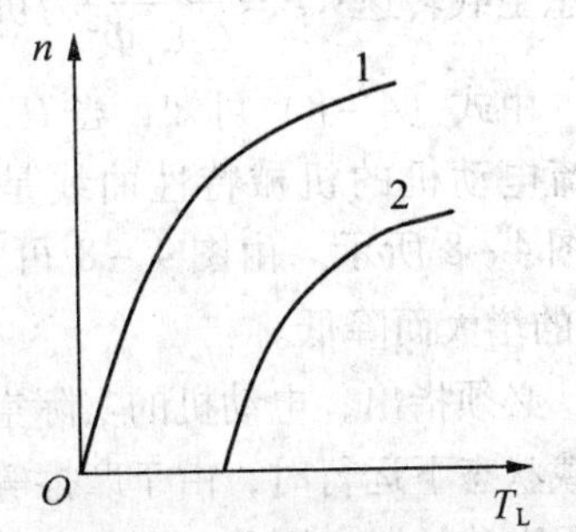

图 4－6　泵与通风机类负载特性

3. 泵与风机类负载特性　属于泵与风机类负载的生产机械，如鼓风机、水泵、油泵和螺旋桨等，它们的负载转矩 T_L 基本上与转速 n 的平方成正比，即 $T_L = kn^2$，其中 k 为比例常数。因此，这类机械的负载特性曲线是抛物线的一部分，如图 4－6 中的曲线 1 所示。

必须指出，上面介绍的是三种典型的负载特性，而实际生产机械的负载转矩，可能是以上几种典型特性的综合。例如，通风机除了主要是通风机负载特性外，由于其轴承上还有一定的摩擦转矩 T_0，因而实际通风机负载特性应为 $T_L = T_0 + kn^2$，如图 4－6 中的曲线 2 所示。

4.2 他励直流电动机的机械特性

直流电动机的机械特性指在电动机的电枢电压、励磁电流、电枢回路电阻为恒值的条件下，即电动机稳定运行时，电动机的转速 n 与电磁转矩 T_{em} 之间的关系 $n=f(T_{em})$。它是电动机机械性能的主要表现。电动机的机械特性与生产机械的负载特性通过运动方程式联系起来，决定了电力拖动系统稳定运行及过渡过程的工作情况。

4.2.1 机械特性的表达式

他励直流电动机的原理如图 4－7 所示。其中，U 为外加电源电压，E_a 为电枢电动势，R_a 为电枢电阻，R_s 为电枢回路串联电阻，I_a 为电枢电流，I_f 为励磁电流，R_f 为励磁绕组电阻，R_{sf} 为励磁回路串联电阻，Φ 为励磁磁通。根据图 4－7 中标明的各物理量的正方向，可列出电枢回路的电压平衡方程式为

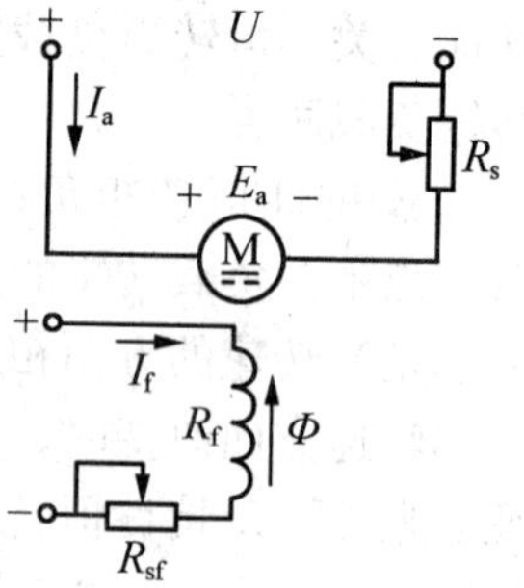

$$U = E_a + I_a(R_a + R_s) \tag{4-7}$$

图 4－7 他励直流电动机的原理

将电枢电动势 $E_a = C_e\Phi n$ 和电磁转矩 $T_{em} = C_T\Phi I_a$ 代入式（4－7），可得他励直流电动机的机械特性方程式为

$$n = \frac{U}{C_e\Phi} - \frac{R}{C_e C_T\Phi^2}T_{em} \tag{4-8}$$

或

$$n = n_0 - \beta T_{em} \tag{4-9}$$

式中，R 为电枢回路总电阻，包括电枢电阻 R_a 和电枢串联电阻 R_s；C_e 为电动势常数；C_T 为转矩常数，$C_T = 9.55C_e$；$n_0 = \frac{U}{C_e\Phi}$ 为电磁转矩 $T_{em}=0$ 时的转速，称为理想空载转速；$\beta = \frac{R}{C_e C_T\Phi^2}$ 为机械特性的斜率。

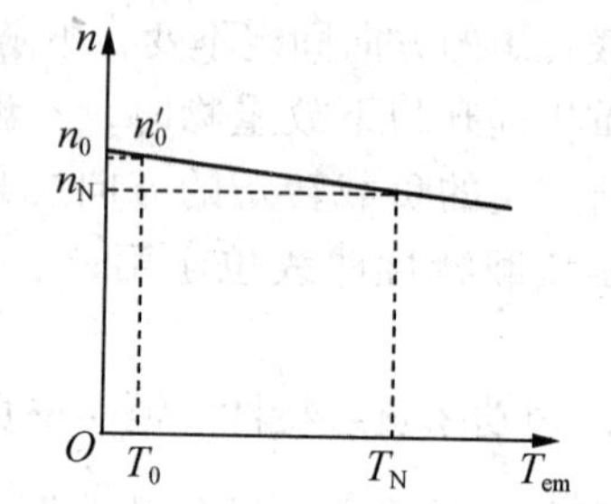

图 4－8 他励直流电动机的机械特性

由式（4－8）可知，当 U、Φ、R 为常数时，他励直流电动机的机械特性曲线是一条向下倾斜的直线，如图 4－8 所示。由图 4－8 可知，转速 n 随电磁转矩 T_{em} 的增大而降低。

必须指出，电动机的实际空载转速 n_0' 比理想空载转速 n_0 略低。这是因为电动机在实际的空载状态下运行时，由于摩擦等原因存在一定的空载转矩 T_0，电磁转矩不可能为零，它必须克服空载转矩。因此，实际空载转速为

$$n_0' = \frac{U}{C_e\Phi} - \frac{R}{C_e C_T\Phi^2}T_0 \tag{4-10}$$

式（4－8）右边第二项表示电动机带负载后的转速降，用 Δn 表示，即

$$\Delta n = \frac{R}{C_e C_T\Phi^2}T_{em} = \beta T_{em} \tag{4-11}$$

可见，当转矩一定时，转速降 Δn 与机械特性的斜率 β 成正比。β 越大，机械特性曲线越陡，

Δn 越大；β 越小，机械特性曲线越平，Δn 越小。通常称 β 小的机械特性为硬特性，而 β 大的为软特性。

电枢没有外接电阻时一般他励直流电动机机械特性都比较硬。如国产 Z2 系列他励直流电动机 $\Delta n_N\%$ 为 10% ~18%，大容量电动机为 3% ~8%。$\Delta n_N\%$ 为额定转速变化率，定义式为

$$\Delta n_N\% = \frac{n_0 - n_N}{n_N} \times 100\% \tag{4-12}$$

式中，n_N 为电动机的额定转速。

由式（4-8）可知，直流电动机的机械特性是由电枢电压 U、励磁磁通 Φ 及电枢回路总电阻 R 等综合决定的，调节任何一个参数，都会带来机械特性的变化。其中，电动机自身所固有的、反映电动机本来"面目"的机械特性，是在电枢电压 U、励磁磁通 Φ 为额定值，且电枢回路不外串联电阻时的机械特性，称为固有机械特性或自然机械特性。调节 U、Φ、R 等参数后得到的机械特性称为人为机械特性。

4.2.2 固有机械特性和人为机械特性

1. 固有机械特性　当 $U=U_N$、$\Phi=\Phi_N$、$R=R_a$ 时，固有机械特性方程式为

$$n = \frac{U_N}{C_e\Phi_N} - \frac{R_a}{C_eC_T\Phi_N^2}T_{em} \tag{4-13}$$

由于 R_a 较小，所以他励直流电动机的固有机械特性较硬，如图 4-9 中曲线 R_a 所示。

2. 人为机械特性　电力拖动系统运行时，经常需要人为改变电动机的工作条件，以获得所需要的机械特性，这种特性统称为人为机械特性。人为机械特性可用改变电动机参数的方法获得，他励直流电动机一般可得到下列三种人为机械特性：

（1）电枢串联电阻时的人为机械特性：保持 $U=U_N$、$\Phi=\Phi_N$ 不变，只在电枢回路中串联电阻 R_s，其人为机械特性方程式为

$$n = \frac{U_N}{C_e\Phi_N} - \frac{R_a+R_s}{C_eC_T\Phi_N^2}T_{em} \tag{4-14}$$

与固有机械特性相比，电枢串联电阻时，人为机械特性的理想空载转速 n_0 不变，但斜率 β 随串联电阻 R_s 的增大而增大，人为机械特性的硬度降低。改变 R_s 大小，可以得到一簇通过理想空载点 n_0 且具有不同斜率的人为特性曲线，如图 4-9 所示。

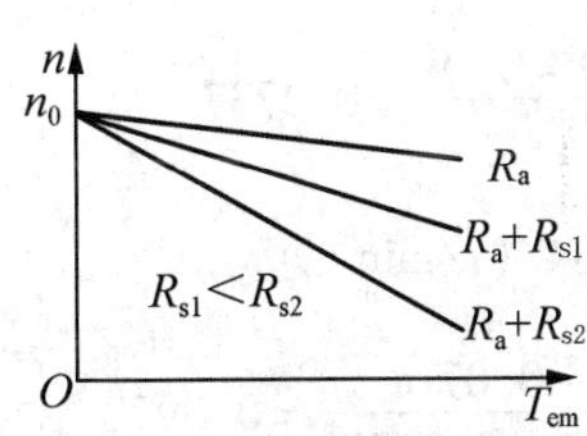

图 4-9　他励直流电动机的固有机械特性及电枢串联电阻时的人为机械特性

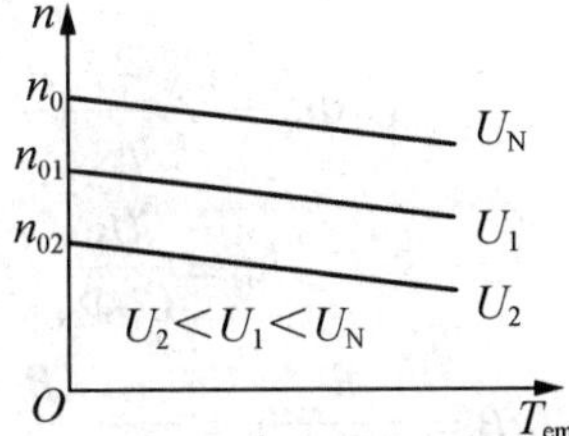

图 4-10　他励直流电动机的固有机械特性及降低电枢电压时的人为机械特性

（2）降低电枢电压时的人为机械特性：保持 $\Phi=\Phi_N$、$R=R_a$ 不变，只改变电枢电压 U，其人为机械特性方程式为

$$n = \frac{U}{C_e\Phi_N} - \frac{R_a}{C_eC_T\Phi_N^2}T_{em} \tag{4-15}$$

由于电动机电压不能超过额定值，所以通常只在额定值以下改变电源电压。与固有机械

特性相比，当改变电压时，理想空载转速 n_0 随电压的降低而降低，但斜率 β 不变。因此，降低电枢电压时的人为机械特性曲线是一组平行线，它们低于固有机械特性曲线，又与固有机械特性曲线相平行，如图 4－10 所示。

（3）减弱励磁磁通时的人为机械特性：在额定磁路下运行时，他励直流电动机一般已接近饱和，因此，实际上往往采用减小励磁的方法来改变磁通。

保证 $U=U_N$、$R=R_a$ 不变，减弱励磁磁通时的人为机械特性的方程式为

$$n=\frac{U_N}{C_e\Phi}-\frac{R_a}{C_eC_T\Phi^2}T_{em} \tag{4-16}$$

与固有机械特性相比，在减弱励磁磁通的人为机械特性上，不单理想空载转速 n_0 随着磁通的减小而增大，斜率 β 也随着磁通的减小而增大，结果使特性变软。因此，减弱励磁磁通 Φ，可得到一组既不平行又无共同交点的直线，磁通量越小，理想空载转速越高，如图 4－11 所示。

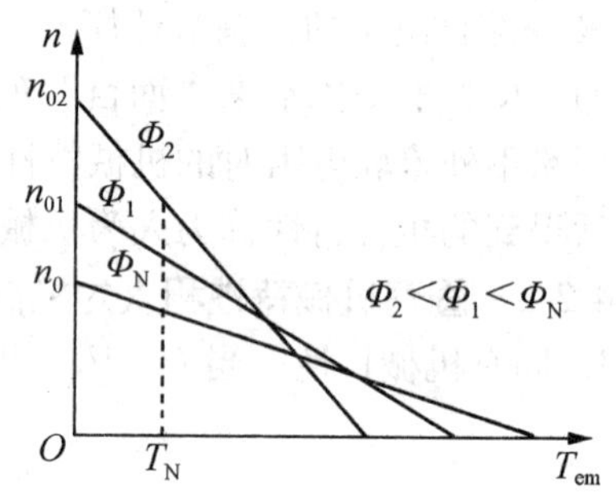

图 4－11　减弱励磁磁通时的人为机械特性

改变励磁磁通 Φ，可以调节电动机转速。当负载转矩不太大时，减弱磁通会使电动机转速升高。只有当负载转矩特别大或磁通 Φ 特别小时，减弱磁通才会出现转速下降的现象，然而，此时的电枢电流已经过大，电动机不允许在这样大的电流下工作。因此，实际运行时，可认为磁通越小，稳定转速越高。

例 4－1　一台他励直流电动机铭牌数据如下：$P_N=40\text{kW}$，$U_N=220\text{V}$，$I_N=210\text{A}$，$n_N=750\text{r/min}$。试求：（1）电动机的固有机械特性；

（2）电枢串联电阻 $R_S=0.4\Omega$ 时的人为机械特性；

（3）电源电压降至 110V 时的人为机械特性；

（4）磁通减弱至 $0.8\Phi_N$ 时的人为机械特性。

解　（1）电动机的固有机械特性：

$$R_a=\left(\frac{1}{2}\sim\frac{2}{3}\right)\frac{U_NI_N-P_N}{I_N^2}\geqslant\frac{1}{2}\times\left(\frac{220\times210-40\times10^3}{210^2}\right)=0.07\ (\Omega)$$

$$C_e\Phi_N=\frac{U_N-I_NR_a}{n_N}=\frac{220-210\times0.07}{750}=0.2737$$

$$n_0=\frac{U_N}{C_e\Phi_N}=\frac{220}{0.2737}=804\ (\text{r/min})$$

$$\beta=\frac{R_a}{C_eC_T\Phi^2}=\frac{R_a}{9.55(C_e\Phi_N)^2}=\frac{0.07}{9.55\times0.2737^2}=0.0978$$

电动机的固有机械特性为

$$n=n_0-\beta T_{em}=804-0.0978T_{em}$$

（2）电枢串联电阻 $R_S=0.4\Omega$ 时的人为机械特性：$n_0=804\text{r/min}$ 不变，β 增大为

$$\beta'=\frac{R_a+R_S}{9.55(C_e\Phi_N)^2}=\frac{0.07+0.4}{9.55\times0.2737^2}=0.657$$

人为机械特性为

$$n=n_0-\beta'T_{em}=804-0.657T_{em}$$

（3）电源电压降至110V 时的人为机械特性：$\beta = 0.0978$ 不变，n_0 变为

$$n_0' = \frac{U}{C_e\Phi_N} = \frac{110}{0.2737} = 402(\text{r/min})$$

人为机械特性为

$$n = n_0' - \beta T_{em} = 402 - 0.0978T_{em}$$

（4）磁通减弱至 $0.8\Phi_N$ 时的人为机械特性：此时，n_0 和 β 均发生变化，有

$$n_0'' = \frac{U_N}{C_e\Phi} = \frac{U_N}{0.8C_e\Phi_N} = \frac{220}{0.8 \times 0.2737} = 1005 \ (\text{r/min})$$

$$\beta'' = \frac{R_a}{9.55(0.8C_e\Phi_N)^2} = \frac{0.07}{9.55 \times (0.8 \times 0.2737)^2} = 0.1528$$

人为机械特性为

$$n = n_0'' - \beta'' T_{em} = 1005 - 0.1528T_{em}$$

4.2.3 电力拖动系统稳定运行条件

电力拖动系统由电动机和负载两部分组成。在生产机械运行时，电动机的机械特性与生产机械的负载特性是同时存在的。为了分析电力拖动的运行问题，可以把两条特性曲线画在同一坐标平面内。他励直流电动机带恒转矩负载的机械特性 $n = f(T_{em})$ 和负载特性 $n = f(T_L)$ 如图 4－12 所示，两条特性曲线的交点 A 称为工作点，对应的转矩 $T_{em} = T_L$。系统以转速 n_A 恒速运行，A 点表明系统处于平衡状态。然而这种平衡状态是否稳定呢？

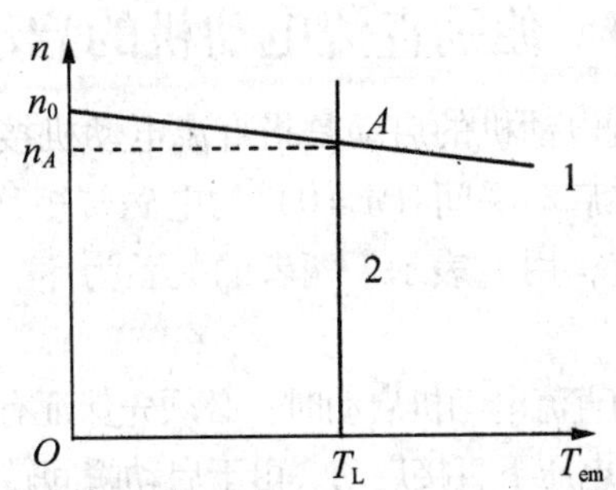

图 4－12 他励直流电动机带恒转矩负载的两种特性

1. 机械特性 $n = f(T_{em})$ 2. 负载特性 $n = f(T_L)$

所谓稳定平衡状态，指处于某一转速下运行的电力拖动系统，在某种扰动作用下，离开了原来的平衡位置，在新的条件下达到新的平衡状态，并且在外界扰动消失后能自动恢复到原来的平衡状态。“扰动”指非人为的因素，一般指负载的突然变化或电网电压的波动。平衡状态是否稳定是由电动机机械特性和负载特性的配合情况决定的。下面以图4－13为例，分析电力拖动系统稳定运行的条件。

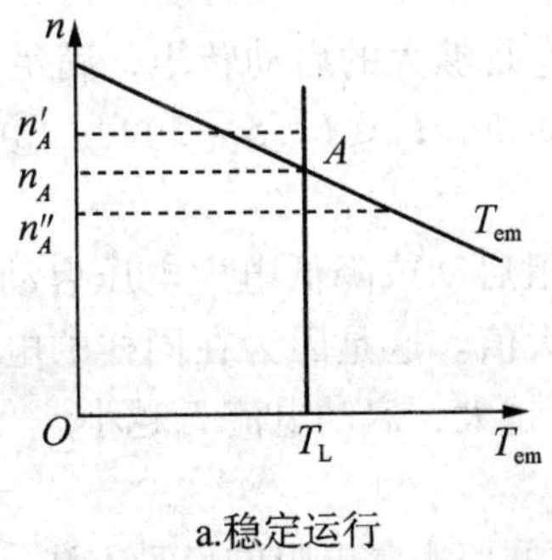

a.稳定运行

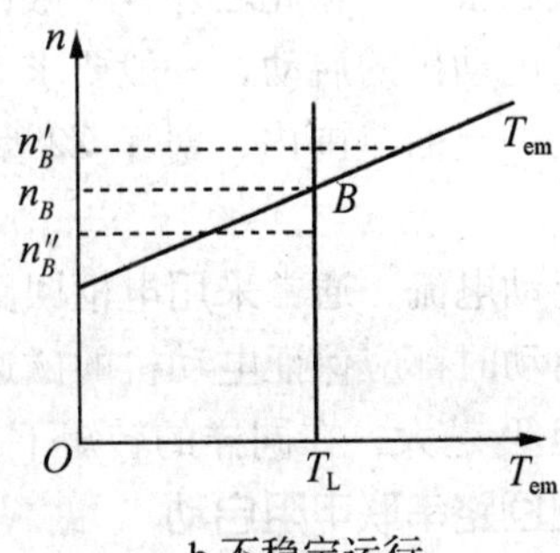

b.不稳定运行

图 4－13 电力拖动系统稳定运行的条件

当系统在图 4－13a 中的 A 点运行时，若外界瞬时扰动使转速获得一个微小的增量 Δn，由 n_A 上升到 n_A'，当扰动消失后，由于 $T_{em} < T_L$，系统将减速，直至回到 A 点稳定运行；若外

界瞬时扰动使转速由 n_A 下降到 n''_A，当扰动消失后，由于 $T_{em}>T_L$，系统将加速，直至回到 A 点稳定运行。可见，A 点是系统的稳定运行点。

当系统在图 4－13b 中的 B 点运行时，若外界瞬时扰动使转速获得一个微小的增量 Δn，由 n_B 上升到 n'_B，当扰动消失后，由于 $T_{em}>T_L$，系统将加速，不可能再回到 B 点运行；若外界瞬时扰动使转速由 n_B 下降到 n''_B，当扰动消失后，由于 $T_{em}<T_L$，系统将减速，也不可能回到 B 点运行。可见，B 点是系统的不稳定运行点。

由图 4－13 分析可知，电力拖动系统工作点在电动机机械特性曲线与负载特性曲线交点上，但是并非所有的交点都是稳定工作点。对于恒转矩负载，要得到稳定运行，电动机需要具有向下倾斜的机械特性曲线，如果电动机的机械特性曲线向上翘，便不能稳定运行。

应当指出，上述电力拖动系统的稳定运行条件，无论对直流电动机还是交流电动机都是适用的，具有普遍的意义。

4.3 他励直流电动机的启动

直流电动机的启动是指直流电动机接通电源后，由静止状态加速到稳定运行状态的过程。电动机在启动瞬间（$n=0$）的电磁转矩称为启动转矩，用 T_{st} 表示；启动瞬间的电枢电流称为启动电流，用 I_{st} 表示。两者的关系为

$$T_{st}=C_T\Phi I_{st} \tag{4-17}$$

他励直流电动机启动时，必须先保证有磁场（即先通励磁电流），而后加电枢电压。如果电动机在额定电压下直接启动，由于启动瞬间转速 $n=0$，电枢电动势 $E_a=0$，则启动电流为

$$I_{st}=\frac{U_N}{R_a} \tag{4-18}$$

由于电枢绕组电阻 R_a 很小，所以直接启动电流 I_{st} 很大，通常可达到额定电流的 10～20 倍。过大的启动电流将导致换向困难，换向器表面产生强烈的火花或环火，电枢绕组产生过大的电磁力，引起绕组的损坏；同时，产生过大的电磁转矩，形成过大的加速度，可能损坏机械传动部件。另外，对供电电网来说，过大的启动电流将引起电网电压的波动，影响接在同一电网上的其他电气设备的正常运行。只有额定容量在几百瓦以下的微型直流电动机才允许采用直接启动，因为此类电动机的电枢电阻相对较大，可限制启动电流，而且系统的飞轮矩很小，启动过程很短。除此之外，一般的直流电动机不允许直接启动。

对他励直流电动机的启动，一般要求有：①要有足够大的启动转矩，满足 $T_{st}>T_L$；②启动电流要限制在一定的范围内，对于 Z2 型直流电动机，$I_{st}\leqslant(1.5\sim2)I_N$；③启动设备要简单、可靠。

为了限制启动电流，通常采用电枢回路串联电阻启动或降低电枢电压启动。无论采用哪种启动方法，启动时都应保证电动机的磁通达到最大值。这是因为在同样的电流下，磁通 Φ 越大，启动转矩 T_{st} 越大；在同样的转矩下，磁通 Φ 越大，启动电流 I_{st} 越小。

4.3.1 电枢回路串联电阻启动

1. 启动过程　为了限制启动电流，可以采用电枢回路串联电阻的启动方法。串联在电枢回路中用以限制启动电流的电阻称为启动电阻，用 R_{st} 表示，则额定电压下的启动电流为

$$I_{st}=\frac{U_N}{R_a+R_{st}} \tag{4-19}$$

在启动电流产生的启动转矩作用下，电动机开始转动并逐渐加速。随着转速的升高，电

枢电动势 E_a 逐渐增大，电枢电流 I_a 逐渐减小，电磁转矩 T_{em} 也随之减小，这样转速的上升就逐渐缓慢下来。

启动后，如果仍把 R_{st} 串联在电枢回路中，则电动机就会在电枢串联电阻的人为机械特性曲线上低速运行。为了使电动机能运转在固有机械特性曲线上，应把 R_{st} 切除。若把 R_{st} 一次全部切除，会引起过大的电流冲击。为了减小断开启动电阻时的冲击电流和缩短启动过程，通常采用分级启动法，即在电枢回路中串联多级（通常 2 ~ 5 级）电阻，在启动过程中逐级加以切除。启动电阻的级数越多，启动过程就越快且越平稳，但所需要的控制设备也越多，投资越大。这种方法一般用在无轨电车及一些生产机械上。

他励直流电动机采用三级电阻启动时的电路及机械特性如图 4 - 14 所示。

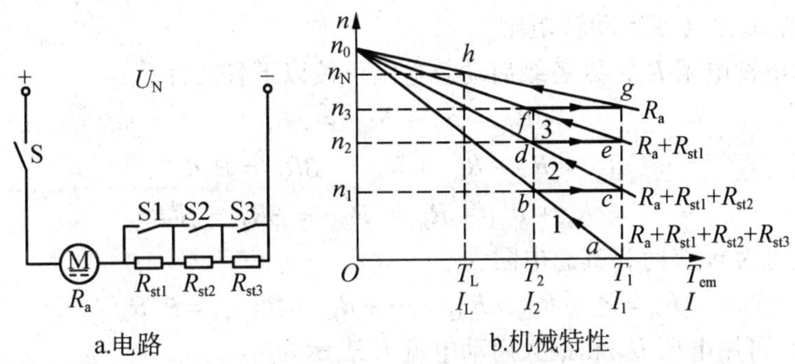

a.电路　　b.机械特性

图 4 - 14　他励直流电动机三级电阻启动

开始启动时，接触器触点 S 闭合，S1、S2、S3 断开，电枢回路总电阻为 $R_3 = R_a + R_{st1} + R_{st2} + R_{st3}$，工作点在图 4 - 14b 中的 a 点，启动电流为 $I_1 = \frac{U_N}{R_3}$，启动转矩 $T_1 > T_L$。于是电动机开始加速，电枢电动势 E_a 逐渐增大，电枢电流和电磁转矩逐渐减小，工作点沿曲线 1 方向移动。到达图 4 - 14b 中的 b 点时，闭合触点 S3，切除电阻 R_{st3}，对应的电枢电流 I_2 称为切换电流，一般取 $I_2 = (1.1 \sim 1.2)I_N$ 或 $T_2 = (1.1 \sim 1.2)T_N$。切除电阻 R_{st3} 后电枢回路总电阻为 $R_2 = R_a + R_{st1} + R_{st2}$，相应的人为机械特性如图 4 - 14b 中的曲线 2 所示。切除电阻瞬间，由于机械惯性，电动机转速不能突变，所以电动机的工作点由 b 点沿水平方向跃变到曲线 2 上的 c 点。如果电阻设计恰当，可以保证 c 点的电流和 I_1 相等，c 点对应的的转矩 T_1 保证电动机又获得较大的加速度，工作点沿曲线 2 方向移动。当电动机加速运行到 d 点时，闭合触点 S2，切除电阻 R_{st2}，电枢回路总电阻 $R_3 = R_a + R_{st1}$，相应的人为机械特性如图 4 - 14b 中的曲线 3 所示，工作点由 d 点沿水平方向跃变到曲线 3 上的 e 点，电动机电流又一次由 I_2 回升到 I_1（转矩由 T_2 增至 T_1），电动机沿曲线 3 加速运行。至 f 点时，切除最后一级电阻 R_{st1}（闭合触点 S1），电动机将过渡到固有机械特性曲线上，并继续加速到 h 点稳定运行，此时 $n = n_N$，$T_{em} = T_L$，启动过程结束。

必须指出，分级启动使每级的 I_1(或 T_1)与 I_2(或 T_2)取得大小一致，可使电动机具有较均匀的加速度，并能改善电动机的换向，缓和转矩对传动机构与工作机械的有害冲击。

2. 分级启动电阻的计算　在设计电动机的启动过程中，通常要计算各级启动电阻。下面以图 4 - 14 为例，推导各级启动电阻的计算公式。图 4 - 14 中的 b、c、d、e、f、g 点的电压平衡方程式分别为

$$\left.\begin{aligned}R_3I_2&=U_N-C_e\Phi n_1\\R_2I_1&=U_N-C_e\Phi n_1\\R_2I_2&=U_N-C_e\Phi n_2\\R_1I_1&=U_N-C_e\Phi n_2\\R_1I_2&=U_N-C_e\Phi n_3\\R_aI_1&=U_N-C_e\Phi n_3\end{aligned}\right\}\tag{4-20}$$

由式（4－20）可得

$$\frac{R_3}{R_2}=\frac{R_2}{R_1}=\frac{R_1}{R_a}=\frac{I_1}{I_2}=\beta\tag{4-21}$$

式中，β 为启动电流比（或启动转矩比）。

若已知 β 和电枢电阻 R_a，则各级启动总电阻可按以下各式计算：

$$\begin{aligned}R_1&=R_a+R_{st1}=\beta R_a\\R_2&=R_a+R_{st1}+R_{st2}=\beta R_1=\beta^2R_a\\R_3&=R_a+R_{st1}+R_{st2}+R_{st3}=\beta R_2=\beta^3R_a\end{aligned}\tag{4-22}$$

推广：当启动电阻为 m 级时，其总电阻为

$$R_m=R_a+R_{st1}+R_{st2}+\cdots+R_{stm}=\beta R_{m-1}=\beta^mR_a\tag{4-23}$$

式（4－23）可用电压 U_N 和最大启动电流 I_1 表示为

$$\beta^mR_a=\frac{U_N}{I_1}\tag{4-24}$$

于是启动电流比 β 可写成

$$\beta=\sqrt[m]{\frac{U_N}{I_1R_a}}\tag{4-25}$$

式中，m 为启动级数。如给定 β，需求 m，可将式（4－25）取对数，得

$$m=\frac{\lg\dfrac{R_m}{R_a}}{\lg\beta}\tag{4-26}$$

由式（4－22）和式（4－23），可得各级串联电阻的计算公式为

$$\left.\begin{aligned}R_{st1}&=(\beta-1)R_a\\R_{st2}&=(\beta-1)\beta R_a=\beta R_{st1}\\R_{st3}&=(\beta-1)\beta^2R_a=\beta R_{st2}\\&\vdots\\R_{stm}&=(\beta-1)\beta^{m-1}R_a=\beta R_{st(m-1)}\end{aligned}\right\}\tag{4-27}$$

计算分级启动电阻时，可能有下列两种情况：

（1）启动级数 m 未定：

1）根据电动机的铭牌数据估算或查出电枢电阻 R_a。

2）根据生产机械对启动时间、启动的平稳性以及电动机的额定电流，确定最大启动电流 I_1 及切换电流 I_2，计算 R_m 和 β，即

$$R_m=\frac{U_N}{I_1},\ \beta=\frac{I_1}{I_2}$$

3）由式（4－26）计算启动级数 m，先将其加大到相近的整数，然后将 m 的整数值代入

式（4－25），求出新的β值。

4）将新的β值代入式（4－22）或式（4－27），就可算出启动各级电枢电路总电阻或各级分段电阻。

（2）启动级数m已定：

1）根据电动机的铭牌数据估算或查出电枢电阻R_a。

2）根据电动机额定电流确定最大启动电流I_1，代入式（4－25），算出β值。

3）将β值代入式（4－22）或式（4－27），就可算出启动各级电枢电路总电阻或各级分段电阻。

例4－2 他励直流电动机铭牌数据为：$P_N=10kW$，$U_N=220V$，$I_N=52.6A$，$n_N=1500r/min$。设负载转矩$T_L=0.8T_N$，启动级数$m=3$，最大允许启动电流倍数$\lambda_T=2$，求各级启动电阻。

解 （1）根据电动机的铭牌数据估算R_a：

$$R_a\approx\frac{1}{2}\left(\frac{U_NI_N-P_N}{I_N^2}\right)=\frac{1}{2}\left(\frac{220\times52.6-10\times10^3}{52.6^2}\right)=0.284\ (\Omega)$$

（2）确定最大启动电流I_1：

$$I_1=\lambda_TI_N=2\times52.6=105.2\ (A)$$

（3）求启动电流比β：

$$\beta=\sqrt[m]{\frac{U_N}{I_1R_a}}=\sqrt[3]{\frac{220}{105.2\times0.284}}=1.945$$

（4）求切换电流I_2：

$$I_2=\frac{I_1}{\beta}=\frac{105.2}{1.945}=54.1\ (A)>0.8I_N\ (负载电流)$$

（5）求各级启动电阻：

$$R_{st1}=(\beta-1)R_a=(1.945-1)\times0.284=0.268\ (\Omega)$$
$$R_{st2}=\beta R_{st1}=1.945\times0.268=0.521\ (\Omega)$$
$$R_{st3}=\beta R_{st2}=1.945\times0.521=1.013\ (\Omega)$$

例4－3 一台他励直流电动机铭牌数据为：$P_N=21kW$，$U_N=220V$，$I_N=115A$，$n_N=980r/min$，最大允许启动电流倍数$\lambda_T=2$，负载电流$I_L=0.8I_N$。试求电动机启动级数及各级启动电阻。

解 （1）确定m：

$$R_a\approx\frac{1}{2}\left(\frac{U_NI_N-P_N}{I_N^2}\right)=\frac{1}{2}\left(\frac{220\times115-21\times10^3}{115^2}\right)=0.163\ (\Omega)$$

$$I_1=\lambda_TI_N=2\times115=230\ (A)$$

$$R_m=\frac{U_N}{I_1}=\frac{220}{230}=0.957\ (\Omega)$$

$$I_2=1.2I_{Lmax}=1.2\times0.8I_N=110.4\ (A)，取I_2=1.2I_L$$

$$\beta'=\frac{I_1}{I_2}=\frac{230}{110.4}=2.08，取\beta=2$$

由式（4－26）得

$$m=\frac{\lg\frac{R_m}{R_a}}{\lg\beta'}=\frac{\lg\frac{0.957}{0.163}}{\lg2}=2.555$$

取 $m=3$，由式（4－25）得

$$\beta=\sqrt[m]{\frac{U_N}{I_1R_a}}=\sqrt[3]{\frac{220}{230\times0.163}}=1.804$$

$$I_2=\frac{I_1}{\beta}=\frac{230}{1.804}=127.5\ (\text{A})$$

$$\frac{I_2}{I_L}=\frac{127.5}{0.8I_N}=\frac{127.5}{0.8\times115}=1.386$$

该值在略大于1.2的范围内取值，这样启动时间会短些。若取 $m=2$，求得 $\frac{I_2}{I_L}=1.03$，又太小，启动时间延长太长，故最后定为 $m=3$。

（2）计算各级启动电阻：

$$R_{st1}=(\beta-1)R_a=(1.804-1)\times0.163=0.131\ (\Omega)$$

$$R_{st2}=(\beta-1)\beta R_a=\beta R_{st1}=1.804\times0.131=0.236\ (\Omega)$$

$$R_{st3}=(\beta-1)\beta^2R_a=\beta R_{st2}=1.804\times0.236=0.426\ (\Omega)$$

4.3.2 降压启动

为了减小启动电流，也可以采用降压启动的方法。启动时，以较低的电源电压启动电动机，电枢电流 I_a 比较小。随着电动机转速的上升，电枢电动势 E_a 逐渐增大，但同时电源电压也在人为地不断升高，U 与 E_a 的差值使电枢电流仍可保持在允许的范围内，从而保证电动机按需要的加速度加速。

这种方法适用于直流电源电压可调的电动机。可调压的直流电源，在过去多采用直流的发电机－电动机组，即每一台电动机专门由一台直流发电机供电。当调节发电机的励磁电流时，便可改变发电机的输出电压，从而改变加在电动机电枢两端的电压。近年来，随着晶闸管技术的发展，直流发电机正在被晶闸管整流电源取代。

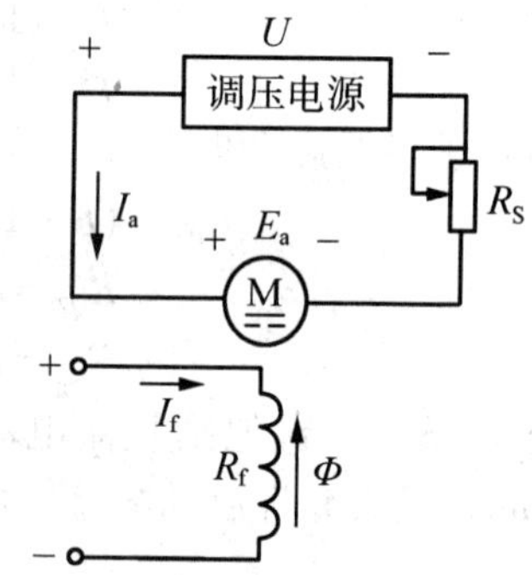

图4－15 他励直流电动机降压启动原理

他励直流电动机降压启动原理如图4－15所示。电动机的电枢由可调压直流电源（直流发电机或可控整流器）供电，启动前先调好励磁，然后从低到高调节电源电压。当最低电压对应的人为特性曲线上的启动转矩 $T_{st}>T_L$ 时，电动机便开始启动。启动后，随着转速升高，逐级提高电源电压，电动机逐级启动直至稳定运行。降压启动过程的机械特性如图4－16所示。

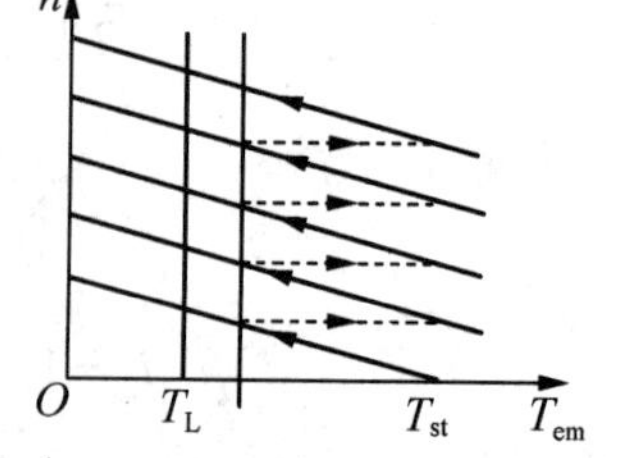

图4－16 降压启动机械特性

在手动调节电源电压时，应注意调压过程的均匀性及升压速度，否则会引起过大的电流冲击。如果采用自动控制，启动时通过调节器自动调节电源电压，使电枢电流在整个启动过程中始终保持最大允许值，电动机就能以允许的最大转矩加速，从而缩短启动时间。

该方法启动性能好、升速平稳、损耗小、持续时间短、可实现无级调压调速，且易实现自动控制，因此是一种较理想的启动方法。但这需要一套可调压直流电源，因而启动设备复杂、投资大、运行费用高，多用于要求频繁启动的场合和大、中型直流电动机的启动。

4.4 他励直流电动机的制动

他励直流电动机有以下两种运行状态：

1. 电动运行状态（或电动状态） 其特点是电磁转矩 T_{em} 的方向与转速 n 的方向相同，电磁转矩为驱动转矩，此时电网向电动机输入电能，并转换为机械能以带动负载。

2. 制动运行状态（或制动状态） 其特点是电磁转矩 T_{em} 的方向与转速 n 的方向相反，电磁转矩为制动转矩，此时电动机吸收机械能并转换为电能。

在电力拖动系统中，电动机经常需要工作在制动状态。例如，许多生产机械工作时，往往需要快速停车或者由高速运行迅速转为低速运行，这就要求电动机进行制动。对于如起重机等位能性负载的工作机构，为了获得稳定的下放速度，电动机也必须运行在制动状态。可见，电动机的制动运行是十分重要的。

为使电力拖动系统停车，最简单的方法是断开电枢电源，系统在摩擦阻力转矩的作用下，转速会慢慢下降，最后停车，这称为自由停车。自由停车特别是空载自由停车需要较长时间。如果希望制动过程加快，可以采用电磁制动器制动，即所谓“抱闸”，也可采用电气制动方法。常用的制动方法有能耗制动、反接制动和回馈制动三种，下面分别介绍。

4.4.1 能耗制动

能耗制动利用电动机从电网上断开以后系统储存的动能来产生电磁制动转矩，其接线如图 4－17 所示。开关 S 接电源侧时，电动机处于电动状态，电磁转矩 T_{em} 为驱动转矩，电枢电流 I_a、电枢电动势 E_a、转速 n 及电磁转矩 T_{em} 的方向如图 4－17 所示。当需要制动时，将开关 S 投向制动电阻 R_B 侧，电动机便进入能耗制动状态。

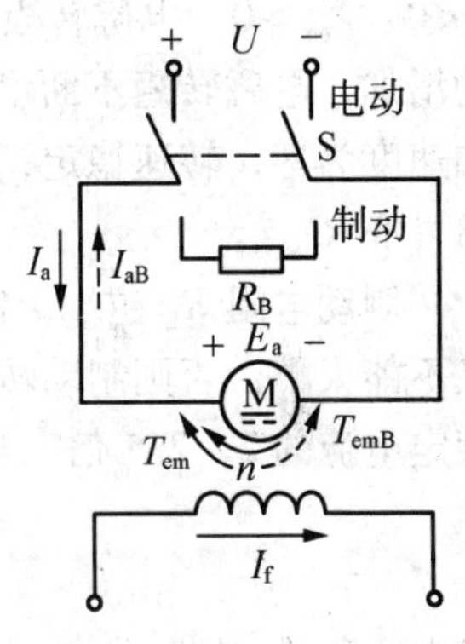

图 4－17 能耗制动接线

在电路切换瞬间，由于机械惯性，电动机转速 n 不能突变且转向与电动状态时的转向相同，因而电枢电动势 E_a 的方向也与电动状态时的电枢电动势方向相同。由于电源电压 $U=0$，根据电枢回路电压平衡方程式，可得制动开始瞬间的电枢电流为

$$I_{aB}=\frac{-E_a}{R_a+R_B} \tag{4-28}$$

可见，由 E_a 在闭合回路内产生的电枢电流 I_{aB} 为负值，其方向与电动状态时相反；由此产生的电磁转矩 T_{em} 的方向也与电动状态时相反，变成制动转矩，使系统较快地减速。

制动过程中，$U=0$，电动机与电源没有能量转换，由于电磁功率 $P_{em}=E_aI_a=T_{em}\Omega<0$，电动机从轴上输入机械功率，扣除空载损耗功率后，剩余的功率通过电磁作用转换为电功率消耗在电枢回路中。输入的机械功率来自降速过程中系统单位时间释放的动能 $\frac{1}{2}J\Omega^2$，当电动机转速 $n=0$ 时，系统储存的动能全部释放完毕，制动过程结束。在制动过程中，电动机靠系统的动能发电，转化为发电机，把动能转换为电能，消耗在电枢电路内的电阻上。因此，这种制动方法称为能耗制动。

能耗制动时，$U=0$，$\Phi=\Phi_N$，R_B 为电枢回路外接电阻，其机械特性方程式为

$$n=-\frac{R_a+R_B}{C_eC_T\Phi_N^2}T_{em} \tag{4-29}$$

可见，能耗制动的机械特性曲线是一条通过坐标原点的直线，其理想空载转速为零，特性斜率 $\beta=\dfrac{R_a+R_B}{C_eC_T\Phi_N^2}$，与电动状态下电枢串联电阻 R_B 时的人为机械特性的斜率相同，如图 4－18中的直线 BC 所示。

假定制动前电动机在固有机械特性曲线上的 A 点稳定运行，其中，$n>0$、$T_{em}>0$，T_{em}为驱动转矩。在能耗制动瞬间，由于 n 不能突变，工作点由 A 点沿水平方向跃变到能耗制动特性曲线上的 B 点。在 B 点，$n>0$，$T_{em}<0$，T_{em}为制动转矩，在（$-T_{em}-T_L$）的作用下，系统迅速减速，工作点沿能耗制动机械特性曲线下降。

若电动机拖动反抗性负载，则工作点到达原点 O 时，$n=0$，$T_{em}=0$，电动机停转。

若电动机拖动位能性负载，当工作点到达原点 O 时，虽然 $n=0$、$T_{em}=0$，但在位能负载的作用下，电动机将反转并加速，工作点沿机械特性曲线 OC 方向移动。此时 n 和 E_a 的方向均与电动状态时相反，而 E_a 产生的 I_a 方向却与电动状态时相同，由此产生的 T_{em}的方向也与电动状态时相同，由于 $n<0$、$T_{em}>0$，电磁转矩仍为制动转矩。随着转速的增加，电磁转矩不断增大，当 $T_{em}=T_L$ 时，系统加速度为零，转速稳定，实现等速下放，如图 4－18 中的 C 点。

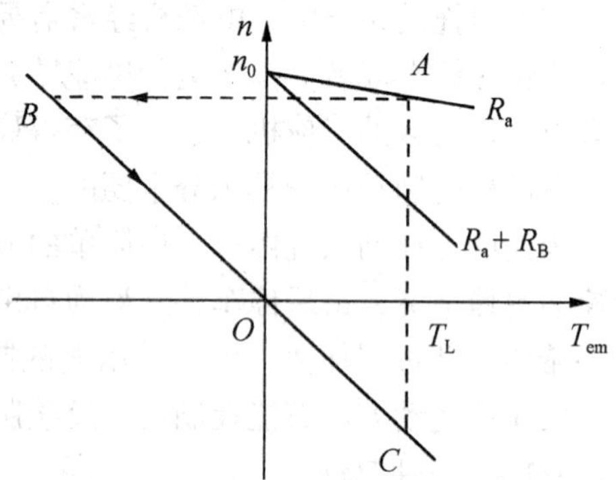

图 4－18　能耗制动时的机械特性

制动电阻 R_B 越小，制动机械特性曲线越平缓，起始制动转矩越大，制动越迅速，但 R_B 又不能太小，否则制动转矩和相应的制动电流将超过允许值，通常限制最大制动电流不超过额定电流的 2～2.5 倍。当选定最大制动电流 I_{amax}后，电枢回路需串联的制动电阻的最小值为

$$R_{Bmin}=\frac{E_a}{I_{amax}}-R_a \tag{4-30}$$

式中，E_a 为制动开始时电动机的电枢电动势。

能耗制动操作简单，利用系统的动能来获取制动转矩，可使拖动反抗性负载的系统迅速停车。其主要缺点是随着转速的下降，电动势减小，制动电流和制动转矩也随之减小，制动效果变差。为了克服这个缺点，在某些生产机械中可采用多级能耗制动，即当转速降到一定程度时，切除一部分制动电阻，使制动转矩增大，从而加强制动作用。图 4－19a 所示为二级能耗制动的接线。制动开始时，触头 KM_1 和 KM_2 断开，电阻 R_{B1}和 R_{B2}全部串联于电枢回路，工作点沿机械特性曲线 BC 方向移动，如图 4－19b 所示；当工作点到达 C 点时，闭合 KM_1，切除电阻 R_{B1}，由于机械惯性，电动机转速 n 不能突变，工作点沿水平方向从 C 点跃变到 D 点，电机继续减速运行，工作点沿机械特性曲线 DE 方向移动；到达 E 点时，闭合 KM_2，切除电阻 R_{B2}，工作点沿水平方向从 E 点跃变到 F 点，并沿曲线 FO 方向继续移动，直到 O 点，$n=0$，系统停车。

例 4－4　一台他励直流电动机的铭牌数据为：$P_N=10kW$，$U_N=220V$，$I_N=53A$，$n_N=1000r/min$，电枢电流最大允许值为 $2I_N$。

（1）电动机在额定状态下进行能耗制动，求电枢回路中应串联的制动电阻。

（2）用此电动机拖动起重机，在能耗制动状态下以 300r/min 的转速下放重物，电枢电流

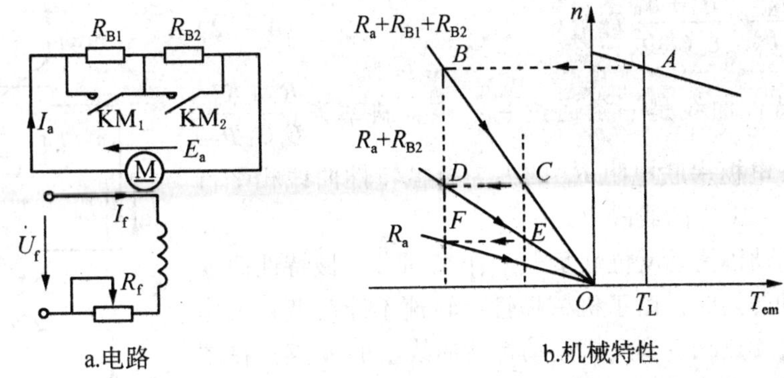

图4－19　二级能耗制动时的电路及机械特性

为额定值，求电枢回路中应串联的制动电阻。

解　（1）估算电枢电阻：

$$R_a=\frac{1}{2}\left(\frac{U_NI_N-P_N}{I_N^2}\right)=\frac{1}{2}\left(\frac{220\times53-10\times10^3}{53^2}\right)=0.3\ (\Omega)$$

制动前电枢电动势为

$$E_a=U_N-I_NR_a=220-53\times0.3=204.1\ (\mathrm{V})$$

应串联的制动电阻为

$$R_B=\frac{E_a}{2I_N}-R_a=\frac{204.1}{2\times53}-0.3=1.625\ (\Omega)$$

（2）制动时，由于励磁保持不变，则

$$C_e\Phi_N=\frac{E_a}{n_N}=\frac{204.1}{1000}=0.2041$$

下放重物时，电动机转速 $n=-300\mathrm{r/min}$，而能耗制动机械特性方程式为

$$n=-\frac{R_a+R_B}{C_e\Phi_N}I_a$$

即

$$-300=-\frac{0.3+R_B}{0.2041}\times53$$

故

$$R_B=0.855\ (\Omega)$$

4.4.2 反接制动

他励直流电动机的电源电压 U 和电枢电动势 E_a 中任一个量在外部条件作用下改变方向，即两者方向由原来相反变为一致时，电动机便进入反接制动状态。反接制动方法可分为电压反接制动（一般用于反抗性负载）和倒拉反转反接制动（用于位能性负载）两种。

1. 电压反接制动　图4－20所示为电压反接制动的接线。当开关S投向电源侧时，电动机处于电动运行状态。需要制动时，将开关S投向制动电阻 R_B 侧，此时电枢回路接极性相反的电源电压，U 与 E_a 顺向串联，共同产生很大的反向电枢电流，即

$$I_a=\frac{-U-E_a}{R_a+R_B}\tag{4-31}$$

由于 I_a 为负值，相应的电磁转矩 T_{em} 为负值，而转速 n 为正值，T_{em} 与 n 反向，故 T_{em} 为制动转矩，系统迅速减速。

电压反接制动时，$U=-U_N$，$\Phi=\Phi_N$，电枢回路外接电阻 R_B，其机械特性方程式为

$$n = -\frac{U_N}{C_e\Phi_N} - \frac{R_a + R_B}{C_e C_T \Phi_N^2} T_{em} \qquad (4-32)$$

可见，其机械特性曲线是一条通过 $-n_0$ 点，斜率为 $\frac{R_a + R_B}{C_e C_T \Phi_N^2}$，且与电动状态下电枢串联电阻 R_B 的人为机械特性曲线相平行的直线，如图 4－21 中的线段 BC 所示。

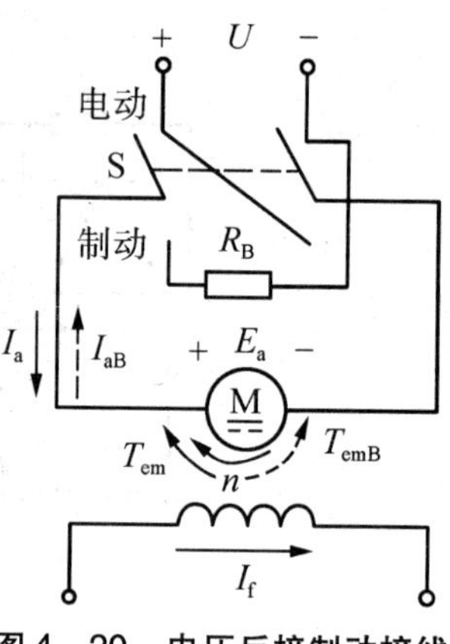

图 4－20 电压反接制动接线

假设原来电动机拖动反抗性负载工作在固有机械特性曲线上的 A 点，制动开始时，由于机械惯性，转速不能突变，工作点沿水平方向由 A 点跃变到反接制动特性曲线上的 B 点；在制动转矩的作用下，系统转速迅速下降，工作点沿曲线 BC 方向移动。到达 C 点时，电动机转速 $n=0$，制动过程结束，但电磁转矩 $T_C \neq 0$。此时，如果 $|T_C| > |T_L|$，如图 4－21 中的 C 点所示，则为了停车就应立即切断电源，否则电动机就要反向启动，并沿机械特性曲线 BC 方向加速到 D 点，进入反向电动状态下稳定运行。如果 $|T_C| \leq |T_L|$，则工作点到达 C 点时电动机停转。

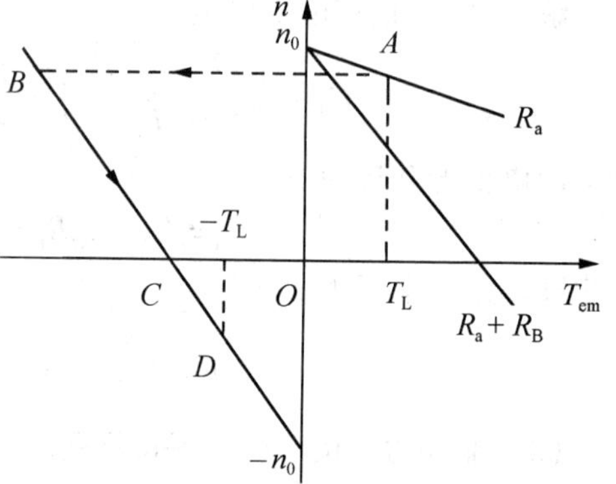

图 4－21 电压反接制动时的机械特性

电动状态运行时电枢电流的大小由 U_N 与 E_a 之差决定，电压反接制动时，电枢电流的大小由 U_N 与 E_a 之和决定，故反接制动时的电枢电流非常大。为限制电枢电流，使其不超过电动机额定电流的 2～2.5 倍，反接制动时必须在电枢回路中串联制动电阻 R_B，其大小为

$$R_B \geq \frac{U_N + E_a}{(2 \sim 2.5) I_N} - R_a \qquad (4-33)$$

式中，E_a 为反接制动开始时的电枢电动势。

与式（4－30）比较可知，在同样的起始条件下，电压反接制动过程中串联的制动电阻 R_B 比能耗制动过程中串联的 R_B 约大一倍，其特性曲线比能耗制动时的陡得多；电压反接制动过程中的电磁转矩的绝对值比能耗制动过程中的要大，而且在转速接近零时，仍然保持相当大的电磁制动转矩，因而制动作用更强烈，制动更快。

电压反接制动过程中（图 4－21 中 BC 段），U、I_a、T_{em} 均为负，而 n、E_a 为正。因此，电动机从电源输入的电功率 $P_1 = UI_a > 0$，从轴上输出的机械功率 $P_2 = T_2\Omega \approx T_{em}\Omega < 0$，电磁功率 $P_{em} = E_a I_a < 0$，说明电动机从轴上输入机械功率，该机械功率扣除空载损耗后被转换为电功率。由此可见，电压反接制动时，电动机将从电源输入的电功率和从轴上输入的机械功率转换的电功率一起全部消耗在电枢回路的电阻（$R_a + R_B$）上，其能量损耗是很大的。拖动反抗性负载时，电动机轴上输入的机械功率是由拖动系统释放的动能提供的。

2. 倒拉反转反接制动　这种制动方法只适用于位能性恒转矩负载。下面以图 4－22 中起重机下放重物时的电路为例来说明。

图 4－22a 所示为电动机处于正向电动状态时各物理量的方向，工作点位于固有机械特性（图 4－22c）曲线上的 A 点，重物产生的负载转矩为 T_L，电动机以稳定转速提升重物。为了

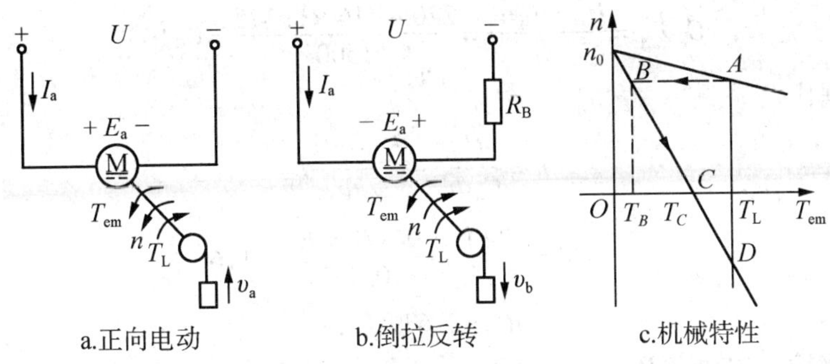

a.正向电动　　b.倒拉反转　　c.机械特性

图 4－22　倒拉反转反接制动

实现倒拉反转反接制动，可在电枢回路中串联一个较大的电阻 R_B，得到一条斜率较大的人为机械特性曲线，如图 4－22c 中的直线 n_0D 所示。在制动瞬间，由于机械惯性，电动机转速不能突变，工作点沿水平方向由 A 点跃变到 B 点，由于 $T_B<T_L$，电动机开始减速，工作点沿人为机械特性曲线由 B 点向 C 点移动。随着 n 的下降，E_a 减小，I_a 增大，T_{em}相应增大，到达 C 点时，$n=0$，$E_a=0$，重物停止上升。此时，由于 $T_C<T_L$，电动机被位能性负载倒拉反转，工作点进入第四象限。由于 $n<0$，电枢电动势 E_a 方向相应改变，如图 4－22b 所示。而电枢电流 I_a 的方向不变，故电磁转矩 T_{em}的方向也不变，成为制动转矩，电动机处于制动状态。随着电动机反转速度的升高，E_a 不断增大，电枢电流 I_a 和电磁转矩 T_{em}也相应增大，工作点沿人为机械特性曲线 CD 方向移动。到达 D 点时，电磁转矩和负载转矩相平衡，电动机便以稳定的转速匀速下放重物。

倒拉反转反接制动的机械特性表达式为

$$n=\frac{U_N}{C_e\Phi_N}-\frac{R_a+R_B}{C_eC_T\Phi_N^2}T_{em} \tag{4-34}$$

可见，它与电动状态时电枢串联电阻的人为机械特性表达式完全相同，只是此时电枢串联的电阻较大，使得$\frac{R_a+R_B}{C_eC_T\Phi_N^2}T_L>n_0$，即 $n=n_0-\frac{R_a+R_B}{C_eC_T\Phi_N^2}T_L<0$ 而已。因此，倒拉反转反接制动特性曲线是电动状态电枢串联电阻人为特性曲线在第四象限的延伸部分。

这种制动方法利用电动机被负载倒拉反转后电枢电动势随之反向这一特点来产生制动转矩，与电动状态相比，相当于将电枢电动势 E_a 反向后接入电枢回路，工作在 $U_N+|E_a|$的情况下，因此又称为电动势反接制动，而电压反接制动则是把电源电压反接。

倒拉反转反接制动的功率关系与电压反接制动的功率关系一样，其差别仅在于电压反接制动时电动机轴上输入的机械功率是由系统释放的动能提供的，而电动势反接制动则是由位能性负载减少的位能提供的。

例 4－5　一台他励直流电动机的铭牌数据为：$P_N=22\text{kW}$，$U_N=220\text{V}$，$I_N=116\text{A}$，$n_N=1500\text{r/min}$。若该电动机运行在倒拉反转反接制动状态，以 800r/min 的速度下放重物，转轴上带额定负载。试求电枢回路中应串联的电阻、从电网输入的功率 P_1、从轴上输入的功率 P_2 及电枢回路电阻消耗的功率。

解　(1) 估算电枢电阻 R_a：

$$R_a=\left(\frac{1}{2}\sim\frac{2}{3}\right)\frac{U_NI_N-P_N}{I_N^2}\leqslant\frac{2}{3}\times\left(\frac{220\times116-22\times10^3}{116^2}\right)=0.175\ (\Omega)$$

利用额定数据求得

$$C_e\Phi_N = \frac{U_N - I_N R_a}{n_N} = \frac{220 - 116 \times 0.175}{1500} = 0.133$$

将已知数据代入

$$n = \frac{U_N}{C_e\Phi_N} - \frac{R_a + R_B}{C_e\Phi_N} I_a$$

可得

$$-800 = \frac{220}{0.133} - \frac{0.175 + R_B}{0.133} \times 116$$

解得

$$R_B = 2.639\ (\Omega)$$

（2）从电网输入的功率 P_1：

$$P_1 = U_N I_N = 220 \times 116 = 25.52\ (\text{kW})$$

（3）忽略空载损耗，从轴上输入的功率 P_2 近似等于电磁功率，即

$$P_2 \approx P_{em} = E_a I_a = C_e\Phi_N n I_a = 0.133 \times 800 \times 116 = 12.342\ (\text{kW})$$

（4）电枢回路电阻消耗的功率：

$$p_{Cua} = I_a^2 (R_a + R_B) = 116^2 \times (0.175 + 2.639) = 37.865\ (\text{kW})$$

故

$$P_1 + P_2 \approx p_{Cua}$$

4.4.3 回馈制动

他励直流电动机在电动状态下运行时，在某种条件下会出现转速 n 高于理想空载转速 n_0 的情况。此时，电枢电动势 E_a 高于电源电压 U，电枢电流 I_a 反向，电磁转矩 T_{em} 由驱动转矩变成制动转矩，电动机便运行于回馈制动状态。

在实际拖动系统中，当电动机处于电动状态而突然降低电源电压，或者当电动机按反向运转接线、拖动位能性负载高速下放重物时，都能出现回馈制动。

1. 正向回馈制动　当他励直流电动机带反抗性负载，其位能起作用时，便可能出现正向回馈制动。

图 4-23a 是电动机拖动某机车下坡的示意图。在平路上行驶时，该机车仅为一般反抗性负载，当电动机电磁转矩 T_{em} 与机车摩擦转矩 T_f 相平衡时，系统做匀速直线运动，工作点位于 A 点，如图 4-23b 所示。当机车进入下坡路段，机车的位能在起作用，其重力产生的转矩 T_G 与摩擦转矩 T_f 方向相反，呈驱动性质。故电动机所遇到的总的负载转矩 T_L 为 T_G 和 T_f 的代数和。当 $|T_G| < |T_f|$ 时，合成负载转矩 T'_L 为正，负载特性曲线如图 4-23b 中的直线 3 所示，工作点为 B 点。当 $|T_G| > |T_f|$ 时，合成负载转矩 T''_L 为负，负载特性曲线位于第二象限，如图 4-23b 中的直线 4 所示，工作点为 C 点。此时，$n > n_0$，$E_a > U_N$，电枢电流 $I_a < 0$，对应

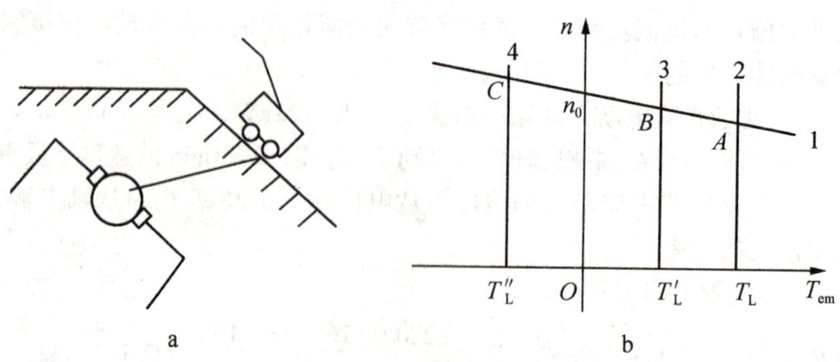

图 4-23　他励直流电动机正向回馈制动

的电磁转矩 $T_{em}<0$，为制动转矩。由于 $P_2=T_2\Omega_2<0$，所以从电动机轴上输入机械功率，扣除空载损耗后转换为电功率 $P_{em}=E_aI_a$，其中一小部分消耗在电枢回路中的电阻上，剩余的大部分都回馈给电网，因此称为回馈制动。

正向回馈制动的机械特性与正向电动状态时的机械特性完全相同，即

$$n=\frac{U_N}{C_e\Phi_N}-\frac{R_a+R_B}{C_eC_T\Phi_N^2}T_{em}=n_0-\beta T_{em} \tag{4-35}$$

由于正向回馈制动时，$T_{em}<0$，故 $n>n_0$。

2\. 反向回馈制动　他励直流电动机电压反接制动时，如果拖动的是位能性负载，则系统最后将进入反向回馈制动稳定运行状态，如图 4－24 中的线段 $-n_0E$。反向回馈制动的机械特性与电压反接制动的机械特性相同，即

$$n=-\frac{U_N}{C_e\Phi_N}-\frac{R_a+R_B}{C_eC_T\Phi_N^2}T_{em}=-n_0-\beta T_{em} \tag{4-36}$$

由于反向回馈制动时工作点位于第四象限，$T_{em}>0$，故 $|n|>|n_0|$。

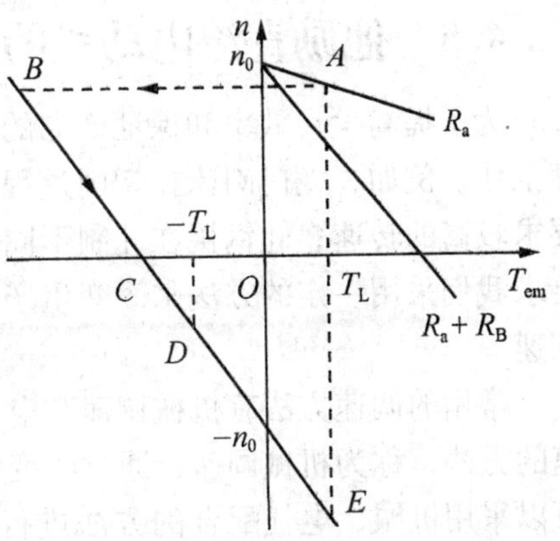

图 4－24　反向回馈制动时的机械特性

由图 4－24 可知，电枢内串联电阻 R_B 越大，机械特性斜率越大，稳定运行时的转速越高。为了防止重物下放速度过高，通常将电枢回路内串联的电阻 R_B 切除，即使这样转速 n 仍高于 n_0。

除了以上两种回馈制动方式以外，还有一种发生在动态过程中的回馈制动。如在降低电枢电压的调速过程中，当突然降低电枢电压，电枢电动势还来不及变化时，就会发生 $E_a>U$ 的情况，即出现了回馈制动。

图 4－25 为降压调速过程中的回馈制动特性，当电压从 U_1 降到 U_2 时，理想空载转速由 n_{01} 降到 n_{02}，电动机转速不能突变，工作点沿水平方向由 A 点跃变到 B 点，由于 $n_B>n_{02}$，系统进入回馈制动过程，从而加快了电动机的减速。当转速降到 n_{02} 时，制动过程结束。

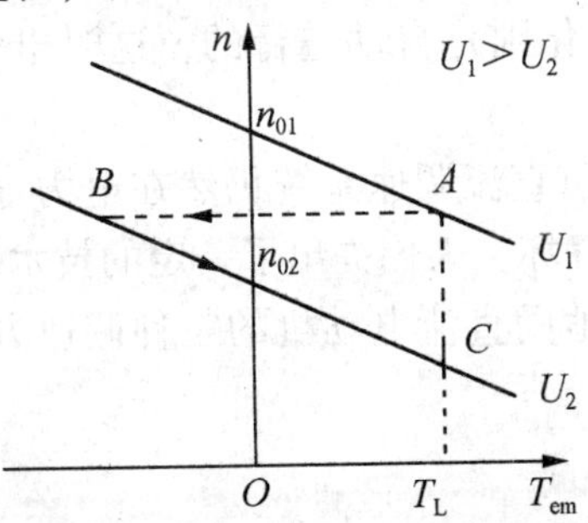

图 4－25　降压调速回馈制动

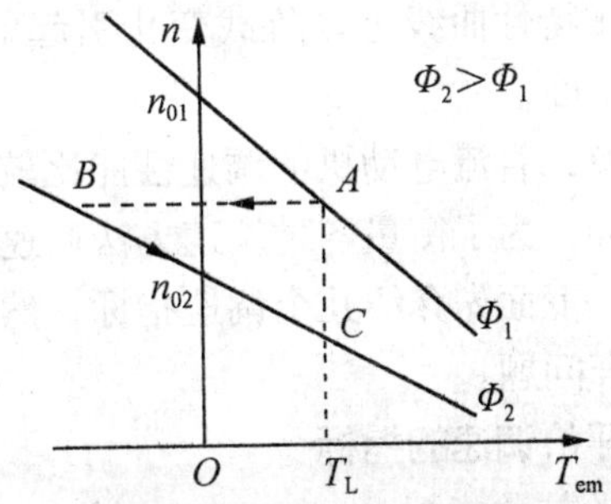

图 4－26　增磁调速回馈制动

回馈制动同样可以出现在他励直流电动机增加磁通 Φ 的降速过程中，如图 4－26 所示，当工作点在 Bn_{02} 段移动时，即为回馈制动。

回馈制动时，电动机的输入功率 $P_1=U_NI_a<0$，输出功率 $P_2=T_2\Omega<0$，电磁功率 $P_{em}=E_aI_a=T_{em}\Omega<0$。这表明电动机在回馈过程中作为发电机运行，将系统减速时释放出的动能转换为电能，扣除电动机内部的损耗后，大部分电能回馈电网。因此，与能耗制动及反接制动相比，

从电能消耗角度来看，回馈制动是较为经济的。

例4-6 在例4-5中电动机在固有机械特性曲线上做回馈制动下放重物，已知 $I_a=100A$，试求重物下放时电动机的转速。

解 根据反向回馈制动机械特性，可求得转速为

$$n=-\frac{U_N}{C_e\Phi_N}-\frac{R_a}{C_e\Phi_N}I_a=-\frac{220}{0.133}-\frac{0.175}{0.133}\times100=-1786\ (\text{r/min})$$

转速为负值，表明电动机下放重物。

4.5 他励直流电动机的调速

为了提高生产效率和保证产品的高质量，许多生产机械要求在不同的情况下以不同的速度工作。例如，龙门刨床在切削过程中，当刀具切入和退出工件时要求较低的转速，切削时要求较高的转速；轧钢机在轧制不同品种和厚度的钢材时，也必须有不同的工作速度。这就要求我们采用一定的方法来改变生产机械的工作速度，以满足生产需要，这种方法通常称为调速。

常用的调速方法有机械调速和电气调速两种基本形式。通过改变传动机构传动比进行调速的方法，称为机械调速；通过改变电动机参数进行调速的方法，称为电气调速。此外，还可以采用机械、电气配合的方法进行调速。究竟采用何种方案，以及机械、电气如何配合，要全面考虑，有时还需对各种方案进行技术经济比较后才能决定。本节只介绍他励直流电动机的电气调速。

他励直流电动机的转速公式为

$$n=\frac{U-I_a(R_a+R_S)}{C_e\Phi} \tag{4-37}$$

由式（4-37）可知，当电枢电流 I_a 不变时，即在一定的负载下，欲改变电动机的转速，可以改变电枢端电压 U、电枢回路的串联电阻 R_S 或励磁磁通 Φ。

必须指出，调速与由负载变化引起的转速变化是不同的。调速是通过改变电动机的参数引起转速的改变，电动机的参数改变，其机械特性必定改变，因此调速前后电动机必然运行在不同的机械特性曲线上。负载变化引起的转速变化则是自动进行的，这时电气参数未变，机械特性也不变。

一般来说，直流电动机的调速性能比较好，目前直流调速系统仍然在电力拖动系统中占有较大的优势。为了衡量各种调速方法调速性能的好坏，人们提出了一定的技术和经济指标，即调速指标。下面先介绍几个调速指标，然后讨论他励直流电动机的三种调速方法及其与负载类型的配合问题。

4.5.1 评价调速的指标

1. 调速的技术指标

（1）调速范围：调速范围指电动机在额定负载下调速时，可能运行的最高转速 n_{max} 与最低转速 n_{min} 之比，通常用 D 表示，即

$$D=\frac{n_{max}}{n_{min}} \tag{4-38}$$

不同的生产机械对电动机的调速范围有不同的要求，如车床 $D=20\sim120$，龙门刨床 $D=10\sim40$，机床的进给机构 $D=5\sim200$ 等。

由式（4－38）可知，要扩大调速范围，必须设法尽可能提高 n_{max} 或降低 n_{min}。但是，最高转速 n_{max} 受电动机机械强度、换向条件及电压等级等方面的限制，一般情况下，在额定转速以上，转速提高的范围不大。最低转速 n_{min} 受低速运行时转速的相对稳定性的限制。所谓相对稳定性，指负载转矩变化时转速变化的程度。转速变化越小，相对稳定性越好，能得到的 n_{min} 越低，D 也就越大。

（2）静差率（或相对稳定性）：静差率指在同一条机械特性曲线上运行时，电动机由理想空载增加到额定负载，所出现的转速降 Δn_N 与理想空载转速 n_0 之比，用 $\delta\%$ 表示，即

$$\delta\% = \frac{\Delta n_N}{n_0} \times 100\% = \frac{n_0 - n_N}{n_0} \times 100\% \tag{4-39}$$

显然，电动机机械特性越硬，静差率越小，转速的相对稳定性越高。不同的生产机械允许的静差率是不同的，如普通车床可允许 $\delta\% \leqslant 30\%$，有些设备允许 $\delta\% \leqslant 50\%$，高精度的造纸机则要求 $\delta\% \leqslant 0.1\%$。

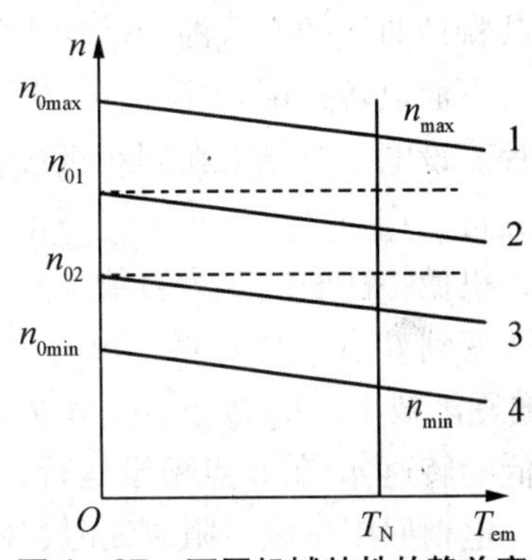

图 4－27　不同机械特性的静差率

但是，静差率的大小不仅由机械特性的硬度决定，还与理想空载转速的大小有关。如图 4－27 中的机械特性曲线 2 和 3，硬度相同，额定转速降也相等，由于 $n_{01} > n_{02}$，则 $\delta_1\% < \delta_2\%$。可见，对于同样硬度的机械特性，理想空载转速越低，静差率越大，越难满足生产机械对静差率的要求。

静差率和调速范围是互有联系的两项指标，系统可能达到的最低转速 n_{min} 决定于低速特性的静差率，因此，调速范围也受低速特性的静差率制约。现利用图 4－27 中的特性曲线 1 和 4，可推导出调速范围与最低转速时的静差率的关系为

$$D = \frac{n_{max}}{n_{min}} = \frac{n_{max}}{n_{0min} - \Delta n_N} = \frac{n_{max}}{\frac{\Delta n_N}{\delta} - \Delta n_N} = \frac{n_{max}}{\frac{\Delta n_N}{\delta}(1-\delta)} = \frac{n_{max}\delta}{\Delta n_N(1-\delta)} \tag{4-40}$$

式中，Δn_N 为最低转速机械特性上的转速降；δ 为用小数值表示的最低转速时的静差率，即系统的最大静差率。

由式（4－40）可知，若对静差率这一指标要求过高，即 δ 值越小，则调速范围 D 越小；若要求调速范围 D 越大，则静差率 δ 越大，转速的相对稳定性越差。因此，若要求在一定静差率 δ 限定下扩大调速范围，可采用提高机械特性硬度的方法，但就他励直流电动机本身而言，提高机械特性硬度的余地并不大。因此，在电力拖动系统中，常常采用电压或转速负反馈等闭环控制来提高机械特性的硬度，扩大调速范围。

（3）调速的平滑性：所谓调速的平滑性，指调速时相邻两级速度的接近程度，通常用相邻两级转速之比——平滑系数 φ 表示，即

$$\varphi = \frac{n_i}{n_{i-1}} \tag{4-41}$$

平滑系数 φ 越接近于 1，则调速的级数越多，平滑性越好。当 $\varphi = 1$ 时称为无级调速，即转速可以连续调节，级数接近无穷多，此时调速的平滑性最好。当调速不连续时，级数有限，称为有级调速。

2. 调速的经济指标　调速的经济指标决定于调速系统的设备投资及运行费用，而运行费

用又决定于调速过程中的损耗，一般可用设备效率 η 来说明。电动机的效率表达式为

$$\eta = \frac{P_2}{P_2 + \sum p} \tag{4-42}$$

式中，P_2 为电动机轴上的输出功率；$\sum p$ 为调速时的损耗功率。

4.5.2 调速方法

1. 电枢串联电阻调速　以他励直流电动机拖动恒转矩负载为例说明。如图 4－28 所示，保持电源电压和主磁通为额定值不变，在电枢回路中串联不同阻值的电阻，可以得到一簇人为机械特性曲线。它们与负载特性曲线的交点即为电动机的稳定工作点。

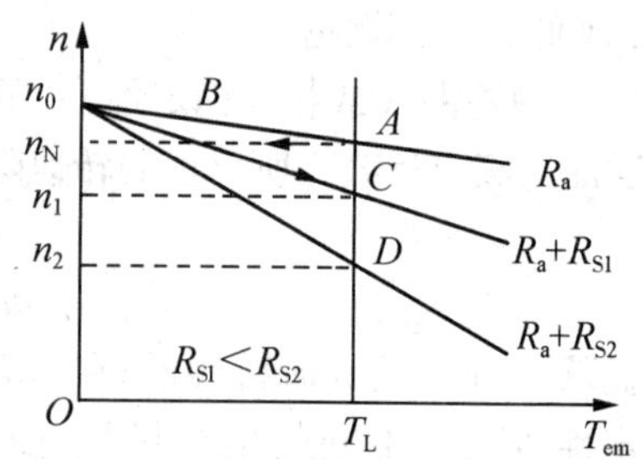

图 4－28　电枢串联电阻调速机械特性

下面以转速由 n_N 降为 n_1 为例说明电动机的调速过程。设电动机原来在固有机械特性曲线上的 A 点稳定运行，$T_{em}=T_L$，$n=n_N$。当电枢回路串联电阻 R_{S1} 后，机械特性曲线变为直线 n_0C，由于机械惯性，转速来不及变化，工作点沿水平方向由 A 点跃变到 B 点。在 B 点，由于 $T_{em}<T_L$，电动机减速运行，工作点沿曲线 BC 方向移动。随着 n 的逐渐减小，E_a 减小，I_a 和 T_{em}增大，到达 C 点时，$T_{em}=T_L$，达到新的平衡，电动机便以较低的转速 n_1 在 C 点稳定运行，调速过程结束。

电枢回路串联电阻调速时，串联的电阻越大，稳定运行转速越低。因此，这种方法只能在低于额定转速的范围内调速，一般称为由基速（额定转速）向下调速。

这种调速方法的优点是设备简单、操作方便。但是，一方面，由于串联电阻后，机械特性变软，所以电动机易受负载波动的影响，空载和轻载时调速效果不明显。另一方面，因调速电阻串联在电枢回路中，通过电流较大，因而调速电阻的容量较大。此外，由于调速电阻只能分段调节，所以这种方法不能连续调速，只能实现有级调速。同时，调速电阻上通过大电流会产生很大的功率损耗，转速越低，所串联电阻越大，损耗越大，效率越低，故这种调速方法不太经济。

因此，电枢串联电阻调速多用于对调速性能要求不高、而且不经常调速的生产机械，如起重机、电车等。

2. 降低电源电压调速　提高电动机的电源电压会受到绕组绝缘耐压的限制，根据规定，只允许比额定电压提高 30%，故提高电源电压的范围不大。因此，实际上改变电源电压只应用在降压的方向，即从额定转速向下调速。

下面以他励直流电动机拖动恒转矩负载为例进行介绍。如图 4－29 所示，设电动机原来在固有机械特性曲线的 A 点稳定运行，$T_{em}=T_L$，$n=n_N$，保持主磁通为额定值，电枢回路中不串联电阻，若将电源电压由 U_N 降低至 U_1，则电动机的机械特性曲线变为曲线 $n_{01}C$。由于机械惯性，转速不能突变，工作点由 A 点沿水平方向跃到 B 点。在 B 点，$T_{em}<T_L$，电动机减速运行，工作点沿曲线 BC 方向移动，随着 n 的逐渐减小，E_a 减小，I_a 和 T_{em} 增大，到达 C 点时，$T_{em}=T_L$，达到新的平衡，电动机便以较低的转速 n_1 在 C 点稳定运行，调速过程结束。

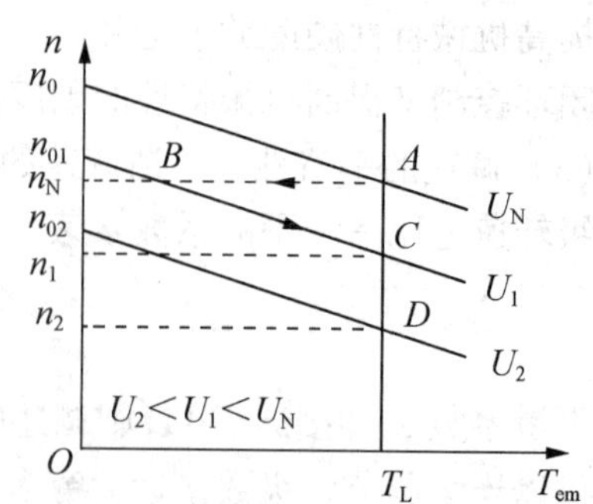

图 4－29　降低电源电压调速机械特性

降压调速时，电动机机械特性的硬度不变，即使低速运行，转速受负载波动的影响也很小，转速的稳定性较好。而且，若电源电压能够平滑调节，则电动机的转速就可以连续变化，即能实现无级调速。此外，采用这种调速方式，电枢回路中没有附加电阻损耗，电动机运行效率高。

但是，降压调速需要一套独立可调的直流电源。目前用得最多的是晶闸管－电动机系统（简称 SCR－M 系统），如图 4－30 所示。容量较大的直流电动机一般用机组（交流电动机－直流发电机组）作为可调直流电源，而用晶闸管装置调节发电机 G 的励磁电流，通过改变 G 的励磁电流调节发电机的感应电动势，从而改变电动机的电源电压，如图 4－31 所示。在一些旧有的设备上，还经常采用发电机－电动机系统（简称 G－M 系统），如图 4－32 所示，交流电动机作为直流发电机 G_2 及直流励磁机 G_1 的驱动电动机。调节励磁电流 I_{fG} 可以改变 G_2 的输出电压，从而实现对直流电动机 M 的调压调速。

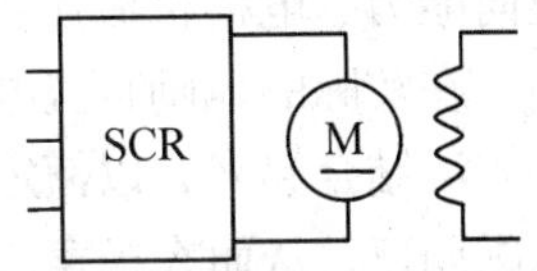

图 4－30　SCR－M 系统

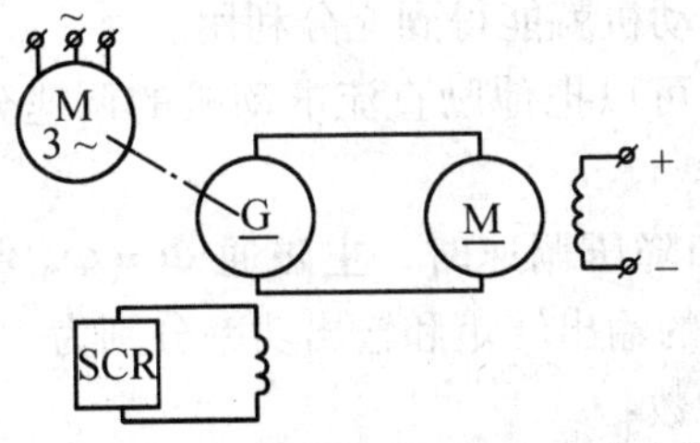

图 4－31　晶闸管励磁的发电机－电动机组

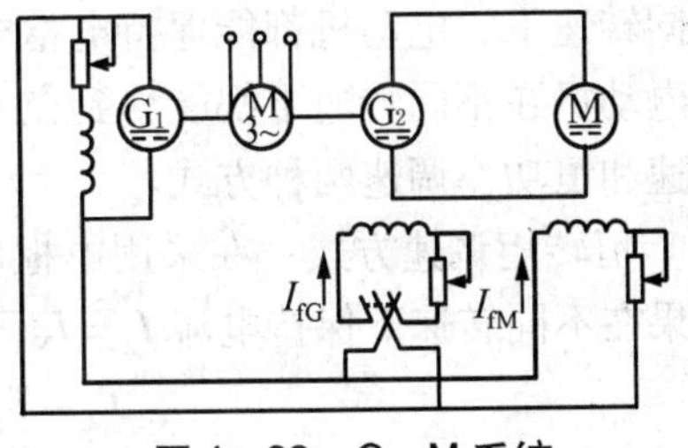

图 4－32　G－M 系统

他励直流电动机的降低电源电压调速是一种性能优越的调速方法，广泛用于对调速性能要求较高的生产机械，如机床、轧钢机、造纸机等。

3. 减弱磁通调速　额定运行电动机的磁路已基本饱和，即使励磁电流增加很大，磁通也增加很少，从电动机的性能考虑不允许磁路过饱和。因此，改变磁通一般应用在减弱的方向，称为弱磁调速，此时电动机的转速从额定值向上调节。

下面以他励直流电动机拖动恒转矩负载为例进行介绍。如图 4－33 所示，设电动机原来在固有机械特性曲线的 A 点稳定运行，$T_{em}=T_L$，$n=n_N$，保持电源电压不变，电枢回路中不串联电阻，减小电动机的励磁电流，使主磁通由 Φ_N 减小至 Φ_1，则电动机的机械特性曲线变为直线 $n_{01}C$。由于机械惯性，转速 n 不能突变，电枢电动势 $E_a=C_e\Phi n$ 减小，电枢电流 $I_a=(U-E_a)/R_a$ 增大。由于 R_a 较小，E_a 稍有变化就能使 I_a 增加很多，所以尽管 Φ 减小，但 I_a 增加很多，电磁转矩 $T_{em}=C_T\Phi I_a$ 还是增大的。此时，工作点由 A 点沿水平方向跃变到 B 点。在 B 点，$T_{em}>T_L$，电动机加速运行，工作点沿曲线 BC 方向移动，到达 C 点时，$T_{em}=T_L$，达到新的平衡，电动机便以较高的转速 n_1 在 C 点稳定运行，调速过程结束。

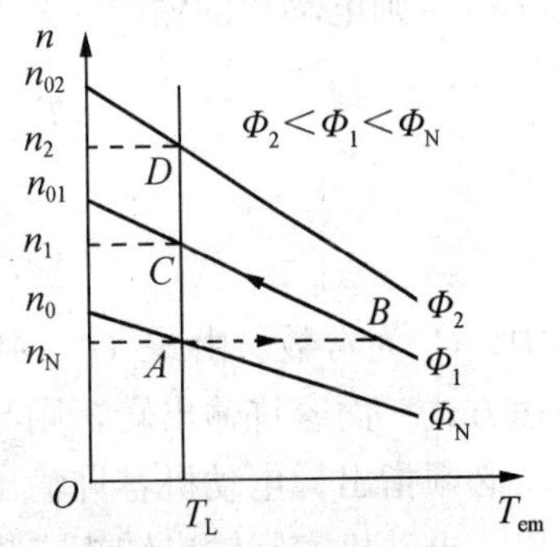

图 4－33　减弱磁通调速

弱磁调速时，由于在电流较小的励磁回路中进行调节，因而能量损耗小，控制方便，可以连续调节电阻值，实现无级调速，调速的平滑性较高。虽然弱磁升速后电枢电流 I_a 增大、

电动机的输入功率 P_1 增大，但由于转速 n 升高，输出功率 P_2 也增大，电动机的效率基本不变，调速的经济性比较好。

但是，弱磁调速只能在基速以上的范围内调节转速，而且电动机的转速越高，换向越困难，电枢反应的去磁效应对转速稳定性的影响越大。因此，弱磁调速所能达到的最高转速受换向能力、电枢机械强度和稳定性等因素的限制，不能升得太高。

在实际的他励直流电动机调速系统中，为了扩大调速范围，常把降压和弱磁两种基本调速方法结合起来，以额定转速为基速，在额定转速以下采用降压调速，在额定转速以上采用弱磁调速，从而在极宽广的范围内实现平滑的无级调速。

4.5.3 调速方式与负载类型的配合

1. 电动机的容许输出和调速方式　电动机的容许输出指在一定转速下，电动机长期工作所能输出的最大转矩和功率。电动机在额定转速下容许输出功率主要取决于电动机的发热，而发热又主要取决于电枢电流。在调速过程中，只要电动机在不同转速下电枢电流 I_a 不超过额定值 I_N，则其发热就不会超过允许的限制。因此，额定电流是电动机长期工作的利用限度。如在不同转速下，电动机都能保持电枢电流为 I_N，则电动机就能得到充分利用。

以电动机在不同转速下都能得到充分利用为条件，可以把他励直流电动机的调速分为恒转矩调速和恒功率调速两种方式。

（1）恒转矩调速方式：在采用电枢串联电阻调速和降压调速时，主磁通 $\Phi=\Phi_N$ 保持不变，如果在不同转速下保持电流 $I_a=I_N$ 不变，则电动机的输出转矩和输出功率分别为

$$\left.\begin{aligned}T_2\approx T_{em}=C_T\Phi_N I_N=\text{常数}\\P_2=\frac{T_2 n}{9550}\end{aligned}\right\}\tag{4-43}$$

式中，T_2、n、P_2 的单位分别为牛·米（N·m）、转/分（r/min）、千瓦特（kW）。

由式（4-43）可知，这两种调速方法在整个调速范围内，容许输出转矩为恒值，故称为恒转矩调速方式，而容许输出功率则与转速成正比。

（2）恒功率调速方式：弱磁调速时主磁通 Φ 是变化的，如果在不同转速下保持电流 $I_a=I_N$ 不变，则电动机的输出转矩和输出功率分别为

$$\left.\begin{aligned}T_2\approx T_{em}=C_T\Phi I_N=C_T\frac{U_N-I_N R_a}{C_e n}I_N=\frac{C_1}{n}\\P_2=\frac{T_2 n}{9550}=\frac{C_1}{9550}=\text{常数}\end{aligned}\right\}\tag{4-44}$$

式中，C_1 为常数。由式（4-44）可知，弱磁调速时，容许输出功率为常数，故称为恒功率调速方式，而容许输出转矩则与转速成反比。

必须指出，电动机容许输出转矩或功率只表示电动机的利用限度，不代表电动机的实际输出。电动机实际输出转矩或功率由不同转速下的负载转矩特性 $T_2=f(n)$ 或负载功率特性 $P_2=f(n)$ 决定，这就存在一个调速方式与负载类型互相配合的问题。因此，应根据不同的负载性质，选择适当的调速方式，才能使电动机得到比较充分的利用。

2. 调速方式与负载类型的配合

（1）恒转矩调速方式与负载类型的配合：当电动机采用恒转矩调速方式拖动恒转矩负载运行时，若 $T_L=T_N$，那么无论电动机转速如何，电枢电流 I_a 将始终保持 I_N 不变，即电动机得到充分利用。

拖动恒功率负载运行时，为了保证整个调速范围内电动机的输出转矩不超过容许输出转矩的限制，需要按最低转速时的 T_{Lmax} 来选择电动机，使 $T_{em}=T_{Lmax}$，如图 4－34 所示。此时，若 $T_{Lmax}=T_N$，则 $I_a=I_N$，电动机得到充分利用。但是，电动机转速升高后，负载转矩 T_L 减小，电动机实际输出转矩和电枢电流也相应减小，$I_a<I_N$，电动机得不到充分利用。

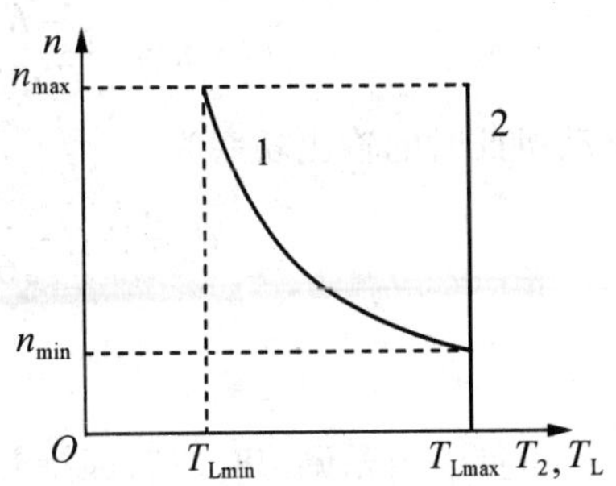

图 4－34　恒转矩调速与恒功率负载

1. 恒功率负载特性 $n=f(T_L)$
2. 恒转矩调速特性 $n=f(T_2)$

因此，为了使调速电动机得到充分利用，在拖动恒转矩负载时，应采用电枢串联电阻调速或降压调速，即恒转矩调速方式。

（2）恒功率调速方式与负载类型的配合：当电动机采用恒功率调速方式拖动恒功率负载运行时，若 $P_L=P_N$，那么无论电动机转速如何，电枢电流 I_a 将始终保持 I_N 不变，即电动机得到充分利用。

拖动恒转矩负载运行时，如图 4－35 所示，由于采用恒功率调速方式，所以最高转速 n_{max} 对应的磁通 Φ 最小，由 $T_{em}=C_T\Phi I_a$ 可知，此时电枢电流 I_a 最大。为了使电动机得到充分利用而又不过热，应使在最高转速 n_{max} 时的 $I_a=I_N$，通过调节磁通，可使电动机的容许输出转矩等于负载转矩。当电动机运行在低转速时，磁通 Φ 变大，由于 $T_{em}=C_T\Phi I_a=T_L=$ 恒值，则可知低转速下对应的电枢电流变小，$I_a<I_N$，电动机得不到充分利用。

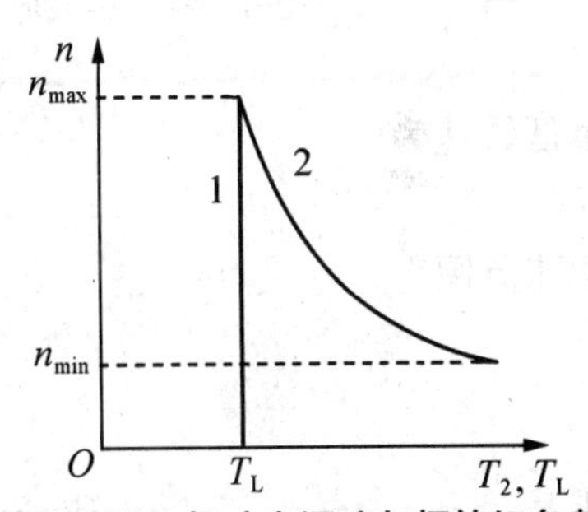

图 4－35　恒功率调速与恒转矩负载

1. 恒转矩负载特性 $n=f(T_L)$
2. 恒功率调速特性 $n=f(T_2)$

因此，为了使电动机得到充分利用，在拖动恒功率负载时，应采用弱磁调速，即恒功率调速方式。

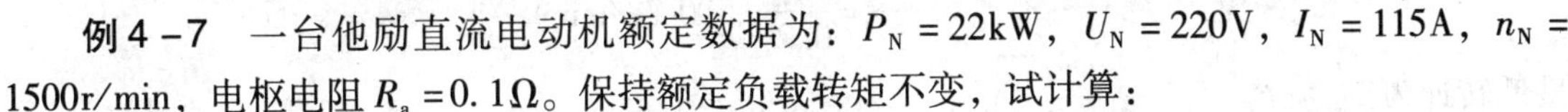

例 4－7　一台他励直流电动机额定数据为：$P_N=22\text{kW}$，$U_N=220\text{V}$，$I_N=115\text{A}$，$n_N=1500\text{r/min}$，电枢电阻 $R_a=0.1\Omega$。保持额定负载转矩不变，试计算：

（1）电枢回路串联 0.6Ω 电阻后的稳态转速；（2）电源电压降为 150V 时的稳态转速；

（3）磁通减弱为 $0.8\Phi_N$，要求电动机的电枢电流不超过额定值，求电动机能输出的最大转矩与功率。

解

$$C_e\Phi_N=\frac{U_N-I_NR_a}{n_N}=\frac{220-115\times0.1}{1500}=0.139$$

（1）因为负载转矩不变，且磁通不变，所以 $I_a=I_N$ 不变。电枢串联电阻后的转速为

$$n=\frac{U_N-(R_a+R_S)I_a}{C_e\Phi_N}=\frac{220-(0.1+0.6)\times115}{0.139}=1003.6\ (\text{r/min})$$

（2）因为负载转矩不变，且磁通不变，所以 $I_a=I_N$ 仍不变。电源电压降低后的转速为

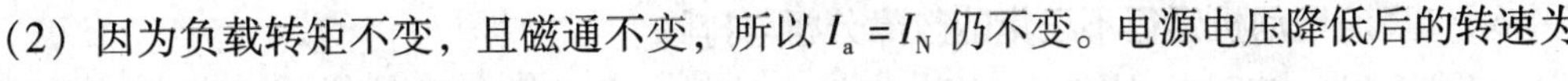

$$n=\frac{U_N-R_aI_a}{C_e\Phi_N}=\frac{150-0.1\times115}{0.139}=996.4\ (\text{r/min})$$

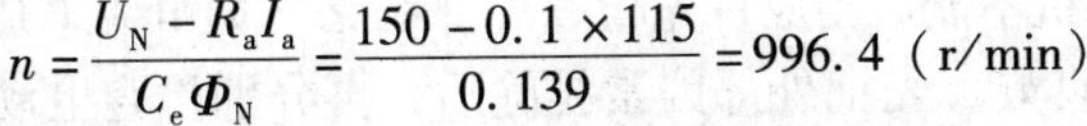

（3）因为 $\Phi=0.8\Phi_N$，$I_a=I_N$，所以电动机的容许输出转矩为

$$T_2=C_T\Phi I_N=9.55\times0.8C_e\Phi_NI_N=9.55\times0.8\times0.139\times155=122\ (\text{N}\cdot\text{m})$$

电动机此时的稳定转速为

$$n=\frac{U_N-R_aI_N}{C_e\Phi'}=\frac{220-0.1\times115}{0.8\times0.139}=1875\ (\text{r/min})$$

电动机此时的输出功率为

$$P_2=T_2\Omega=\frac{2\pi}{60}T_2n=\frac{2\pi}{60}\times122\times1875=23.95\ (\text{kW})$$

$$\frac{P_2}{P_N}=\frac{23.95}{22}=1.089$$

可见，弱磁调速时，若保持 $I_a=I_N$ 不变，则电动机的输出功率接近恒值，说明弱磁调速属于恒功率调速。

例 4－8 某直流调速系统，直流电动机的额定转速 $n_N=900\text{r/min}$，其固有机械特性的理想空载转速 $n_0=1000\text{r/min}$，生产机械要求的静差率为 20%。求：

（1）采用电枢串联电阻调速时的调速范围；（2）采用降压调速时的调速范围。

解 （1）电枢串联电阻调速，最低转速时的转速降为

$$\Delta n_N=\delta n_0=0.2\times1\,000=200\ (\text{r/min})$$

最低转速为

$$n_{min}=n_0-\Delta n_N=1000-200=800\ (\text{r/min})$$

调速范围为

$$D=\frac{n_{max}}{n_{min}}=\frac{n_N}{n_{min}}=\frac{900}{800}=1.125$$

或

$$D=\frac{n_{max}\delta}{\Delta n_N(1-\delta)}=\frac{900\times0.2}{200\times(1-0.2)}=1.125$$

（2）降压调速时，对应的转速降为

$$\Delta n_N=n_0-n_N=1000-900=100\ (\text{r/min})$$

最低转速时的理想空载转速为

$$n_{0min}=\frac{\Delta n_N}{\delta}=\frac{100}{0.2}=500\ (\text{r/min})$$

最低转速为

$$n_{min}=n_{0min}-\Delta n_N=500-100=400\ (\text{r/min})$$

调速范围为

$$D=\frac{n_{max}}{n_{min}}=\frac{n_N}{n_{min}}=\frac{900}{400}=2.25$$

或

$$D=\frac{n_{max}\delta}{\Delta n_N(1-\delta)}=\frac{900\times0.2}{100\times(1-0.2)}=2.25$$

4.6 直流电动机常见故障分析与排除

4.6.1 直流电动机运行不正常的故障分析与排除

1. 不能启动　电动机不能启动应首先检查外部线路（如电源电压、熔断器）、启动器是否正常，开关接触是否良好。先把外部因素排除后，再分别检查电动机主回路及励磁回路，逐项检查处理，可能出现的故障原因及处理办法如下：

（1）电动机过载：应减轻负载或换用容量较大的电动机。

（2）轴承太紧：应将端盖内孔或轴承颈适当刮去一些或更换轴承。

（3）励磁绕组电路存在断路或短路故障：用万用表或电阻表检测励磁绕组电路，找出断路或短路故障点并予以排除。

（4）电枢电路存在断路故障：用万用表或电阻表测量电枢绕组电路的电阻，以及换向绕组、补偿绕组或串励绕组的电阻，查出故障点并予以修复。

（5）换向极线圈接反：应调换换向极线圈端子的位置。

（6）电刷与换向器接触不良：仔细检查电刷与换向器的接触情况，观察电刷是否卡在刷盒内不能自由滑动或是接触面过小。如果是接触不平滑，应重新研磨或更换电刷；如果是刷握弹簧太松，应调整或更换弹簧；电刷不在中性线上，应用感应法调整电刷位置。

（7）部分主磁极的极性接反使主磁极部分抵消：检查励磁绕组的极性，找出接线错误处并予以纠正。

2. 电动机转速太低或不均匀转动　若直流电动机运行时出现转速太低或不均匀转动的故障，则可能的原因及处理方法如下：

（1）电源电压过低：应检查电源，适当调整电源电压，使之达到额定电压值。

（2）电刷位置不正确：可在电动机启动后调整校正电刷位置。

（3）电枢绕组存在短路故障：可使用短路侦察器和电压表检查电枢绕组短路故障，故障为个别绕组元件短路且损伤程度不大时，尽量采用局部修复的方法；若发现绕组端部有放电穿孔或一条烧焦痕迹，可基本确定电枢绕组已短路烧坏，通常均需要重新绕制和嵌线。

（4）换向片间存在短路故障：检查整个换向器片间情况，找出故障点予以修复；仔细清理换向片间残留的焊锡、铜屑、毛刺等，以消除潜在的短路故障点。

（5）换向极绕组的极性接错：可用低压直流电（6V 左右）通入励磁绕组并用指南针检查换向极的极性，找出错误接线的换向极并予以纠正。

3. 电动机转速过高并伴有剧烈火花　若直流电动机在运行时出现转速过高的现象，则应及时切断电源以防甩坏电枢。这类故障产生的可能原因及处理方法如下：

（1）励磁绕组回路电阻过大或断路：用万用表的电阻挡仔细检测励磁绕组回路中的所有接线端头，有无因氧化层问题而造成接触不良，如果有则可用细砂布研磨擦净后重新接牢固，并测量励磁回路的电阻，使其达到正常电阻值。必要时，还可拆开直流电动机，检测励磁电压是否正常，若不正常，则去查找和处理配电线路可能存在的故障。

（2）并励或串励绕组存在匝间短路故障：可用万用表检测并励或串励绕组各磁极线圈的电阻值，找出有短路故障的磁极线圈，并根据具体情况重包绝缘或更换线圈。

（3）电动机的并励绕组或串励绕组极性接错：可仔细检查电动机绕组的全部接线，确认错误后纠正绕组的极性。

（4）直流串励电动机所拖动的负载过轻：应增加负载或换用容量较小的电动机。

（5）定子磁场的主磁极气隙过大：可按规定值用铁垫片重新调整气隙。

4. 电动机温升过高　若直流电动机在运行时出现电枢回路或励磁回路各绕组过热的情况，则可能出现的故障原因及处理方法如下：

（1）电动机长期过载或未按规定运行，导致电枢回路中各绕组发热：应将负载调整到额定值，并按铭牌参数运行。

（2）电动机的冷却条件恶化：拆开电动机，在仔细清除电动机内部的尘垢后，检查并处理尘网、风道及冷却风扇等处的缺陷。

（3）电动机的换向器存在片间短路或因电刷弹簧压力过大而使换向器异常发热：应认真

清除易引起换向片间短路的焊锡、铜屑、毛刺等杂物，并仔细调整电刷压力，从而排除换向器出现的异常发热故障。

5. 电动机电刷下火花过大　若直流电动机在运行时出现电刷下火花过大的情况，则可能出现的故障原因及处理方法如下：

（1）当电动机的全部换向绕组或补偿绕组极性接错时电刷下将产生黄色耀眼的长串火花，当电动机的部分换向绕组或补偿绕组极性接错时电刷下将产生黄色舌状火花：此时应仔细检查电动机换向绕组或补偿绕组的极性，并对错误接线予以纠正。

（2）电动机换向极的气隙过大（或过小）时电刷下滑出边（或滑入边）会出现火花：应按电动机技术要求的规定值重新调整气隙。为达到最佳的运行效果，有时还需要经过实际的试运转，从而选择最合理的气隙。

（3）换向极绕组、补偿绕组内存在匝间短路故障：应用万用表或目测法检查各绕组的匝间短路故障，并根据故障排除的难易程度，采取局部修复或更换线圈。

（4）当电动机电枢存在断路故障时在换向器周边会出现绿色环状火花：用万用表检测电枢绕组，找出断线处并予以处理。如果是小容量直流电动机，则可以短接该处换向片进行应急处理。

（5）换向器表面粗糙不平，云母片间槽内积聚炭粉、灰尘和油污等杂物：用细砂布和白布分别研磨换向器的工作面，必要时也可以重新车削、磨光换向器，并用专用工具清除炭粉、灰尘和油污等杂物。

（6）电刷弹簧压力不适当，电刷过长、过短或位置不符：按电动机产品说明的要求调整弹簧压力，及时换用合适的电刷，并重新校正和分布电刷位置。

6. 电动机噪声和振动过大　若电动机在运行时出现噪声和振动过大的故障，其可能原因及处理办法如下：

（1）更换电枢绕组、车削换向器和紧箍电枢绕组后电动机转子未进行平衡试验，或电枢两端平衡块移位或松脱：应拆开电动机，对电枢重新校对平衡。

（2）由于转轴弯曲、组装时气隙不均匀、轴承磨损等原因导致电动机产生振动：应拆开电动机，调整转轴、气隙，更换轴承，并做平衡试验。

（3）紧固螺栓松动或零部件振动：应详细检查电动机及机组各零部件的紧固情况，并注意清除各磁极之间混入或吸入的异物。

（4）负载机组与电动机的轴线不重合：将电动机及机组的安装紧固螺栓松开，重新调整好电动机与机组的轴线。

4.6.2　直流电动机绕组故障分析与排除

1. 电枢绕组短路、断路　直流电动机的电枢绕组长期高速运转状态，加之换向器上电刷磨损的导电粉末沉积，致使电枢绕组的故障率远高于励磁绕组。

检查电枢绕组短路、断路故障，可采用测量换向片间压降的方法，如图 4 - 36 所示。在相隔近一个极距的两换向片上接入低压直流电源，用直流毫伏表测量相邻两换向片间的压降。正常情况下，电枢绕组各换向片间的压降应该相等（允许偏差 ±5%）或按一定规律变化。若电枢绕组发生匝间短路，则与短路线圈相连接的换向片间压降显著减小；若换向片间短路，则换向片间压降等于零或极小；若电枢绕组断路或与换向片焊接不良，则与其相连的换向片间

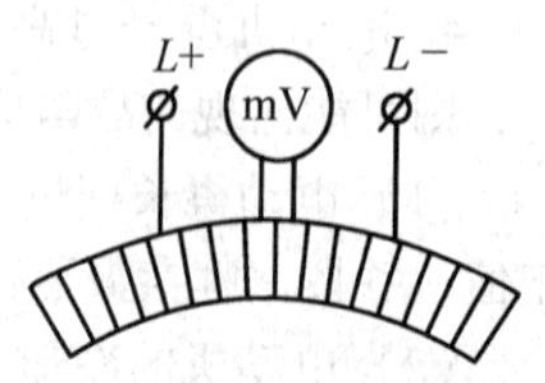

图 4 - 36　直流毫伏表测相邻换向片间压降

压降显著增大。

（1）电枢绕组短路故障的处理方法：

1）局部重新绝缘法：若绕组短路点少，且只需要拆很少线圈就能将短路点露出来，则可以将短路的导线剪断，套上绝缘管，重新焊接，然后涂上绝缘漆。

2）换向片焊接短接线法：若电动机电枢绕组的元件很多，且又很难找到短路点的确切位置，可找到与短路元件两个引出线相连的换向片，用导线将其短路，即从电枢回路中将短路元件切除，以免扩大短路故障。

（2）电枢绕组断路故障的处理方法：

1）若绕组断点发生在换向片处，将断路元件的引出线与换向片重新焊接好即可。

2）若断点在铁芯槽内，并且断路元件只有一个，可将断路元件引出线所连的换向片短接起来，即将断路元件从电路中切除。

3）如果断路元件较多，又很难处理好，只能重新绕制电枢绕组。

2. 电枢绕组接地　电枢绕组接地故障是直流电动机最常见的故障。电枢绕组接地可分为绕组在槽口或槽底对地击穿、绕组端部对支架击穿或换向器对地击穿。若只有一处击穿接地，并不影响电动机的运行；若两处或两处以上接地，会烧坏电枢绕组，甚至将电枢铁芯烧毁。该类故障产生的原因一般是重新绕制电枢绕组时，绝缘纸放置不合适或被压线板划破，从而引起电枢绕组与铁芯相碰，导致电枢绕组接地。

（1）故障检查：一般可采用以下方法检查。

1）用兆欧表检查：用兆欧表检查绕组的绝缘电阻，必要时可用万用表测量它与机壳或转轴的电阻值来进一步判断。

2）用毫伏表检查：先将电刷的引线拆去，接上低压直流电源，再把毫伏表的一端接地（或接在铁芯上），另一端依次触碰各换向片。这时，读数很小或为零的换向片所连接的绕组元件就是存在接地故障的绕组元件。

3）用高压交流电检查：将一台输出电压为1000V左右的变压器的一次侧接在低压电源上，二次侧分别接在转轴和换向器上。若电枢绕组出现接地故障，则其接地点就会由于发热而冒烟。需要注意的是，查出接地点后，应立即切断电源。

4）测量换向片间压降：先将低压直流电源接到换向片和轴上，再用毫伏表测量相邻换向片间的压降。临近接地点处，换向片间的压降相反。

5）用试灯检查：将220V小功率交流试灯的一端接在转轴上，另一端依次接触换向片，在接地点处试灯亮，甚至会伴随火花、冒烟、响声等现象，严重时可能会烧坏小灯泡。

电动机电枢绕组出现接地故障后如果仍继续运行，一方面电动机壳体会因带电危及操作者安全；另一方面还会产生异常的振动和火花，导致电枢绕组在短时内出现高温甚至烧毁。

（2）故障处理：直流电动机电枢绕组接地故障的处理应视具体情况而定。

1）若接地故障出在铁芯槽口、线圈端部等外部位置，可将电枢绕组稍做加热待变软后用理线板把线圈与铁芯相碰处小心地剥开，再用新的同等级绝缘材料插入绝缘破损处进行修补。

2）若电枢绕组的接地故障出在铁芯槽内，并且绝缘被击穿接地的线圈元件只有一个，可以采用图4－37所示的废弃线圈法进行应急处理。首先，将接地的故障线圈线端从换向片上焊下来，并用绝缘带包好分开放置，即将接地线圈元件完全从电路上脱离。然后，找到与接地故障线圈相连的两个换向片，并用连接线焊接起来。

3）若电枢绕组的接地故障发生在铁芯槽内，并且接地点比较多，则只能重新绕制电枢

绕组。

3. 励磁绕组短路　励磁绕组发生短路故障的概率比电枢绕组小得多，但一旦发生短路，电动机空载转速升高，电流增大，线圈局部发热，严重时还会烧毁绕组。励磁绕组出现短路故障的原因大致有三种：电动机受潮导致绝缘电阻降低，通电后击穿造成多处接地，从而使整个励磁绕组短路；绝缘损坏的引出线端相互碰触造成励磁绕组整体短路；相邻线圈元件间的绝缘破损，一旦线匝碰触，就会造成局部线圈短路。

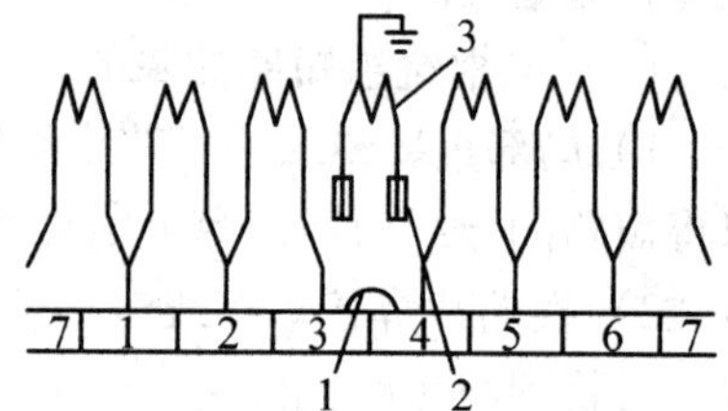

图 4－37　废弃一个接地线圈法

1. 连接线　2. 包绝缘　3. 接地线圈

检查励磁绕组短路最有效的方法是用电桥测量并比较线包电阻值，阻值小的就是发生短路的线圈。找到存在短路故障的励磁线圈后，必须根据短路故障的具体情况将其修复。

（1）若励磁绕组仅是受潮严重，应将其重新干燥至规定的绝缘电阻值即可。

（2）若励磁线圈已经发生了短路故障，应先将线圈从磁极铁芯上取下，再加热故障线圈使其绝缘软化，并拆除外包绝缘找到短路线匝的位置，然后清洁短路线匝，用绝缘材料将其隔垫，并用绝缘带按原貌包扎好，最后重新装在定子铁芯上。

（3）若励磁线圈短路后烧损严重或绝缘材料整体老化脆裂，应重新绕制励磁绕组。

4. 励磁绕组断路　直流电动机励磁绕组内的线圈断线，以及引出线、极间连接线因受到振动、焊接不牢而松脱或受潮生锈脱焊等，均有可能引起励磁绕组的断路故障。励磁绕组一旦断路，会导致磁场发生变化，无论并励直流电动机还是串励直流电动机都不能启动。如果复励电动机中的并励绕组断路，则电枢电流剧烈增加，导致保险丝烧断或断路器断开，电动机转速急剧升高，甚至发生“飞车”。

检测励磁绕组断路故障的最简便方法，就是用万用表测量每个励磁线圈的电阻。当检查出断路线圈后，应将该故障线圈从定子铁芯上取下，仔细查看断路故障的位置。

（1）若断路故障的位置发生在励磁线圈的引出线处，应该先拆开该线圈的外包扎带层，使其断线位置彻底显露，然后用多股软导线将断路线端焊接好并加以绝缘，最后再将焊接过的线端牢固绑扎在励磁线圈上。

（2）若断路故障位置生在励磁线圈内部，并且绝缘已严重老化，只能更换励磁绕组。

5. 励磁绕组接地　励磁绕组接地主要由对地绝缘损坏引起。机身存在尖角毛刺或杂质刺破绝缘、线圈固定不牢等，会使电动机在运行中发生振动而磨损接地绝缘和匝间绝缘；下线（在电机制造中绕组的嵌放过程称为下线）工艺不当也会使槽口处绝缘损伤等引起接地；补偿绕组端部大量积灰、积油、绝缘受潮老化，也会使绝缘电阻大大降低而出现类似接地故障。

（1）故障检查：一般可以采用以下方法进行检查。

1）用兆欧表或万用表检查。通过兆欧表或万用表测试励磁绕组的绝缘电阻可以判断绕组是发生接地故障，还是因为受潮使绝缘电阻降低。

2）用电压表检查。在励磁绕组两端通入直流电（并、串励绕组应与电枢回路断开），电压表一端接地，另一端依次与励磁绕组极间连线相接触，如图 4－38 所示。若测得电压最低，说明该线圈有接地点，且接地点为偏向电压最低点的一端。

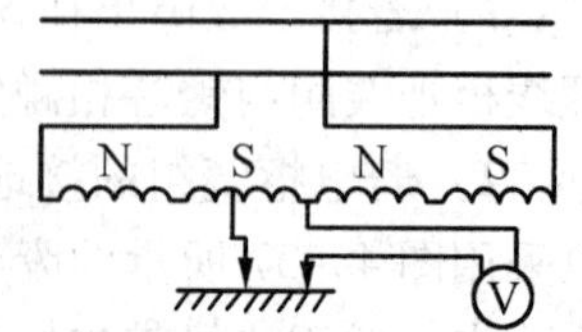

图 4－38　用电压表检查绕组接地点

3）用试灯检查。如果已找出接地线圈，但无法确定接地点位置，可用交流 220V 试灯检查，一般在接地点处，会产生放电声、电火花或烟雾。

（2）故障处理：当找到励磁绕组的接地故障点后，应采用以下方法进行处理。

1）若接地线圈仅仅是轻微的损伤，可对接地处用同等绝缘予以加强。

2）若接地线圈的绝缘损伤严重，必须将该线圈整个拆下，按技术要求重新包扎绝缘后再装入机座。

3）若接地线圈的绝缘已严重烧坏或多匝导线烧断，只能更换励磁绕组。

4.6.3 直流电动机换向器不正常的故障分析与排除

1. 换向器片间短路　换向器片间短路故障产生的原因，大多是由换向片间落入铜屑、炭屑（电刷磨下的）、粉尘、焊锡粒等杂物引起的，若电刷火花过大而烧坏片间云母绝缘，也有可能造成换向器的片间短路。

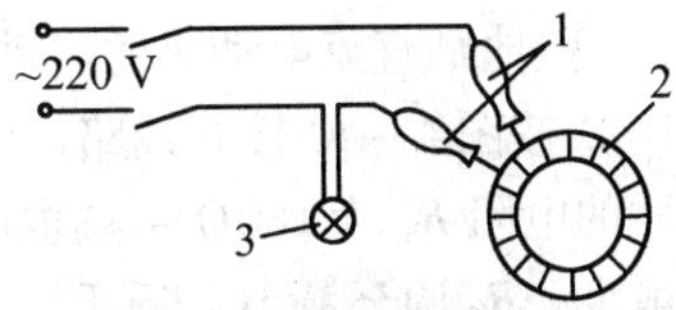

~220 V

图 4－39　用试灯法检测换向器片间短路

1. 试棒　2. 换向器　3. 白炽灯

（1）故障检查：一般可以采用以下方法进行检查。

1）用试灯检查：先拆下电枢绕组，在 220V 电源的电源线上串联一只 70W 的灯泡，如图 4－39 所示；再将试棒两端分别接触相邻换向片。若灯亮，则表明片间短路，片间云母发红或冒出火花处即是短路部位。

2）用直流电压电流表检查：将稳定的直流电压（最好是电流）依次接通换向器相邻两换向片，并用毫伏表测量其电压降。若测量值基本不变，说明换向片正常；若测量值小于正常值，说明发生了片间短路。

（2）故障处理：将小锯条制成专用工具刮削烧损炭化的云母及其他碎屑，如果刮出的云母粉呈白色，说明已清理干净，再用上述方法进行检查。故障排除后，用云母粉末或小块云母掺胶水填充孔洞，待硬化干燥、通电试车后方可投入使用。

2. 换向器接地　换向器接地故障指换向片与铁芯或转轴之间绝缘击穿而形成通路的情况。这类故障大多发生在拱形换向器中的 V 形绝缘套上，产生的原因可能是由组装过程中云母套受损、金属碎屑未清理干净、火花过大或换向器过热等引起的。换向器接地故障也可用试灯来检查，将试灯的一根试棒接触转子铁芯，另一根试棒依次接触各换向片，即可查找接地部位。注意，此时电枢绕组应与换向器断开。

找到换向器接地故障点后，应根据不同情况进行处理。

（1）若接地点发生在换向器前端部的外侧部位，可先用锯条专用刀将烧坏的云母清理干净，再用云母粉与胶水调制成的胶泥将洞填平、硬化后即可恢复绝缘。

（2）若接地点发生在换向器内部或后端部（即绕组接线端部），可用铁丝把换向器捆紧，卸掉紧固螺栓，将 V 形压环和 V 形云母绝缘套一起取出，清理云母绝缘套击穿烧坏部位，并用虫胶漆和云母材料填补修复。若烧损部位较大，应把绝缘处刮削成坡形，用 0.2～0.3mm 厚的可塑性云母板一层层覆盖，每覆盖一层应涂刷一次虫胶漆，直至填平。

相关技能训练二

试验一　他励直流电动机的启动与调速试验

一、试验目的

熟悉他励电动机（并励电动机按他励方式）的接线、启动、改变换向与调速的方法。

二、试验内容

（1）他励直流电动机的启动。

（2）他励直流电动机的调速换转向。

三、试验设备

DD03：导轨、测速发电机及转速表，1台。DJ23：校正直流测功机，各1台。DJ15：直流并励电动机，各1台。D31：直流数字电压、毫安、安培表，各2件。D42：三相可调电阻器，1件。D44：可调电阻器、电容器，各1件。D51：波形测试及开关板，各1件。D41：三相可调电阻器，1件。

四、试验步骤

（一）他励直流电动机的启动

（1）按图4－40接好线路，励磁回路串联的电阻R_{f1}、R_{f2}均为1800Ω可调电阻，电枢回路串联的电阻R_1为180Ω可调电阻，MG的负载电阻R_2为2250Ω可调电阻。将R_1、R_2、R_{f2}调至最大，R_{f1}调至最小，断开S，断开电枢电源开关和励磁电源开关。

（2）开启电源总开关，接通励磁电源开关，调节R_{f2}，使$I_{f2}=100mA$，并保持不变，接通电枢电源开关，M启动。

（3）观察电动机转向和转速表上指针偏转方向，调节电枢电源电压至220V，减小R_1直至短接，启动过程完成。

（二）他励直流电动机的调速及换向

（1）调速：分别改变R_1和R_{f1}，观察转速变化情况。

（2）改变电动机的转向：将R_1调至最大，先切断“电枢电源”开关后切断“励磁电源”开关使M停机。在断电情况下，将电枢（或励磁绕组）的两端接线对调后，再启动电动机，观察电动机转向及转速表指针偏转方向。

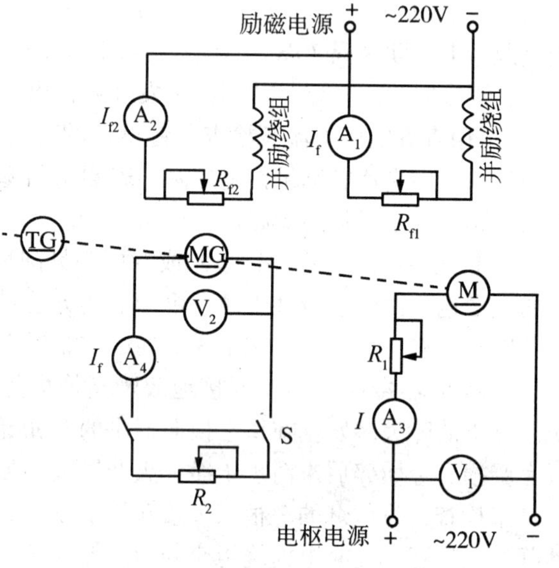

图4－40　他励直流电动机接线

五、注意事项

（1）他励直流电动机启动时，须将励磁回路串联电阻R_{f1}调至最小，电枢回路串联启动电阻R_1调至最大，先接通励磁电源使励磁电流最大，再接通电枢电源。M启动后，将R_1调至0Ω，使电动机正常工作。

（2）直流他励电动机停机时，必须先切断电枢电源，然后断开励磁电源，同时R_1调至最大，R_{f1}调至最小，为下次启动做准备。

六、思考题

（1）电动机启动时，启动电阻R_1和磁场调节电阻R_{f1}应调到什么位置？为什么？

（2）在轻载及额定负载时增大电枢回路的调节电阻，电动机的转速如何变化？增大励磁回路的调节电阻，电机的转速如何变化？

（3）用什么方法可以改变直流电动机的转向？

试验二　并励直流电动机试验

一、试验目的

（1）掌握并励直流电动机的调速方法。

（2）掌握用试验方法测取并励直流电动机的工作特性。

二、试验内容

（1）改变电枢电压调速：保持 $U=U_N$、$I_f=I_{fN}$=常数、T_2=常数，测取 $n=f(U_a)$。

（2）改变励磁电流调速：保持 $U=U_N$、T_2=常数，测取 $n=f(I_f)$。

三、试验设备

DD03：导轨、测速发电机及转速表，各1台。DJ23：校正直流测功机，1台。DJ15：直流并励电动机，1台。D31：直流电压、毫安、安培表，各2件。D42：三相可调电阻器，1件。D44：可调电阻器、电容器，各1件。D51：波形测试及开关板，1件。

四、试验步骤

（一）改变电枢端电压调速

（1）按图4－41接好线路，并励直流电动机励磁回路串联的电阻 R_{f1} 为2160Ω可调电阻，电枢回路串联的电阻 R_1 为180Ω可调电阻，校正直流测功机MG的励磁回路串联的电阻 R_{f2} 为1800Ω可调电阻，MG的负载电阻 R_2 为2250Ω可调电阻。

将 R_1、R_2、R_{f2} 调至最大，R_{f1} 调至最小，断开S，按直流电动机的启动过程启动。

（2）电动机启动正常后，将 R_1 调至0Ω，电枢电源电压调至220V，调节 R_{f2} 使 $I_{f2}=100$mA，再调节 R_2 和 R_{f1}，使电动机达到额定值：$U=U_N$，$I=I_N$，$n=n_N$。此时 I_f 即为 I_{fN}。

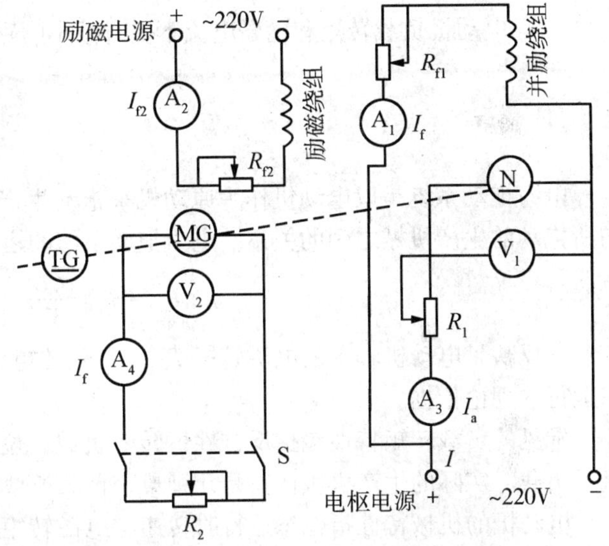

图4－41　并励直流电动机的接线

（3）调节 R_2、R_{f1} 使 $U=U_N$，$I=0.5I_N$，$I_f=I_{fN}$，记下此时MG的 I_F 值。

（4）保持 I_f（T_2）不变，$I_f=I_{fN}$，将 R_1 从零逐渐调至最大值，在这个过程中测取 U_a、n 和 I_a，取5～6组数据记入表4－1中。

表4－1　试验数据记录表1　　$I_f=I_{fN}$=____mA　T_2=____N·m

U_a（V）						
n（r/min）						
I_a（A）						

（二）改变励磁电流调速

（1）直流电动机M运行后将 R_1、R_{f1} 调至零，保持 $I_{f2}=100$mA，再调 R_2，使 $U=U_N$，$I=0.5I_N$，记下此时的 I_f 值。

（2）保持 I_f 和 U_N 不变，缓慢增加 R_{f1}，分别测取 n、I_f、I_a，直至 $n=1.3n_N$，在这个过程

中共取 5 ~6 组数据记入表 4 -2 中。

表 4 -2　试验数据记录表 2　　$U=U_N=$____V　$T_2=$____N · m

n (r/min)						
I_f (A)						
I_a (A)						

五、试验报告

绘制并励直流电动机的调速特性曲线 $n=f(U_a)$ 和 $n=f(I_f)$。

分析带恒转矩负载时两种调速方法中电枢电流的变化规律，比较两者调速方法的优缺点。

六、思考题

（1）电动机负载转矩和励磁电流不变时减小电枢端电压，为何会引起电动机转速降低？

（2）电动机负载转矩和励磁电流不变时减小励磁电流，为何会引起电动机转速升高？

小　结

电力拖动系统是以电动机作为原动机来拖动生产机械工作的运动系统，主要研究电动机与所拖动的生产机械之间的关系。电力拖动系统的运动方程式为

$$T_{em}-T_L=\frac{GD^2}{375}\cdot\frac{dn}{dt}$$

它反映了电动机轴上的电磁转矩 T_{em}、负载转矩 T_L 与转速 n 之间的关系，是分析系统动态运行的理论依据。

常见的负载转矩特性包括反抗性恒转矩负载、位能性恒转矩负载、恒功率负载和泵与风机类负载。实际的生产机械往往是几种典型负载类型的综合。

电动机的机械特性指稳态运行时转速与电磁转矩的关系，反映了稳态转速随转速的变化规律。

根据电动机运行时电气参数的不同，可分为固有机械特性和人为机械特性。利用电动机的机械特性和负载特性可以确定电动机的稳定工作点。

直流电动机的电枢电阻很小，因而直接启动时的电流很大，这是不允许的。直流电动机常用的启动方法有电枢串联电阻启动和降压启动。

直流电动机有电动和制动两种运行状态，均可用统一形式的方程式表示，即

$$n=\frac{U}{C_e\Phi}-\frac{R}{C_eC_T\Phi^2}T_{em}$$

电动状态对应的机械特性曲线位于第一象限（正转）和第三象限（反转）；制动状态对应的机械特性曲线位于第二、四象限。

直流电动机有三种制动方式：能耗制动、反接制动和回馈制动。

各种制动方法的优、缺点及应用场合如表 4 -3 所示。

表 4-3　直流电动机三种制动方法比较

制动方法	优点	缺点	应用场合
能耗制动	1. 制动减速较平稳可靠 2. 控制线路较简单 3. 便于实现准确停车	制动转矩随转速降低成正比地减小，制动效果不如反接制动	宜用于不要求反转、减速要求较平稳的场合，也可用以控制位能负载下放的速度
反接制动	1. 制动过程中，制动转矩较稳定，制动较强烈，制动较快 2. 在电动机停转时，也存在制动转矩	1. 制动过程有大量的能量损耗 2. 制动到转速等于零时，如不及时切断电源，电动机会自行反向加速	1. 对于电压反接制动，宜用于要求迅速反转、较强烈制动的场合 2. 对于倒拉反转反接制动，可用于位能负载，一般可在 $n<n_0$ 的条件下稳速下放
回馈制动	1. 不需改接线路，即可从电动状态自行转移到回馈制动状态 2. 电能可回馈电网，较为经济	1. 当 $E_a<U$ 时，不能实现回馈制动 2. 单用回馈制动，不能使转速制动到零	1. 可用于位能负载，在 $n>n_0$ 条件下稳速下放 2. 在降压及增磁调速时可自行转入回馈制动状态运行

直流电动机的调速性能优异，常用的调速方法有电枢串联电阻调速、降压调速和弱磁调速。这三种调速方法性能的比较如表 4-4 所示。

表 4-4　直流电动机三种调速方法比较

调速指标	电枢串联电阻调速	降压调速	弱磁调速
调速方向	从 n_N 向下调速	从 n_N 向下调速	从 n_N 向上调速
在一般静差率要求下的调速范围	2~3（无静差率要求时）	4~8	一般电动机：1.2~2 特殊电动机：3~4
调速平滑性	差	好	好
调速相对稳定性	差	好	较好
容许输出	恒转矩	恒转矩	恒功率
电能损耗	大	较小	小
设备投资	少	多	较少

直流电动机常见故障有运行不正常故障、绕组故障和换向器故障。应针对不同的故障原因，采用不同的检查和排除方法。

思考与练习

1. 什么是电力拖动系统？它包括哪几部分？各起什么作用？
2. 电力拖动系统运动方程式中，各转矩正、负号是如何规定的？
3. 生产机械负载转矩特性常见的有哪几类？何谓反抗性负载？何谓位能性负载？
4. 电力拖动系统稳定运行的条件是什么？

5. 什么是固有机械特性？什么是人为机械特性？他励直流电动机的固有特性和各种人为特性各有什么特点？

6. 功率大的他励直流电动机为何不能直接启动？直接启动会引起什么不良后果？

7. 试说明他励直流电动机分别处于电动状态、能耗制动状态、回馈制动状态及反接制动状态下的能量关系。

8. 他励直流电动机有哪几种调速方法？各有什么特点？

9. 何谓恒转矩调速方式？何谓恒功率调速方式？它们分别与什么性质的负载匹配才合适？

10. 静差率与调速范围有什么关系？为什么要同时提出才有意义？

11. 造成直流电动机不能启动的可能原因有哪些？应如何处理？

12. 用哪些方法可以检测直流电动机电枢绕组是否出现短路故障？

13. 直流电动机在运行时出现噪声和振动过大的故障原因可能有哪些？

14. 一台他励直流电动机的铭牌数据如下：$P_N = 10kW$，$U_N = 220V$，$I_N = 53.4A$，$n_N = 1500r/min$，$R_a = 0.4\Omega$。试求：（1）电动机额定运行时电磁转矩、输出转矩和空载转矩；（2）半载转速；（3）理想空载转速和实际空载转速；（4）$n = 1600r/min$ 时的电枢电流。

15. 一台他励直流电动机的铭牌数据如下：$P_N = 40kW$，$U_N = 220V$，$I_N = 207A$，$n_N = 1500r/min$，$R_a = 0.068\Omega$。要求：

（1）若采用直接启动，最大启动电流为 I_N 的几倍？

（2）若采用降压启动，要求启动电流不超过 $2I_N$，求启动时的最低电压。

（3）若采用电枢串联二级电阻启动，要求启动电流不超过 $2I_N$，求各级启动电阻。

16. 一台他励直流电动机的铭牌数据为：$P_N = 2.5kW$，$U_N = 220V$，$I_N = 12.5A$，$n_N = 1500r/min$，$R_a = 0.8\Omega$。要求：

（1）当电动机以 1200r/min 的转速运行时，采用能耗制动停车，若限制最大制动电流为 $2I_N$，则电枢回路中应串联多大的制动电阻？

（2）若带位能性恒转矩负载，负载转矩 $T_L = 0.9T_N$，采用能耗制动使负载以 120r/min 转速稳速下放，电枢回路中应串联多大的制动电阻？

17. 一台并励直流电动机的铭牌数据如下：$P_N = 20kW$，$U_N = 220V$，$I_N = 78A$，$n_N = 1000r/min$，$R_a = 0.376\Omega$，$R_f = 220\Omega$。要求：

（1）当电动机以 500 r/min 的转速吊起 0.8 倍额定重力负载时电枢回路中应串联的电阻？

（2）可以采用哪几种方法实现电动机以 500r/min 的转速带上述负载恒速下放？请计算每种方法电枢回路中应串联的电阻。

（3）当电动机在（1）中情况工作时突然改换电源极性，要求电枢电流不超过 $1.5I_N$，求电枢回路中应串联的电阻及稳定时的电动机转速。

18. 一台他励直流电动机的铭牌数据如下：$P_N = 7.5kW$，$U_N = 110V$，$I_N = 79.84A$，$n_N = 1500r/min$，$R_a = 0.1014\Omega$。要求：

（1）在 $U = U_N$、$\Phi = \Phi_N$ 条件下，电枢电流 $I_a = 60A$ 时的稳态转速；

（2）在 $U = U_N$ 条件下，主磁通减少 15%，保持额定负载转矩不变、稳态运行时电动机的电枢电流与转速；

（3）在 $U = U_N$、$\Phi = \Phi_N$ 条件下，所带负载转矩为 $0.8T_N$，若电动机稳态运行时转速为 -800 r/min，则电枢回路中应串联多大阻值的电阻？

19. 一台他励直流电动机的铭牌数据为：$P_N = 60\text{kW}$，$U_N = 220\text{V}$，$I_N = 350\text{A}$，$n_N = 1000\text{r/min}$，$R_a = 0.04\Omega$。若生产机械要求静差率 $\delta \leqslant 20\%$，调速范围 $D = 4$，最高转速 $n_{max} = 1000\text{r/min}$，试问采用哪种调速方法能满足要求？

自测题二

一、填空题

1. 在直流发电机中，换向器的作用是将__________整流为__________；在直流电动机中，换向器的作用是将__________逆变为__________。

2. 直流电机单叠绕组的支路由________________的元件串联而成；单波绕组的支路由________________的元件串联而成。

3. 在直流电机中，若电刷放在换向器上，它在空间的正确位置为________；若去掉换向器和元件引线，将电刷直接置放于电枢圆周表面，它在空间的正确位置为________。

4. 直流电机空载时气隙磁通密度的分布为________波；负载时电枢磁通势在空间的分布为________波，电枢磁通密度在空间的分布为______波。

5. 直流电机交轴电枢反应对气隙磁场的影响为：①________________；②____________；③________________。

6. 他励直流发电机的励磁由______提供，并励直流发电机的励磁由______提供。

7. 并励直流发电机中电流 I、I_a 和 I_f 三者之间的关系为____________。

8. 并励直流发电机自励建压的条件为：①____________；②______________；③________________。

9. 在直流电机换向过程中，如果换向元件中各种电动势 $\sum e = 0$，元件电流将实现______换向；如果 $\sum e > 0$，将实现______换向；如果 $\sum e < 0$，将实现_______换向。

10. 改善直流电机换向的最有效措施是__________________。

11. 在直流电机中，换向磁极的装设位置是__________________。

12. 换向磁极的绕组应串接于__________电路中。

13. 为了限制直流电动机的启动电流，电机采用了_____启动和_____启动两种方法。

14. 直流电动机的调速方法有________、________和__________三种，其中使电机转速降低的有_______和_______，使电机转速升高的有_______。

15. 直流电动机工作于电动状态时，一定处于机械特性的______象限，运行于制动状态时，一定处于机械特性的_______象限。

16. 他励直流电动机的固有机械特性属于________特性。

17. 反抗性恒转矩负载的_____不变但始终为_____转矩；位能性恒转矩负载的_____不变，在第一象限为_____转矩，在第四象限为_____转矩。

二、判断题

1. 直流发电机电刷两端为直流电势，因此电枢绕组元件中一定为直流电势。(　　)

2. 直流电动机电枢接的是直流电源，故电枢绕组元件内流过的一定为直流电流。(　　)

3. 直流电机机壳是电机主磁路的一部分，故不用铸铁而用铸钢制成。(　　)

4. 在直流电机中确定电刷位置的原则为：①保证电枢绕组支路内的元件电势方向相同；②被电刷短接的元件内电势最小。(　　)

5. 直流发电机电枢绕组内为交变电势，故它是把机械能转变为交流电能的装置。(　　)

6. 在直流电机中，电刷数目必须要和主极数目相等。(　　)

7. 直流发电机的 P_N 指输出的电功率，直流电动机的 P_N 指输入的电功率。(　　)

8. 在直流电机中，电枢磁场和电枢磁势具有相似的空间波形。(　　)

9. 直流电机负载时交轴电枢反应的产生与电刷的位置无关。(　　)

10. 在直流发电机中，感应电势 E_a 一定大于端电压 U。(　　)

11. 对于他励和并励发电机，当负载运行时由于电枢反应的去磁作用使端电压下降，为维持端电压不变，必须相应增大励磁电流。(　　)

12. 一台并励直流电机正转时换向极能起到改善换向的作用，当电机反转时，该换向极仍能起到改善换向的作用。(　　)

13. 无论电枢转动与否，直流电机均存在换向问题。(　　)

14. 直流电机电枢绕组中的所有元件在同一时间内都存在换向问题。(　　)

15. 在直流电机中，如果置放在换向器上的电刷将某电枢元件短接，就意味着该元件正在进行换向，否则该元件就没有进行换向。(　　)

16. 因为加装换向磁极是改善直流电机换向的有效措施，因此，凡是装设有换向磁极的直流电机都可以进行良好换向。(　　)

17. 一台他励直流电动机带恒转矩负载工作，若在电枢回路中串入电阻，则稳定后电枢电流将因电枢串阻而减小。(　　)

18. 一台他励直流电动机带恒转矩负载工作，若 I_f 和电枢回路电阻不变，当降低电源电压时，稳定后，电枢电流将因电压降低而减小。(　　)

19. 一台并励直流电动机带恒转矩负载工作，当电源电压降低时，稳定后，电枢电流将因电压降低而变大。(　　)

20. 一台他励直流电动机带恒转矩负载工作，当励磁电流减小时，稳定后，电枢电流将因 I_f 减小而变大。(　　)

21. 直流电动机启动初瞬的特点是 $n=0$、$E_a=0$，此时电枢电流 $I_a=\dfrac{U}{R_a}$。(　　)

22. 直流电动机串电阻可使转速降低，其代价是输入电枢中的功率减少。(　　)

23. 一台直流电动机，$n_N=1000\text{r/min}$，带额定位能性负载，采用下述方法的任一种均可使电机在 $n=-500\text{r/min}$ 状态下运行：①电枢串联电阻的正接反向的反接制动；②断开电源，电枢短接的反向能耗制动；③电枢反接的反向回馈制动。(　　)

三、选择题

1. 在直流电机中，其电流为直流的有（　　）。

A. 主极励磁绕组　　B. 换向极绕组

C. 电枢绕组元件　　D. 电刷两端的电枢回路

2. 在直流电机中，有电势存在且电势为直流的有（　　）。

A. 主极励磁绕组　　B. 换向极绕组

C. 电枢绕组元件　　D. 电刷两端

3. 一台 8 极直流电机，电枢绕组为单叠，其并联支路数为（　　）。

A. 一路　　B. 二路　　C. 四路　　D. 八路

4. 一台 4 极直流电机，电枢绕组为单波，其并联支路数为（　　）。

A. 一路　　B. 二路　　C. 四路　　D. 八路

5. 一台并励直流电机，其电磁功率为（　　）。

A. E_aI_a　　B. E_aI_N　　C. $T_{em}\Omega$　　D. $T_2\Omega$

6. 直流电机电枢反应的发生原因为（　　）。

A. 与电机是否旋转有关　　B. 与电机是否带负载有关

C. 与电极主极是否励磁有关　　D. 与发电机或电动机运行状态有关

7. 如果并励发电机因励磁回路并联于电枢两端极性不对而不能建立启动电压，其改正方法有（　　）。

A. 改换励磁绕组的接线　　B. 改换电枢绕组的接线

C. 改换输出电路接线　　D. 改变电枢的转动方向

8. 在直流电机进行换向的电枢元件中，肯定起阻碍电流换向的电势有（　　）。

A. 电抗电势　　B. 电枢反应电势

C. 换向极电势　　D. 合成电势

9. 判断直流电机运行于发电机状态还是电动机状态的方法有（　　）。

A. 比较 U 和 E_a 的大小　　B. 比较 n_0 和 n 的大小

C. 用 P_{em} 的正负来判断　　D. 用电枢是否接于直流电源来判断

10. 在他励直流电动机的机械特性曲线中，与固有特性曲线相比，保持 n_0 不变的有（　　）；斜率不变的有（　　）；斜率变大的有（　　）。

A. 降低电压　　B. 电枢串电阻

C. 电枢串电阻又降压　　D. 减小励磁

11. 接于220V直流电源的他励电动机采用电枢串电阻启动，若限制最大启动电流不超过20A，电枢内阻 $R_a=0.1\Omega$，则电枢回路中还应串入的电阻为（　　）。

A. 10Ω　　B. 10.9Ω　　C. 11Ω　　D. 11.1Ω

12. 直流电动机工作时，若 $n>0$、$T_{em}>0$，则运行于机械特性的象限为（　　）；若 $n>0$、$T_{em}<0$，则运行于机械特性的象限为（　　）；若 $n<0$、$T_{em}>0$，则运行于机械特性的象限为（　　）；若 $n<0$、$T_{em}<0$，则电机运行于机械特性的象限为（　　）。

A. 一象限　　B. 二象限　　C. 三象限　　D. 四象限

13. 若电枢回路中串联同样大小的电阻，比较能耗制动初瞬与电枢反接制动初瞬时的电枢电流大小为（　　）。

A. 前者大于后者　　B. 前者小于后者

C. 两者相等　　D. 无法确定

第三篇

异步电动机

在机械加工车间、数控加工中心和自动化流水线上，各种生产机械都广泛应用交流电动机来拖动。交流电动机可分为异步电动机和同步电动机两大类，异步电动机又称为感应电动机，主要用于拖动各种生产机械。如在工业方面，用于拖动各种金属切削机床、轻工机械等；在农业方面，用于拖动水泵、粉碎机以及其他农副产品的加工机械等；在家用电器方面，洗衣机、电冰箱和空调机等都是采用异步电动机拖动的。

本篇主要讨论三相异步电动机的基本工作原理、结构和基本电磁理论，重点阐述交流电力拖动系统的机械特性和启动、制动、调速的原理及方法，并简要介绍了单相异步电动机。

第 5 章　三相异步电动机的结构及基本理论

交流旋转电机可分为异步电机和同步电机两大类，它们的磁场都是旋转的。同步电机的转速与旋转磁场的转速相等，并且与所接电网的频率之间存在一种严格不变的关系；异步电机的转速与旋转磁场的转速不相等，且随着负载的变化而有所改变。

异步电机主要用作电动机，拖动各种生产机械。异步电动机又分为单相异步电动机和三相异步电动机两类。单相异步电动机常用于只有单相交流电源的家用电器、医疗仪器。三相异步电动机具有结构简单、制造和维修方便、运行可靠、成本低、效率高等优点，广泛用于工业生产、农业机械化、交通运输、国防工业等的电力拖动装置。但是，异步电动机也存在一些缺点，主要有功率因数低、启动和调速性能差。

5.1　三相异步电动机的基本工作原理和结构

5.1.1　三相异步电动机的基本结构

三相异步电动机的种类很多，按转子结构不同可分为三相笼型异步电动机和三相绕线型异步电动机；按机壳的防护方式不同可分为防护式、封闭式和开启式。无论哪种类型的异步电动机，其基本结构是相同的，都由定子和转子两大部分组成，在定子和转子之间具有一定的气隙。此外，还有端盖、轴承、接线盒、吊环等其他部件，如图 5－1 所示。

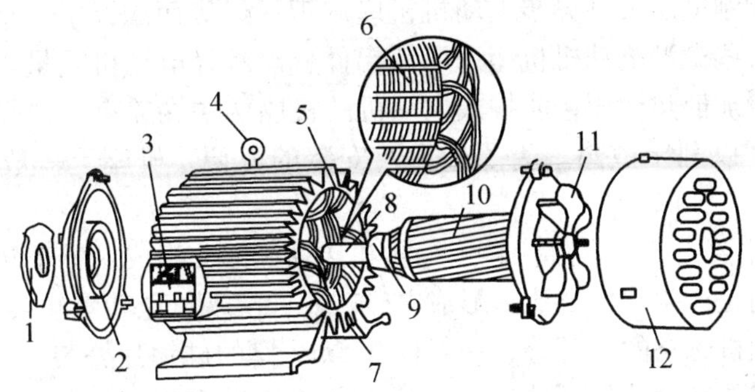

图 5－1　三相异步电动机的结构

1. 轴承盖　2. 端盖　3. 接线盒　4. 吊环　5. 定子铁芯　6. 定子绕组　7. 机座　8. 转轴　9. 轴承　10. 转子　11. 风扇　12. 罩盖

1. 定子　定子主要由定子铁芯、定子绕组和机座三部分组成。

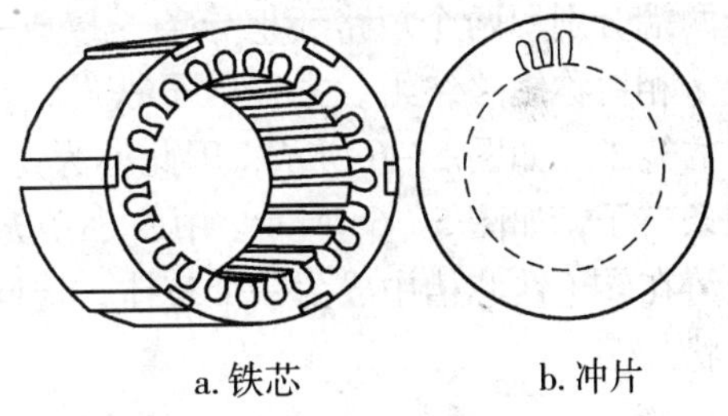

a. 铁芯　　b. 冲片

图 5－2　定子铁芯及冲片

定子铁芯安装在机座内，是电动机磁路的一部分。为减小铁损耗，一般由 0.5mm 厚的导磁性能较好的硅钢片叠装而成。由于硅钢片较薄，而且片与片之间是绝缘的，因此减少了旋转磁场在定子铁芯中引起的涡流损耗和磁滞损耗。定子铁芯叠片内圆上冲有嵌放绕组的槽，因此又称为冲片。中、小型异步电动机定子铁芯一般采用整圆冲片，如图 5－2所示；大、中型异步电动机常用扇形冲片拼成一个圆。为了冷却铁芯，在大容量电动机中，定子铁芯分成很多段，相邻两段之间留有径向通风槽，作为冷却空气的通道。

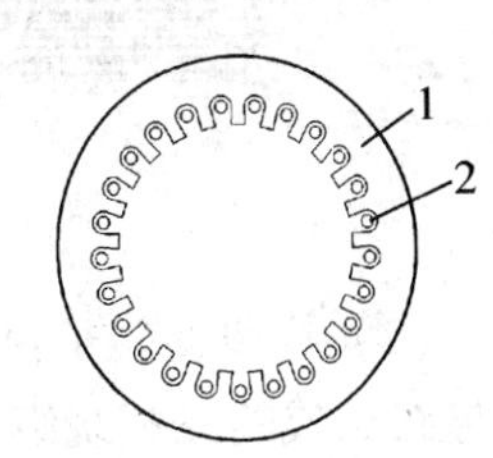

图 5－3　定子铁芯及绕组

1. 铁芯　2. 绕组

定子绕组是电动机的电路组成部分，嵌放在定子铁芯的内圆槽内，如图 5－3 所示。根据绕法不同，绕组可分为叠绕组和波绕组，如图 5－4 所示；按槽内导体层数不同，绕组可分为单层绕组和双层绕组；按节距不同，绕组可分为整距绕组和短距绕组。一般小型异步电动机采用单层绕组，而大、中型异步电动机采用双层绕组。完成下线并进行浸漆处理后的铁芯与绕组成为一个整体，一起固定在机座内。

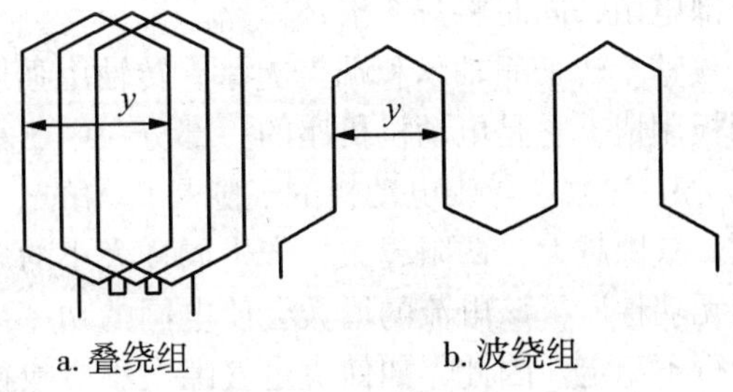

a. 叠绕组　　b. 波绕组

图 5－4　叠绕组和波绕组

异步电动机的三相绕组由三个结构完全相同、在空间相差 120°电角度的绕组组成，根据需要可以接成星形或三角形。每相绕组又由若干线圈按一定规律连接而成。线圈由绝缘铜导线或绝缘铝导线绕制而成，中、小型三相异步电动机多采用圆漆包线，大型三相异步电动机则采用较大截面的绝缘扁铜线或扁铝线。

机座的作用是固定和支撑定子铁芯和端

盖，同时保护整台电动机的电磁部分，并散发电动机运行过程中产生的热量。因此，机座应有较高的机械强度和刚度。大型异步电动机机座用钢板焊接而成；中、小型异步电动机机座一般采用铸铁件；有些微型电动机机座采用铸铝件，以减轻电动机重量。封闭式电动机的机座上加有散热筋以增加散热面积；防护式电动机的机座两端端盖有通风孔，使电动机内外的空气可以直接对流，以利于散热。为了搬运及安装的方便，机座上一般铸有或焊有底座及吊环。

2. 转子　转子主要由转子铁芯、转子绕组和转轴三部分组成。整个转子靠端盖和轴承支撑。转子的主要作用是产生感应电流，形成电磁转矩，实现机电能量转换。

转子铁芯是电动机磁路的一部分，一般由 0.5mm 厚的硅钢片叠装而成，转子铁芯固定在转轴或转子支架上。铁芯外表面冲有许多均匀分布的槽，槽内嵌放转子绕组，如图 5－5 所示。按转子绕组结构形式不同，异步电动机可分为笼型转子和绕线型转子两种。

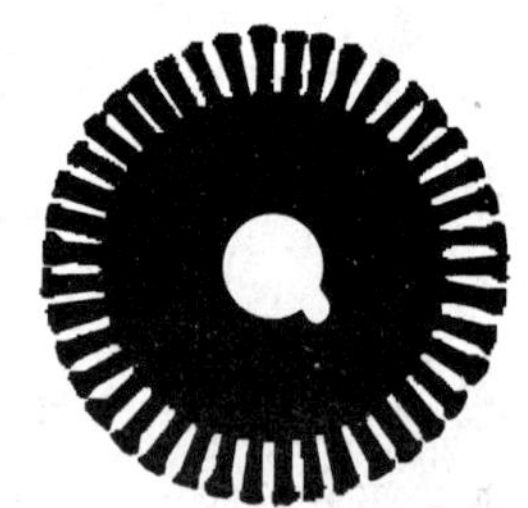

图 5－5　转子铁芯冲片

（1）笼型转子：在转子铁芯的每一个槽中插入一根裸导条，在铁芯两端分别用两个短路环把导条连接成一个整体，形成一个自身闭合的多相对称短路绕组。去掉转子铁芯，整个绕组的外形就像一个关松鼠的笼子，如图 5－6 所示，因此称为笼型转子。大型笼型电动机采用铜条转子，如图 5－6a 所示。中、小型笼型异步电动机一般采用铸铝转子，即将熔化了的铝浇铸在转子铁芯槽中成为一个整体，连同两端的短路环和风扇叶片一起铸成图 5－6b 所示的形状。

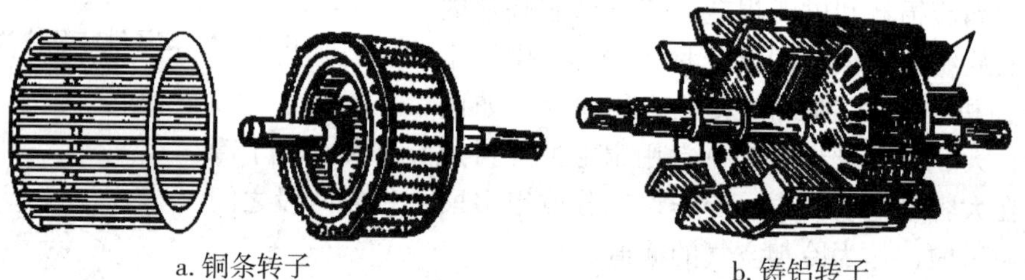

a. 铜条转子　　b. 铸铝转子

图 5－6　笼型转子

（2）绕线型转子：与定子绕组相似，绕线型转子绕组是在绕线型转子铁芯的槽内嵌有绝缘导线组成的三相绕组。为了与外部电路对称，其绕组一般接成星形，三个端头分别接在与转轴绝缘的三个滑环上，再经一套电刷引出来与外电路相连，如图 5－7 所示。

一般绕线型转子异步电动机在转子回路中串联电阻，若仅用于启动，为了减小电刷的摩擦损耗，还装有提刷装置。当电动机启动完毕又不需调速时，可用操作手柄将电刷提起切除全部电阻，同时将三个滑环短路。

整个转子靠轴承和端盖支撑。转轴用强度和刚度较高的低碳钢制成。端盖一般用铸铁或钢板制成，它是电动机机座的一部分。中、小型电动机一般采用带轴承的端盖。

3. 气隙　异步电动机的气隙是均匀的。气隙大小对异步电动机的运行性能和参数影响较大。气隙越大，磁阻越大，产生同样大小的旋转磁场就需要较大的励磁电流，而励磁电流又属无功性质，该电流的增大会使电网的功率因数降低。气隙过小，将引起装配困难，并导致运行不稳定。因此，如何决定气隙大小应权衡利弊，全面考虑。异步电动机的气隙往往为机械条件所能达到的最小值，中、小型电动机一般为 0.2～1.5mm。由于气隙的存在，异步电动机的磁路磁阻远比变压器的大，因而异步电动机的励磁电流也比变压器的大得多，为额定

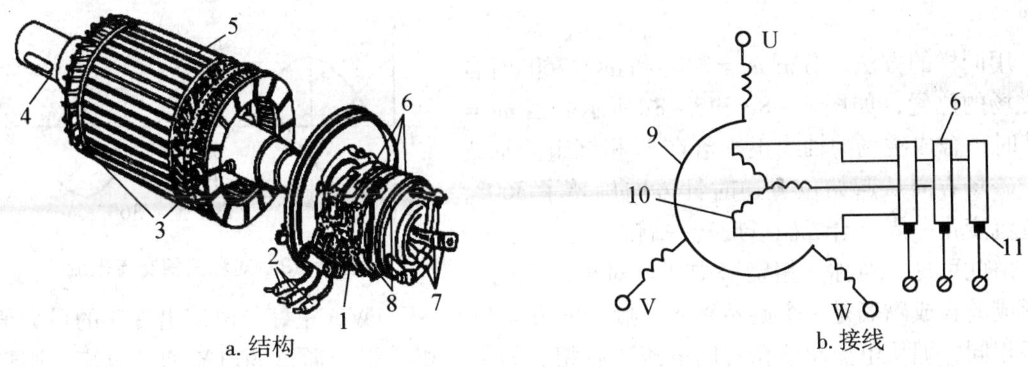

图 5-7 绕线型转子

1. 刷架 2. 电刷引线 3. 转子绕组 4. 转轴 5. 转子铁芯 6. 滑环 7. 转子绕组出线头 8. 电风扇 9. 定子 10. 转子 11. 电刷

电流的 40% 左右。

5.1.2 三相异步电动机的基本工作原理

1. 旋转磁场 旋转磁场是一种极性和大小不变且以一定转速旋转的磁场。旋转磁场是由三相电流通过三相绕组或多相电流通过多相绕组时产生的。

下面研究三相绕组中每相仅由一个线圈组成的情况，如图 5-8 所示。U_1-U_2、V_1-V_2、W_1-W_2 三个线圈彼此相差 120°分布在定子铁芯内圆的圆周上，构成了对称三相绕组，并且 V 相滞后 U 相 120°，W 相滞后 V 相 120°。若对称三相绕组连接对称三相电源，则该绕组中通过对称三相电流，各相电流的瞬时值表达式为

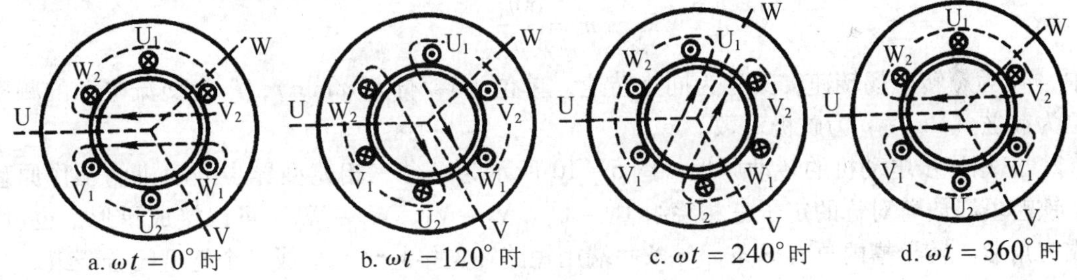

图 5-8 旋转磁场的形成

$$\left.\begin{aligned} i_U &= I_m \cos\omega t \\ i_V &= I_m \cos(\omega t - 120°) \\ i_W &= I_m \cos(\omega t + 120°) \end{aligned}\right\} \quad (5-1)$$

各相电流随时间变化的曲线如图 5-9 所示。由于电流随时间变化，因而电流流过线圈产生的磁场分布情况也随时间变化。下面选取几个特殊瞬间进行分析，并假定电流从绕组首端流入为正，末端流入为负。

当 $\omega t = 0°$ 时，$i_U = I_m$，$i_V = i_W = -\frac{I_m}{2}$，将各相电流方向表示在各相线圈剖面图上，如图 5-8a 所示。由图 5-8a 可以看出，合成磁场的轴线正好落在 U 相绕组的轴线上。

当 $\omega t = 120°$ 时，$i_U = i_W = -\frac{I_m}{2}$，$i_V = I_m$，各相电流方向如图 5-8b 所示。此时，合成磁场的轴线正好落在 V 相绕组的轴线上，磁场方向已从 $\omega t = 0°$ 时的位置沿逆时针方向旋转了

120°。

用同样的方法可分析 $\omega t=240°$ 和 $\omega t=360°$ 时合成磁场的位置，如图 5－8c 和5－8d所示。当 $\omega t=360°$ 时，合成磁场的轴线正好落在 U 相绕组的轴线上，磁场方向从起始位置逆时针方向旋转了 360°，即电流变化一周，合成磁场旋转一周。

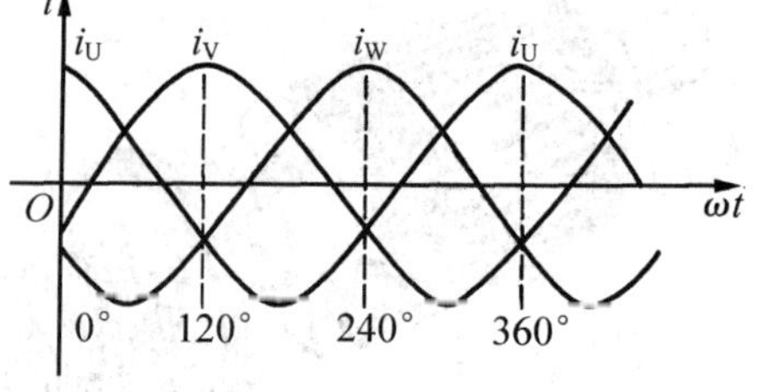

图 5－9　对称三相交流电流

由此可见，对称三相绕组中通过对称三相电流所形成的合成磁场是一个旋转磁场。旋转的方向为 U→V→W，正好与电流出现正的最大值的顺序相同，即从电流超前相转向电流滞后相。如果三相绕组中通过的电流相序改变，则形成的旋转磁场的方向也会改变。因此，旋转磁场的旋转方向取决于通过定子绕组的三相电流的相序，只要任意调换电动机两相绕组所接交流电源的相序，旋转磁场即反转。

旋转磁场的转速与其磁极对数有关，而磁极对数和三相绕组的排布有关。在图 5－8 所示的情况下，每相绕组只有一个线圈，绕组的始端之间相差 120°空间角，则产生的旋转磁场具有一对磁极（$p=1$）。在这种情况下，三相电流随时间变化经过一个周期，旋转磁场在空间相应地转过 360°，即电流变化一次，旋转磁场转过一转。因此，电流每秒变化 f_1 次，则旋转磁场每秒转过 f_1 转。由此可知，旋转磁场为一对磁极的情况下，其转速 n_1 与交流电源频率 f_1 的关系为

$$n_1=f_1 \tag{5-2}$$

同理可以分析，当磁极对数 $p=2$ 时，电流变化一次，旋转磁场转过 1/2 转。因此，当磁极对数为 p 时，旋转磁场的转速为

$$n_1=\frac{60f_1}{p} \tag{5-3}$$

式中，n_1 为旋转磁场转速，又称为同步转速，单位为转/分（r/min）；f_1 为交流电源的频率，单位为赫兹（Hz）；p 为磁极对数。

2. 三相异步电动机的转动原理　图 5－10 所示为一台三相笼型异步电动机的工作原理。定子铁芯里嵌放着对称的定子三相绕组 U_1-U_2、V_1-V_2、W_1-W_2，可以接成星形，也可以接成三角形。转子槽内放有导条，导条两端用短路环连接起来，形成一个笼型闭合绕组。

若定子对称三相绕组连接对称三相电源，就会产生对称三相电流，并且在定子、转子的气隙中形成一个以同步转速 n_1 旋转的磁场。其转向与定子三相绕组的排列及三相电流的相序有关。若三相电流的相序为 U－V－W，则定子旋转磁场顺时针方向旋转。由于转子是静止的，转子与旋转磁场之间有相对运动，转子导体切割定子磁场产生感应电动势，由于转子绕组自身闭合，故转子绕组内有电流流过。转子有功电流与转子感应电动势同相位，其方向由右手定则判定。载有有功分量电流的转子绕组在定子旋转磁场作用下，将产生电磁力 f，其方向由左手定则判定。电磁力对转轴形成一个电磁转矩，其作用方向与旋转磁场方向一致，拖着转子顺着旋转磁场的方向旋转，将输入的电能转换为旋转的机械能。如果电动机轴上带有机械负载（如水泵、机床等），则机械负载随着电动机旋转，电动机对机械负载做功。

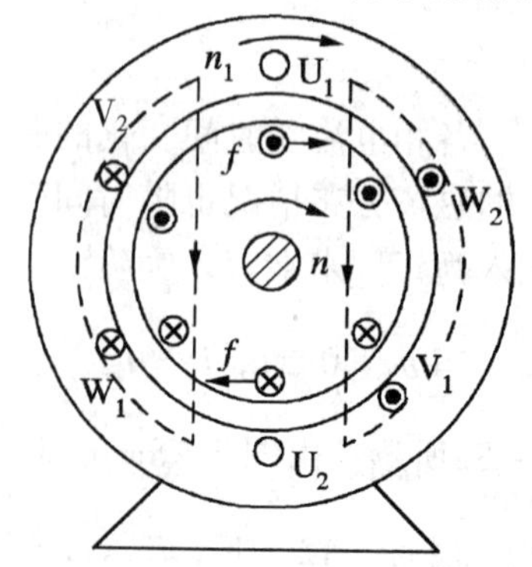

图 5－10　异步电动机工作原理

由以上分析可知，三相异步电动机转动的基本工作原理可表述如下：定子对称三相绕组中流过对称三相电流产生圆形旋转磁场；转子导体切割旋转磁场产生感应电动势和电流；转子载流导体在磁场中受到电磁力的作用，从而形成电磁转矩，驱使电动机转子转动。

异步电动机的旋转方向始终与旋转磁场的方向一致，而旋转磁场的方向又取决于异步电动机的三相电流相序，因此三相异步电动机的转向与三相电流的相序一致。若要改变异步电动机的转向，只需改变三相电流的相序即可，即任意对调异步电动机的两根电源线，便可使电动机反转。

异步电动机在正常运行情况下，转子转速 n 总是略低于旋转磁场转速 n_1。若 $n=n_1$，则旋转磁场和转子绕组间将不存在相对运动，因而转子绕组中感应电动势和感应电流均为零。由此可见，$n<n_1$ 是异步电动机工作的必要条件。因此，异步电动机的转子转速 n 总是略小于旋转磁场的同步转速 n_1，即与旋转磁场“异步”转动。异步电动机的名称由此而来。又因为异步电动机转子电流是通过电磁感应作用产生的，所以又称为感应电动机。

3. 转差率　旋转磁场转速 n_1 与异步电动机转子转速 n 之差称为“转差”，转差（n_1-n）与同步转速 n_1 的比值称为转差率，用 s 表示，即

$$s=\frac{n_1-n}{n_1} \tag{5-4}$$

转差率 s 是分析异步电动机运行情况的重要参数，它反映异步电动机的各种运行情况。对异步电动机而言，当转子静止或启动瞬间，$n=0$，此时转差率 $s=1$；当转子转速接近同步转速（空载运行）时，$n\approx n_1$，此时转差率 $s\approx 0$。由此可见，作为异步电动机，转速在 $0\sim n_1$ 范围内变化，其转差率 s 在 $0\sim 1$ 范围内变化。一般情况下，异步电动机的转差率变化不大，一般为 $0.01\sim 0.06$，即异步电动机的转速很接近同步转速。

根据转差率的大小和正负，异步电动机有三种运行状态：电动机运行状态、发电机运行状态和电磁制动状态。

（1）电动机运行状态：如上所述，若定子绕组接至电源，转子就会在电磁转矩的驱动下旋转，电磁转矩为驱动转矩，其方向与旋转磁场的方向相同，如图 5－11b 所示。此时，电机从电网吸收电功率并将其转换为机械功率，由转轴传输给负载。电动机的转速范围为 $0<n<n_1$，其转差率范围为 $0<s<1$。

（2）发电机运行状态：如果用一台原动机或其他转矩（如惯性转矩、重力所形成的转矩）拖动异步电动机，使它的转速超过同步转速并按旋转磁场的方向旋转，如图 5－11c 所示。此时，$n>n_1$，$s<0$，旋转磁场切割转子绕组的方向与电动机运行状态时的方向相反，绕组中的感应电动势和电流的方向都反向。此时，电磁转矩方向与转子转向相反，起制动作用，为制动转矩。为了克服电磁转矩的制动作用而使转子继续旋转，并保持 $n>n_1$，电动机必须不断从原动机吸收机械功率，并通过电磁感应由定子向电网输送电功率，此时异步电动机处于发电机运行状态。

（3）电磁制动状态：异步电动机定子绕组仍接至电源，如果用外力拖动电动机逆着旋转磁场的方向转动，如图 5－11a 所示。此时，转子绕组中的感应电动势与电流的方向仍和电动机运行状态时一样，电磁转矩的方向与旋转磁场的方向一致，但与电动机旋转方向相反，起制动作用。电动机定子仍从电网吸收电功率，同时转子从外力吸收机械功率，这两部分功率都在电动机内部以损耗的方式转换为热能。异步电动机的这种运行状态称为电磁制动状态。此时，转速 $n<0$，转差率 $s>1$。

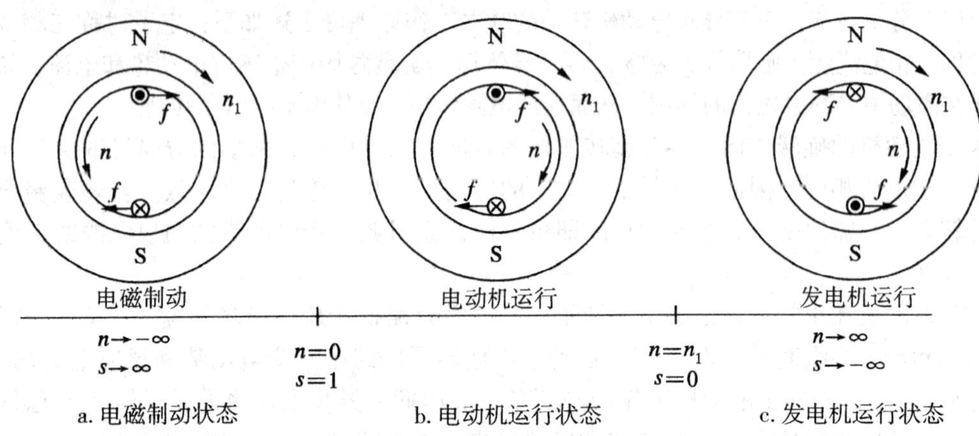

a. 电磁制动状态　　b. 电动机运行状态　　c. 发电机运行状态

图 5－11　异步电动机的三种运行状态

由此可知，区分这三种运行状态的依据是转差率 s 的大小，如表 5－1 所示。

表 5－1　异步电动机三种运行状态的比较

状态	电动机运行状态	电磁制动状态	发电机运行状态
实现	定子绕组接对称电源	外力使电机沿磁场反方向旋转	外力使电机沿磁场同方向旋转
转速	$0<n<n_1$	$n<0$	$n>n_1$
转差率	$0<s<1$	$s>1$	$s<0$
电磁转矩	驱动	制动	制动
能量关系	电能转换为机械能	电能和机械能转换为热能	机械能转换为电能

一般情况下，异步电动机多作为电动机使用，很少作为异步发电机使用，而电磁制动则是异步电动机在完成某一生产过程中出现的短时运行状态。例如，起重机下放重物时，为了安全、平稳，需限制下放速度，此时应使异步电动机短时处于电磁制动状态。

5.1.3　三相异步电动机的铭牌数据和主要系列

1. 铭牌数据　图 5－12 所示为某三相异步电动机的铭牌。在三相异步电动机铭牌上，标明的主要常用数据如下：

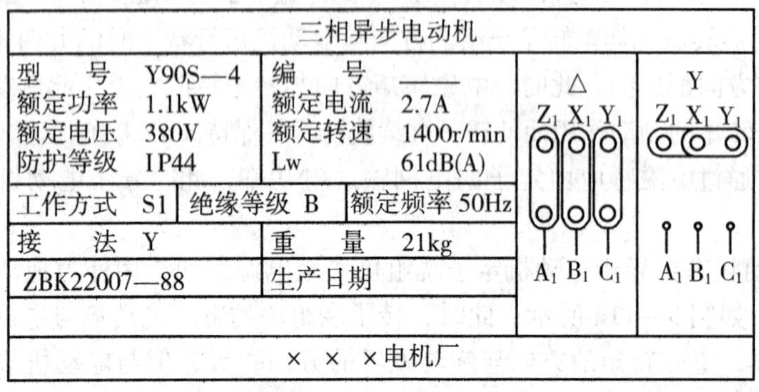

三相异步电动机

型　号	Y90S—4	编　号	———
额定功率	1.1kW	额定电流	2.7A
额定电压	380V	额定转速	1400r/min
防护等级	IP44	Lw	61dB(A)
工作方式 S1	绝缘等级 B	额定频率 50Hz	
接　法	Y	重　量	21kg
ZBK22007—88		生产日期	

××× 电机厂

图 5－12　某三相异步电动机的铭牌

（1）型号：异步电动机的型号主要包括产品代号、设计序号、规格代号和特殊环境代号等四部分。产品代号表示电动机的类型，用大写印刷体的汉语拼音字母表示。如“Y”表示异步电动机，“YR”表示绕线型电动机等。设计序号表示产品设计顺序，用阿拉伯数字表示，对第一次设计产品，不标设计序号。规格代号表示机座号或机座中心高尺寸、铁芯长度、功率、转速或极数等，其中机座长度采用国际通用符号表示，如“S”表示短机座，“M”表示中机座，“L”表示长机座；铁芯长度的字母代号用数字1、2、3…依次表示。特殊环境代号如表5－2所示。

表5－2　特殊环境代号

使用场合	热带用	湿热带用	干热带用	高原用	船海用	户外用	化工防腐用
汉语拼音字母	T	TH	TA	G	H	W	F

注：如同时适用于1个以上的特殊环境时，则按顺序排列。

例如：

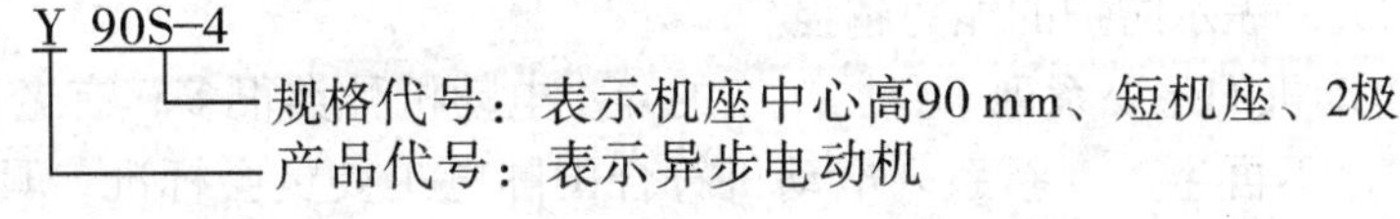

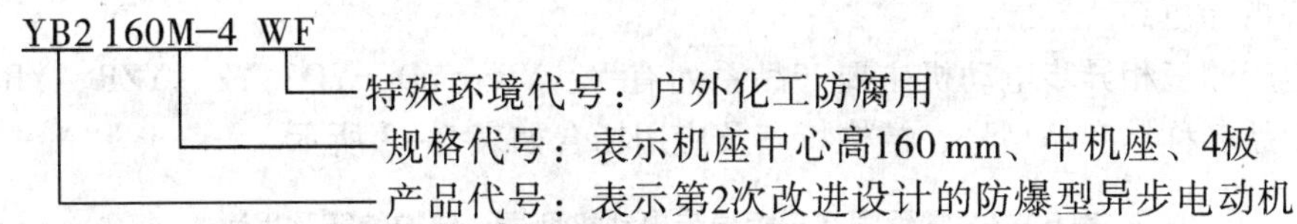

（2）额定值：额定值是电动机制造厂为了使电动机在一定的工作条件下长期正常运行而不至于损坏所规定的量值。

1）额定电压U_N：指在额定运行状态下运行时，加在电动机定子绕组上的线电压，单位为伏特（V）或千伏特（kV）。

一般规定，三相异步电动机的运行电压不应超过额定电压的±5%。电压过高，电动机容易烧毁；电压过低，电动机难以启动，即使启动后也可能带不动负载，容易烧坏电动机。三相异步电动机的额定电压有380V、3 000V及6000 V等多种。电压等级的选择主要根据用户所在地的电源情况而定。电动机容量越大，选择电压应该越高，否则，因为电流太大，制造有困难；容量越小，选用电压应该越低，否则，因线圈匝数太多、电流太小，制造也会有困难。目前，交流电动机选用的最高电压为10 000V。

2）额定电流I_N：指在额定运行状态下运行时，流过电动机定子绕组的线电流，单位为安培（A）或千安培（kA）。

3）额定功率P_N：指在额定状态下工作时，电动机转轴上输出的机械功率，单位为瓦特（W）或千瓦特（kW）。三相异步电动机的额定功率为

$$P_N = \sqrt{3}U_N I_N \eta_N \cos\varphi_N \times 10^{-3} \tag{5-5}$$

式中，η_N为电动机的额定效率，反映电动机运行时电能损耗的大小；$\cos\varphi_N$为电动机的额定功率因数；U_N的单位为伏特（V）；I_N的单位为安培（A）；P_N的单位为千瓦特（kW）。

对于380V的低压异步电动机，由于η_N和$\cos\varphi_N$的乘积约为0.8，则其额定电流I_N可用下式估算：

$$I_N = 2P_N \tag{5-6}$$

式中，I_N的单位为安培（A）；P_N的单位为千瓦特（kW）。

4）额定频率 f_N：指在额定状态下运行时，电动机定子侧电压的频率，单位为赫兹（Hz）。我国标准工频 $f_N = 50Hz$。

5）额定转速 n_N：指在额定状态下运行时电动机的转速，单位为转/分(r/min)。

（3）接线：指在额定电压下运行时，电动机定子三相绕组是星形连接还是三角形连接。具体采用哪种连接方式，取决于每相绕组能承受的电压设计值。例如，一台每相绕组能承受220V 电压的三相异步电动机，铭牌上标定 220V/380V、△/Y 连接，这时采用哪种连接方式应根据电源电压确定。若电源电压为 220V，则采用三角形连接；若电源电压为 380V，则采用 Y 连接。

（4）防护等级：表示电动机外壳防护的方式，由字母“IP”和其后的两位数字组成，如 IP44。IP 后面第一位数字代表第一种防护方式（防尘）的等级，即防止人体接近或触及壳内带电部分和转动部件，以及防止固体异物进入电动机内部，共分 0 ~6 七个等级；第二位数字代表第二种防护方式（防水）的等级，即防止由于电动机进水而引起有害影响，共分 0 ~8 九个等级。数字越大，表示防护的能力越强。

2. 三相异步电动机的主要系列　我国生产的异步电动机种类很多，有老系列和新系列之分。老系列电动机已不再生产，新系列电动机符合国际电工委员会标准，具有国际通用性，技术、经济指标更高。

我国生产的三相异步电动机主要产品系列有 Y、YR、YD、YQ、YZ、YZR、YB、YCT 系列等，其产品名称、产品型号、结构特点及应用场合如表 5 -3 所示。

表 5 -3　常用国产三相异步电动机型号、结构特征及用途

产品名称	新代号	汉字意义	老代号	结构特征	主要用途
异步电动机	Y	异	J、JO	铸铁外壳，小型机座上有散热筋，铸铝笼型转子，分防护式和封闭式	用于一般机械及设备，如水泵、鼓风机、机床等
绕线型异步电动机	YR	异绕	JR、YR、JRO	防护式、铸铁外壳、绕线型转子	用于电源容量不足以启动笼型电动机的场合及要求启动电流小、启动转矩高的场合
防爆型异步电动机	YB	异爆	JB、JBO	在 Y 基本系列上派生，按隔爆标准规定生产	用于煤矿及有可燃性气体的工厂
高启动转矩异步电动机	YQ	异启	JQ、JQO	同 Y 型	用于启动静止负荷或惯性较大负载的机械，如压缩机、粉碎机等
高转差率异步电动机	YH	异滑滑差	JH、JHO	结构同 Y 型，转子一般采用合金铝浇铸	用于传动较大飞轮惯量和不均匀冲击负荷的机械

续表

产品名称	新代号	汉字意义	老代号	结构特征	主要用途
多速异步电动机	YD	异多	JD、JDO	结构同 Y 型	同 Y 型，用于要求有 2～4 种转速的机械
电磁调速异步电动机	YCT	异磁调	JZT	封闭式异步电动机与电磁滑差离合器组成	用于纺织、印染、化工、船舶及要求变速的机械
力矩异步电动机	YLJ	异力矩	JLJ、JN	强迫通风式、铸铁外壳、笼型转子、导条采用高电阻率材料（如黄铜、康铜等）	用于纺织、印染、造纸、电线电缆、橡胶、冶金等具有软特性及恒转矩的机械
起重冶金用异步电动机	YZ	异重	JZ	封闭式、铸铁外壳上有散热筋，自冷，笼型铜条转子	用于起重机械及冶金辅助机械
起重冶金用绕线型电动机	YZR	异重绕	JZR	同上，绕线型转子	

例 5－1 一台三相异步电动机，额定功率 $P_N=55\text{kW}$，电网频率为 50Hz，额定电压 $U_N=380\text{V}$，额定效率 $\eta_N=79\%$，额定功率因数 $\cos\varphi_N=0.89$，额定转速 $n_N=570\text{r/min}$。试求其同步转速 n_1、磁极对数 p、额定电流 I_N 和额定负载时的转差率 s_N。

解 因电动机额定转速接近同步转速，故同步转速为 600r/min。

电动机磁极对数为

$$p=\frac{60f_1}{n_1}=\frac{60\times50}{600}=5$$

额定电流为

$$I_N=\frac{P_N\times10^3}{\sqrt{3}U_N\eta_N\cos\varphi_N}=\frac{55\times10^3}{\sqrt{3}\times380\times0.79\times0.89}=118.85\ (\text{A})$$

额定转差率为

$$s_N=\frac{n_1-n_N}{n_1}=\frac{600-570}{600}=0.05$$

5.2 三相异步电动机的空载运行

三相异步电动机的定子和转子之间只有磁的耦合，而无电的直接联系，异步电动机定子绕组从电源吸收能量，并利用电磁感应原理把能量传递给转子。其定子绕组相当于变压器的一次绕组，转子绕组相当于变压器的二次绕组，从电磁感应原理和能量传递角度来看，异步电动机和变压器十分相似。因此，分析变压器内部电磁关系的方法也同样适用于异步电动机。

5.2.1 空载运行时的电磁关系

三相异步电动机定子绕组接在对称三相电源上，转轴不带负载时的运行称为空载运行。

1. 主磁通和漏磁通的分布　为便于分析，根据磁通经过的路径和性质的不同，异步电动机的磁通可分为主磁通和漏磁通两大类。

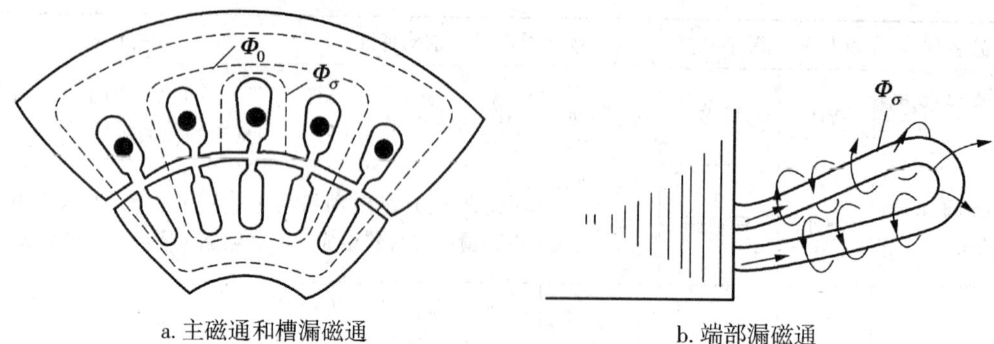

a. 主磁通和槽漏磁通　　b. 端部漏磁通

图 5－13　主磁通与漏磁通

当定子绕组中通过对称三相交流电时，三相异步电动机将产生旋转磁动势，该磁动势产生的磁通绝大部分穿过气隙并同时交链于定、转子绕组，这部分磁通称为主磁通 Φ_0，如图 5－13a 所示。除主磁通外的磁通称为漏磁通 Φ_σ，它包括定子绕组的槽部漏磁通、端部漏磁通和高次谐波磁通。前两项漏磁通只交链于定子绕组，如图 5－13b 所示。高次谐波磁通虽然同时交链于定、转子绕组，但由于高次谐波磁通对转子不产生有效转矩，另外它在定子绕组中感应的电动势很小，且其频率和前两项漏磁通在定子绕组中感应的电动势频率相同，从而具有漏磁通的性质，因此也把高次谐波磁通当做漏磁通。

主磁通经定子铁芯、气隙和转子铁芯构成闭合回路，受磁路饱和的影响大，为非线性磁路。漏磁通主要通过磁阻很大的空气构成闭合回路，受磁路饱和的影响较小，因此在一定条件下，漏磁通的磁路可以看做线性磁路。主磁通同时交链于定、转子绕组，并在其中分别感应电动势和电流。转子电流与定子磁场相互作用产生电磁转矩，实现异步电动机的机电能量转换。因此，主磁通起到转换能量的媒介作用。而漏磁通仅在定子绕组上感应漏磁电动势，因此漏磁通不能起到能量转换的媒介作用，只起到电抗压降的作用。

2. 空载电流和空载磁动势　异步电动机空载运行时的定子电流称为空载电流，用 $\dot{I}_0$表示。异步电动机的空载电流由两部分组成：一部分是用来产生主磁通 Φ_0 的无功分量 $\dot{I}_{0r}$，另一部分是用来供给铁芯损耗的有功分量 $\dot{I}_{0a}$，即

$$\dot{I}_0 = \dot{I}_{0r} + \dot{I}_{0a} \tag{5-7}$$

由于 $I_{0r} \gg I_{0a}$，空载电流基本上为无功性质的电流，即 $\dot{I}_0 \approx \dot{I}_{0r}$，因此空载电流又称为励磁电流。异步电动机空载时的功率因数 $\cos\varphi_0$ 很低，一般只有 0.2 左右。由于异步电动机中主磁通的磁路要两次经过气隙，磁阻大，因而异步电动机的空载电流占额定电流的百分比比变压器大得多，可达到额定电流的 20%～50%，小容量电动机的空载电流比例比大容量电动机要高。

当异步电动机空载运行时，定子三相绕组中有空载电流 $\dot{I}_0$通过，三相空载电流将产生一个旋转磁动势，称为空载磁动势 $\dot{F}_0$，其基波幅值为

$$F_0 = \frac{m_1}{2} \cdot 0.9 \cdot \frac{N_1 k_{w1}}{p} I_0 \tag{5-8}$$

式中，m_1 为定子绕组的相数；p 为电动机磁极对数；N_1 为定子绕组每相串联的总匝数；k_{w1} 为定子绕组的基波绕组系数，一般 $k_{w1} < 1$。

异步电动机空载运行时，由于转轴上不带机械负载，转子的转速很高，接近同步转速，即 $n \approx n_1$，转差率 $s \approx 0$。此时，定子旋转磁场与转子的相对速度近似为零，因此转子导体的感应电动势 $E_2 \approx 0$，转子电流 $I_2 \approx 0$，转子磁动势 $F_2 \approx 0$。此时的异步电动机相当于一台二次侧开路的变压器，气隙磁场由定子电流 $\dot{I}_0$ 产生的空载磁动势 $\dot{F}_0$ 建立。

3. 电磁关系　异步电动机空载运行时，定子对称三相绕组连接对称三相电源 $\dot{U}_1$，在定子绕组中流过对称三相电流 $\dot{I}_0$，产生一个旋转磁动势 $\dot{F}_0$，该磁动势建立空载磁场，产生磁通。根据磁路的路径和作用不同，分为主磁通和漏磁通。主磁通同时交链定、转子绕组，分别在定、转子绕组上感应主磁电动势 $\dot{E}_1$ 和 $\dot{E}_2$；漏磁通仅与定子绕组交链，感应出漏磁电动势 $\dot{E}_{1\sigma}$。另外，定子电流流过定子绕组时，在绕组内部电阻上产生电阻压降。其电磁关系如图 5－14 所示。

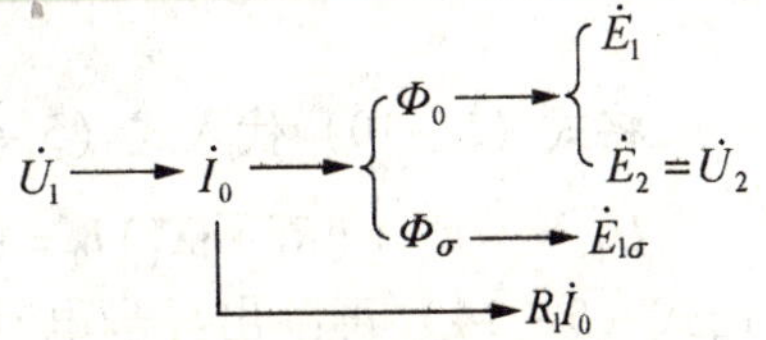

图 5－14　异步电动机空载时的电磁关系

5.2.2　空载运行时的电压平衡方程式及等效电路

1. 主、漏磁通感应的电动势　异步电动机空载运行时，由于 $n \approx n_1$，转子回路中的感应电动势 $E_2 \approx 0$，故只需讨论定子回路中的感应电动势。

主磁通在定子绕组中感应的电动势为

$$\dot{E}_1 = -\mathrm{j}4.44 f_1 N_1 k_{w1} \dot{\Phi}_0 \tag{5-9}$$

式（5－9）表明，感应电动势 $\dot{E}_1$ 的大小，正比于绕组的有效匝数 $N_1 k_{w1}$，而感应电动势的相位则滞后于气隙主磁通 $\Phi_0 90°$，这与变压器空载运行时的情况相似。空载电流 $\dot{I}_0$ 与 $\dot{\Phi}_0$ 在相位上只相差一个很小的铁损耗角，若忽略该损耗角，则 $\dot{E}_1$ 和 $\dot{I}_0$ 之间的相位差近似等于 90°。若认为主磁通磁路不饱和，则 $I_0 \propto F_0 \propto \Phi_0 \propto E_1$，考虑到铁芯损耗的存在，感应电动势 $\dot{E}_1$ 可以用励磁电流 $\dot{I}_0$ 在励磁阻抗 Z_m 上的电压降来表示，即

$$\dot{E}_1 = -(R_m + \mathrm{j}X_m)\dot{I}_0 = -Z_m I_0 \tag{5-10}$$

式中，$Z_m = R_m + \mathrm{j}X_m$ 为励磁阻抗；R_m 为励磁电阻，它是反映铁损耗的等值电阻；X_m 为励磁电抗，它与主磁通 Φ_0 相对应。

定子漏磁通在定子绕组中感应漏磁电动势 $\dot{E}_{1\sigma}$。与变压器一样，漏磁通的磁路主要是空气，磁路的磁阻大，因而漏磁通数值较主磁通小得多。同时，由于漏磁路几乎不受磁路饱和的影响，因此可以把漏磁电动势 $\dot{E}_{1\sigma}$ 看作空载电流 $\dot{I}_0$ 在定子漏电抗上的电压降，由于 $\dot{E}_{1\sigma}$ 在相位上滞后于 $\dot{I}_0 90°$，则漏电动势为

$$\dot{E}_{1\sigma} = -\mathrm{j}X_1 \dot{I}_0 \tag{5-11}$$

式中，X_1 为定子漏电抗，它与定子漏磁通 $\Phi_{1\sigma}$ 相对应。

2. 空载时的电压平衡方程式与等效电路　三相异步电动机空载运行时，设定子绕组上外加电压为 $\dot{U}_1$，相电流为 $\dot{I}_0$，主磁通、漏磁通在定子绕组中分别感应主磁电动势 $\dot{E}_1$ 和漏磁电动势 $\dot{E}_{1\sigma}$，定子每相绕组电阻为 R_1。因此，根据基尔霍夫第二定律，异步电动机空载运行时，定子每相绕组的电压平衡方程式为

$$\dot{U}_1 = -\dot{E}_1 - \dot{E}_{1\sigma} + R_1\dot{I}_0 = -\dot{E}_1 + (R_1 + \mathrm{j}X_1)\dot{I}_0 = -\dot{E}_1 + Z_1\dot{I}_0 \tag{5-12}$$

式中，$Z_1 = R_1 + \mathrm{j}X_1$ 为定子绕组的漏阻抗。

由于 R_1 和 X_1 很小，定子绕组漏阻抗压降 $Z_1\dot{I}_0$ 与外加电压相比很小，一般为额定电压的2%～5%，为了简化分析，可近似认为 $\dot{U}_1 \approx -\dot{E}_1$，即

$$U_1 \approx E_1 = 4.44f_1N_1k_{\mathrm{w}1}\Phi_0 \tag{5-13}$$

将式（5－10）代入式（5－12），可得

$$\dot{U}_1 = -\dot{E}_1 + (R_1 + \mathrm{j}X_1)\dot{I}_0 = (R_\mathrm{m} + \mathrm{j}X_\mathrm{m})\dot{I}_0 + (R_1 + \mathrm{j}X_1)\dot{I}_0 = Z_\mathrm{m}\dot{I}_0 + Z_1\dot{I}_0 \tag{5-14}$$

由式（5－14）可画出异步电动机空载时的等效电路，如图5－15所示。

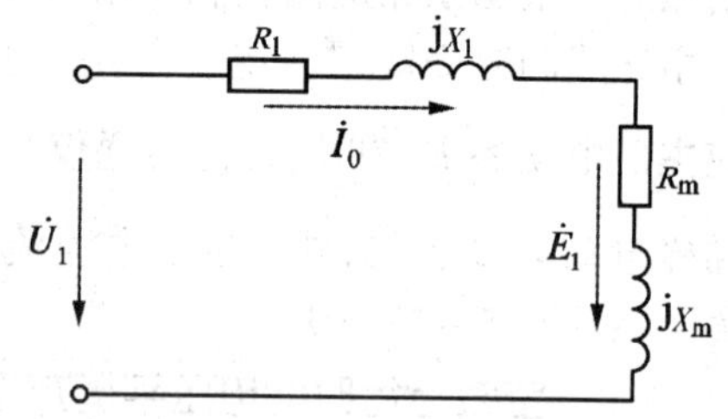

图5－15　异步电动机空载时的等效电路

异步电动机的电磁关系虽然与变压器十分相似，但它们之间仍存在差异：

（1）主磁场性质不同：异步电动机主磁场为旋转磁场，变压器主磁场为脉动磁场（交变磁场）。

（2）异步电动机空载运行时，$E_2 \approx 0$，$I_2 \approx 0$；变压器空载运行时，$E_2 \neq 0$，$I_2 = 0$。

（3）异步电动机存在气隙，主磁路磁阻大，同变压器相比，建立同样的磁通所需励磁电流大，励磁电抗小。大容量电动机空载电流为额定电流的20%～30%，小容量电动机可达50%；变压器空载电流很小，仅为额定电流的2%～10%，巨型变压器则在1%以下。

（4）由于气隙的存在、绕组结构形式的不同，与变压器相比，异步电动机的漏磁通较大，对应的漏电抗也较大。

（5）异步电动机通常采用短距、分布绕组，计算时需要考虑绕组系数 $k_{\mathrm{w}1}$；变压器则为整距、集中绕组，计算时不需要考虑绕组系数。

5.3　三相异步电动机的负载运行

异步电动机定子绕组接在对称三相电源上，转轴上带机械负载时的运行状态称为负载运行。本节将分转子静止和转子转动两种情况进行讨论。

5.3.1　转子静止时的电磁过程

1. 转子静止时的电磁关系　异步电动机空载运行时，转子转速接近同步转速，即 $n \approx n_1$，转差率 $s \approx 0$，转子电流 $I_2 \approx 0$，转子磁动势 $F_2 \approx 0$。

异步电动机带机械负载、定子绕组上加频率为 f_1 的对称三相电压 $\dot{U}_1$ 时，定子绕组中就有对称三相电流 $\dot{I}_1$ 流过。此时定子三相电流合成产生圆形基波旋转磁动势 F_1，其幅值为

$$F_1 = \frac{m_1}{2} \cdot 0.9 \cdot \frac{N_1k_{\mathrm{w}1}}{p}I_1 \tag{5-15}$$

该磁动势以 $n_1 = \dfrac{60f_1}{p}$ 的转速同时切割定、转子绕组感应电动势 $\dot{E}_1$ 和 $\dot{E}_2$。由于转子静止，定、转子绕组中感应的电动势频率相同，即 $f_1 = f_2$（下标1代表定子对应的物理量，下标2代表转子对应的物理量，下同）。

由于转子绕组对称且自身闭合，在感应电动势 $\dot{E}_2$ 作用下就会产生对称三相电流 $\dot{I}_2$，转

子对称三相绕组中流过对称三相电流时，也要建立一个圆形旋转磁动势 F_2，其基波幅值为

$$F_2 = \frac{m_2}{2} \cdot 0.9 \cdot \frac{N_2 k_{w2}}{p} I_2 \quad (5-16)$$

该动磁势相对于转子的转速为 $n_2 = \frac{60f_2}{p} = \frac{60f_1}{p} = n_1$，由于转子静止，故 F_2 相对于定子的转速也为 n_1。这两个旋转磁动势共同作用在气隙中，同速同向旋转，处于相对静止状态，由此形成的合成磁动势 F_0 又称为励磁磁动势。电动机在这个合成磁动势作用下产生同时交链定、转子绕组的主磁通 Φ_0，并分别在定、转子绕组中感应电动势 $\dot{E}_1$ 和 $\dot{E}_2$。同时，定、转子磁动势 F_1、F_2 分别产生只交链本侧的漏磁通 $\Phi_{1\sigma}$ 和 $\Phi_{2\sigma}$，并感应出相应的漏磁电动势 $\dot{E}_{1\sigma}$ 和 $\dot{E}_{2\sigma}$。因此，异步电动机转子静止时的电磁关系如图 5-16 所示。

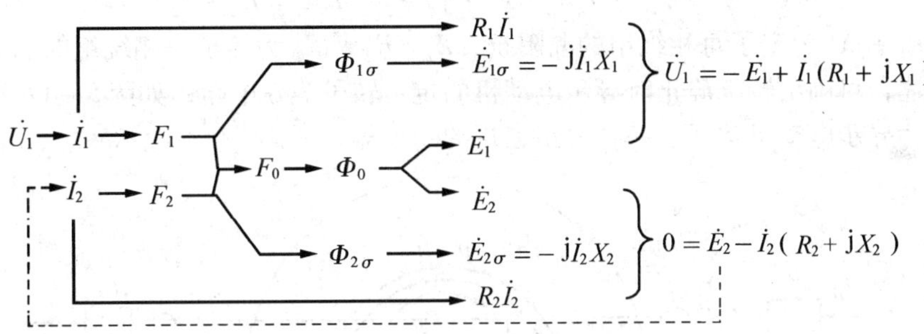

图 5-16　异步电动机转子静止时的电磁关系

2. 转子静止时的基本方程式

（1）磁动势平衡方程式：与变压器类似，当异步电动机所加电源电压不变时，可认为气隙磁通基本不变。因此，带负载且转子静止时产生主磁通的合成磁动势和空载时产生主磁通的励磁磁动势基本相等，即

$$F_1 + F_2 = F_0 \quad (5-17)$$

式（5-17）即为异步电动机的磁动势平衡方程式，可改写为

$$F_1 = F_0 + (-F_2) = F_0 + F_{1L} \quad (5-18)$$

式中，$F_{1L} = -F_2$ 为定子负载分量磁动势。可见，定子旋转磁动势包括两个分量：一个是励磁磁动势 F_0，用来建立气隙磁通 Φ_0；另一个是定子负载分量磁动势 F_{1L}，用来抵消转子磁动势 F_2 对主磁通的影响，使气隙磁场保持不变。

将式（5-8）、式（5-15）、式（5-16）代入式（5-17），并化简可得

$$\dot{I}_1 + \frac{\dot{I}_2}{k_i} = \dot{I}_0 \quad (5-19)$$

式中，$k_i = \frac{m_1 N_1 k_{w1}}{m_2 N_2 k_{w2}}$为异步电动机的电流变比。

可见，异步电动机定、转子之间的电流关系和变压器一、二次绕组之间的电流关系相似。

（2）电动势平衡方程式：转子静止时，主磁通以同步转速 n_1 切割定、转子绕组，感应的电动势 $\dot{E}_1$ 和 $\dot{E}_2$ 的有效值分别为

$$E_1 = 4.44 f_1 N_1 k_{w1} \Phi_0 \quad (5-20)$$

$$E_2 = 4.44 f_1 N_2 k_{w2} \Phi_0 \quad (5-21)$$

式中，N_1、N_2 为定、转子绕组每相串联匝数；k_{w1}、k_{w2} 为定、转子绕组的基波绕组系数；f_1 为转子静止时定、转子感应电动势的频率；Φ_0 为气隙磁场的每极磁通量。

漏磁通 $\Phi_{1\sigma}$ 和 $\Phi_{2\sigma}$ 分别在定、转子绕组中感应的漏磁电动势 $\dot{E}_{1\sigma}$ 和 $\dot{E}_{2\sigma}$，可用漏抗压降来表示，即

$$\dot{E}_{1\sigma} = -\mathrm{j}\,\dot{I}_1 X_1 \tag{5-22}$$

$$\dot{E}_{2\sigma} = -\mathrm{j}\,\dot{I}_2 X_2 \tag{5-23}$$

式中，X_1、X_2 为定、转子每相绕组的漏电抗。

转子静止时，根据基尔霍夫定律，可分别列出定、转子绕组的电动势平衡方程式为

$$\dot{U}_1 = -\dot{E}_1 - \dot{E}_{1\sigma} + \dot{I}_1 R_1 = -\dot{E}_1 + \mathrm{j}\,\dot{I}_1 X_1 + \dot{I}_1 R_1 = -\dot{E}_1 + \dot{I}_1 Z_1 \tag{5-24}$$

$$0 = \dot{E}_2 + \dot{E}_{2\sigma} - \dot{I}_2 R_2 = \dot{E}_2 - \mathrm{j}\,\dot{I}_2 X_2 - \dot{I}_2 R_2 = \dot{E}_2 - \dot{I}_2 Z_2 \tag{5-25}$$

式中，$Z_1 = R_1 + \mathrm{j}X_1$ 为定子每相绕组的漏阻抗；$Z_2 = R_2 + \mathrm{j}X_2$ 为转子每相绕组的漏阻抗。

综上所述，可画出转子静止时异步电动机的定、转子等效电路，如图 5－17 所示。可见，转子静止时，异步电动机类似于一台短路运行的变压器。

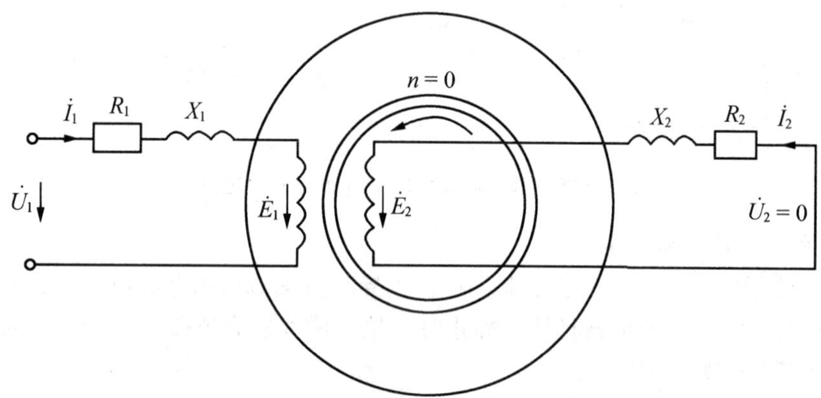

图 5－17　转子静止时的定、转子等效电路

5.3.2　转子转动时的电磁过程

将堵住转子的机构松开，转子就会在旋转磁场的作用下，带动机械负载沿着旋转磁场的方向以低于 n_1 的转速稳定运行。

1. 转子转动时的电磁关系　当三相异步电动机转子以转速 n 恒速旋转时，旋转磁场以 $\Delta n = n_1 - n = sn_1$ 的相对速度切割转子绕组，在转子绕组中感应电动势的频率 f_2 为

$$f_2 = \frac{p\Delta n}{60} = \frac{psn_1}{60} = sf_1 \tag{5-26}$$

可见，此时转子绕组感应电动势的频率 f_2 与定子绕组感应电动势频率 f_1 不相等，而是随着转差率 s 变化。当转子静止（启动瞬间或堵转）时，$n=0$，$s=1$，则 $f_2=f_1$，即转子静止时转子绕组感应电动势频率与定子绕组感应电动势频率相等；当转子转速接近同步转速（空载情况）时，$n \approx n_1$，$s \approx 0$，则 $f_2 \approx 0$；当电动机正常运行时，转子转速 n 接近同步转速，转差率 s 很小，一般为 0.01～0.06，因此，转子绕组感应电动势的频率很低，为 0.5～3Hz。转动时转子绕组感应电动势 E_{2s}（下标 s 表示转子绕组感应电动势的频率与定子绕组感应电动势的频率不同）为

$$E_{2s} = 4.44 f_2 N_2 k_{w2} \Phi_0 = 4.44 s f_1 N_2 k_{w2} \Phi_0 = sE_2 \tag{5-27}$$

式中，E_2 为静止时转子绕组感应电动势。式（5－27）表明，当转子转动时，每相感应电动势 E_{2s} 与转差率 s 成正比。由于正常运行时转差率很小，所以转子绕组感应电动势很小。

若不计集肤效应，则可近似认为转子每相电阻 $R_{2s}=R_2$，但由于电抗与频率成正比，故转子转动时转子漏电抗 X_{2s} 为

$$X_{2s}=2\pi f_2 L_2=2\pi s f_1 L_2=sX_2 \tag{5-28}$$

式中，$X_2=2\pi f_1 L_2$ 为转子静止时的漏电抗；L_2 为转子绕组的漏电感。

由式（5－28）可知，当转子以不同的转速转动时，转子的漏电抗 X_{2s} 正比于转差率 s。转子绕组每相漏阻抗为

$$Z_{2s}=R_2+\mathrm{j}X_{2s}=R_2+\mathrm{j}sX_2 \tag{5-29}$$

当转子转动时，定子绕组流过电流 $\dot{I}_1$，产生以同步转速 n_1 旋转的定子磁动势 F_1；由于转子电流 $\dot{I}_2$ 也是对称三相电流，它在转子中也产生一个旋转磁动势 F_2，其幅值为

$$F_2=\frac{m_2}{2}\cdot 0.9\cdot\frac{N_2 k_{w2}}{p}I_2 \tag{5-30}$$

可以证明，转子电流相序与定子旋转磁动势方向一致，因此，转子旋转磁动势 F_2 的方向与定子旋转磁动势 F_1 的方向一致。F_2 相对于转子的转速为

$$n_2=\frac{60f_2}{p}=\frac{60sf_1}{p}=sn_1=n_1-n \tag{5-31}$$

由于转子以转速 n 沿同步转速的方向旋转，所以 F_2 相对于定子的转速为

$$n_2+n=(n_1-n)+n=n_1 \tag{5-32}$$

可见，无论转子转速怎样变化，定、转子旋转磁动势总是以同速、同向旋转，两者在空间上始终保持相对静止，如图 5－18 所示。因此，F_2 与 F_1 仍可以矢量相加而得到合成旋转磁动势 F_0，建立气隙主磁通 Φ_0，并分别在定、转子绕组中感应电动势 $\dot{E}_1$ 和 $\dot{E}_{2s}$。同时，F_1 和 F_2 分别产生只交链本侧的漏磁通 $\Phi_{1\sigma}$ 和 $\Phi_{2\sigma s}$，并感应出相应的漏磁电动势 $\dot{E}_{1\sigma}$ 和 $\dot{E}_{2\sigma s}$。因此，异步电动机转子转动时的电磁关系如图 5－19 所示。

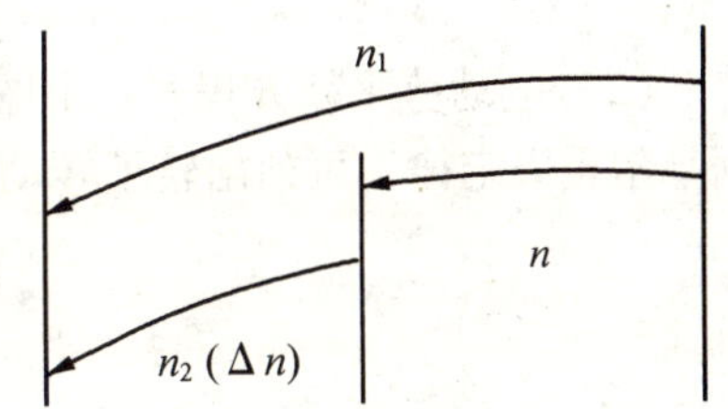

图 5－18 定、转子磁动势的转速关系

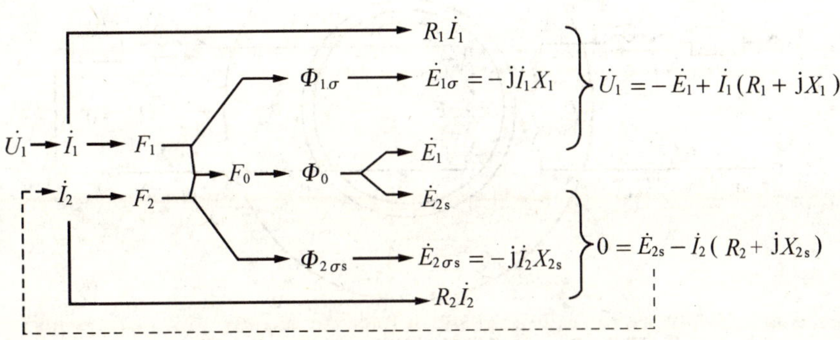

图 5－19 异步电动机转子转动时的电磁关系

2. 转子转动时的基本方程式

（1）磁动势平衡方程式：转子转动时的磁动势平衡方程式为

$$F_1+F_2=F_0$$

或

$$F_1=F_0+(-F_2)=F_0+F_{1L} \tag{5-33}$$

和转子静止时一样，转子旋转时定子旋转磁动势也可以看成由建立气隙磁通 Φ_0 的励磁磁动势 F_0 和用来抵消转子磁动势对主磁通反作用的定子负载分量磁动势 F_{1L}两部分组成。

通过磁动势平衡关系可以实现异步电动机内部能量的转换和传递。例如，当转轴所带负载增加时，转子电流 $\dot{I}_2$增加使转子磁动势增加，为了保证气隙磁通 Φ_0 不变，定子负载分量磁动势 F_{1L}会随之增加以抵消其反作用，因此定子磁动势 F_1 和定子电流 $\dot{I}_1$都要相应增加，即定子将从电网吸收更多的电能转换为机械能，满足负载增大的需要。

例 5－2 有一台 50Hz 三相四极的异步电动机，转子的转差率 $s=0.05$。试求：转子电流的频率；转子磁动势相对于转子的转速；转子磁动势相对于定子的转速。

解 转子电流的频率为

$$f_2=sf_1=0.05\times50=2.5\ (\text{Hz})$$

转子磁动势相对于转子的转速为

$$n_2=\frac{60f_2}{p}=\frac{60\times2.5}{2}=75\ (\text{r/min})$$

异步电动机的转子转速为

$$n=(1-s)n_1=(1-s)\frac{60f_1}{p}=(1-0.05)\frac{60\times50}{2}=1\,425\ (\text{r/min})$$

转子磁动势相对于定子的转速为

$$n+n_2=1\,425+75=1\,500\ (\text{r/min})$$

（2）电动势平衡方程式：由图 5－19 所示的电磁关系及所规定的电动势、电流方向，根据基尔霍夫定律，可列出转子转动时异步电动机定、转子绕组的电动势平衡方程分别为

$$\dot{U}_1=-\dot{E}_1+\dot{I}_1(R_1+jX_1) \tag{5-34}$$

$$0=\dot{E}_{2s}-\dot{I}_2(R_2+jX_{2s}) \tag{5-35}$$

综上所述，可画出转子转动时异步电动机的定、转子等效电路，如图 5－20 所示。

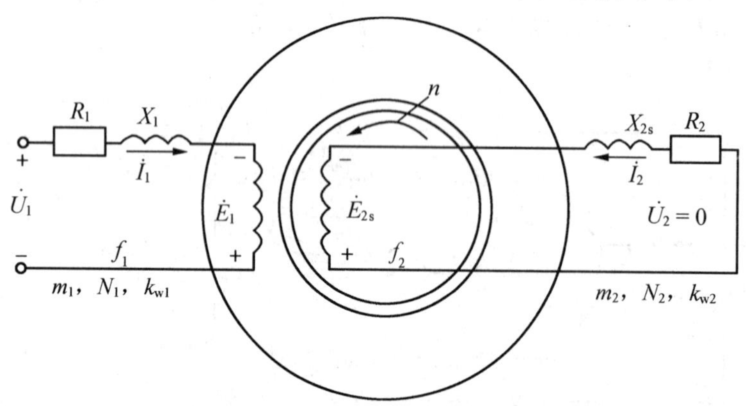

图 5－20 转子转动时的定、转子等效电路

3. 转子绕组的折算 与变压器一样，三相异步电动机的定、转子绕组之间只有磁的耦合，而无电的直接联系。因此，可以采用变压器的做法，通过折算把定、由于转子电路连成统一的电路。但应注意，变压器一、二次侧电路的频率是相同的，可直接进行绕组折算，而

异步电动机是旋转电机，其定、转子绕组感应电动势频率是不相等的。因此，在异步电动机进行绕组折算前，应先进行频率折算。

（1）频率折算：所谓频率折算，就是要用一个等效的转子电路来代替实际旋转的转子系统，而且该等效转子电路应与定子电路有相同的频率。从前面分析可知，只有当转子静止时才满足 $f_2=f_1$，因此频率折算的实质就是把旋转的转子等效成静止的转子。这里所说的“等效”包括两个方面内容。一方面，折算前后要保持电动机的电磁效应不变。由于转子电路对定子电路的电磁效应是通过转子磁动势 F_2 实现的，因此必须保持折算前后的转子磁动势 F_2 不变。要达到这一点，只要使被等效静止的转子电流大小和相位，与原转子旋转时电流的大小和相位一致即可。另一方面，等效的转子电路的电磁性能（有功功率、无功功率、铜损耗等）必须和实际转子电路一致。

由式（5－35）可知，转子转动时的转子电流为

$$\dot{I}_2=\frac{\dot{E}_{2s}}{R_2+jX_{2s}}=\frac{s\dot{E}_2}{R_2+jsX_2} \tag{5-36}$$

将式（5－36）中的分子、分母同除以 s，可得

$$\dot{I}_2=\frac{\dot{E}_2}{\frac{R_2}{s}+jX_2} \tag{5-37}$$

式（5－37）虽然是式（5－36）的一个简单变换式，但两者却具有不同的物理意义：式（5－36）是转子转动时的转子电流，其频率为 f_2；而式（5－37）是转子静止时的转子电流，其频率为 f_1。因此，只要把原转子电路中的 R_2 变换为 $\frac{R_2}{s}$，即在原转子旋转电路中串联一个 $\frac{R_2}{s}-R_2=\frac{1-s}{s}R_2$ 的附加电阻，如图 5－21 所示，即可实现频率折算。

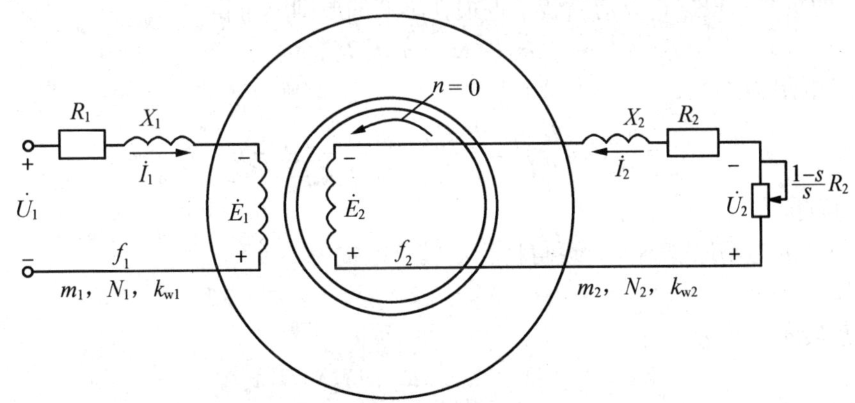

图 5－21　频率折算后异步电动机的定、转子电路

从机电能量传递的角度看，实际转动的转子在转轴上有机械功率输出，且还会产生机械损耗；而频率折算后，转子等效为静止状态，就不再有机械功率输出和机械损耗，但附加电阻 $\frac{1-s}{s}R_2$ 在静止转子电路中将消耗功率。根据折算前后总功率不变的原则，该附加电阻所消耗的功率 $m_2I_2^2\frac{1-s}{s}R_2$ 等于转轴上输出的机械功率和转子的机械损耗之和，这部分功率称为总

机械功率 P_{MEC}（包括转轴上输出的机械功率 P_2、转子的机械摩擦损耗 p_{mec} 和附加损耗 p_{ad}）。附加电阻$\frac{1-s}{s}R_2$ 是模拟异步电动机转轴上总机械功率的等效电阻。

（2）转子绕组折算：频率折算后，异步电动机定、转子电路频率相同，但是还不能把定、转子电路连接起来，因为这两个电路的电动势 $\dot{E}_1$ 和 $\dot{E}_2$ 不相等，即电动势两端不是等位点。因此，还必须像变压器那样进行绕组折算，才能得到等效电路。绕组折算的原则是保持折算前后转子磁动势 F_2 不变，折算前后转子的各部分功率不变。折算后的量用原来转子各物理量符号右上角加“′”表示。

1）电流折算：根据折算前后转子磁动势幅值不变的原则，可得

$$\frac{m_1}{2}\cdot 0.9\cdot\frac{N_1k_{w1}}{p}I_2'=\frac{m_2}{2}\cdot 0.9\cdot\frac{N_2k_{w2}}{p}I_2$$

则折算后转子电流为

$$I_2'=\frac{m_2N_2k_{w2}}{m_1N_1k_{w1}}I_2=\frac{I_2}{k_i} \tag{5-38}$$

式中，$k_i=\frac{m_1N_1k_{w1}}{m_2N_2k_{w2}}$称为电流变比。

2）电动势的折算：根据折算前后转子总视在功率不变的原则，可得

$$m_1E_2'I_2'=m_2E_2I_2$$

则折算后的转子绕组感应电动势为

$$E_2'=\frac{N_1k_{w1}}{N_2k_{w2}}E_2=k_eE_2 \tag{5-39}$$

式中，$k_e=\frac{N_1k_{w1}}{N_2k_{w2}}$称为电动势变比。

3）阻抗的折算：根据折算前后转子铜损耗不变的原则，可得

$$m_1I_2'^2R_2'=m_2I_2^2R_2$$

则折算后转子电阻为

$$R_2'=\frac{m_2}{m_1}R_2\left(\frac{I_2}{I_2'}\right)^2=\frac{N_1k_{w1}}{N_2k_{w2}}\cdot\frac{m_1N_1k_{w1}}{m_2N_2k_{w2}}R_2=k_ek_iR_2 \tag{5-40}$$

式中，k_ek_i 为阻抗变比。

同理，根据漏磁场储能不变，可得折算后转子电抗为

$$X_2'=k_ek_iX_2 \tag{5-41}$$

因此，折算后转子阻抗为

$$Z_2'=R_2'+\mathrm{j}X_2'=k_ek_i(R_2+\mathrm{j}X_2)=k_ek_iZ_2 \tag{5-42}$$

4. 等效电路及相量图　频率折算和绕组折算后，把异步电动机转子绕组的频率、相数、每相有效串联匝数都进行折算，和定子绕组一样，可用折算后的基本方程式推导出异步电动机的等效电路。折算后异步电动机的基本方程式如下：

$$
\left.\begin{aligned}
\dot{U}_1 &= -\dot{E}_1 + (R_1 + \mathrm{j}X_1)\dot{I}_1 \\
\dot{U}_2' &= \dot{E}_2' - (R_2' + \mathrm{j}X_2')\dot{I}_2 \\
\dot{I}_1 + \dot{I}_2 &= \dot{I}_0 \\
\dot{E}_1 &= -(R_\mathrm{m} + \mathrm{j}X_\mathrm{m})\dot{I}_0 \\
\dot{E}_2' &= \dot{E}_1 \\
\dot{U}_2' &= \frac{1-s}{s}R_2\dot{I}_2
\end{aligned}\right\} \tag{5-43}
$$

可见，异步电动机的基本方程式与变压器的基本方程式在形式上完全一样。其中，附加电阻$\frac{1-s}{s}R_2'$上的压降$\dot{U}_2'$相当于变压器二次侧负载阻抗上的压降，因此可把$\frac{1-s}{s}R_2'$看作异步电动机的“负载电阻”。

根据基本方程式（5－43）可画出异步电动机的T形等效电路，如图5－22所示。由等效电路分析可知：

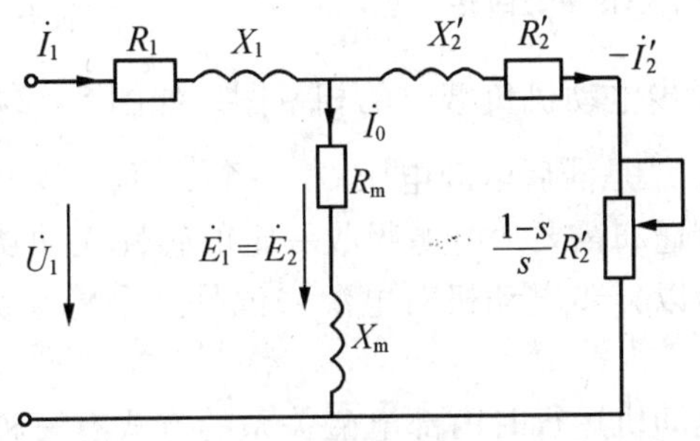

图5－22　异步电动机的T形等效电路

（1）当异步电动机空载时，转子转速与同步转速非常接近，因此转差$s\to 0$，T形等效电路中代表机械负载的附加电阻$\frac{1-s}{s}R_2'\to\infty$，转子电路相当于开路，电流$I_2'$很小，总机械功率也很小。此时，定子电流$I_1$就是励磁电流$I_0$，电动机功率因数很低，为0.1～0.2。

（2）当异步电动机转子静止（启动瞬间或堵转）时，$n=0$，$s=1$，附加电阻$\frac{1-s}{s}R_2'=0$，此时异步电动机处于短路运行状态。如果对定子绕组加额定电压，这时定、转子电流均很大，为额定电流的4～7倍。这就是异步电动机在加额定电压直接启动时启动电流大的原因。另外，异步电动机不允许长期堵转，否则可能烧毁绕组。

（3）当异步电动机带额定负载时，转差率s_N约为5%，这时折算后的转子电路中的总电阻$\frac{R_2'}{s}$约为转子电阻R_2'的20倍，等效电路转子侧基本上为电阻性。因此，转子电路的功率因数较高，定子电路的功率因数也较高，可达0.8～0.85。

和变压器一样，在工程计算和定性分析中也可对异步电动机T形等效电路进行简化。但是，在异步电动机中不能直接将励磁支路移到电路首端形成简化等效电路，因为异步电动机存在气隙，其励磁阻抗标幺值较小，励磁电流较大，将励磁支路直接移到电源端会引起较大误差，并且电动机容量越小，误差越大。为了减小误差，需引入一个修正系数$C_1\approx 1+\frac{X_1}{X_\mathrm{m}}$，

对于 40kW 及以上容量的异步电动机，$C_1=1$。其简化等效电路如图5－23 所示。

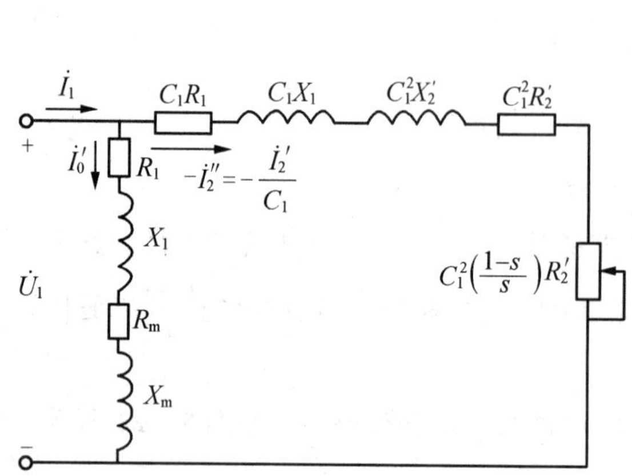

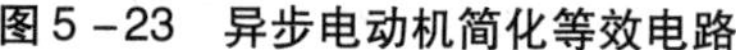
图 5－23　异步电动机简化等效电路

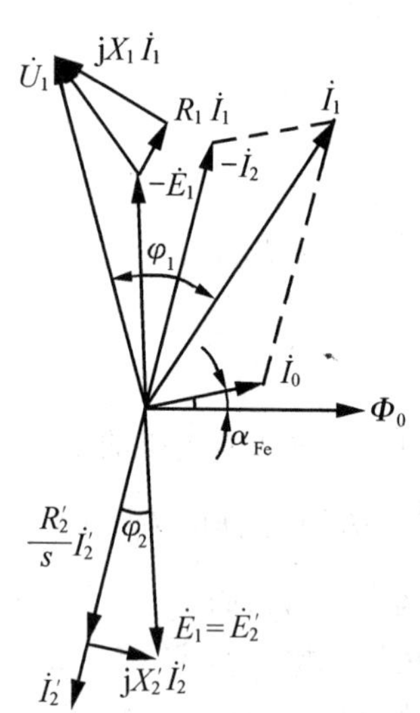

图 5－24　异步电动机的相量图

根据图 5－22 可绘出异步电动机负载时的相量图，如图 5－24 所示。由图 5－24 可以看出，异步电动机定子电流 $\dot{I}_1$ 总是滞后电源电压 $\dot{U}_1$ 一个 φ_1 角，这是因为要建立和维持气隙中的主磁通和定、转子的漏磁通，需要从电源吸收一定的感性无功功率。由于这些感性的无功功率都需要从电源输入，所以异步电动机对电源来说是一个感性负载，其功率因数 $\cos\varphi_1$ 也总是滞后的。

综上所述，描述异步电动机运行时内部电磁关系的方式有三种：基本方程式、等效电路和相量图。在进行理论分析、推导时，用方程式较方便；在进行定量计算时，一般采用等效电路；在讨论各物理量之间关系时，往往相量图分析较方便。但需要注意的是，由等效电路算出的定子的所有物理量均为实际值，而由等效电路算出的转子电动势、电流则为折算值。如果要得到转子各物理量的实际值，还需要把该值折算到转子侧。但由于折算是在功率不变条件下进行的，所以用折算值计算出的转子功率、损耗均与实际值相同。

5.4　三相异步电动机的功率平衡、转矩平衡和工作特性

异步电动机是一种机电能量转换装置，本节将从能量观点出发阐述电动机的能量转换过程，分析其功率和转矩平衡关系及其工作特性。

5.4.1　功率平衡和转矩平衡

1. 功率平衡　异步电动机拖动负载运行时，其定子从电源吸收电功率，通过机电能量转换将电功率转换为机械功率由转子输出给机械负载。在能量转换过程中必然产生损耗，根据能量守恒定律，电网输入的电功率减去总的损耗就是转子对负载输出的机械功率。

若加在定子上的相电压为 U_1，流过定子的相电流为 I_1，那么由电网供给电动机的功率即为输入功率 P_1，其计算式为

$$P_1=m_1U_1I_1\cos\varphi_1 \tag{5-44}$$

式中，m_1 为定子相数；$\cos\varphi_1$ 为定子的功率因数。输入功率 P_1 进入电动机后，在定子绕组电阻 R_1 上消耗一小部分功率，称为定子铜损耗 p_{Cu1}，其计算式为

$$p_{Cu1}=m_1I_1^2R_1 \tag{5-45}$$

同时，旋转磁场在定子铁芯上还将产生铁损耗 p_{Fe}，其值可看作励磁电流 I_0 在励磁电阻 R_m 上所消耗的功率，即

$$p_{Fe}=m_1I_0^2R_m \tag{5-46}$$

异步电动机正常运转时转子转速较高，气隙旋转磁场与转子铁芯相对运动很小，因此转子铁芯中磁通变化频率很低，一般为 1～3Hz，故转子铁损耗很小，可忽略不计。因此，从输入功率 P_1 中扣除定子铜损耗 p_{Cu1} 与铁损耗 p_{Fe}，余下的功率便是通过磁场经气隙传递到转子侧的电磁功率 P_{em}，即

$$P_{em}=P_1-(p_{Cu1}+p_{Fe}) \tag{5-47}$$

由 T 形等效电路可知

$$P_{em}=m_1E_2'I_2'\cos\varphi_2=m_1I_2'^2\frac{R_2'}{s} \tag{5-48}$$

由式（5－48）可知，传递到转子侧的电磁功率就是转子等效电路上的有功功率，或者是电阻 $\frac{R_2'}{s}$ 所消耗的有功功率。转子电流流过转子绕组时，电流 I_2 在转子绕组电阻 R_2 上的功率损耗，称为转子铜损耗 p_{Cu2}，其计算式为

$$p_{Cu2}=m_1I_2'^2R_2' \tag{5-49}$$

传递到转子侧的电磁功率 P_{em} 扣除转子铜损耗 p_{Cu2}，余下的功率即为电动机的总机械功率 P_{MEC}，即

$$P_{MEC}=P_{em}-p_{Cu2}=m_1\frac{1-s}{s}I_2'^2R_2' \tag{5-50}$$

比较式（5－48）和式（5－49），可得

$$\frac{p_{Cu2}}{P_{em}}=s \quad 或 \quad p_{Cu2}=sP_{em} \tag{5-51}$$

式中，sP_{em} 称为转差功率。

比较式（5－48）和式（5－51），可得

$$\frac{P_{MEC}}{P_{em}}=1-s \quad 或 \quad P_{MEC}=(1-s)P_{em} \tag{5-52}$$

由式（5－51）可知，异步电动机的转速 n 越低，转差率 s 越大，或者说转差功率 sP_{em} 越大，转子铜损耗越大。当异步电动机处于电磁制动状态时，$s>1$，即转子铜损耗大于电磁功率，说明从定子传递到转子的电磁功率不足以补偿转子铜损耗，还须从轴上输入机械功率来补充。

式（5－51）和式（5－52）表明，由定子经气隙传递到转子侧的电磁功率 P_{em} 有一小部分 sP_{em} 转换为转子铜损耗，其余绝大部分 $(1-s)P_{em}$ 转换为总机械功率。

总机械功率并没有全部输出给生产机械，在输出前还要扣除机械摩擦损耗 p_{mec} 和附加损耗 p_{ad}。机械摩擦损耗主要由电动机的轴承及风阻等摩擦引起，绕线型异步电动机还包括电刷摩擦损耗。附加损耗由磁场中的高次谐波磁通和漏磁通等引起，这部分损耗在小型电动机满载时可达 1%～3% 或更大些，在大型电动机中所占比例小些，通常为 0.5% 左右。总机械功率扣除机械摩擦损耗 p_{mec} 和附加损耗 p_{ad}，余下的功率才是电动机轴上输出的机械功率 P_2，即

$$P_2=P_{MEC}-(p_{mec}+p_{ad}) \tag{5-53}$$

综上所述，异步电动机运行时，从电源输入的电功率 P_1 到转轴上输出功率 P_2 的全过程为

$$P_2 = P_1 - p_{Cu1} - p_{Fe} - p_{Cu2} - p_{mec} - p_{ad} = P_1 - \sum p \tag{5-54}$$

式中，$\sum p$ 为电动机的总损耗。异步电动机的功率流程如图 5－25 所示。

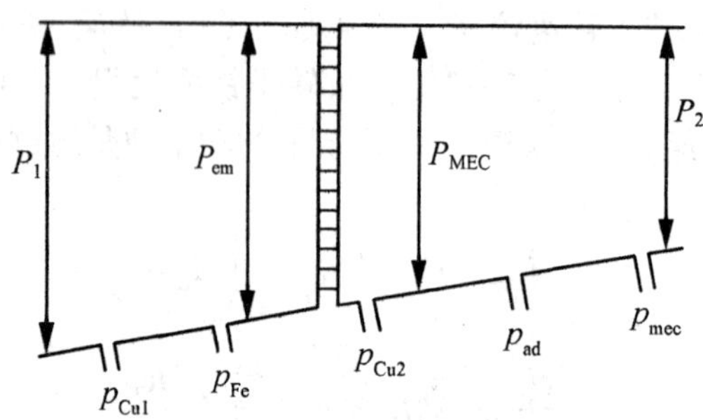

图 5－25　异步电动机的功率流程

异步电动机输出功率与输入功率之比定义为电动机的效率，即

$$\eta = \frac{P_2}{P_1} \times 100\% = (1 - \frac{\sum p}{P_1}) \times 100\% \tag{5-55}$$

异步电动机的效率通常是比较高的，如 Y 系列电动机满载时效率为 74%～94%，且容量越大，效率越高。

2. 转矩平衡　电动机稳态运行时，机械功率等于相应的转矩与机械角速度的乘积。将式（5－53）两边同除以转子机械角速度 Ω，可得相应稳态转矩方程式为

$$\frac{P_2}{\Omega} = \frac{P_{MEC}}{\Omega} - \frac{p_{mec} + p_{ad}}{\Omega} \tag{5-56}$$

即

$$T_2 = T_{em} - T_0 \quad 或 \quad T_{em} = T_2 + T_0 \tag{5-57}$$

式中，$T_{em} = \frac{P_{MEC}}{\Omega}$为电动机的电磁转矩，是由转子电流和气隙磁场相互作用产生的驱动性转矩；$T_2 = \frac{P_2}{\Omega}$为电动机轴上输出的机械负载转矩，是负载反作用于转子的制动性转矩；$T_0 = \frac{p_{mec} + p_{ad}}{\Omega}$为空载转矩，它是对应电动机机械摩擦损耗及附加损耗的制动性转矩。

式（5－57）表明，当转速恒定时，作用在转轴上的驱动性转矩 T_{em}与总的制动转矩 $T_2 + T_0$ 相平衡。

由式（5－52）可得

$$T_{em} = \frac{P_{MEC}}{\Omega} = \frac{(1-s)P_{em}}{\frac{2\pi n}{60}} = \frac{P_{em}}{\frac{2\pi n_1}{60}} = \frac{P_{em}}{\Omega_1} \tag{5-58}$$

式中，$\Omega_1 = \frac{2\pi n_1}{60}$为同步机械角速度，单位为弧度/秒（rad/s）。

因此，电磁转矩 T_{em}既可用转子的总机械功率除以转子机械角速度计算，又可用电磁转矩除以同步角速度计算。前者从转子产生机械功率出发，由于转子机械角速度为 Ω，所以$T_{em} = \frac{P_{MEC}}{\Omega}$；后者从旋转磁场对转子做功出发，由于旋转磁场以同步角速度 Ω_1 旋转拖动转子，旋转

磁场每秒所做的功经气隙传递到转子的总功率为 P_{em}，所以 $T_{em}=\dfrac{P_{em}}{\Omega_1}$。若功率单位为瓦特（W），机械角速度单位为弧度/秒（rad/s），则转矩单位为牛·米（N·m）。

例5－3 一台三相异步电动机的额定数据如下：$P_N=10\text{kW}$，$U_N=380\text{V}$，$I_N=20.1\text{A}$，定子三角形连接，$f_1=50\text{Hz}$，定子铜损耗 $p_{Cu1}=557\text{W}$，转子铜损耗 $p_{Cu2}=314\text{W}$，铁损耗 $p_{Fe}=276\text{W}$，机械摩擦损耗 $p_{mec}=77\text{W}$，附加损耗 $p_{ad}=200\text{W}$。试求该电动机额定运行时的转速、负载转矩、空载转矩、电磁转矩、效率。

解 （1）额定转速 n_N：

同步转速为

$$n_1=\frac{60f_1}{p}=\frac{60\times 50}{2}=1500\ (\text{r/min})$$

额定运行时，$P_2=P_N=10\text{kW}$，总的机械功率为

$$P_{MEC}=P_2+p_{mec}+p_{ad}=10000+77+200=10277\ (\text{W})$$

电磁功率为

$$P_{em}=P_{MEC}+p_{Cu2}=10277+314=10591\ (\text{W})$$

转差率为

$$s_N=\frac{p_{Cu2}}{P_{em}}=\frac{314}{10591}=0.0296$$

额定转速为

$$n_N=(1-s_N)n_1=(1-0.0296)\times 1500=1455.6\ (\text{r/min})$$

（2）负载转矩 T_2：

$$T_2=\frac{P_2}{\Omega_N}=\frac{P_N}{\dfrac{2\pi n_N}{60}}=\frac{10000}{\dfrac{2\pi\times 1455.6}{60}}=65.64\ (\text{N}\cdot\text{m})$$

（3）空载转矩 T_0：

$$T_0=\frac{p_{mec}+p_{ad}}{\Omega_N}=\frac{p_{mec}+p_{ad}}{\dfrac{2\pi n_N}{60}}=\frac{77+200}{\dfrac{2\pi\times 1455.6}{60}}=1.82\ (\text{N}\cdot\text{m})$$

（4）电磁转矩 T_{em}：

$$T_{em}=T_2+T_0=65.64+1.82=67.46\ (\text{N}\cdot\text{m})$$

或

$$T_{em}=\frac{P_{em}}{\Omega_1}=\frac{P_{em}}{\dfrac{2\pi n_1}{60}}=\frac{10591}{\dfrac{2\pi\times 1500}{60}}=67.46\ (\text{N}\cdot\text{m})$$

或

$$T_{em}=\frac{P_{MEC}}{\Omega}=\frac{P_{MEC}}{\dfrac{2\pi n_N}{60}}=\frac{10277}{\dfrac{2\pi\times 1455.6}{60}}=67.46\ (\text{N}\cdot\text{m})$$

（5）效率 η：

输入功率为

$$P_1=P_{em}+p_{Cu1}+p_{Fe}=10\,591+557+276=11424\ (\text{W})$$

效率为

$$\eta=\frac{P_2}{P_1}\times100\%=\frac{10000}{11424}\times100\%=87.54\%$$

5.4.2　三相异步电动机的工作特性

异步电动机的工作特性指在额定电压和额定频率运行的情况下，电动机的转速 n、输出转矩 T_2、定子电流 I_1、功率因数 $\cos\varphi_1$、效率 η 与输出功率 P_2 之间的关系，如图5－26 所示，下面分别介绍。

1. 转速特性 $n=f(P_2)$　由式（5－51）可知

$$s=\frac{p_{\mathrm{Cu2}}}{P_{\mathrm{em}}}=\frac{m_1I_2'^2R_2'}{m_1E_2'I_2'\cos\varphi_2} \tag{5-58}$$

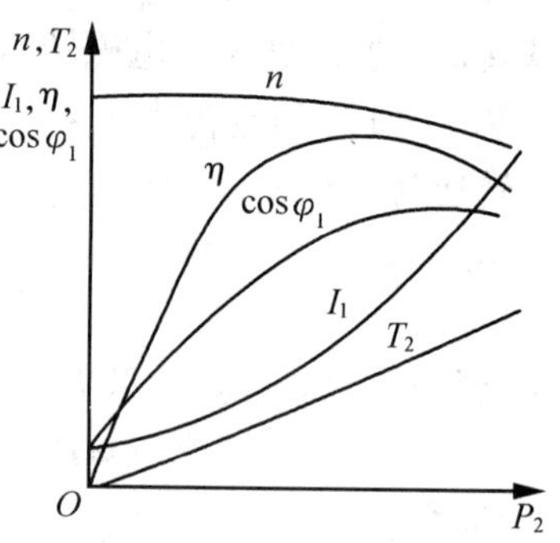

图5－26　异步电动机工作特性

当异步电动机空载运行时，输出功率 $P_2=0$，电动机的电磁转矩只用于克服空载转矩 T_0。此时，转子电流很小，$I_2'\approx0$，因而转子铜损耗 $p_{\mathrm{Cu2}}\approx0$，转差率 $s\approx0$，电动机的转速接近同步转速，即 $n\approx n_1$。当负载增大时，电动机转速必定略有下降，这时转子绕组感应电动势、转子电流均增大，以产生较大的电磁转矩和负载转矩平衡。因此，随着输出功率 P_2 的增大，转差率 s 也增大，而转速稍有下降。

异步电动机额定运行时转差率 s_N 很小，一般为0.01～0.06，相应的转速 n 与同步转速 n_1 接近，为（0.94～0.99）n_1，因此转速特性曲线是一条稍向下倾斜的曲线。

2. 转矩特性 $T_2=f(P_2)$　异步电动机的输出转矩为

$$T_2=\frac{P_2}{\Omega}=\frac{P_2}{\frac{2\pi n}{60}} \tag{5-59}$$

当异步电动机空载运行时，输出功率 $P_2=0$，输出转矩 $T_2=0$。当异步电动机负载运行时，随着输出功率 P_2 的增加，电动机转速略有下降，由式（5－59）可知，T_2 的上升速度略快于 P_2 的上升速度，故转矩特性曲线是一条过原点稍向上翘的曲线。由于从空载到负载，电动机的转速 n 变化很小，所以转矩特性曲线可近似看作一条直线。

3. 定子电流特性 $I_1=f(P_2)$　由异步电动机的磁动势平衡方程式 $\dot{I}_1=\dot{I}_0+(-\dot{I}_2')$ 可知，当异步电动机空载运行时，转子电流 $\dot{I}_2'\approx0$，此时定子电流 $\dot{I}_1$几乎全部转变为励磁电流 $\dot{I}_0$。当异步电动机负载运行时，随着输出功率 P_2 的增加，转子电流增大，定子电流及其磁动势亦随之增大，以抵消转子电流产生的磁动势，从而保持磁动势的平衡。因此，随着输出功率 P_2 的增大，定子电流 I_1 增大。

4. 定子功率因数特性 $\cos\varphi_1=f(P_2)$　由异步电动机的等效电路求得的总阻抗是电感性的。因此，对于电源，异步电动机相当于一个感性阻抗，其功率因数总是滞后的，它必须从电网吸收感性无功功率。

当异步电动机空载运行时，定子电流主要是无功励磁电流，因此功率因数很低，为0.1～0.2。当异步电动机负载运行时，转子电流的有功分量增加，定子电流的有功分量随之增加，功率因数上升，在额定负载附近，功率因数达到最大。当超过额定负载时，由于转差率 s 迅速增大，转子漏抗迅速增大，因此转子功率因数角 $\varphi_2=\arctan\frac{sX_2'}{R_2'}$增大较快，转子功率因数

$\cos\varphi_2$ 下降，于是转子电流无功分量增大，相应的定子无功分量电流也增大，定子功率因数 $\cos\varphi_1$ 又重新下降。

5. 效率特性 $\eta = f(P_2)$ 　根据效率的定义，异步电动机的效率为

$$\eta = \frac{P_2}{P_1} \times 100\% = \frac{P_2}{P_2 + p_{\mathrm{Cu1}} + p_{\mathrm{Fe}} + p_{\mathrm{Cu2}} + p_{\mathrm{mec}} + p_{\mathrm{ad}}} \times 100\% \tag{5-60}$$

当异步电动机空载运行时，输出功率 $P_2 = 0$，效率 $\eta = 0$。当异步电动机负载运行时，随着输出功率 P_2 的增加，效率的高低取决于损耗在输入功率中所占的比重。异步电动机的损耗可分为不变损耗和可变损耗。异步电动机在正常运行时主磁通和转速变化很小，故铁损耗 p_{Fe} 和机械摩擦损耗 p_{mec} 可认为是不变损耗；而定、转子铜损耗 p_{Cu1} 和 p_{Cu2}、附加损耗 p_{ad} 随负载而变化，称为可变损耗。当负载增大到使可变损耗等于不变损耗时，异步电动机的效率达到最大值，为74% ~94%。若负载继续增大，则与电流平方成正比的定、转子铜损耗增加很快，故效率反而降低。一般来说，电动机容量越大，效率越高。

5.5 单相异步电动机

在日常生活中，很多家用电器均配备异步电动机，如洗衣机、电冰箱、电风扇、抽排油烟机等。此外，异步电动机也广泛应用于电动工具、医用机械和自动化控制系统。这些设备所使用的异步电动机均有一个共同特点：功率不大、使用单相交流电源。单相异步电动机具有结构简单、成本低廉、噪声小等优点。由于只需要单相电源供电、使用方便，因此单相异步电动机广泛应用于工业和生活的各个方面。与同容量的三相异步电动机相比，单相异步电动机的体积较大、运行性能较差，因此一般只做成小容量的，我国现有单相异步电动机产品的容量为几瓦到几百瓦。

5.5.1 单相异步电动机的结构特点

单相异步电动机和三相异步电动机在结构和特性方面有不少差别。单相异步电动机的铁芯与三相笼型异步电动机类似，转子仍然是笼型的，只是定子绕组为单相工作绕组，但通常为了启动的需要，定子上还安装启动绕组，其作用是产生启动转矩。这两个绕组在空间上相差90°电角度，如图5-27所示。从结构上看，它实际上是一台两相电动机。两相电动机应由两相电源供电，由于两相电源并非通用电源，不便使用，所以通常将启动绕组串联一个分相元件，与工作绕组并联后接在单相电源上。从实用角度看，因为采用单相电源，所以称为单相异步电动机。

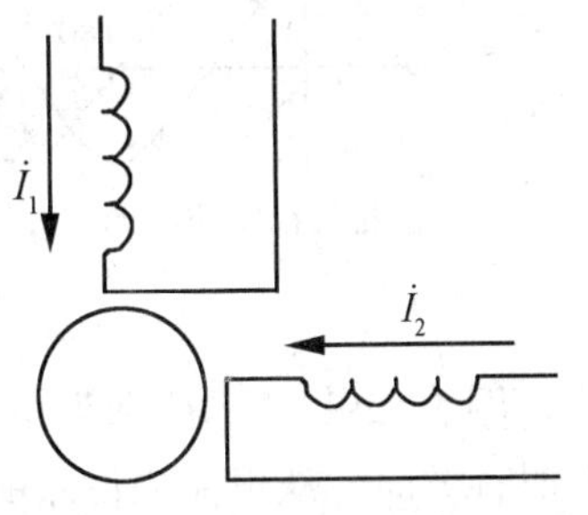

图5-27　单相异步电动机原理

5.5.2 单相异步电动机的工作原理

若在单相定子绕组中通过单相交流电流，在定子绕组内会产生一个大小随时间按正弦规律变化而空间位置不动的脉动磁场。该脉动磁场可以分解为两个幅值相等、转速相同、转向相反的旋转磁场。这两个旋转磁场切割转子导体，分别在转子导体中产生感应电动势和感应电流。该电流与磁场相互作用产生正向电磁转矩 T_{em}^{+} 和反向电磁转矩 T_{em}^{-}，T_{em}^{+} 试图使转子正转，T_{em}^{-} 试图使转子反转，这两个转矩叠加起来就是推动电动机转动的合成转矩 T_{em}，如图5-28所示。单相异步电动机启动瞬间，$n = 0$，$s = 1$，$T_{\mathrm{em}} = T_{\mathrm{em}}^{+} + T_{\mathrm{em}}^{-} = 0$，说明单相异步电动机没有启动转矩。也就是说，如果不采取其他措施，单相异步电动机不能启动。因此，三相

异步电动机电源断一相时，相当于一台单相异步电动机，故不能启动。

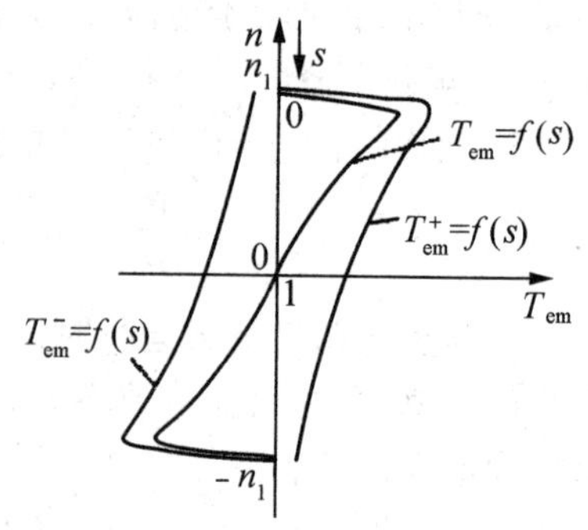

图 5－28　单相异步电动机的机械特性

若用外力拖动单相异步电动机沿正向或反向转动，即 $s\neq1$，则合成转矩不等于零。若合成转矩大于负载转矩，即使撤去外力，单相异步电动机仍沿原来的方向继续转动。因此，单相异步电动机虽无启动转矩，但一经启动，便可达到某一稳定转速，旋转方向取决于启动瞬间外力矩作用于转子的方向。由此可知，三相异步电动机运行中断一相时，电动机仍能继续运转，但由于存在反向转矩，使合成转矩减小，在负载转矩 T_L 不变的情况下电动机转速下降，转差率上升，定、转子电流增加，温升增加。

单相异步电动机能够产生启动转矩，关键是如何在启动时在电动机内部形成一个旋转磁场。可以证明，具有 90°相位差的两个电流通过空间位置相差 90°电角度的两相绕组时，产生的合成磁场为旋转磁场。下面说明旋转磁场的产生过程。

设对称两相电流的瞬时值表达式分别为

$$i_1=\sqrt{2}I\sin\omega t,\quad i_2=\sqrt{2}I\sin(\omega t+90^\circ)$$

其波形如图 5－29a 所示。当此对称两相电流通过空间位置上相差 90°电角度的对称两相绕组时，产生旋转磁场，如图 5－29b 所示。

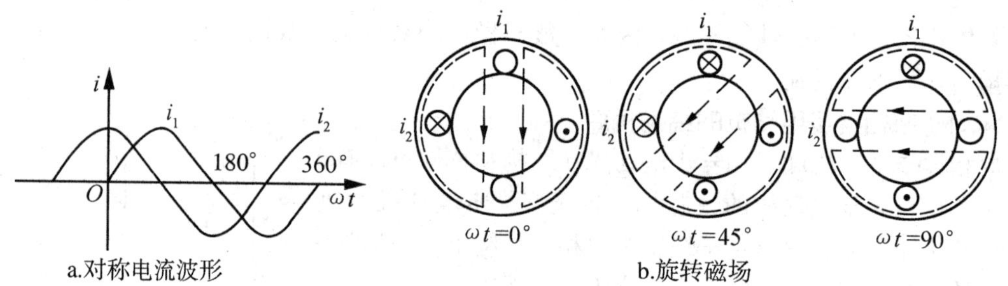

图 5－29　两相旋转磁场的产生

图 5－29b 所示分别为 $\omega t=0°$、45°、90°时旋转磁场的方向。由图 8－3b 可知，该磁场沿顺时针方向，从电流相位超前的绕组向电流相位滞后的绕组旋转。

为了解决单相异步电动机的启动问题，在其定子上安装两个绕组，一个是工作绕组（又称为主绕组），另一个是启动绕组（又称为辅助绕组），两者在空间上相差 90°电角度。这两个绕组通以两相电流产生旋转磁场，从而产生启动转矩。为了使接在同一电源上的两个并联支路的电流具有不同的相位，必须使它们具有不同的电容性或电感性。

当单相异步电动机工作绕组与启动绕组同时通入不同相位的两相交流电流时，一般情况下产生椭圆形旋转磁动势。它可以分为正向旋转磁动势和反向旋转磁动势。转子绕组在这两个旋转磁动势作用下，分别产生正向电磁转矩 T^+_{em} 和反向电磁转矩 T^-_{em}，这两个电磁转矩叠加起来就是合成电磁转矩，如图 5－30 所示。由图 5－30 可知，当 $n=0$ 时，$T_{em}\neq0$，也就是说单相异步电动机有启动转矩，因此可以启动。但由于反向转矩的作用，使合成转矩减小，最大转矩也相应减小，所以单相异步电动机的过载能力较低。

从上面分析的结果看出，单相异步电动机启动的必要条件有两个：①定子具有空间上不同相位的两个绕组；②两相绕组中通过不同相位的交流电流。

单相异步电动机在实际工作时，工作绕组连接交流电源，启动绕组一般只在启动时接入，当转速达到同步转速的70%～85%时，由离心开关将其从电源上自动切除，因此正常工作时只有工作绕组接在电源上运行。但也有一些电容或电阻电动机，在运行时仍将启动绕组接在电源上，这实质上相当于一台两相电动机，但由于接在单相电源上，故仍称为单相异步电动机。

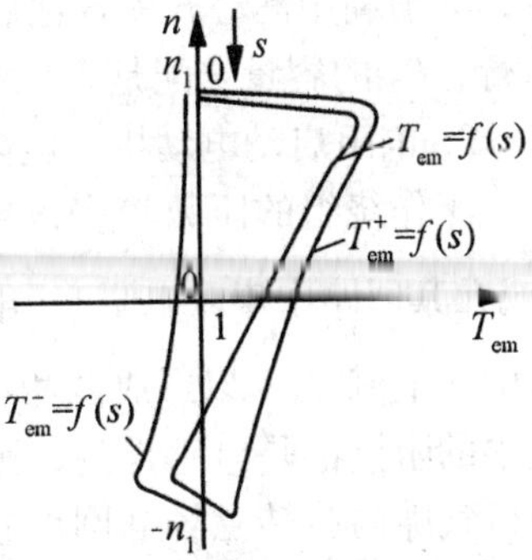

图 5－30　椭圆磁动势时单相异步电动机机械特性

5.5.3　单相异步电动机的主要类型

根据获得旋转磁场方式的不同，单相异步电动机可分为分相电动机和罩极电动机两大类，其中分相电动机又包括电容启动电动机、电容电动机和电阻启动电动机。

1. 电容启动电动机　电容启动电动机的原理如图 5－31 所示。启动回路中串联一个启动电容器 C 作电流分相用，并通过离心开关或继电器触点 S 与工作绕组并联接在同一单相电源上。启动绕组回路呈电容性，电流 $\dot{I}_B$超前电压 $\dot{U}$；工作绕组呈电感性，电流 $\dot{I}_A$滞后电压 $\dot{U}$。如果选择适当的电容器，可使 $\dot{I}_B$超前 $\dot{I}_A$ 90°。这相当于在时间相位上互差 90°的两相电流流过在空间相差 90°的两相绕组，便在气隙中产生旋转磁场，在该磁场作用下产生电磁转矩使电动机转动。

这种启动绕组是按短时工作制设计的，启动时离心开关 S 是闭合的，当转速达到70%～85%同步转速时，断开开关 S，启动绕组和启动电容器 C 均退出工作状态，电动机在工作绕组单独作用下运行。欲改变电容启动电动机的转向，只需将工作绕组或启动绕组的两个出线端对调，即可改变启动时旋转磁场的旋转方向。

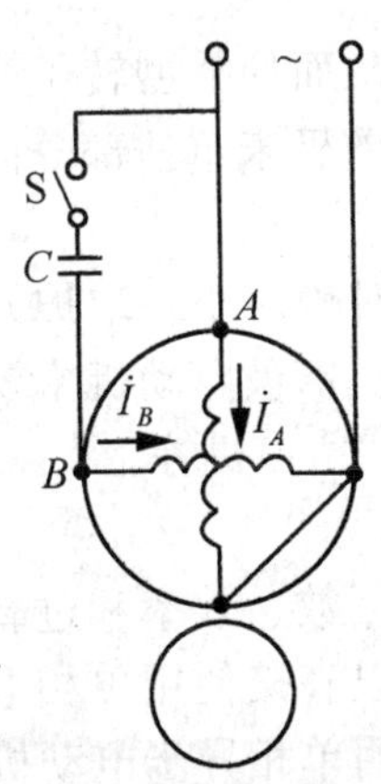

图 5－31　电容启动电动机的原理

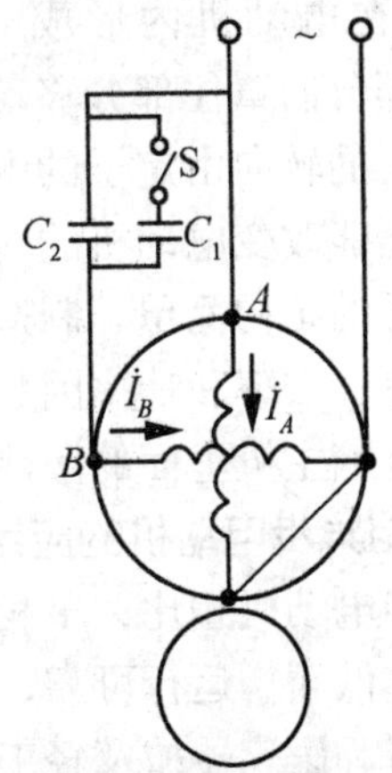

图 5－32　电容电动机的原理

2. 电容电动机　在启动绕组中串联电容后，不仅能解决启动问题，而且能改善电动机运行时的功率因数和提高电动机的过载能力。为了改善单相异步电动机的运行性能，电动机启动后，可不切除串联电容器的启动绕组，使电动机成为一台两相电动机。这种电动机称为电容电动机。如图 5－32 所示，C_1 是启动电容，C_2 是工作电容。这种电动机启动时，C_1 和 C_2 均接入，使启动转矩比较大。由于电动机工作时比启动时所需的电容小，所以在电动机启动

后，必须利用离心开关S把启动电容 C_1 切除。工作电容 C_2 与工作绕组及启动绕组一起参与运行，C_2 的容量选配是否恰当直接影响电动机的工作性能。

3. 电阻启动电动机　电阻启动电动机的原理如图5-33所示。工作绕组的匝数较多，导线较粗，启动绕组用细导线绕制（或在其回路中串联电阻），电阻较大，电流 $\dot{I}_B$ 相位超前工作绕组中的电流 $\dot{I}_A$，以形成两相电流。由于电阻启动电动机两个绕组中的阻抗都是电感性的，因此两相电流的相位差比较小，电动机气隙内旋转磁场椭圆度较大，产生的启动转矩较小，启动电流较大，只适合空载或轻载启动的场合。

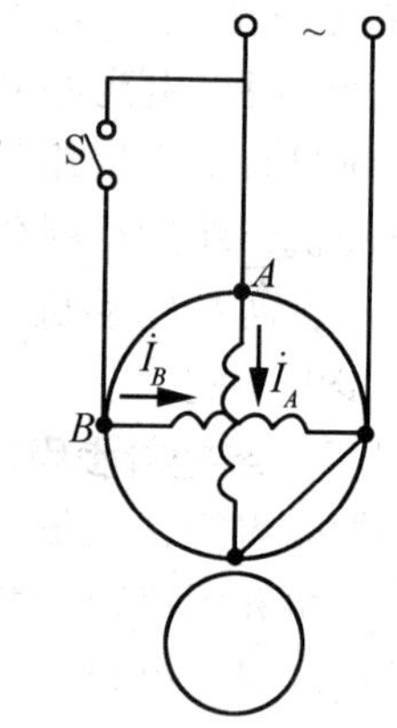

图5-33　电阻启动电动机原理

4. 罩极电动机　罩极电动机的结构及原理如图5-34所示。其定子铁芯制成凸极式，通常由0.5mm厚的硅钢片叠压而成，工作绕组集中绕制，套在定子磁极上。在极靴表面的1/3处开一个小槽，并用短路铜环把这部分磁极罩起来，故称为罩极电动机。短路铜环起到启动绕组的作用，转子仍做成笼型。

当工作绕组中通过单相交流电流时，产生脉振磁通，并在短路铜环中产生感应电动势和电流。其中，Φ_1 不穿过短路铜环，是励磁电流产生的磁通；Φ_2 穿过短路铜环，可看成是励磁电流产生的另一部分磁通（穿过短路铜环）和短路铜环中感应电流所产生的磁通的合成磁通。由于短路环中的感应电流阻碍穿过短路铜环磁通的变化，使 Φ_1 和 Φ_2 之间产生相位差，Φ_2 滞后于 Φ_1，这相当于在电动机内形成一个移动磁场，由磁极未罩住部分向罩住部分移动，与旋转磁场类似，从而使笼型转子产生启动转矩而启动电动机。电动机的转向由定子的内部结构决定，也是由磁极未罩住部分向罩住部分旋转，但改变电源接线不能改变电动机的转向。

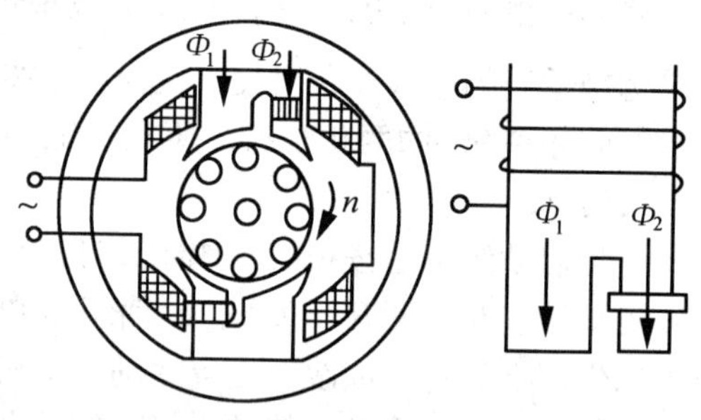

图5-34　罩极电动机的结构及原理

罩极电动机的结构简单、制造方便、成本低、运行时噪声小、维护方便，它的主要缺点是启动性能较差，效率和功率因数较低，转向不能改变。罩极电动机主要用于小功率空载启动的场合，如电脑主机里面的散热风扇、各种仪表风扇、留声机等。

5.5.4　单相异步电动机的应用

与三相异步电动机相比，单相异步电动机虽然功率因数、效率和过载能力均较低，但是结构简单、成本低廉、运行可靠、维护方便，特别是可以直接使用单相电源供电，所以广泛应用于家用电器、医疗器械及轻工业设备。下面举例说明单相异步电动机在家用电器上的一些应用。

1. 家用电风扇　电风扇是利用电动机带动风叶旋转来加速空气流动的一种常用的电动器具，由风叶、扇头、支撑结构和控制器四部分组成。电动机是电风扇的心脏部分，其性能指标基本上就可以决定电风扇的质量。常用的单相交流电风扇一般使用单相罩极异步电动机和单相电容运转异步电动机。

家用电风扇一般都要求能调速，单相异步电动机的调速方法有变极调速、降压调速、抽头调速等。电风扇用电动机常用的调速方法有串联电抗器法和抽头调速法。

图 5－35 所示为电容运转电动机串联电抗器调速的原理。调速电路中串联具有抽头的电抗器，利用电抗器降压调速，即当转速开关 S 处于不同位置时电抗器的电压降不同，从而改变电动机端电压实现有级调速。

电容运转电动机在调速范围不大时，普遍采用定子绕组抽头调速。此时，在定子槽中嵌放有工作绕组、启动绕组和调速绕组。改变调速绕组与工作绕组、启动绕组的连接方式，就可以改变气隙磁场大小及椭圆度，从而实现调速的目的。与串联电抗器调速比较，这种调速方法不需要电抗器，因此节省材料、耗电量小，但其缺点是绕组嵌线和接线比较复杂。

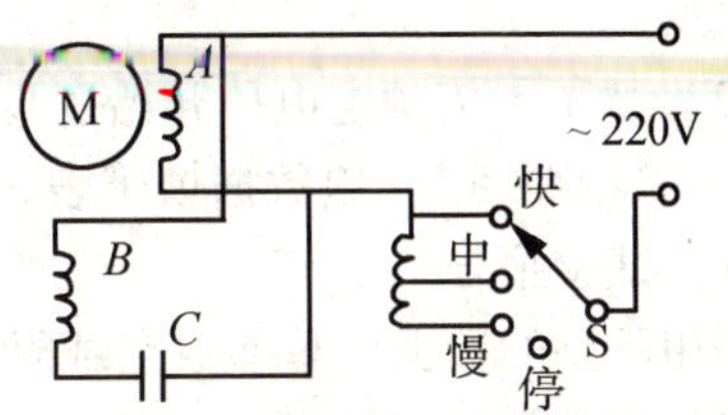

图 5－35　电容运转电动机串联电抗器调速

2. 家用电冰箱　家用电冰箱压缩机要求电动机具有启动转矩大、功率因数和效率高等性能，通常采用单相异步电动机。图 5－36 所示为电冰箱电路控制系统，采用的是电阻分相式单相异步电动机。为了满足电冰箱的节能要求，压缩机电动机应采用变频控制方法，较先进的压缩机则采用直流无刷电动机，可省电 30%～50%。

3. 洗衣机　洗衣机以电动机为动力，驱动波轮或滚筒等搅拌类的轮盘，形成特殊的水流以除去污垢，按照水流情况不同可分为波轮式、滚筒式和搅拌式等类型。常用的波轮式洗衣机的洗涤用电动机和脱水用电动机，均采用单相电容运转电动机。该电动机额定电压均为 220V，额定转速为 1360～1400r/min，输出功率为 90～370W，效率为 49%～62%。洗衣机用电动机的两相绕组一般都是完全对称的，洗涤时电动机需要自动正反转。

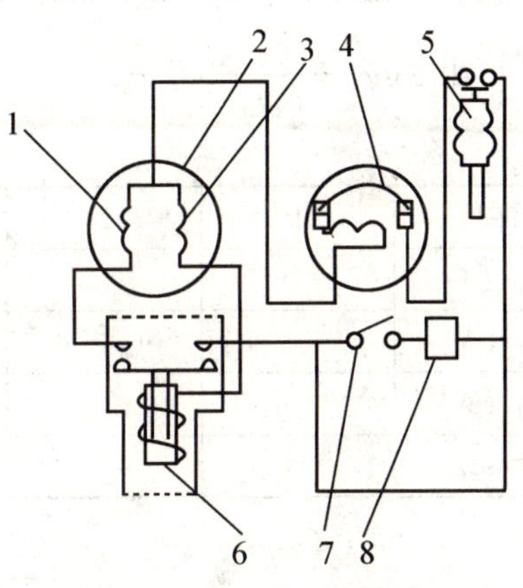

图 5－36　电冰箱电路控制系统

1. 启动绕组　2. 压缩电动机　3. 工作绕组
4. 保护继电器　5. 温度控制器　6. 照明灯
7. 门灯开关　8. 启动继电器

相关技能训练三

试验一　单相电阻启动异步电动机

一、试验目的

掌握单相电阻启动异步电动机的启动和参数的测定方法。

二、试验内容

单相电阻启动异步电动机的空载试验。

三、试验设备

DD03：导轨、测速发电机及转速表。D32：交流电流表。DJ21：三相电阻启动异步电动机。DJ23：校正直流测功机。D33：交流电压表。D34－3：单三相智能功率、功率因数表。D31：直流电压、毫安、安培表。D42：三相可调电阻器。

四、试验步骤

（1）按图 5－37 接线，单相电阻启动异步电动机直接与测速发电机同轴联接，测功机不

接。注：由于单相电阻启动异步电动机启动电流较大，所以作此试验时应把控制屏门后钮子开关打在“关”位置，切断过流保护，以防误操作。

（2）调节调压器让 M 降压空载启动，在额定电压下空载运转几分钟，此时机械损耗达到稳定。

（3）从 1.1 倍额定电压开始逐步降低电压，直至电流出现回升为止，在这个过程中测取 U_0、I_0、P_0，取 5～7 组数据填于表 5－4 中。

五、试验报告

利用所测的数据计算参数空载阻抗 Z_0、空载电抗 X_0。

（1）空载阻抗 Z_0：$Z_0=U_0/I_0$，式中，U_0 对应于额定电压值时的空载试验电压，I_0 对应与额定电压时的空载试验电流。

（2）空载电抗：$X_0=Z_0\sin\varphi_0$，式中 φ_0 是空载试验对应于额定电压时电压和电流的相位差，可由 $\cos\varphi_0=\dfrac{P_0}{U_0I_0}$求得 φ_0。

表 5－4　试验数据记录表

序号	1	2	3	4	5	6	7
U_0（V）							
I_0（A）							
P_0（W）							
$\cos\varphi_0$							

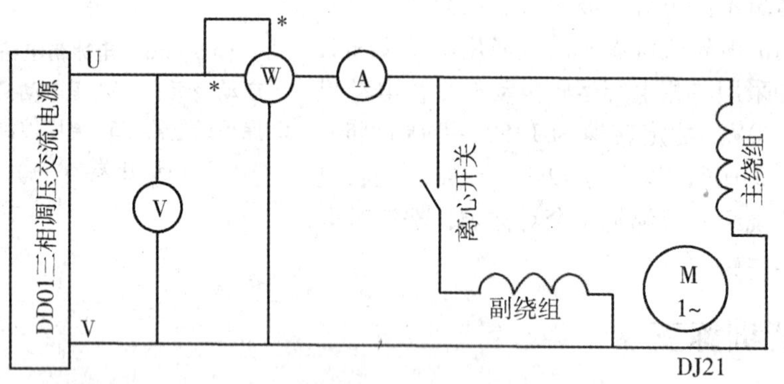

图 5－37　单相电阻启动异步电动机接线

小　结

本章主要介绍了三相异步电动机的基本结构和工作原理，空载和负载运行情况及其功率、转矩的平衡方程式。

三相异步电动机是利用电磁感应原理来工作的，其转子电流是由电磁感应产生的，故异步电动机又称为感应电动机。

转差率是异步电动机的一个重要物理量，转差率的存在是异步电动机旋转的必要条件，它反映了异步电动机的运行状态和负载大小。按照转差率的不同，异步电动机存在三种运行状态：电动机运行状态（$0<s<1$），发电机运行状态（$s<0$），电磁制动状态（$1<s<+\infty$）。

异步电动机按转子结构分笼型和绕线型两种。它们的定子结构相同但转子结构不同。

异步电动机在结构上虽与变压器完全不同，但从电磁感应的本质来看，其定、转子之间的电磁关系与变压器一、二次绕组间的电磁关系极为相似：定子绕组相当于变压器一次绕组，转子绕组相当于二次绕组。因此，可以采用研究变压器的方法来研究异步电动机。

异步电动机与变压器根本差别在于以下几个方面：

(1) 变压器的主磁场是脉动磁场，而异步电动机的主磁场是旋转磁场。

(2) 由于变压器的一、二次绕组都是静止的，一、二次侧的电动势同频率、同相位，而异步电动机旋转时，转子绕组感应电动势频率 $f_2=sf_1$，与定子不同。因此，要获得与变压器形式相同的相量图和基本方程式，画出异步电动机的等效电路，必须进行频率折算和绕组折算。所谓频率折算实际上是用静止的转子串联一个附加电阻$\frac{1-s}{s}R_2'$来等效替代实际转动的转子，附加电阻$\frac{1-s}{s}R_2'$就是异步电动机转轴上代表总机械功率的等效电阻。

(3) 异步电动机存在能量转换，其转轴上输出机械功率，因此必须重点分析其电磁转矩。而变压器则是直接将电能转换为电能。

(4) 变压器主磁路无气隙，而异步电动机主磁路则有。因此，两者参数相差较大，对于建立同样的磁通，异步电动机需要的励磁电流大。

另外，还需注意，在异步电动机中，不论转子的转速如何，定、转子磁动势基波总是相对静止的，两者共同建立旋转磁场。只有这样，定子磁动势才能自动补偿转子磁动势对主磁通的影响，使电动机从空载到满载运行时气隙主磁通基本保持不变。定、转子磁场相对静止是一切旋转电动机产生平均磁动势、实现能量转换的必要条件之一。

总之，异步电动机实质上可以看作一台广义的变压器，不仅可以变换电压、电流和相位，而且可以变换频率和相数，更重要的是可以进行机电能量转换。正常运行时，异步电动机相当于一台二次侧接有纯电阻的变压器；转子静止（$s=1$）时，异步电动机相当于一台二次侧短路的变压器；空载（$s\approx0$）时，异步电动机相当于一台二次侧开路的变压器。

思考与练习

1. 简述三相异步电机结构。三相异步电机按转子结构分为哪两类，各有何特点？

2. 三相异步电动机是如何转动起来的？

3. 异步电动机的转向主要取决于什么？如何使一台异步电动机反转？

4. 什么是异步电动机的转差率？如何根据转差率来判断异步电动机的运行状态？异步电动机能否在转差率 $s=0$ 时正常工作？

5. 某绕线型三相异步电动机，如果将其定子三相绕组短接，而在转子对称三相绕组中通过 $f=50\text{Hz}$ 的对称三相交流电流，试问这时电动机是否也会旋转？如旋转，其转向如何？此时转差率 s 如何计算？

6. 异步电动机气隙大小对其参数有何影响？为何一般异步电动机气隙做得比较小？

7. 绕线型异步电动机转子绕组的相数、磁极对数总是设计得与定子相同，笼型异步电动机的转子相数、磁极对数又是如何确定的？是否与鼠笼条的数量有关？

8. 假如有一台星形连接的异步电动机，在运行中突然切断三相电流，并同时将任意两相定子绕组立即接入直流电源，这时异步电动机的工作状况如何，试作图分析？

9. 一台三相异步电动机，$P_N=4.5\text{kW}$，Y/△接线，380V/220V，$\cos\varphi_N=0.8$，$\eta_N=80\%$，$n_N=1450\text{r/min}$。试求：

（1）接成Y接线及△接线时的定子额定电流；（2）同步转速 n_1 及定子磁极对数 p；（3）带额定负载时的转差率 s_N。

10. 一台50Hz三相八极异步电动机，额定转差率 $s_N=0.04$。试求：

（1）额定转速；（2）额定工作时，将电源相序改变，求反接时的转差率。

11. 电动机的铭牌为220V/380V，△/Y接线。当电源电压为220V时应采用何种接线方式？当电源电压为380V时应采用何种接线方式？为什么？

12. 为什么相同容量的异步电动机的空载电流比变压器的大很多？

13. 在异步电动机中，主磁通和漏磁通的性质和作用有何不同？

14. 异步电动机运行时，定、转子电流的频率是多少？由定子电流产生的旋转磁动势以什么速度切割定子和转子？由转子电流产生的旋转磁动势基波以什么速度切割定子和转子？两个基波磁动势的相对运动速度多大？

15. 异步电动机在启动和空载运行时，为什么功率因数很低？当满载运行时，功率因数会提高？

16. 异步电动机定子绕组与转子绕组之间没有直接联系，为什么负载增加时定子电流和输入功率会自动增加？试说明其物理过程。从空载到满载，电动机主磁通有无变化？

17. 试说明异步电动机轴上机械负载增加时，电动机的转速 n、定子电流 I_1 和转子电流 I_2 如何变化。为什么？

18. 当三相异步电动机在额定电压下正常运行时，如果将转子卡住不转，而在定子绕组上加额定电压，此时电动机的定子、转子绕组中的电流及电动机的温度将如何变化？会产生什么后果？为什么？

19. 异步电动机在建立等效电路时，应进行哪些折算？为什么？

20. 异步电动机等效电路中的附加电阻$\frac{1-s}{s}R'_2$的物理意义是什么？能否用电感或电容来代替这个附加电阻，为什么？

21. 说明三相异步电动机转子绕组折算和频率折算的意义。这些折算是在什么条件下进行的？

22. 一台异步电动机额定运行时，通过气隙传递的电磁功率约3%转换为转子铜损耗，试问这时电动机的转差率是多少？有多少电磁功率转换为总机械功率？

23. 在异步电动机等效电路图中，Z_m 反映什么物理量？是否为常量？在额定电压下电动机由空载到满载，Z_m 如何变化？

24. 一台三相异步电动机，$P_N=7.5\text{W}$，额定电压 $U_N=380\text{V}$，定子△接法，频率 f_1 为50Hz。额定负载运行时，定子铜损耗 p_{Cu1} 为474W，铁损耗 p_{Fe} 为231W，机械摩擦损耗 p_{mec} 为45W，附加损耗 p_{ad} 为37.5W，已知 $n_N=960\text{r/min}$，$\cos\varphi_N=0.824$，试计算转子电流频率、转子铜损耗、定子电流和电动机效率。

25. 一台三相异步电动机的额定数据如下：$P_N=10\text{kW}$，$U_N=380\text{V}$，频率 f_1 为50Hz，定子△接法，$I_N=11.6\sqrt{3}\text{A}$，定子铜损耗 p_{Cu1} 为557W，转子铜损耗 P_{Cu2} 为314W，铁损耗 P_{Fe} 为276W，机械摩擦损耗 p_{mec} 为77W，附加损耗 p_{ad} 为200W。试求：

（1）额定转速 n_N；（2）负载制动转矩 T_2；（3）空载制动转矩 T_0；（4）电磁转矩 T_{em}。

26. 一台 50Hz 三相四极异步电动机，$P_N = 75kW$，$n_N = 1450r/min$，$U_N = 380V$，$I_N = 160A$，定子 Y 接法。已知额定运行时，输出转矩为电磁转矩的 90%，$p_{Cu1} = p_{Cu2}$，$p_{Fe} = 2.1kW$。试计算额定运行时的电磁功率、输入功率和功率因数。

27. 一台三相异步电动机，输入功率 $P_N = 8.6kW$，定子铜损耗 $p_{Cu1} = 425W$，铁损耗 $p_{Fe} = 210W$，转差率 $s = 0.034$。试求：

（1）电磁功率 P_{em}；（2）转子铜损耗 p_{Cu2}；（3）总机械功率 P_{MEC}。

28. 一台 50Hz 三相四极异步电动机，在某种运行情况下，电源向电动机输出的功率为 6kW，定子铜损耗 $p_{Cu1} = 300W$，铁损耗 $p_{Fe} = 150W$，转子铜损耗 $p_{Cu2} = 200W$，机械摩擦损耗 $p_{mec} = 50W$，附加损耗 $p_{ad} = 30W$。要求：

（1）效率；（2）转差率；（3）转速；（4）电磁转矩；（5）轴上输出转矩；（6）试绘出电动机的功率流程图。

29. 某三相四极异步电动机，$P_N = 10kW$，$U_N = 380V$，$f = 50Hz$，转子铜损耗 $p_{Cu2} = 314W$，附加损耗 $p_{ad} = 102W$，机械摩擦损耗 $p_{mec} = 175W$。试求：

（1）额定转速；（2）额定电磁转矩。

30. 某三相异步电动机额定数据如下：$P_N = 7.5kW$，$U_N = 380V$，$f_N = 50Hz$，$n_N = 962r/min$，$\cos\varphi_N = 0.827$，定子绕组 △ 接法。该电动机额定运行，已知 $p_{Cu1} = 470W$，$p_{Fe} = 234W$，$p_{mec} = 45W$，$p_{ad} = 80W$。试求：

（1）转子电流频率；（2）效率；（3）额定电流；（4）电磁转矩。

第 6 章　三相异步电动机的电力拖动

6.1　三相异步电动机的机械特性

6.1.1　三相异步电动机机械特性的三种表达式

与直流电动机一样，三相异步电动机的机械特性也指当定子电压、频率以及绕组参数都固定时，电动机的转速 n 和电磁转矩 T_{em} 之间的关系，即 $n=f(T_{em})$。由于异步电动机的转差率 s 与转速 n 之间存在着一定的关系，所以其机械特性也常表示为 $T_{em}=f(s)$。

为满足不同的需要，三相异步电动机的机械特性有三种表达式，分别是物理表达式、参数表达式和实用表达式。

1. 物理表达式　由异步电动机电磁转矩 T_{em}、电磁功率 P_{em} 以及转子电动势 E'_2 的表达式，可推得异步电动机电磁转矩的表达式为

$$T_{em}=\frac{P_{em}}{\Omega_1}=\frac{m_1 E'_2 I'_2\cos\varphi_2}{\dfrac{2\pi n_1}{60}}=\frac{4.44m_1 f_1 N_1 k_{w1}\Phi_0 I'_2\cos\varphi_2}{2\pi\dfrac{f_1}{p}} \tag{6-1}$$

$$=\frac{4.44m_1 pN_1 k_{w1}}{2\pi}\Phi_0 I'_2\cos\varphi_2=C_T\Phi_0 I'_2\cos\varphi_2$$

式中，$C_T=\dfrac{4.44m_1 pN_1 k_{w1}}{2\pi}$称为异步电动机的转矩常数，对于已制成的电动机，$C_T$ 为常数；Φ_0 为异步电动机每极磁通；I'_2为转子电流的折算值；$\cos\varphi_2$ 为转子电路的功率因数。

式（6－1）表明，异步电动机电磁转矩 T_{em} 由主磁通 Φ_0 与转子电流的有功分量 $I'_2\cos\varphi_2$ 相互作用产生。在物理上这三个量的方向遵循左手定则且相互垂直，因此称为异步电动机机械特性的物理表达式。它在形式上与直流电动机电磁转矩表达式 $T_{em}=C_T\Phi I_a$ 相似，是电磁力定律在异步电动机中的具体体现，适用于对异步电动机机械特性做定性分析。

物理表达式虽然反映异步电动机电磁转矩产生的物理本质，但没有直接反映电磁转矩与电动机参数之间的关系，更没有明显表示电磁转矩与转速之间的关系。因此，分析或计算异步电动机的机械特性时，一般不采用物理表达式，而是采用参数表达式。

2. 参数表达式　异步电动机的电磁转矩 T_{em} 可用电磁功率 P_{em} 和同步角速度 Ω_1 表示为

$$T_{em}=\frac{P_{em}}{\Omega_1}=\frac{m_1 I'^2_2 R'_2/s}{2\pi f_1/p} \tag{6-2}$$

根据异步电动机的近似等效电路，可得到转子电流的折算值为

$$I'_2=\frac{U_1}{\sqrt{\left(R_1+\dfrac{R'_2}{s}\right)^2+(X_1+X'_2)^2}} \tag{6-3}$$

将式（6－3）代入式（6－2），可以得到异步电动机机械特性的参数表达式

$$T_{em}=\frac{m_1pU_1^2\frac{R_2'}{s}}{2\pi f_1\left[\left(R_1+\frac{R_2'}{s}\right)^2+(X_1+X_2')^2\right]} \tag{6-4}$$

式（6-4）反映了异步电动机电磁转矩与定子电源电压、电源频率、电动机定转子参数以及转差率之间的关系。对于已经制造好的异步电动机，其定、转子参数等均不变，若 U_1 和 f_1 不变，则根据式（6-4）可作出异步电动机的机械特性曲线，如图 6-1 所示。

当同步转速 n_1 为正时，机械特性曲线跨第一、二、四象限。在第一象限，$0<n<n_1$，$0<s<1$，T_{em}和 n 均为正，电动机处于电动机运行状态；在第二象限，$n>n_1$，$s<0$，n 为正值，T_{em}为负值，电动机处于发电机运行状态；在第四象限，$n<0$，$s>1$，n 为负值，T_{em}为正值，电动机处于电磁制动状态。

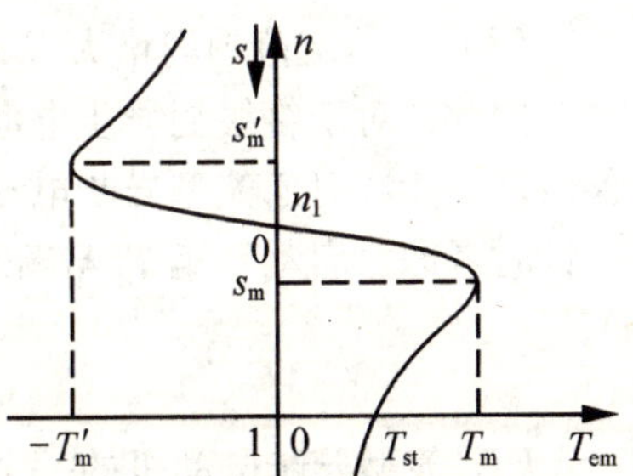

图 6-1　三相异步电动机机械特性

机械特性方程式（6-4）为二次方程式，当转差率 s 为某个值时，电磁转矩 T_{em} 会达到最大值 T_m。在式（6-4）中，使$\frac{dT_{em}}{ds}=0$，可求得最大转矩 T_m和对应的转差率 s_m（称为临界转差率），即

$$s_m=\pm\frac{R_2'}{\sqrt{R_1^2+(X_1+X_2')^2}} \tag{6-5}$$

$$T_m=\pm\frac{m_1pU_1^2}{4\pi f_1\left[\pm R_1+\sqrt{R_1^2+(X_1+X_2')^2}\right]} \tag{6-6}$$

式中，正号对应电动机运行状态；负号对应发电机运行状态。

通常，$R_1\ll(X_1+X_2')$，故式（6-5）和式（6-6）可近似写为

$$s_m\approx\pm\frac{R_2'}{X_1+X_2'} \tag{6-7}$$

$$T_m\approx\pm\frac{m_1pU_1^{\ 2}}{4\pi f_1(X_1+X_2')} \tag{6-8}$$

由式（6-7）和式（6-8），可得出如下结论：

（1）电动机各参数和电源频率不变时，T_m 与 U_1^2 成正比，而 s_m 保持不变，与 U_1 无关。

（2）当电源电压与频率不变时，T_m 和 s_m 都近似与（X_1+X_2'）成反比。

（3）T_m 与 R_2'无关，而 s_m 与 R_2'成正比。因此，对于绕线型异步电动机，当增加转子回路电阻 R_2'时，T_m 不变，s_m 则与 R_2'成正比增大，使机械特性变软。

T_m 是异步电动机可能产生的最大电磁转矩，对电动机来说具有重要意义。电动机运行时，如果负载转矩 $T_L>T_m$，电动机将因过载而停转。为了保证电动机不会因短时过载而停转，一般电动机都具有一定的过载能力，而且 T_m 越大，电动机短时过载能力越强。通常把最大电磁转矩 T_m与额定转矩 T_N 之比称为电动机的过载能力，用 λ_T 表示，即

$$\lambda_T=\frac{T_m}{T_N} \tag{6-9}$$

λ_T 是异步电动机很重要的参数，它反映电动机短时过载能力的大小。一般异步电动机的 $\lambda_T=1.6\sim2.2$，对于起重冶金机械用的电动机 $\lambda_T=2.2\sim2.8$。

除了 T_m，异步电动机还有一个重要参数，即启动转矩 T_{st}，它是异步电动机开始启动瞬间的电磁转矩。此时，$s=1$（$n=0$），代入式（6－4），可得启动转矩 T_{st} 为

$$T_{st}=\frac{m_1pU_1^2R_2'}{2\pi f_1[(R_1+R_2')^2+(X_1+X_2')^2]} \tag{6-10}$$

由式（6－10）可得出如下结论：

（1）当电动机各参数和电源频率不变时，T_{st} 与 U_1^2 成正比。

（2）当电源电压与频率不变时，电抗参数（X_1+X_2'）越大，T_{st} 越小。

（3）在一定范围内增大 R_2' 时，T_{st} 会增大。

因此，对于绕线型异步电动机可以采用转子回路串联电阻的方法，增大启动转矩 T_{st}，改善启动性能。对于笼型异步电动机，不能在转子回路中串联电阻，启动转矩 T_{st} 的大小只能在设计时考虑。启动转矩 T_{st} 与额定转矩 T_N 之比称为启动转矩倍数，用 k_{st} 表示，即

$$k_{st}=\frac{T_{st}}{T_N} \tag{6-11}$$

k_{st} 是笼型异步电动机的一个重要参数，它反映电动机的启动能力，只有当 $T_{st}>T_L$ 时，电动机才能启动。对于某一型号的笼型异步电动机，其 k_{st} 的数值可在产品目录中查出。一般笼型异步电动机 $k_{st}=1.0\sim2.0$，起重和冶金专用的笼型异步电动机 $k_{st}=2.8\sim4.0$。

3. 实用表达式　三相异步电动机机械特性的参数表达式清楚地表示了电磁转矩与电动机参数之间的关系，对于分析各种参数对机械特性的影响是很方便的。但是，在工程计算时，电动机定、转子参数 R_1、X_1、R_2'、X_2' 在产品手册中是查不到的，因此欲利用参数表达式求得异步电动机的机械特性是很困难的。为了能利用电动机的技术数据和铭牌数据方便求得异步电动机的机械特性，有必要推导出三相异步电动机机械特性的实用表达式。

用电磁转矩公式（6－4）除以最大转矩公式（6－6），并考虑临界转差率公式（6－5），化简得

$$T_{em}=\frac{2T_m\left(1+s_m\dfrac{R_1}{R_2'}\right)}{\dfrac{s}{s_m}+\dfrac{s_m}{s}+2s_m\dfrac{R_1}{R_2'}}=\frac{T_m\left(2+2s_m\dfrac{R_1}{R_2'}\right)}{\dfrac{s}{s_m}+\dfrac{s_m}{s}+2s_m\dfrac{R_1}{R_2'}} \tag{6-12}$$

一般情况下，$s_m=0.1\sim0.2$，$R_1\approx R_2'$，则 $2s_m\dfrac{R_1}{R_2'}\approx0.2\sim0.4$；而在式（6－12）中，对任何转差率 s，都有 $\left(\dfrac{s}{s_m}+\dfrac{s_m}{s}\right)\geqslant2$。因此，可忽略式（6－12）中的 $2s_m\dfrac{R_1}{R_2'}$，化简得

$$T_{em}=\frac{2T_m}{\dfrac{s}{s_m}+\dfrac{s_m}{s}} \tag{6-13}$$

式（6－13）中的 T_m 和 s_m，可由电动机额定数据方便求得，故较为实用，称为实用表达式。下面介绍 T_m 和 s_m 的求法。

由式（6－9）得

$$T_m=\lambda_T T_N \tag{6-14}$$

其中

$$T_N=\frac{P_N}{\Omega}=\frac{P_N\times10^3}{\dfrac{2\pi n_N}{60}}=9550\frac{P_N}{n_N} \tag{6-15}$$

式（6－14）和式（6－15）中的过载能力 λ_T、额定功率 P_N（kW）及额定转速 n_N（r/min）均可由产品目录查得，从而求得 T_m（N·m）。

在实用表达式（6－13）中，忽略空载转矩，当 $s=s_N$、$T_{em}=T_N$ 时，可得

$$T_N=\frac{2T_m}{\frac{s_N}{s_m}+\frac{s_m}{s_N}} \tag{6-16}$$

考虑到 $T_m=\lambda_T T_N$，对式（6－16）中的 s_m 求解，可得

$$s_m=s_N\left(\lambda_T\pm\sqrt{\lambda_T^2-1}\right) \tag{6-17}$$

由于 $s_m>s_N$，故式（6－17）应取正号，于是

$$s_m=s_N\left(\lambda_T+\sqrt{\lambda_T^2-1}\right) \tag{6-18}$$

其中

$$s_N=\frac{n_1-n_N}{n_1} \tag{6-19}$$

求出 T_m 和 s_m 后，式（6－13）便成为已知的机械特性方程式，只要给定一系列的 s 值，便可求出相应的 T_{em} 值，即可绘出机械特性曲线。

三相异步电动机机械特性的三种表达式，虽然都可以用来表示电动机的运行性能，但应用场合各有不同。一般来说，物理表达式适用于定性分析 T_{em} 与 Φ_0、$I_2'\cos\varphi_2$ 之间的关系；参数表达式适用于分析电动机各种参数变化对其运行性能的影响；实用表达式适用于电动机机械特性的工程计算。

6.1.2 三相异步电动机的固有机械特性和人为机械特性

1. 固有机械特性　三相异步电动机的固有机械特性指在额定电压和额定频率下，按规定的接线方式接线，定子和转子电路中不外接电阻或电抗时的机械特性。图 6－2 所示是异步电动机处于电动机运行状态时的固有机械特性。它可以看做由两部分组成：当 $0<s<s_m$ 时，机械特性曲线近似为直线，称为机械特性曲线的直线部分，此时电动机不论带何种负载（负载转矩 $T_L\leqslant T_N$）均能稳定运行，因此又称为工作部分；当 $s\geqslant s_m$ 时，机械特性曲线为曲线，称为机械特性曲线的曲线部分，此时电动机带恒转矩或恒功率负载不能稳定运行，因此又称为非工作部分。

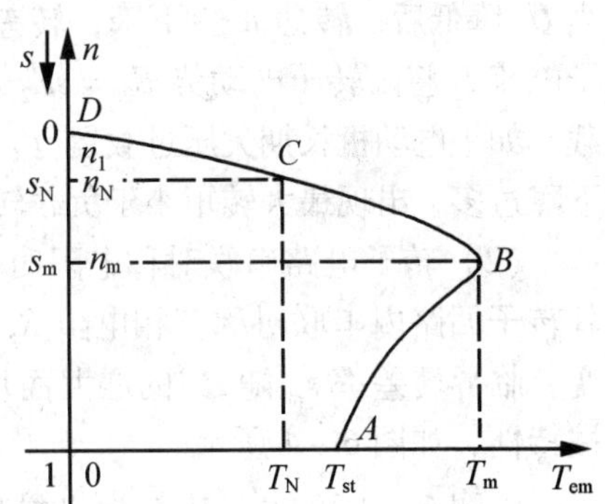

图 6－2　三相异步电动机固有机械特性

需要注意的是，若电动机带通风机类负载，则可以在机械特性曲线的曲线部分实现稳定运行，因此，“非工作部分”的名称是不确切的。

为了描述机械特性的特点，下面着重研究几个反映电动机工作状态的特殊运行点。

（1）启动点 A：A 点是电动机开始启动瞬间对应的工作点。此时，$n=0$，$s=1$，$T_{em}=T_{st}$，启动电流 $I_{st}=(4\sim7)I_N$。

（2）最大转矩点 B：B 点是机械特性曲线中直线部分与曲线部分的分界点，也是电动机稳定运行的临界点。此时，$s=s_m$，$T_{em}=T_m$。

（3）额定运行点 C：C 点是电动机处于额定运行状态时的工作点。此时，$n=n_N$，$s=s_N$，$T_{em}=T_N$，定子电流 $I_1=I_N$。电动机处于额定运行时转差率很小，一般 $s_N=0.01\sim0.06$，因此额定转速 n_N 略小于同步转速 n_1，这说明异步电动机固有机械特性曲线的直线部分为硬特性。

（4）同步转速点 D：D 点是电动机处于理想空载运行时的工作点，也是电动机运行状态与发电机运行状态的转折点。此时，$n=n_1$，$s=0$，$T_{em}=0$，转子电流 $I_2=0$。异步电动机在实际空载运行时，由于存在空载转矩 T_0，因此工作点不可能达到 D 点。

2. 人为机械特性　三相异步电动机的人为机械特性指人为改变电源参数或电动机参数而得到的机械特性。由机械特性的参数表达式（6－4）可知，可以改变的参数有定子电压 U_1，电源频率 f_1，磁极对数 p，定子回路的参数 R_1、X_1，转子回路的参数 R'_2、X'_2 等。因此，三相异步电动机的人为机械特性种类很多，这里介绍三种常见的人为机械特性。

（1）降低定子电压时的人为机械特性：由前面的分析可知，当定子电压 U_1 降低时，最大转矩 T_m 及启动转矩 T_{st} 与 U_1^2 成正比降低，临界转差率 s_m 及同步转速 n_1 与 U_1 无关而保持不变。因此，可以得出降低定子电压时的人为机械特性，如图 6－3 所示。

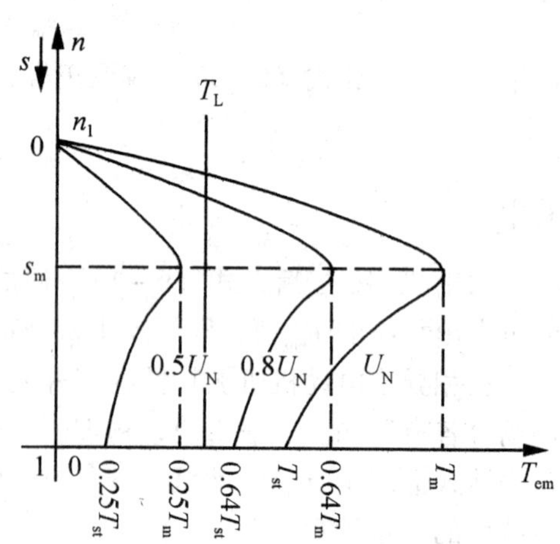

图 6－3　异步电动机降压时的人为特性

由图 6－3 可知，其人为机械特性曲线是一簇通过同步转速点、临界转差率 s_m 不变、最大转矩 T_m 及启动转矩 T_{st} 均与定子电压 U_1^2 成正比下降的曲线。随着定子电压 U_1 的降低，机械特性曲线的直线部分斜率变大，即特性变软，电动机启动转矩倍数和过载能力均显著下降。如果电动机在额定负载下运行，当 U_1 降低后，转速 n 会下降，转差率 s 会增大，转子电流 I_2 将随转子电动势 $E_{2s}=sE_2$ 的增大而增大，从而引起定子电流 I_1 增大，导致电动机过载。如果电动机长期欠压过载运行，势必造成电动机过热，缩短其寿命。另外，若定子电压 U_1 下降过多，出现最大转矩小于负载转矩时，电动机将停转。

（2）转子电路串联对称电阻时的人为特性：这种情况只对绕线型异步电动机有意义，在其转子回路内串联对称三相电阻 R_S，由前面的分析可知，此时同步转速 n_1 和最大转矩 T_m 不变，临界转差率 s_m 随 R_S 的增大而增大。因此，可以得出转子电路串联对称电阻时的人为机械特性，如图 6－4 所示。

由图 6－4 可知，其人为机械特性曲线也是一簇通过同步转速点、最大转矩 T_m 不变、临界转差率 s_m 随转子电阻增加而成比例增大的曲线。随着转子回路串联对称电阻的增大，机械特性曲线的直线部分斜率变大，即特性变软。同时，在一定范围内增大转子电阻，可以增大电动机的启动转矩，当所串联的电阻使其 $s_m=1$ 时，对应的启动转矩将达到最大转矩，如果再增大转子电阻，启动转矩反而会减小。

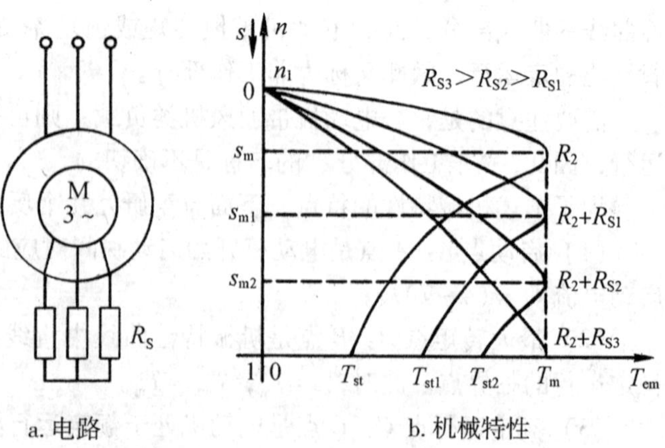

图 6－4　转子电路串联对称电阻时的人为机械特性

转子电路串联对称电阻适用于绕

线型异步电动机的启动、制动和调速，这些内容将在以后几节中详细讨论。

（3）定子电路串联对称电阻或电抗时的人为机械特性：在笼型异步电动机定子回路内串联对称三相电阻或电抗，由前面的分析可知，此时同步转速 n_1 不变，临界转差率 s_m、最大转矩 T_m 和启动转矩 T_{st} 将随串联电阻或电抗的增大而减小。因此，可得出定子电路串联对称电阻或电抗时的人为机械特性，如图 6－5 所示。定子电路串联对称电阻或电抗一般用于笼型异步电动机的降压启动，用来限制其启动电流。

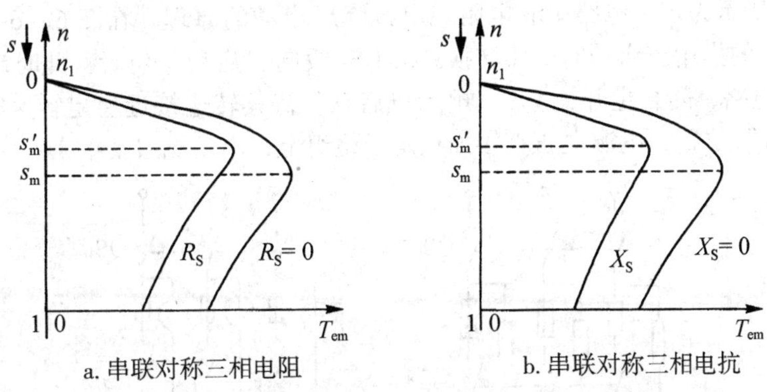

图 6－5　定子电路串联对称电阻或电抗时的人为机械特性

6.2　三相异步电动机的启动

三相异步电动机的启动指电动机接通电源后，由静止状态加速到稳定运行状态的过程。对异步电动机启动性能的基本要求，主要有以下几点：

（1）要有足够大的启动转矩，以保证生产机械能够正常启动。

（2）在足够大的启动转矩的前提下，电动机启动电流越小越好，以减小对电网的冲击。

（3）启动设备力求结构简单、运行可靠、操作简单。

下面分别介绍笼型异步电动机和绕线型异步电动机的启动方法。

6.2.1　三相笼型异步电动机的启动

笼型异步电动机有直接启动和降压启动两种启动方法。

1. 直接启动　直接启动就是利用刀开关或接触器将电动机定子绕组直接接在提供额定电压的电网上，因此又称全压启动。这是一种最简单的启动方法，不需要复杂启动设备。

直接启动时的启动电流较大，为额定电流的 4～7 倍。对于经常启动的电动机，过大的启动电流将造成电动机发热，影响电动机的寿命；同时，电动机绕组（特别是端部）在太大的电磁力作用下会发生变形，可能造成短路而烧坏电动机；过大的启动电流也会造成较大的线路压降和损耗，引起电网电压的波动，严重时会影响接在同一电网上的其他异步电动机的工作，甚至使它们停下来或无法带负载启动。因此，直接启动一般只用于小容量异步电动机。

一般规定，功率低于 7.5kW 的笼型异步电动机才可以采用直接启动。如果电源总容量较大，则允许容量较大的异步电动机直接启动，但其容量应满足的要求为

$$k_I \leqslant \frac{1}{4}\left[3+\frac{\text{电源总容量(kV·A)}}{\text{启动电动机容量(kV·A)}}\right] \tag{6-20}$$

式中，$k_I=\dfrac{I_{st}}{I_N}$ 为笼型异步电动机的启动电流倍数，其值可根据电动机的型号和规格从产品说明书中查得。

如果笼型异步电动机的容量不满足式（6－20）的要求，则必须采用降压启动。

2. 降压启动　降压启动的目的是限制启动电流。启动时，通过启动设备使加在电动机上的电压小于额定电压，待电动机转速上升到一定数值时，再使电动机承受额定电压，保证电动机在额定电压下稳定工作。下面介绍三种降压启动的方法。

（1）定子电路串联电阻或电抗降压启动：电动机启动过程中，在定子电路串联电阻或电抗，启动电流在电阻或电抗上产生压降，从而降低了电动机定子绕组上的电压，减小了启动电流。图6－6所示为定子电路串联电阻或电抗降压启动的原理。在图6－6中，QS_1 是主开关，起隔离电源的作用。启动时，将转换开关 QS_2 投向“启动”位置，此时启动电阻 R_{st} 或电抗 L_{st} 接入定子电路，闭合主开关 QS_1，电动机启动。待其转速接近稳定转速时，将转换开关 QS_2 投向“运行”位置，电源电压直接加在定子绕组上，电动机启动结束。

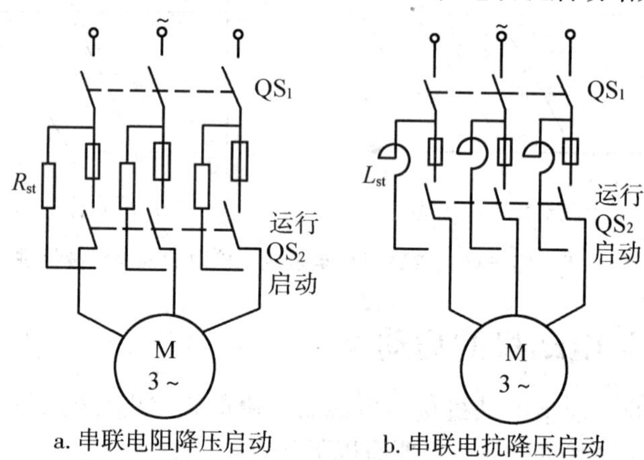

a. 串联电阻降压启动　　b. 串联电抗降压启动

图6－6　笼型异步电动机定子电路串联电阻或电抗降压启动的原理

这种降压启动方法的优点是启动平稳，启动设备运行可靠、构造简单等。同时，串联电阻降压启动，还可以提高启动阶段的功率因数。

设三相异步电动机的额定电压为 U_N，每相短路阻抗为 Z_S，串联电阻或电抗后加在定子绕组上的电压为 U_1，由简化等效电路可得额定电压下直接启动时的启动电流为

$$I_{st}=\frac{U_N}{Z_S} \tag{6-21}$$

串联电阻或电抗降压后的启动电流为

$$I'_{st}=\frac{U_1}{Z_S} \tag{6-22}$$

于是得到启动电流减小为

$$\frac{I'_{st}}{I_{st}}=\frac{U_1}{U_N}=\frac{1}{k} \tag{6-23}$$

式中，$k=\frac{U_N}{U_1}$为定子绕组上的电压降低的倍数。

根据启动转矩与电源电压的平方成正比，可得启动转矩减小为

$$\frac{T'_{st}}{T_{st}}=\left(\frac{U_1}{U_N}\right)^2=\frac{1}{k^2} \tag{6-24}$$

可见，定子电路串联电阻或电抗降压启动后，虽然启动电流降为直接启动时的 $1/k$，但启动转矩却降为直接启动时的 $1/k^2$。由于启动转矩减小得比较多，因此这种降压启动方法一

般适用于轻载启动的场合。串联电阻降压启动一般用于低压电动机，串联电抗降压启动一般用于高压电动机。

定子电路串联电阻或电抗降压启动有手动及自动等多种控制线路，但由于成本较高，启动时电能损耗较多，因而实际应用得不多。

（2）自耦变压器降压启动：这种启动方法是利用自耦变压器把电源电压降低后加在电动机定子绕组上，以达到减小启动电流的目的，其原理如图 6－7a 所示。

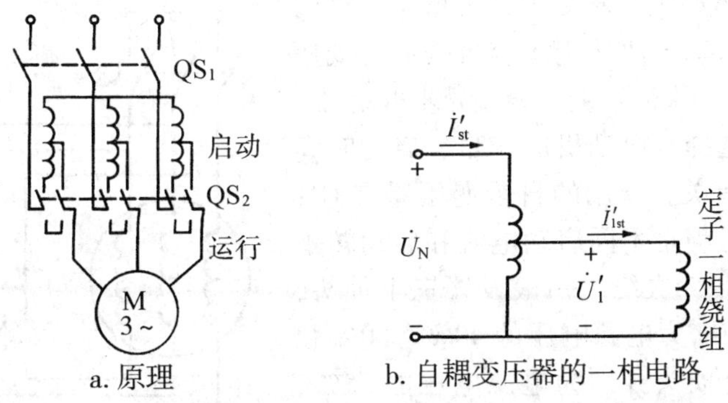

a. 原理　　b. 自耦变压器的一相电路

图 6－7　异步电动机自耦变压器降压启动的原理及接线

启动时，将选择开关 QS_2 投向“启动”位置，闭合主开关 QS_1，这时自耦变压器一次绕组加全电压，而电动机定子电压仅为自耦变压器抽头部分的电压，电动机低压启动。待转速接近稳定值时，将转换开关 QS_2 投向“运行”位置，切除自耦变压器，电动机全压运行，启动过程结束。

图 6－7b 所示为自耦变压器降压启动时的一相电路。U_N 和 I'_{st} 分别表示自耦变压器一次侧相电压和相电流，即电网电压和电流；U'_1 和 I'_{1st} 分别表示自耦变压器二次侧相电压和相电流，即加在电动机定子绕组上的电压和电流。因此，自耦变压器的变比为

$$\frac{U_N}{U'_1}=\frac{I'_{1st}}{I'_{st}}=k \tag{6-25}$$

式中，k 为自耦变压器的变比。

设电动机的短路阻抗为 Z_S，则额定电压下直接启动时的启动电流为

$$I_{st}=\frac{U_N}{Z_S} \tag{6-26}$$

采用自耦变压器降压启动后，电动机定子绕组上的电流为

$$I'_{1st}=\frac{U'_1}{Z_S}=\frac{U_N/k}{Z_S} \tag{6-27}$$

自耦变压器一次侧的相电流，即电网提供的启动电流为

$$I'_{st}=\frac{1}{k}I'_{1st}=\frac{1}{k^2}\cdot\frac{U_N}{Z_S} \tag{6-28}$$

由式（6－26）和（6－28）可得，电网提供的启动电流减小为直接启动时的

$$\frac{I'_{st}}{I_{st}}=\frac{1}{k^2} \tag{6-29}$$

启动转矩减小为直接启动时的

$$\frac{T'_{st}}{T_{st}}=\left(\frac{U'_1}{U_N}\right)^2=\frac{1}{k^2} \tag{6-30}$$

式（6-29）和式（6-30）表明，采用自耦变压器降压启动时，若电压降到直接启动时额定电压的 $1/k$，则启动电流和启动转矩都降到直接启动时的 $1/k^2$。与定子串联电阻或电抗降压启动相比，在电动机启动转矩相同的情况下，自耦变压器降压启动所需电网电流较小。或者说，在电网提供的启动电流相同的情况下，自耦变压器降压启动可获得较大的启动转矩。其缺点是启动设备体积大、质量大、价格高、维修不方便。因此，该启动方法适用于容量较大的低压电动机，广泛应用于 10kW 以上的笼型异步电动机。

自耦变压器的选择与电动机的容量、启动时间和连续启动次数等有关，常用的自耦变压器有 QJ1 和 QJ2 两个系列。为满足不同启动电流和启动转矩的要求，自耦变压器二次绕组一般设置三个抽头，QJ1 型的三个抽头分别为电源电压的 40%、60% 和 80%，QJ2 型的三个抽头分别为电源电压的 55%、64% 和 73%，可根据具体需要选用。

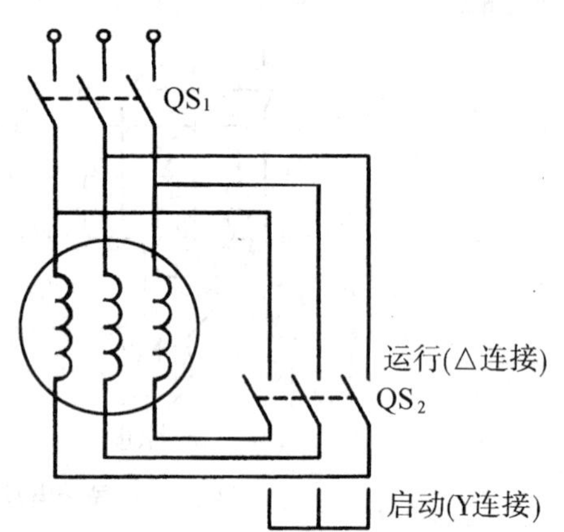

图 6-8　异步电动机 Y-△降压启动的原理

（3）Y-△降压启动：这种启动方法适用于正常运行时定子绕组为△连接并有六个出线端的三相异步电动机，其原理如图 6-8 所示。

启动时，将转换开关 QS_2 投向“启动”位置，定子绕组 Y 连接，闭合主开关 QS_1，电动机启动，此时加在定子每相绕组的电压为额定电压的 1/3，实现降压启动。待电动机转速接近稳定值时，将转换开关 QS_2 投向“运行”位置，定子绕组△连接，电动机在全压下稳定运行，启动结束。

设电动机额定电压为 U_N，定子每相绕组的阻抗为 Z_p，由简化等效电路可知：定子绕组接成 Y 连接时的启动电流为

$$I_{stY}=\frac{U_N/\sqrt{3}}{Z_p} \tag{6-31}$$

直接启动时的启动电流（此时，定子绕组△连接）为

$$I_{st\triangle}=\sqrt{3}\,\frac{U_N}{Z_p} \tag{6-32}$$

因此，启动电流减小为

$$\frac{I_{stY}}{I_{st\triangle}}=\frac{1}{3} \tag{6-33}$$

根据启动转矩与电源电压的平方成正比，可得启动转矩减小为

$$\frac{T_{stY}}{T_{st\triangle}}=\left(\frac{U_N/\sqrt{3}}{U_N}\right)^2=\frac{1}{3} \tag{6-34}$$

由式（6-33）和式（6-34）可知，采用 Y-△降压启动，启动电流和启动转矩都降为直接启动时的 1/3。Y-△降压启动的优点是启动设备简单、重量轻、体积小、价格便宜、运行可靠、操作方便，缺点是只有一种启动电压，多用于空载或轻载启动。

例 6-1　一台三相笼型异步电动机铭牌数据如下：$P_N=75\text{kW}$，$n_N=1470\text{r/min}$，$U_N=$

380V，定子△接法，$I_N = 137.5\text{A}$，启动电流倍数 $k_I = 6.5$，启动转矩倍数 $k_{st} = 1.0$，拟带半载启动，电源容量为1000kV·A。试选择适当的启动方法。

解 （1）直接启动：由于该电动机的额定功率 $P_N > 7.5\text{kW}$，为大容量电动机。供电电网允许电动机直接启动的条件是

$$k_I \leqslant \frac{1}{4}\left[3 + \frac{\text{电源总容量（kV·A）}}{\text{启动电动机容量（kV·A）}}\right] = \frac{1}{4}\left[3 + \frac{1000}{75}\right] = 4.08$$

而该电动机的启动电流倍数 $k_I = 6.5 > 4.08$，故该电动机不能采用直接启动。

（2）Y－△降压启动：

对应的启动电流为

$$I'_{st} = \frac{1}{3}I_{st} = \frac{1}{3}k_I I_N = \frac{1}{3} \times 6.5 I_N = 2.17 I_N$$

对应的启动转矩为

$$T'_{st} = \frac{1}{3}T_{st} = \frac{1}{3}k_{st} T_N = \frac{1}{3}T_N = 0.33 T_N$$

由于 $T'_{st} < 0.5T_N$，无法带半载启动，所以该电动机不能采用Y－△降压启动。

（3）自耦变压器降压启动：选用QJ2系列自耦变压器，其电压抽头比分别为55%、64%和73%。当选用55%抽头时，有

$$k = \frac{1}{0.55} = 1.82$$

$$I'_{st} = \frac{1}{k^2}I_{st} = \frac{1}{k^2}k_I I_N = \frac{1}{1.82^2} \times 6.5 I_N = 1.96 I_N < 4.08 I_N$$

$$T'_{st} = \frac{1}{k^2}T_{st} = \frac{1}{k^2}k_{st} T_N = \frac{1}{1.82^2} \times 1 \times T_N = 0.3 T_N < 0.5 T_N$$

可见，虽然启动电流满足要求，但启动转矩不满足要求。

当选用64%抽头时，有

$$k = \frac{1}{0.64} = 1.56$$

$$I'_{st} = \frac{1}{k^2}I_{st} = \frac{1}{k^2}k_I I_N = \frac{1}{1.56^2} \times 6.5 I_N = 2.67 I_N < 4.08 I_N$$

$$T'_{st} = \frac{1}{k^2}T_{st} = \frac{1}{k^2}k_{st} T_N = \frac{1}{1.56^2} \times 1 \times T_N = 0.41 T_N < 0.5 T_N$$

可见，虽然启动电流满足要求，但启动转矩不满足要求。

当选用73%抽头时，有

$$k = \frac{1}{0.73} = 1.37$$

$$I'_{st} = \frac{1}{k^2}I_{st} = \frac{1}{k^2}k_I I_N = \frac{1}{1.37^2} \times 6.5 I_N = 3.46 I_N < 4.08 I_N$$

$$T'_{st} = \frac{1}{k^2}T_{st} = \frac{1}{k^2}k_{st} T_N = \frac{1}{1.37^2} \times 1 \times T_N = 0.53 T_N > 0.5 T_N$$

可见，选用73%抽头时，启动电流和启动转矩均满足要求。因此，该三相笼型异步电动机应采用电压抽头为73%的自耦变压器启动。

3. 深槽式及双笼型异步电动机　由以上对普通笼型异步电动机启动方法的分析可知：直

接启动时，启动电流太大；降压启动时，虽然减小了启动电流，但启动转矩也随之减小。为了改善笼型异步电动机的启动性能，可以从转子槽形着手，设法利用“集肤效应”使启动时转子电阻增大，以增大启动转矩并减小启动电流，在正常运行时转子电阻又能自动变小。深槽式及双笼型异步电动机就可以实现这一目的。

（1）深槽式异步电动机：深槽式异步电动机的转子槽形深而窄，通常槽深与槽宽之比为10～12。当转子导条中有电流流过时，沿槽高的方向与导条各部分相交链的漏磁通的分布是不一样的，如图6－9a所示：与导条底部相交链的漏磁通比槽口部分多。如果把导条看做由沿槽高划分的若干个导体单元并联而成，则越接近槽底的导体单元的漏电抗越大，越接近槽口的导体单元的漏电抗越小。在电动机启动时，转子电流的频率较高，转子导条的漏电抗较大，各导体单元中电流的分配主要取决于漏电抗，漏电抗越大则电流越小。这样在由气隙主磁通所感应的相同电动势的作用下，导体中越接近槽底电流密度越小，而越接近槽口则电流密度越大，沿槽高方向的电流密度分布如图6－9b所示，这种现象称为电流的集肤效应。由于电流好像是被挤到槽口，所以又称为挤流效应。集肤效应的效果相当于减小了导体的有效高度和截面（图6－9c），增大了转子电阻，从而增加了启动转矩、限制了启动电流，满足了启动的要求。

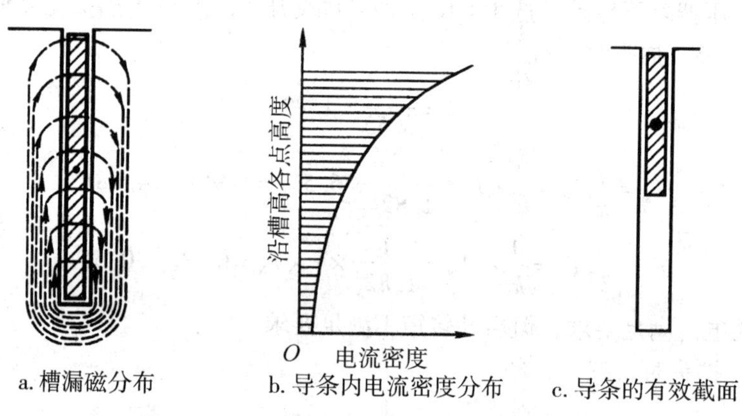

图6－9　深槽式转子导条中电流的集肤效应

转子频率越高，槽高越大，集肤效应越显著。随着电动机转速的升高，转子电流的频率降低，当电动机正常运行时，转子电流的频率降低为1～3Hz，集肤效应基本消失，导条内电流均匀分布，转子电阻恢复（减小）为自身的直流电阻，从而减小了转子铜损耗，提高了电动机的效率。

（2）双笼型异步电动机：双笼型异步电动机的转子有两套导条，即上笼和下笼，两笼间由狭长的缝隙隔开，如图6－10a所示。上笼通常用电阻系数较大的黄铜或铝青铜等材料制成，导条的截面积较小，电阻较大；下笼通常用电阻系数较小的紫铜等材料制成，导条的截面积较大，电阻较小。与上笼相比，下笼交链的漏磁通要比上笼多（图6－10b），故下笼的漏电抗比上笼大得多。

启动时，转子电流的频率较高，转子漏电抗大于电阻，上、下笼的电流分配主要决定于漏电抗。由于下笼的漏电抗比上笼大得多，电流主要从上笼流过，因此启动时上笼起主要作用。由于上笼电阻大，可以产生较大的启动转矩，限制启动电流，所以上笼又称为启动笼，其对应的机械特性如图6－11中的曲线 T_1 所示。

正常运行时，转子电流的频率很低，转子漏电抗远远小于电阻，上、下笼的电流分配主

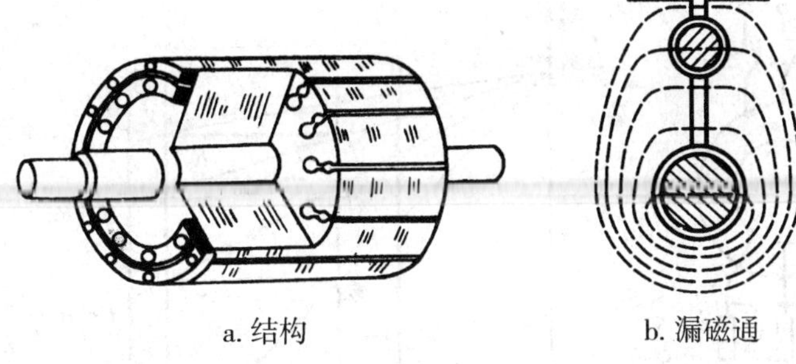

图 6－10　双笼型转子的结构与漏磁通

要决定于电阻，此时电流大部分从电阻较小的下笼流过，产生正常运行时的电磁转矩。因此，下笼在运行时起主要作用，又称为运行笼，其对应的机械特性如图 6－11中的曲线 T_2 所示。

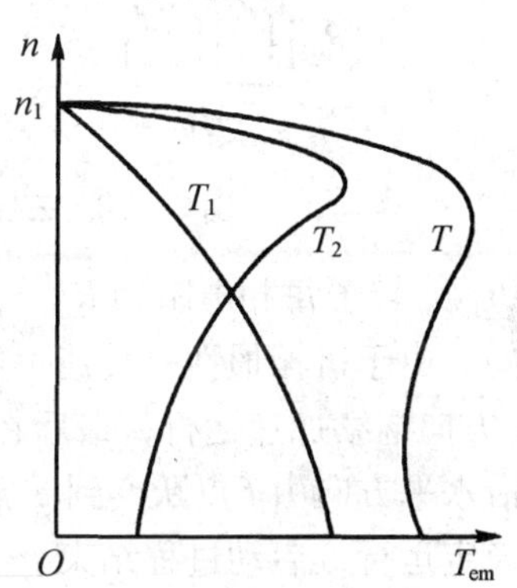

图 6－11　双笼型异步电动机的机械特性

双笼型异步电动机的机械特性曲线可以看成是上、下笼两条机械特性曲线的合成，如图 6－11 中的曲线 T 所示。由图 6－11 可知，双笼型异步电动机具有较好的启动特性，改变上、下笼参数可以得到不同的机械特性，满足不同的负载要求，这是双笼型异步电动机的一个突出优点。双笼型异步电动机的启动性能比深槽式异步电动机好，但深槽式异步电动机的结构简单，制造成本较低。

这两种特殊的异步电动机虽然可以改善启动性能，但转子漏电抗较大，功率因数和过载能力较低，而且用铜量较大，制造工艺（特别是双笼型）复杂，价格较高，一般用于要求启动转矩较高的生产机械。

6.2.2　三相绕线型异步电动机的启动

1. 转子电路串联电阻启动　绕线型异步电动机采用转子电路串联电阻启动，既可以限制启动电流，又可以增大启动转矩，减少启动时间，尤其适用于功率较大的重载启动。为了在整个启动过程中始终获得较大的加速转矩，并使启动过程比较平滑，应在转子回路串联多级对称电阻。启动时，通过装在转子上的滑环和固定的电刷连接启动电阻，随着转速的升高，逐段切除启动电阻，直到全部切除。这与直流电动机电枢串联电阻启动类似，称为电阻分级启动。图 6－12 所示为三相绕线型异步电动机转子电路串联对称电阻分级启动的接线和对应三级启动时的机械特性。

开始启动时（图 6－12a），闭合接触器触点 S，断开 S_1、S_2、S_3，转子绕组串联全部启动电阻，转子每相电阻为 $R_{p3}=R_2+R_{st1}+R_{st2}+R_{st3}$，对应的机械特性如图 6－12b 中的曲线 R_{p3} 所示。启动瞬间，转速 $n=0$，电磁转矩 $T_{em}=T_1$（T_1 称为最大加速转矩），由于 $T_1>T_L$，电动机沿曲线 R_{p3} 从 a 点加速运行。随着 n 上升，T_{em} 逐渐减小，当工作点到达 b 点时，闭合触点 S_3，切除电阻 R_{st3}，此时电磁转矩 $T_{em}=T_2$（T_2 称为切换转矩），转子每相电阻为 $R_{p2}=R_2+R_{st1}+R_{st2}$，对应的机械特性如图 6－12b 中的曲线 R_{p2} 所示。切换瞬间，由于机械惯性，转速不能突变，工作点沿水平方向由 b 点跃变到 c 点，选择合适的各级启动电阻，可以使 c 点的电磁转矩仍为 T_1，工作点沿曲线 R_{p2} 从 c 点继续加速运行。当到达 d 点时，闭合触点 S_2，切除

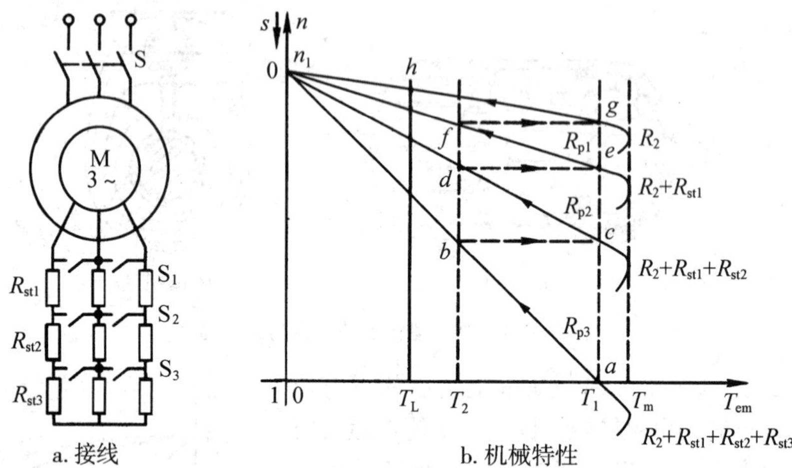

图6－12　三相绕线型异步电动机转子电路串联电阻分级启动

电阻 R_{st2}，转子每相电阻为 $R_{p1}=R_2+R_{st1}$，对应的机械特性如图6－12b 中的曲线 R_{p1} 所示。切换瞬间，由于机械惯性，转速不能突变，工作点沿水平方向由点 d 跃变到 e 点，电动机沿曲线 R_{p1} 方向继续加速运行，最后在 f 点闭合触点 S_1，切除电阻 R_{st1}，转子绕组短路，电动机工作点沿水平方向由 f 点跃变到 g 点后沿固有机械特性曲线加速运行到 h 点，此时 $T_{em}=T_L$，电动机稳定运行，启动过程结束。

由上述分析可知，绕线型异步电动机采用转子串联电阻启动时，其启动过程和直流电动机电枢串联电阻启动完全一样，因此启动电阻的计算也一样，这里不再重述。另外，应注意：对于绕线型异步电动机，启动转矩与转子电流的有功分量成正比，而在启动过程中功率因数是变化的。因此，在计算启动电阻时，均取转矩作为最大值与切换值，一般取最大加速转矩 $T_1=(0.7\sim0.85)T_m$，切换转矩 $T_2=(1.1\sim1.2)T_L$。

2. 转子电路串联频敏变阻器启动　绕线型异步电动机采用转子串联电阻分级启动时，虽然可以减小启动电流、增大启动转矩，但在启动过程中需要逐级切除启动电阻。如果启动级数少，那么在切除启动电阻时就会产生较大的电流和转矩冲击，使启动不平稳。增加启动级数可以减小电流和转矩冲击，但必然导致启动设备复杂化。为了解决这个问题，可以采用频敏变阻器启动。

频敏变阻器是一个铁损耗很大的三相电抗器，在结构上类似一个没有二次绕组的三相芯式变压器，如图6－13所示。为了增大铁损耗，它的铁芯由较厚的钢板（一般为 30～50mm）制成一定形状叠压并紧固而成，三个绕组分别绕在三个铁芯柱上，连接成 Y 形后接在转子滑环上，如图 6－14a 所示。图 6－14b 所示为频敏变阻器的一相等效电路。其中，R_1 为频敏变阻器绕组的电阻，X_m 为带铁芯绕组的电抗，R_m 为反映铁损耗的等效电阻。由于频敏变阻器的铁损耗较大，所以对应的 R_m 也较大。

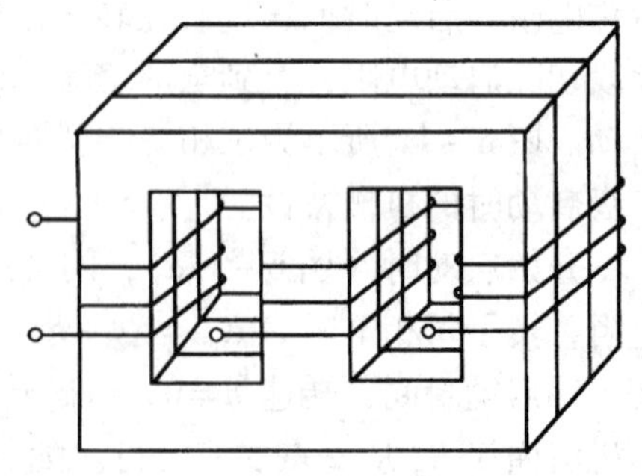

图6－13　频敏变阻器结构

电动机启动时，断开触点 S_2，频敏变阻器经滑环和电刷连接转子电路，闭合触点 S_1，电动机开始启动。启动瞬间，$n=0$，$s=1$，转子电流频率 $f_2=sf_1=f_1$，频敏变阻器铁芯中与频率平方成正比的涡流损耗最大，即铁损耗最大，R_m 也最大，此时相当于转子回路中串联一个较大的电阻，既限制启动电流，又增大启动转矩。随着 n 上升，s 减小，$f_2 = sf_1$ 逐渐减小，频敏变阻器的铁损耗逐渐减小，R_m 也随之减小，这相当于在启动过程中逐渐切除转子回路中串联的电阻，实现平滑启动。启动结束时，闭合触点 S_2，滑环短接，切除频敏变阻器，同时举起电刷，这样既可减少电刷磨损，又可减少摩擦损耗。

频敏变阻器的等效电阻 R_m 随转子电流频率 f_2 的变化而自动变化，因此称为“频敏”变阻器。它相当于一种无触点的变阻器，在启动过程中，能自动、无级减小电阻，如果参数选择适当，可以在启动过程中保持转矩近似不变，使启动过程平稳、快速。绕线型异步电动机串联频敏变阻器启动的机械特性如图 6－14c 所示。

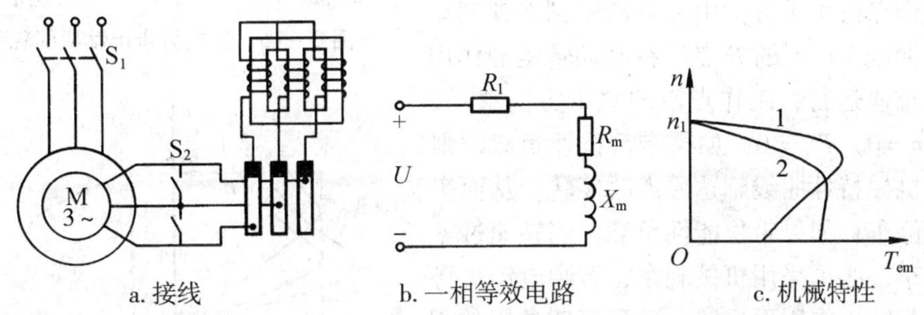

a. 接线　　b. 一相等效电路　　c. 机械特性

图 6－14　三相绕线型异步电动机转子电路串联频敏变阻器启动

1. 固有机械特性曲线　2. 串联频敏变阻器启动的机械特性曲线

绕线型异步电动机串联频敏变阻器启动具有结构简单、价格便宜、制造容易、运行可靠、维护方便、能自动操作等优点，目前已获得广泛推广与应用。

6.3　三相异步电动机的制动

与直流电动机相同，三相异步电动机也可工作于两种运行状态，即电动状态和制动状态。电动状态时，电磁转矩 T_{em} 的方向和转速 n 的方向相同，T_{em} 为驱动转矩，此时电动机从电网吸收电能并转换为机械能从轴上输出，其机械特性曲线位于第一、三象限。制动状态时，电磁转矩 T_{em} 的方向和转速 n 的方向相反，T_{em} 为制动转矩，此时电动机从轴上吸收机械能并转换为电能，其机械特性曲线位于第二、四象限。

异步电动机制动的目的是使电力拖动系统快速停车或者尽快减速，对于位能性负载，异步电动机在制动状态时可获得稳定下放速度。

异步电动机常用的制动方法有能耗制动、反接制动和回馈制动三种。

6.3.1　能耗制动

异步电动机能耗制动的实现，除了如直流电动机切断电源并在转子回路串联电阻以外，还必须在定子两相绕组中通入直流电流（称为直流励磁电流），如图 6－15a 所示。开始制动时，断开接触器触点 S_1，闭合触点 S_2，在定子绕组中产生一个恒定磁场，旋转的转子导体与该磁场相互作用，产生如图 6－15b 所示的感应电动势和电流。由左手定则可知，转子感应电流与恒定磁场作用产生的电磁转矩为制动转矩，因此转速迅速下降，电动机处于制动状态。这种制动的实质是将转子中储存的动能转换为电能，并消耗在转子回路的电阻上，故称为能耗制动。

异步电动机能耗制动机械特性表达式的推导比较复杂，其曲线形状与异步电动机连接三

相交流电网正常运行时的机械特性相似，只是通过坐标原点，如图6－16所示。当直流励磁电流一定时，随着转子电阻的增大，最大转矩不变，但产生最大制动转矩时的转速增加，如图6－16中的曲线1和曲线3；当转子电路电阻不变时，随着直流励磁电流的增大，最大转矩增大，但产生最大制动转矩时的转速不变，如图6－16中的曲线1和曲线2。

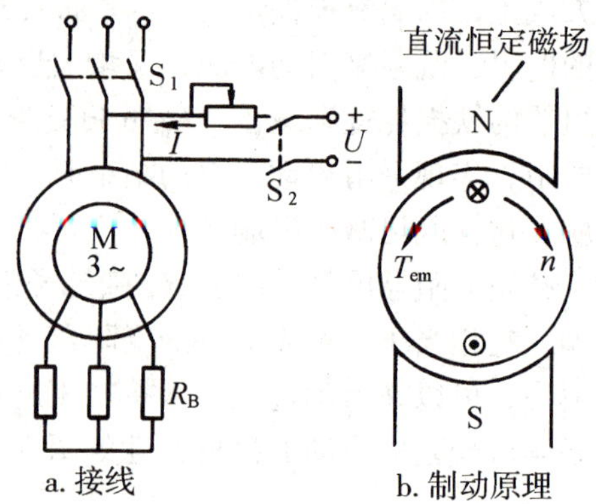

图6－15　三相异步电动机能耗制动

设电动机原来在固有机械特性曲线的 A 点稳定运行，在制动瞬间，由于机械惯性，电动机转速不能突变，工作点沿水平方向由 A 点跃变到能耗制动特性曲线（曲线1）上的 B 点。在制动转矩的作用下，电动机减速运行，工作点沿曲线1方向移动，直到原点，$n=0$，$T_{em}=0$。如果带反抗性负载，则电动机在其机械特性曲线到达原点时停转，从而实现快速制动停车；如果带位能性负载，当转速过零时，若要停车，必须采用机械刹车，否则电动机将在位能性负载转矩作用下反转，直到第四象限的 C 点，$T_{em}=T_L$，重物获得稳定的下放速度。

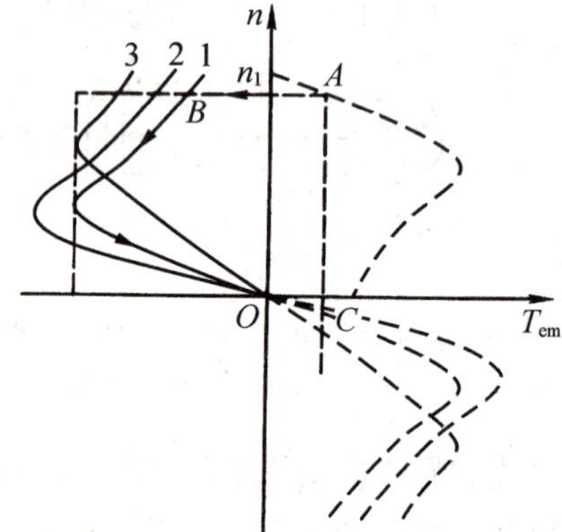

图6－16　异步电动机能耗制动时的机械特性

当采用能耗制动时，既要有较大的制动转矩，又不能使定、转子电流过大。根据经验，对于笼型异步电动机，直流励磁电流可计算为

$$I=(4\sim5)I_0 \qquad (6-35)$$

式中，I_0 为异步电动机的空载电流，一般可取 $I_0=(0.2\sim0.5)I_{1N}$。

对于绕线型异步电动机，直流励磁电流和转子串联的电阻可分别计算为

$$I=(2\sim3)I_0 \qquad (6-36)$$

$$R_B=(0.2\sim0.4)\frac{E_{2N}}{\sqrt{3}I_{2N}}-R_2 \qquad (6-37)$$

式中，E_{2N} 为当定子绕组加额定电压、转子堵转时的感应电动势；I_{2N} 为转子额定电流；R_2 为转子每相电阻，$R_2=\frac{s_N E_{2N}}{\sqrt{3}I_{2N}}$。

利用式（6－35）、式（6－36）和式（6－37）计算所得的数据，可保证快速停车，能达到的最大制动转矩为（$1.25\sim2.2$）T_N。

能耗制动广泛应用于要求平稳准确停车的场合，也可应用于起重机类带位能性负载的机械，用来限制重物下放的速度，使重物保持匀速下放。

6.3.2　反接制动

异步电动机反接制动的实现方法有两种：一种是保持定子磁场的转向不变，而转子在位能负载作用下进入倒拉反转，这种情况下的制动称为倒拉反转的反接制动；另一种是在电动状态下突然将电源两相反接，使定子旋转磁场的方向由原来的顺转子转向改为逆转子转向，这种情况下的制动称为定子两相反接的反接制动。

1. 倒拉反转的反接制动　这种制动方法是通过在转子电路中串联较大电阻实现的，只适用于位能性负载，借助位能性负载转矩，倒拉电动机反转，使重物获得稳定的下放速度。

图 6－17 所示是绕线型异步电动机倒拉反转反接制动时的原理及其机械特性曲线。设电动机原来工作在固有机械特性曲线的 A 点，并以稳定转速提升重物，当在其转子回路中串联制动电阻 R_B 时，其机械特性曲线变为曲线 2。

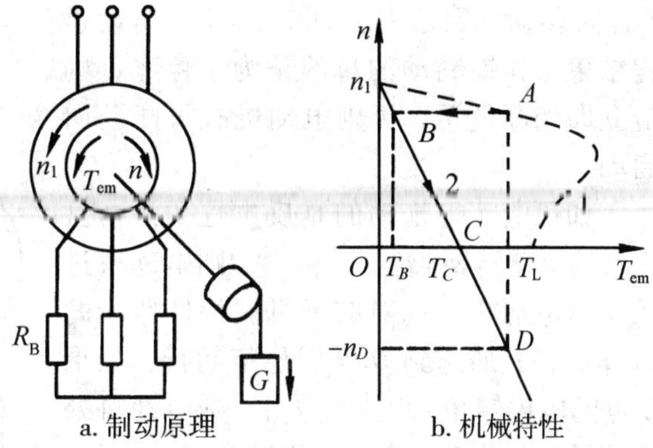

图 6－17　异步电动机倒拉反转反接制动

在制动电阻接入转子电路的瞬间，由于机械惯性，电动机转速不能突变，工作点沿水平方向由 A 点跃变到 B 点，由于 B 点的电磁转矩 $T_B < T_L$，电动机减速，工作点沿曲线 2 方向移动到 C 点。

在减速过程中，电动机仍处于电动状态。到达 C 点时，若 C 点对应的电磁转矩 $T_C < T_L$，重物将倒拉电动机的转子反向加速旋转，直到 D 点，这时 $T_D = T_L$，拖动系统将以转速 n_D 稳定运行，重物匀速下放。在 CD 段，$T_{em} > 0$，$n < 0$，电磁转矩 T_{em} 为制动转矩，而负载转矩则为拖动转矩，拖着电动机反转，因此这种制动称为倒拉反转反接制动。

倒拉反转反接制动时，定子磁场的旋转方向和转子的转向相反，其转差率为

$$s = \frac{n_1 - (-n)}{n_1} = \frac{n_1 + n}{n_1} > 1$$

轴上总的机械功率为

$$P_{MEC} = m_1 I_2'^2 \frac{1-s}{s}(R_2' + R_B) < 0$$

上式表明从电动机轴上输入机械功率。相应的电磁功率为

$$P_{em} = m_1 I_2'^2 \frac{R_2' + R_B}{s} > 0$$

上式表明定子从电源输入电功率，并经气隙传递到转子。此时，转子铜损耗为

$$p_{Cu2} = m_1 I_2'^2 (R_2' + R_B) = m_1 I_2'^2 \frac{R_2' + R_B}{s} - m_1 I_2'^2 \frac{1-s}{s}(R_2' + R_B) = P_{em} + |P_{MEC}| \qquad (6-38)$$

由式（6－38）可知，在异步电动机倒拉反转的反接制动时，由电源输入的电功率和由位能性负载提供的机械功率转换来的电功率全部消耗在转子电路的电阻上，其中一部分消耗在转子绕组本身的电阻上，另一部分消耗在转子串联的制动电阻上。

2. 定子两相反接的反接制动　设异步电动机带生产机械原来在电动状态下稳定运行，工作点见图 6－18b 中的 A 点。

为了迅速停车或反转，可将定子任意两相绕组出线端对调（图6－18a），同时在转子电路中串联电阻 R_B。由于改变了定子电压的相序，所以定子旋转磁场的方向也改变，电磁转矩由驱动转矩变成制动转矩，从而得到同步转速与原转速方向相反的机械特性，如图 6－18b 中的曲线 2 所示。

在定子两相反接的瞬间，由于机械惯性，电动机转速不能突变，工作点沿水平方向由 A 点跃变到 B 点，在制动的电磁转矩和负载转矩共同作用下，电动机迅速减速，工作点沿曲线

2 方向移动，到达 C 点时，$n=0$，制动过程结束。如果制动的目的是为了停车，则应立即切断电源，否则电动机有可能反向启动。

如果电动机拖动的是反抗性负载，且 C 点的电磁转矩 $|T_{em}|>|T_L|$，则电动机进入反向电动状态（对应于机械特性曲线的 CD 段），并加速到 D 点后稳定运行；如果 C 点的电磁转矩 $|T_{em}|<|T_L|$，则电动机处于堵转运行状态，会导致电动机强烈发热。如果拖动的是位能性负载，则电动机在位能性负载作用下反向加速到 E 点稳定运行。此时，电动机转速高于同步转速，电磁转矩与电动机转向相反，电动机进入反向回馈制动状态。

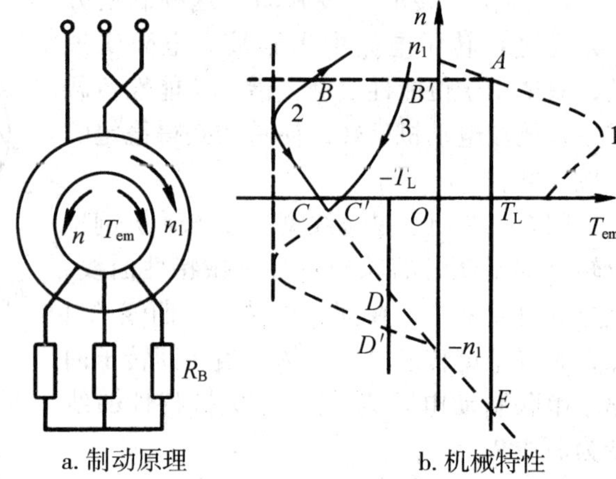

图 6－18　异步电动机定子两相反接的反接制动

由以上分析可知，定子两相反接的反接制动是一个位于第二象限的过程。此时，转子的旋转方向与定子旋转磁场的方向相反，对应的转差率 $s=\dfrac{(-n_1)-n}{-n_1}=\dfrac{n_1+n}{n_1}>1$，其能量关系和倒拉反转反接制动时相同，即由轴上输入的机械功率转换来的电功率和由电源输入的电功率都消耗在转子电路的电阻上。改变限流电阻 R_B 的大小，可以改变制动瞬间电流和制动转矩的大小。

这种制动方法具有强烈的制动效果，但能量损耗大，制动准确度差，停车时还须用自动控制线路切断电源。

6.3.3　回馈制动

异步电动机在电动状态下，由于某种原因，转子的转速 n 超过了同步转速 n_1（转向不变），此时电动机处于回馈制动状态。

异步电动机回馈制动有两种情况：一种出现在位能性负载下放重物的过程中，此时电动机处于反向回馈制动状态；另一种出现在变极调速或变频调速过程中，此时电动机处于正向回馈制动状态。

1. 反向回馈制动　设电动机原来工作在固有机械特性曲线 1 上的 A 点（图 6－19），并以稳定转速提升重物，若将电动机定子绕组任意两相反接，定子旋转磁场的同步转速变为 $-n_1$，对应的机械特性如图 6－19 中的曲线 2 所示。

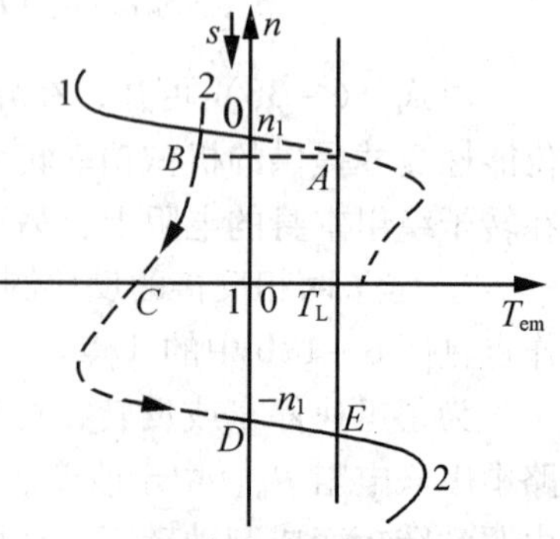

图 6－19　异步电动机反向回馈制动时的机械特性

在反接瞬间，由于机械惯性，转速不能突变，工作点沿水平方向由 A 点跃变到 B 点，在制动转矩作用下，电动机经过反接制动减速（曲线 2 中的 BC 段）、反向电动加速（曲线 2 中的 CD 段），最后在位能性负载作用下反向加速到 E 点稳定运行。

当工作点沿曲线 2 方向，由 D 点向 E 点移动时，转速 $n<0$，$T_{em}>0$，且 $|n|>|n_1|$，电动机处于反向回馈制动状态。为了限制电动机的转速，在反向回馈制动时，转子回路中串联的电阻不应太大。

2. 正向回馈制动　设电动机原来在固有机械特性曲线 1 上的 A 点（图 6－20）稳定运行，当采用变极（增加极数）或变频（降低频率）调速时，其机械特性曲线变为曲线 2。在调速瞬间，由于机械惯性，转速不能突变，工作点沿水平方向由 A 点跃变到 B 点，电动机进入制动状态，工作点沿曲线 2 方向移动，直到 C 点，此时 $T_C=T_L$，电动机稳定运行。当工作点沿曲线 2 方向由 B 点向 n_1' 点移动时，转速 $n>0$，$T_{em}<0$，且 $n>n_1'$，电动机处于正向回馈制动状态。此时，电动机吸收系统释放的动能，并转换为电能回馈给电网。

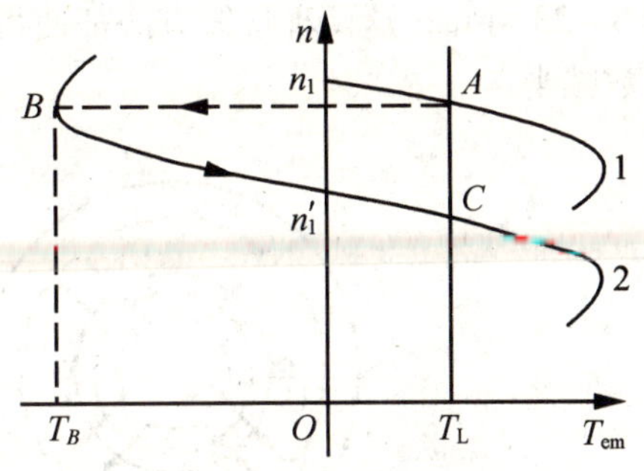

图 6－20　异步电动机在变极或变频调速过程中的回馈制动

6.4　三相异步电动机的调速

异步电动机的调速控制始于 20 世纪 50 年代，随着电力电子技术和计算机技术的发展，尤其是现代控制理论向电气传动领域的渗透，交流电动机调速取得了迅速发展，其设备容量不断扩大，性能指标及可靠性不断提高。目前，交流调速系统在各个工业电气自动化领域中的应用比例不断上升，起到了节能、缩小体积和降低成本的作用，有取代直流调速系统的趋势。根据异步电动机的转速公式

$$n=n_1(1-s)=\frac{60f_1}{p}(1-s) \tag{6-39}$$

由式（6－39）可知，异步电动机有下列三种基本调速方法：改变定子磁极对数 p 调速，改变电源频率 f_1 调速，改变转差率 s 调速。

6.4.1　变极调速

电源频率 f_1 一定时，改变定子磁极对数 p 即可改变同步转速 n_1，从而达到调速的目的。要改变定子磁极对数，可以在定子铁芯槽内嵌放两套不同磁极对数的三相绕组，但从制造的角度看，这种方法很不经济。通常利用改变定子绕组接法来改变磁极对数，这种电动机称为多速电动机。根据电机学原理可知，只有定子和转子具有相同的磁极对数，电动机才具有恒定的电磁转矩，才能实现机电能量转换。因此，变极调速要求在改变定子磁极对数的同时，必须改变转子磁极对数。由于笼型异步电动机的转子磁极对数能自动跟随定子磁极对数的变化而变化，所以变极调速适用于笼型异步电动机。

1. 变极原理　下面以 4 极变 2 极为例，说明笼型异步电动机定子绕组的变极原理。

图 6－21 所示为 4 极异步电动机 U 相绕组的接线及磁场分布。U 相绕组由两个线圈构成，每个线圈代表 U 相绕组的一半，称为半相绕组。当两个半相绕组顺向串联（头尾相接）时（图 6－21b），根据线圈中的电流方向，可以看出定子绕组产生 $2p=4$ 的磁场分布。如果将两个半相绕组的连接方式改为图 6－22b 或图 6－22c 所示的形式，其中一个半相绕组中的电流反向，这时定子绕组产生 $2p=2$ 的磁场分布。由此可见，改变定子绕组的接法，使半相绕组中的电流方向发生改变，即可成倍改变定子磁极对数，同时也成倍改变同步转速，达到调速目的。

三相绕组连接方法是相同的，因此只要了解其中一相的连接方法即可知道其他两相。图 6－23 所示是两种典型的三相绕组改变连接的方法：图 6－23a 表示由单星形连接改接为并联的双星形连接（Y－YY）；图 6－23b 表示由三角形连接改接为双星形连接（△－YY）。由

图 6－23 可知，这两种接线方法都使得每相的一半相绕组内的电流改变方向，因而定子磁极对数减半。

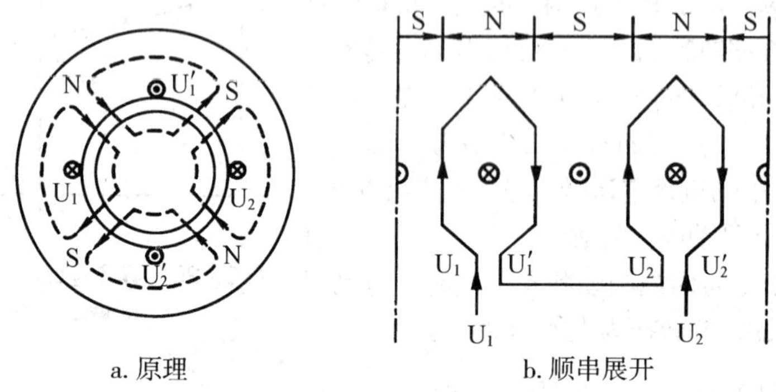

图 6－21　绕组变极原理（$2p=4$）

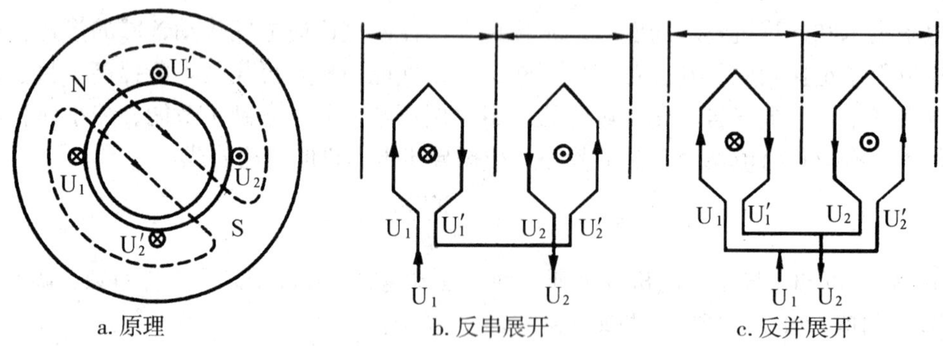

图 6－22　绕组变极原理（$2p=2$）

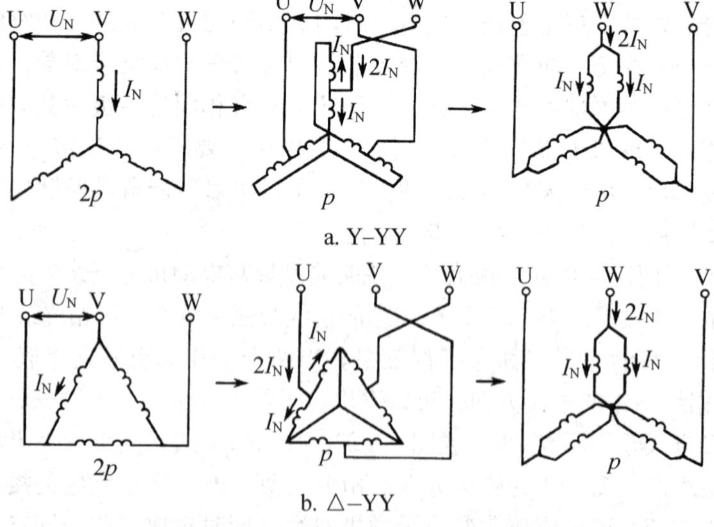

图 6－23　常用变极调速接线方法

必须指出，改变定子绕组接线时，必须同时改变定子绕组的相序（对调任意两相绕组出线端），以保证调速前后电动机的转向不变。这是因为在电动机定子圆周上，电角度 $=p\times$ 机械角度，如果当磁极对数 $p=1$ 时 U、V、W 三相绕组在空间分布的电角度依次为 0°、120°、

240°，那么当 $p=2$ 时 U、V、W 三相绕组在空间分布的电角度依次为 0°、120° ×2 =240°、240° ×2 =480°（即 120°）。显然，变极前后定子绕组的相序改变，为了保持变速前后电动机的转向相同，必须对调定子任意两相绕组的出线端。

2. 变极调速时的容许输出及机械特性　调速的基本要求是在各种转速下电动机都能得到充分利用，即各种转速下电动机的电流均为额定电流。下面对上述两种典型的变极调速方法进行分析。

(1) Y－YY 连接方式：设电源电压为 U_N，每相绕组额定电流为 I_N，则 Y 连接时电动机的输出功率和转矩分别为

$$\left.\begin{aligned} P_Y &= \sqrt{3}U_N I_N \eta_N \cos\varphi_N \\ T_Y &= 9550\frac{P_Y}{n_Y} \end{aligned}\right\} \tag{6-40}$$

变极后，定子绕组为 YY 连接，磁极对数减半，转速增大一倍，若保持绕组电流 I_N 不变，则变极后每相电流为 $2I_N$。假设变极前后电动机功率因数和效率近似不变，则输出功率和转矩分别为

$$\left.\begin{aligned} P_{YY} &= \sqrt{3}U_N(2I_N)\eta_N\cos\varphi_N = 2P_Y \\ T_{YY} &= 9550\frac{P_{YY}}{n_{YY}} = 9550\frac{P_Y}{n_Y} = T_Y \end{aligned}\right\} \tag{6-41}$$

式（6－41）表明，Y－YY 连接时，电动机的转速增大一倍，输出功率也增大一倍，而输出转矩不变。因此，Y－YY 连接方式的变极调速属于恒转矩调速，适合带恒转矩负载。

变极调速时电动机的机械特性可用下列计算公式表示：

$$\left.\begin{aligned} &\text{临界转差率} \quad s_m = \frac{R_2'}{\sqrt{R_1^2+(X_1+X_2')^2}} \\ &\text{最大转矩} \quad T_m = \frac{m_1 p U_1^{\ 2}}{4\pi f_1\left[R_1+\sqrt{R_1^{\ 2}+(X_1+X_2')^2}\right]} \\ &\text{启动转矩} \quad T_{st} = \frac{m_1 p U_1^2 R_2'}{2\pi f_1\left[(R_1+R_2')^2+(X_1+X_2')^2\right]} \end{aligned}\right\} \tag{6-42}$$

由 Y 连接改接为 YY 连接时，每相的两个半相绕组由一路串联改为两路并联，定、转子阻抗分别变为原来的 1/4，相电压 U_1 和频率 f_1 不变，磁极对数 p 减半。将这些参数代入式（6－42），可得

$$\left.\begin{aligned} s_{mYY} &= s_{mY} \\ T_{mYY} &= 2T_{mY} \\ T_{stYY} &= 2T_{stY} \end{aligned}\right\} \tag{6-43}$$

式（6－43）表明，YY 连接时，电动机最大转矩 T_m 和启动转矩 T_{st} 均为 Y 连接时的 2 倍，临界转差率 s_m 的大小不变，对应的同步转速不变。其机械特性如图 6－24 所示。

(2) △－YY 连接方式：设每相绕组的额定电流为 I_N，则△连接时的线电流为 $\sqrt{3}I_N$，电动机的输出功率和转矩分别为

$$\left.\begin{aligned} P_\triangle &= \sqrt{3}U_N(\sqrt{3}I_N)\eta_N\cos\varphi_N \\ T_\triangle &= 9550\frac{P_\triangle}{n_\triangle} \end{aligned}\right\} \tag{6-44}$$

变极后，电动机为 YY 连接，磁极对数减半，转速增大一倍，若保持绕组电流 I_N 不变，则变极后线电流为 $2I_N$。假设变极前后电动机功率因数和效率近似不变，则输出功率和转矩分别为

$$\left.\begin{aligned}P_{YY}&=\sqrt{3}U_N(2I_N)\eta_N\cos\varphi_N=\frac{2}{\sqrt{3}}\sqrt{3}U_N(\sqrt{3}I_N)\eta_N\cos\varphi_N=1.15P_{\triangle}\\T_{YY}&=9550\frac{P_{YY}}{n_{YY}}=9550\frac{1.15P_{\triangle}}{2n_{\triangle}}=0.58T_{\triangle}\end{aligned}\right\}\tag{6-45}$$

式（6-45）表明，△-YY 连接时，电动机转速提高一倍，容许输出功率近似不变，容许输出转矩近似减半。因此，△-YY 连接方式的变极调速可认为是恒功率调速，适合带恒功率负载。由△ 连接改接为 YY 连接，定、转子阻抗分别变为原来的 $\frac{1}{4}$，相电压变为$\frac{U_1}{\sqrt{3}}$，频率 f_1 不变，磁极对数 p 减半。将这些参数代入式（6-42），可得

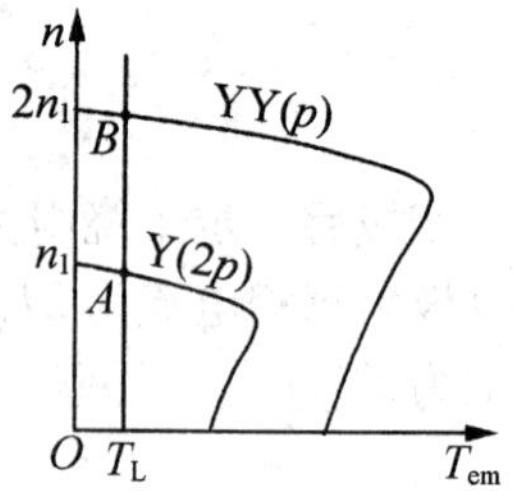

$$\left.\begin{aligned}s_{mYY}&=s_{m\triangle}\\T_{mYY}&=\frac{2}{3}T_{m\triangle}\\T_{stYY}&=\frac{2}{3}T_{st\triangle}\end{aligned}\right\}\tag{6-46}$$

图 6-24　变极调速机械特性（Y-YY 变换）

式（6-46）表明，YY 连接时电动机最大转矩 T_m 和启动转矩 T_{st} 均为△连接时的$\frac{2}{3}$，临界转差率 s_m 不变。其机械特性如图 6-25 所示。

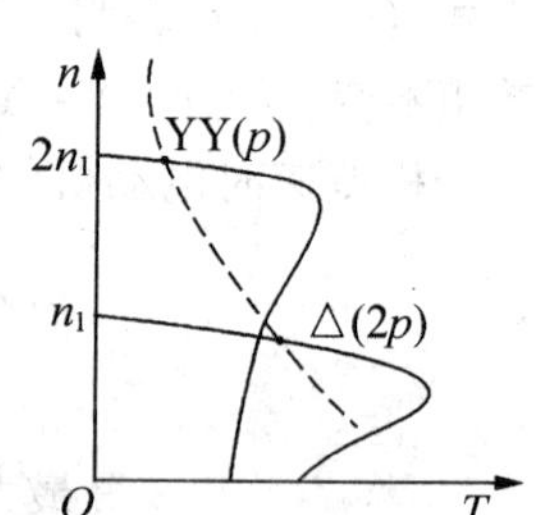

图 6-25　变极调速机械特性（△-YY 变换）

6.4.2　变频调速

异步电动机变频调速是交流调速的主要研究和发展方向，通过改变供电电源的频率，可以得到很大的调速范围、很好的调速平滑性和足够硬度的机械特性，在各种异步电动机调速方法中效率最高、性能最好。

1. 变频调速的基本控制规律　根据异步电动机的转速公式 $n=\frac{60f_1}{p}(1-s)$ 可知，当转差率 s 变化不大时，异步电动机的转速 n 基本上与电源频率 f_1 成正比。因此，连续调节电源频率，就可以平滑地改变电动机的转速，实现变频调速。

异步电动机运行时，若忽略定子漏阻抗压降，则可以认为

$$U_1\approx E_1=4.44f_1N_1k_{w1}\Phi_0\tag{6-47}$$

对于已选定的电动机，N_1、k_{w1} 是常数。若定子电压 U_1 保持不变，只降低频率 f_1，则主磁通 Φ_0 增大，这将导致电动机铁芯磁路过分饱和，励磁电流增大，电动机严重发热，功率因数大大降低，铁芯损耗增加。同样，保持电压 U_1 不变，当提高 f_1 时，主磁通 Φ_0 减小，电磁转矩及最大转矩下降，过载能力降低，电动机容量得不到充分利用而造成浪费。因此，在变频调速时，为了保持主磁通 Φ_0 不变，在调节频率 f_1 的同时，要改变定子电压 U_1。U_1 随 f_1 变化的规律，一方面决定于对调速性能的要求，另一方面决定于所带负载的性质。

一般认为，异步电动机在变频调速时，无论带何种负载，若能保持电动机的过载能力不变，则电动机的运行性能较为理想。电动机过载能力的大小可反映为

$$\lambda_T = \frac{T_m}{T_N} \tag{6-48}$$

最大转矩可计算为

$$T_m = \frac{m_1 p U_1^2}{4\pi f_1 \left[R_1 + \sqrt{R_1^2 + (X_1 + X_2')^2}\right]} \tag{6-49}$$

式（6－49）中，$X_1 + X_2' = 2\pi f_1(L_1 + L_2')$，将其代入式（6－49），并考虑到当频率 f_1 较高时，$X_1 + X_2' >> R_1$，将 R_1 略去，化简并将其代入式（6－48），可得

$$\lambda_T = \frac{m_1 p U_1^2}{4\pi f_1 (X_1 + X_2') T_N} = \frac{m_1 p U_1^2}{8\pi^2 f_1^2 (L_1 + L_2') T_N} = C\frac{U_1^2}{f_1^2 T_N} \tag{6-50}$$

式中，$C = \dfrac{m_1 p}{8\pi^2 (L_1 + L_2')}$为常数；$L_1$、$L_2'$为定、转子绕组的漏电感。

设变频后频率、定子电压和额定转矩相应变为 f_1'、U_1'、T_N'，为了使频率变化前后电动机具有相同的过载能力，则定子电压应根据下列规律来调节：

$$\frac{U_1^2}{f_1^2 T_N} = \frac{U_1'^2}{f_1'^2 T_N'}$$

即

$$\frac{U_1'}{U_1} = \frac{f_1'}{f_1}\sqrt{\frac{T_N'}{T_N}} \tag{6-51}$$

式（6－51）表明，变频调速时，U_1 随 f_1 的调节规律和负载的性质有关。根据负载类型的不同，通常将异步电动机变频调速分为恒转矩变频调速和恒功率变频调速。

（1）恒转矩变频调速：对于恒转矩负载，$T_N = T_N'$，由式（6－51）可得

$$\frac{U_1}{f_1} = \frac{U_1'}{f_1'} = 常数 \tag{6-52}$$

由式（6－47）、式（6－50）和式（6－52）可知，恒转矩变频调速时若能保持 $U_1/f_1 =$ 常数，则既保证电动机的过载能力不变，又满足主磁通不变的要求。这说明变频调速特别适用于恒转矩负载。

（2）恒功率变频调速：对于恒功率负载，调速过程中要求输出功率不变，即

$$P_N = \frac{T_N n_N}{9550} = \frac{T_N' n_N'}{9550} = 常数 \tag{6-53}$$

由于异步电动机的转速与电源频率成正比，式（6－53）可变为

$$\frac{T_N'}{T_N} = \frac{n_N}{n_N'} = \frac{f_1}{f_1'} \tag{6-54}$$

将式（6－54）代入式（6－51）并化简得

$$\frac{U_1}{\sqrt{f_1}} = \frac{U_1'}{\sqrt{f_1'}} = 常数 \tag{6-55}$$

由式（6－47）、式（6－50）和式（6－55）可知，恒功率变频调速时，若能保持 $U_1/\sqrt{f_1} =$ 常数，则保证电动机的过载能力不变，但主磁通改变。

如果此时按恒转矩调速满足 $U_1/f_1 =$ 常数的条件，则主磁通基本不变，但电动机的过载能力改变。

2. 变频调速时的机械特性　变频调速时电动机的机械特性可用下列计算公式表示：

$$\left.\begin{aligned}
&\text{同步转速} && n_1=\frac{60f_1}{p}\propto f_1\\
&\text{临界点转速降} && \Delta n_{\mathrm{m}}=s_{\mathrm{m}}n_1\approx\frac{R_2'}{2\pi f_1(L_1+L_2')}\cdot\frac{60f_1}{p}=\frac{30R_2'}{\pi p(L_1+L_2')}\\
&\text{最大转矩} && T_{\mathrm{m}}\approx\frac{m_1p}{8\pi^2(L_1+L_2')}\left(\frac{U_1}{f_1}\right)^2\\
&\text{启动转矩} && T_{\mathrm{st}}\approx\frac{m_1pR_2'}{8\pi^3(L_1+L_2')^2}\left(\frac{U_1}{f_1}\right)^2\frac{1}{f_1}
\end{aligned}\right\}\qquad(6-56)$$

下面以电动机额定频率$f_{1\mathrm{N}}$为基准频率（简称基频），分基频以下变频调速和基频以上变频调速两种情况讨论。

（1）基频以下变频调速：为了防止磁路饱和，当f_1从基频向下调节时，应保持U_1/f_1=常数，即恒转矩调速。此时，同步转速n_1与频率f_1成正比变化，临界点转速降Δn_{m}和最大转矩T_{m}不变，启动转矩T_{st}增大，其机械特性曲线随频率的降低而向下平移，如图6-26中的虚线所示。

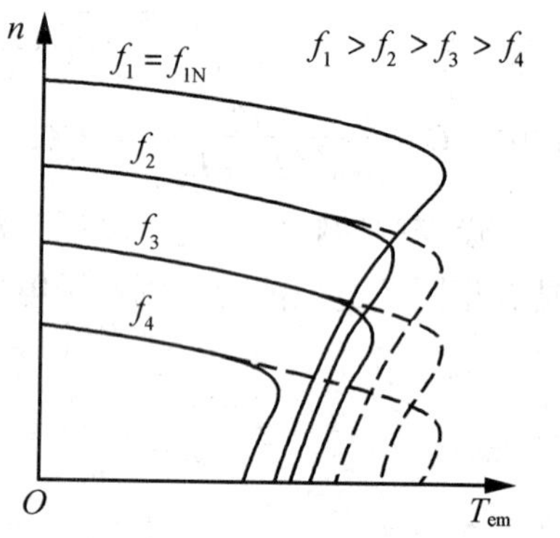

图6-26　U_1/f_1=常数时变频调速机械特性

注意，式（6-56）是在忽略定子电阻R_1的前提下得到的。但当f_1较低时，X_1+X_2'减小很多，R_1的影响不能忽略。此时，即使保持U_1/f_1=常数，也会因R_1的影响而使T_{m}减小。f_1越低，R_1的影响越大，T_{m}降低越多，低频时过载能力越差。为保证电动机在低速时有足够大的最大转矩T_{m}，必须适当提高定子电压U_1，使U_1/f_1的值随f_1的降低而增加，这样才能获得图6-26中的虚线所示的机械特性。

（2）基频以上变频调速：当f_1从基频向上调节时，由于电动机绕组是按额定电压等级设计的，超过额定电压，电动机运行将受到绕组绝缘强度的限制，因此定子电压U_1不能超过额定电压$U_{1\mathrm{N}}$，最多只能保持$U_1=U_{1\mathrm{N}}$。此时主磁通Φ_0与频率f_1成反比降低，同步转速n_1与频率f_1成正比变化，临界点转速降Δn_{m}不变，最大转矩T_{m}和启动转矩T_{st}均随频率f_1的增大而减小，其机械特性如图6-27所示。这近似为恒功率调速，相当于直流电动机弱磁调速的情况。

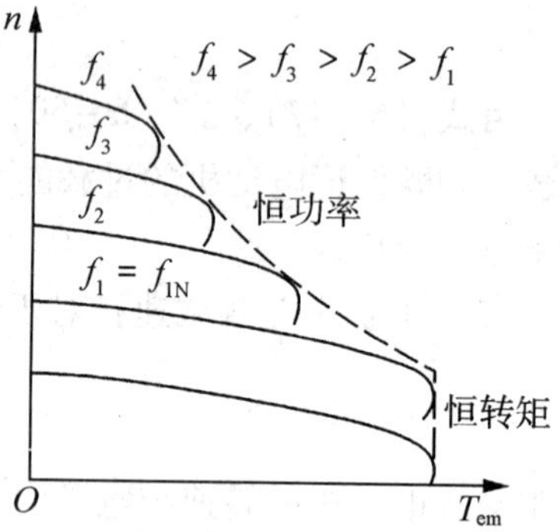

图6-27　恒转矩恒功率变频调速机械特性

异步电动机变频调速的优点是调速范围宽、平滑性好、效率高，具有优良的静态和动态特性，是异步电动机调速最有发展前途的一种方法，目前已广泛应用于冶金、采矿、化工及机械制造等诸多领域。其缺点是必须配有专用的变频电源，恒转矩调速时，低速段电动机的过载能力大大降低，甚至带不动负载。目前，实用的异步电动机变频调速系统主要有四种控制方法：恒压频比控制、转差频率控制、矢量控制和直接转矩控制。这些内容将在本专业的后续课程中介绍。

6.4.3　变转差率调速

根据电机学理论，异步电动机从定子经气隙传递到转子侧的电磁功率P_{em}转换为总机械功率$(1-s)P_{\mathrm{em}}$和转差功率sP_{em}。变极调速和变频调速都是通过改变同步转速n_1来改变电动机的转速，其转差功率仅由转子铜损耗组成，基本不变。从能量转换角度看，此类交流调速方法的效率最高，因此又称为转差功率不变型调速。变转差率调速时，其转差功率与转差率成正比，根据转差功率全部消耗掉或回馈给电网，变转差率调速分为转差功率消耗型和转差功率回馈型。转差功率消耗型常见的实现方法有绕线型转子串联电阻调速、定子调压调速和电磁滑差离合器调速等，由于其转差功率全部转换为热能，所以效率最低。转差功率回馈型常见的实现方法是绕线型转子串级调速，由于其转差功率大部分回馈电网，所以效率较高。

1. 绕线型异步电动机转子串联电阻调速　由前面的讨论可知，绕线型异步电动机转子回路串联电阻后，n_1、T_m 不变，s_m 随外接电阻的增大而增大，其机械特性如图 6－28 所示。对于恒转矩负载，转子回路串联的电阻阻值越大，转速越低，从而达到调速的目的。

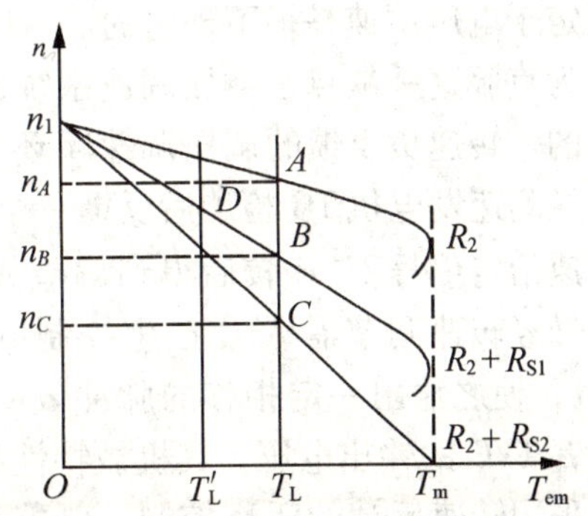

图 6－28　绕线型转子串联电阻调速机械特性

根据所需转速很容易求出转子回路应串联的电阻。对于电动机机械特性实用表达式（6－13），如果考虑$\frac{s}{s_m} << \frac{s_m}{s}$，则可以得到机械特性的实用线性表达式为

$$T_{em} = \frac{2T_m}{s_m}s \tag{6-57}$$

转子回路串联电阻时，最大转矩 T_m 不变，由式（6－57）可得

$$\frac{s_m}{s}T_{em} = 2T_m = 常数 \tag{6-58}$$

设转子回路串联电阻前转差率、电磁转矩分别为 s、T_{em}，转子回路串联电阻后转差率、电磁转矩分别为 s'、T'_{em}，并考虑到临界转差率与转子电阻成正比，由式（6－58）可得

$$\frac{R_2}{s}T_{em} = \frac{R_2 + R_S}{s'}T'_{em} \tag{6-59}$$

则转子回路串联的电阻为

$$R_S = \left(\frac{s'T_{em}}{sT'_{em}} - 1\right)R_2 \tag{6-60}$$

当采用恒转矩调速时，$T_{em} = T'_{em}$，则

$$R_S = \left(\frac{s'}{s} - 1\right)R_2 \tag{6-61}$$

这种调速方法的优点是设备简单、实现方便。其缺点是调速不平滑，低速运行时转子回路消耗的转差功率大，运行效率低；同时低速时的机械特性较软，当负载转矩波动时将引起较大的转速变化，即运行的稳定性较差。绕线型异步电动机转子串联电阻调速主要用于对调速性能要求不高的生产机械，如桥式起重机、通风机、轧钢辅助机械等。

2. 定子调压调速　由前面的讨论可知，改变异步电动机定子电压后，n_1、s_m 不变，T_m、T_{st}与电压 U_1的平方成正比变化，其机械特性如图 6－29 所示。对于通风机类负载（图 6－29 中的曲线 1），稳定运行区不受 s_m 的限制，电动机在全段机械特性曲线上都能稳定运行，不同电压下稳定工作点分别为 a_1、b_1、c_1，调速范围较大；对于恒转矩负载，稳定运行区限制在 $0 < s < s_m$，电动机只能在机械特性曲线的线性段稳定运行，不同电压下的稳定工作点分别为 a_2、b_2、c_2，调速的范围很小，往往满足不了电动机调速的要求。

为了扩大带恒转矩负载时电动机的调速范围，需要采用转子电阻较大的高转差率异步电动机，其机械特性如图6－30所示。显然，即使对于恒转矩负载，也能获得较宽的调速范围。但是，这种电动机低速时的机械特性太软，静差率和运行稳定性不能满足生产工艺的要求，因此单纯改变定子电压调速是很不理想的。

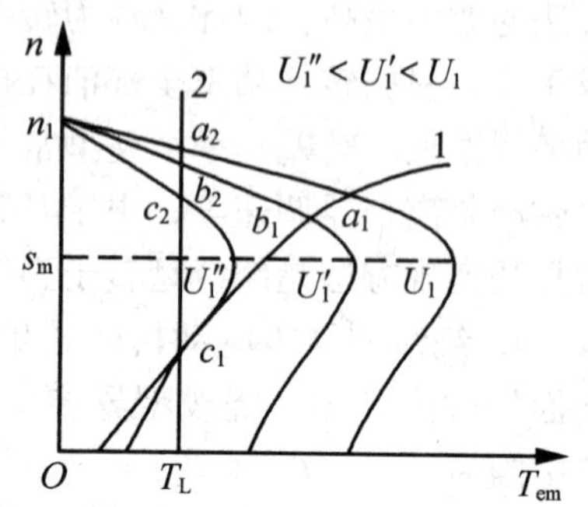

图6－29　定子调压调速时的机械特性

1. 通风机类负载机械特性曲线

2. 恒转矩负载机械特性曲线

为克服这一缺点，调压调速系统通常采用如图6－31a所示的带转速负反馈的调压调速闭环控制系统。电动机转速n经测速发电机TG检测后反馈一个正比于n的电压U_n，与转速给定信号U_n^*比较后得到偏差$\Delta U_n = U_n^* - U_n$。该偏差信号经转速调节器ASR产生控制电压U_c并送至触发电路GT，使之输出一定相移的脉冲α，从而改变晶闸管调压装置TVC的输出电压。其机械特性如图6－31b所示。显然，采用转速反馈的闭环控制，既能提高低速时机械特性的硬度，满足一定的静差率要求，获得较宽的调速范围，又能保证电动机具有一定的过载能力。

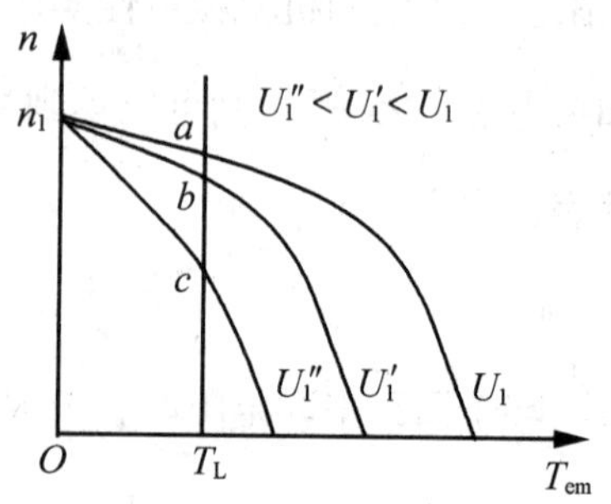

图6－30　高转差率电动机定子调压调速时的机械特性

现分析定子调压调速时电动机的容许输出。电磁转矩计算公式为

$$T_{em} = \frac{P_{em}}{\Omega_1} = \frac{m_1 I_2'^2 R_2'/s}{\Omega_1} \qquad (6-62)$$

为使电动机得到充分利用，调速过程中转子电流$I_2' = I_{2N}' =$恒值，则$T_{em} \propto \frac{1}{s}$，即$T_{em} \propto n$。因此，这种调速方法既不属于恒转矩调速，又不属于恒功率调速。

定子调压调速的优点是调速装置简单、价格便宜，最适用于转矩随转速降低而减小的负载（如通风机负载），也可用于恒转矩负载，最不适用于恒功率负载。其缺点是低速运行时损耗大、效率低且转速稳定性差。

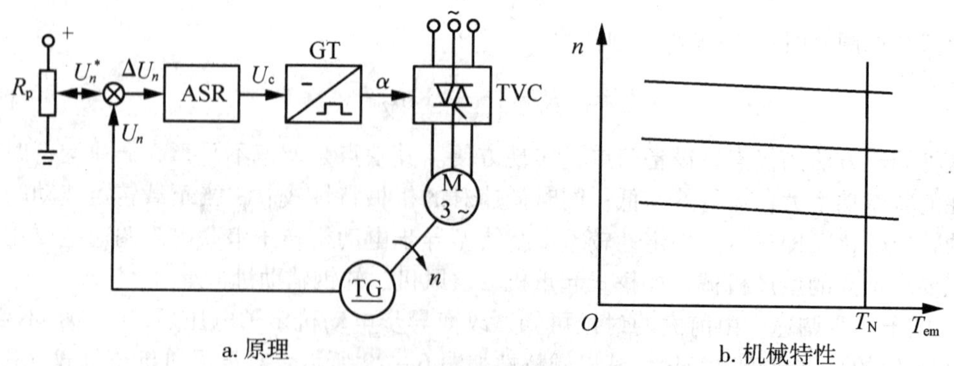

a. 原理　　b. 机械特性

图6－31　带转速负反馈的调压调速闭环控制系统

3. 电磁滑差离合器调速　电磁滑差离合器调速实际上是一个由笼型异步电动机、电磁滑差离合器和控制装置组成的机电结合式调速系统，又称为滑差电动机或电磁调速异步电动机。其结构如图6－32所示。

该系统中起调速作用的部件是电磁滑差离合器，它主要由电枢和磁极两个旋转部分组成（图6－33a）。电枢与电动机同轴相连，由电动机带动旋转，属于主动部分，通常用整块铸钢加工而成，形状像杯子。磁极与负载相连，属于从动部分，由铁芯和励磁绕组组成，励磁绕组通过滑环和电刷与直流电源或晶闸管整流装置连接。直流电源或晶闸管整流装置提供励磁电流。

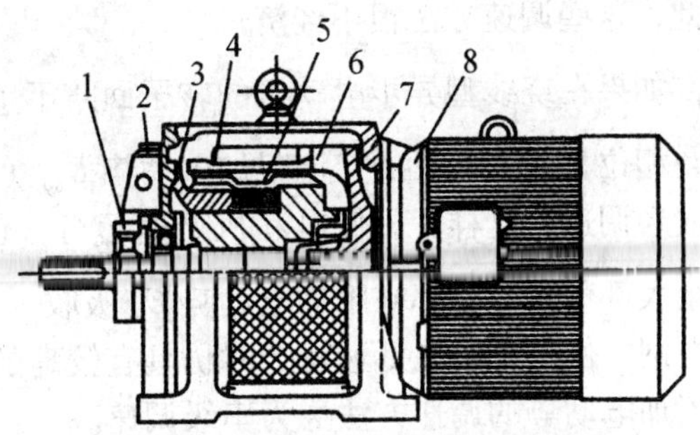

图6－32　电磁调速异步电动机的结构

1. 测速发电机　2. 端盖　3. 托架　4. 磁极　5. 励磁线圈　6. 电枢　7. 机座　8. 拖动电动机

电磁滑差离合器又称为电磁转差离合器，其作用原理基于电磁感应原理。磁极上的励磁绕组中通过直流电流后产生磁场，如图6－33b所示，当笼型异步电动机带动电磁滑差离合器的电枢部分以转速 n 逆时针方向旋转时，电枢切割磁场产生涡流，其方向由右手定则判定。该涡流受磁极磁场作用，产生作用在电枢上的电磁力 F 和电磁转矩 T_{em}，根据左手定则可以判定 T_{em} 的方向与电枢旋转方向相反，为制动转矩，而磁极则受到与 T_{em} 大小相等、方向相反的电磁转矩 T'_{em} 的作用。在 T'_{em} 作用下，与磁极相连的负载以转速 n' 沿着电枢旋转方向转动，且 $n'<n$ 。改变励磁电流的大小可以改变电磁转矩 T'_{em} 的大小，从而达到调速的目的。

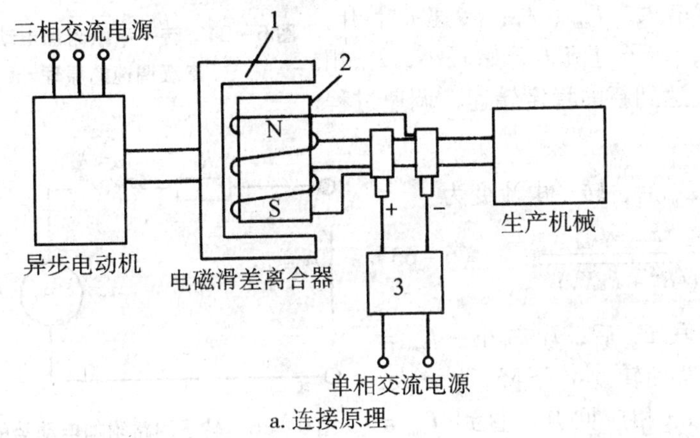

a. 连接原理

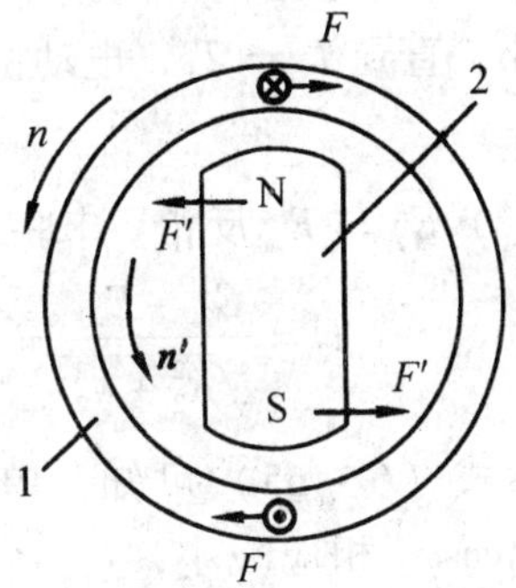

b. 电磁滑差离合器工作原理

图6－33　电磁调速异步电动机的原理

1. 电枢　2. 磁极　3. 晶闸管整流器

需要注意两点：①只有当励磁绕组中通过励磁电流在气隙中建立磁场后，电枢中才能产生感应电动势和电流，进而产生电磁转矩，使磁极跟随电枢旋转；②磁极的转速 n' 必须小于电枢的转速 n ，即两者之间必须有转差，电磁滑差离合器才能工作。

电磁滑差离合器的优点是结构简单、运行可靠、价格便宜、维护方便，可实现无级调速。其缺点是低速运行时损耗大、效率低。电磁调速异步电动机主要用于风机、泵类的变速传动，也广泛用于纺织、造纸、印染、船舶、冶金和电力等工业部门的许多生产机械。例如，火力发电厂中的锅炉给煤机的原动机就使用这种电动机。

4. 绕线型异步电动机的串级调速　前面讲的几种改变转差率的调速方法都伴随有转差功率 sP_{em} 的产生并将其消耗掉，而且转速越低，损耗越大。特别地，对于转子串联电阻调速和改变定子电压调速，这部分功率除消耗在转子本身的电阻上外，大部分消耗在串联电阻上。

因此，这些调速方法很不经济。

如果在绕线型异步电动机的转子回路不串联电阻，而是串联一个与转子电动势 $\dot{E}_{2s}$ 频率相同、相位相同或相反的交流附加电动势 $\dot{E}_{ad}$（图 6－34），通过改变 $\dot{E}_{ad}$ 的幅值和相位，同样可以实现调速。这样，即使电动机低速运行，也只有少量的转差功率消耗在转子绕组电阻上，其余大部分转差功率被附加电动势 $\dot{E}_{ad}$ 吸收。利用产生 $\dot{E}_{ad}$ 的装置，可以把这部分转差功率回馈电网，使电动机在低速运行时仍具有较高的效率。这种在绕线型异步电动机转子回路中串联附加电动势的调速方法称为串级调速。

转子回路串联附加电动势 $\dot{E}_{ad}$ 的等效电路如图 6－35 所示。下面分两种情况讨论。

（1）$\dot{E}_{2s}$ 与 $\dot{E}_{ad}$ 同相：在未串联 $\dot{E}_{ad}$ 时，转子电流为

$$I_2=\frac{E_{2s}}{\sqrt{R_2^2+X_{2s}^2}}=\frac{sE_2}{\sqrt{R_2^2+(sX_2)^2}} \tag{6-63}$$

在串联 $\dot{E}_{ad}$ 后，转子电流变为

$$I_2=\frac{E_{2s}+E_{ad}}{\sqrt{R_2^2+X_{2s}^2}}=\frac{sE_2+E_{ad}}{\sqrt{R_2^2+(sX_2)^2}} \tag{6-64}$$

由式（6－64）可知，串联 $\dot{E}_{ad}$ 后，转子电流 I_2 增大，电磁转矩 $T_{em}=C_T\Phi_0 I_2'\cos\varphi_2$ 相应增大，$T_{em}>T_L$，转速 n 上升，转差率 s 减小；随着 s 的减小，转子电流 I_2 开始减小，T_{em} 相应减小，直到 $T_{em}=T_L$，电动机达到新的稳定转速，调速过程结束。

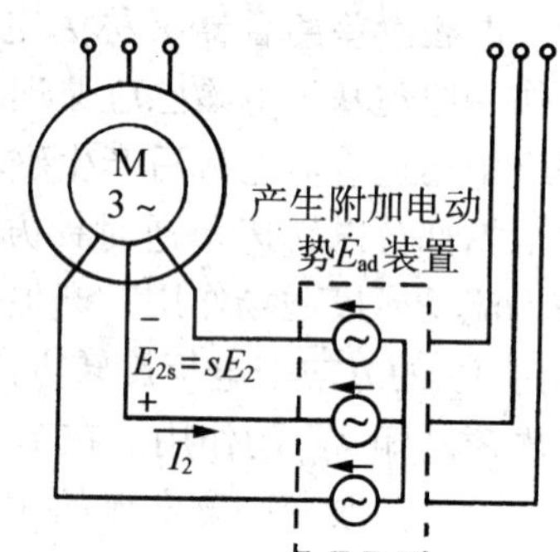

图 6－34　转子串联附加电动势串级调速的原理

（2）$\dot{E}_{2s}$ 与 $\dot{E}_{ad}$ 反相：串联 $\dot{E}_{ad}$ 后，转子电流变为

$$I_2=\frac{E_{2s}-E_{ad}}{\sqrt{R_2^2+X_{2s}^2}}=\frac{sE_2-E_{ad}}{\sqrt{R_2^2+(sX_2)^2}} \tag{6-65}$$

由式（6－65）可知，串联 $\dot{E}_{ad}$ 后，I_2 减小，$T_{em}=C_T\Phi_0 I_2'\cos\varphi_2$ 相应减小，$T_{em}<T_L$，转速 n 下降，s 增大；随着 s 的增大，I_2 开始回升，T_{em} 相应回升，直到 $T_{em}=T_L$，电动机达到新的稳定转速，调速过程结束。

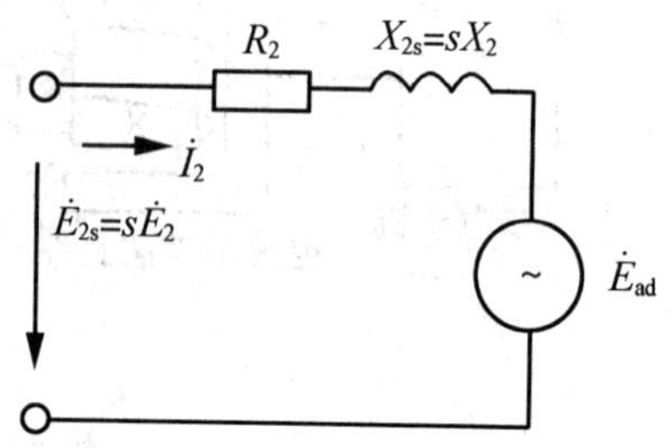

图 6－35　转子回路附加电动势的等效电路

绕线型异步电动机串级调速的机械特性如图 6－36 所示。当 $\dot{E}_{2s}$ 与 $\dot{E}_{ad}$ 同相位时，机械特性曲线基本上平行上移，电动机加速，$\dot{E}_{ad}$ 越大，稳定转速越高，当 $\dot{E}_{ad}$ 幅值足够大时，电动机转速将达到甚至超过同步转速，称为超同步串级调速。此时，产生 $\dot{E}_{ad}$ 的装置向转子回路输入电能，同时电源也向定子回路输入电能，因此又称为双馈运行。当 $\dot{E}_{2s}$ 与 $\dot{E}_{ad}$ 反相位时，机械特性曲线基本上平行下移，电动机向下调速，称为低同步串级调速。此时，产生 $\dot{E}_{ad}$ 的装置从转子回路吸收电能并回馈电网。

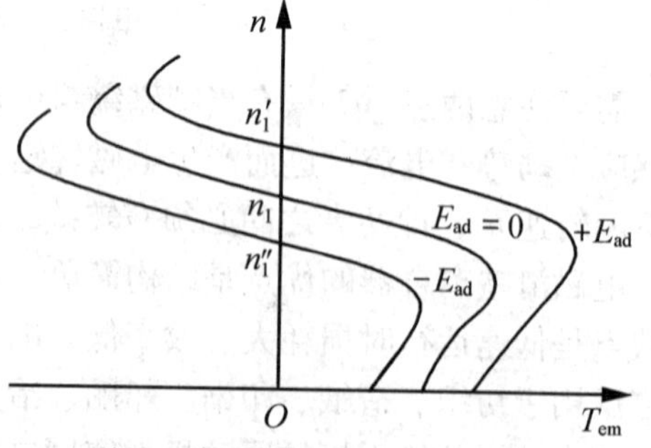

图 6－36　绕线型异步电动机串级调速机械特性

串级调速的优点是机械特性较硬、效率高、可以实现无级调速，其缺点是产生附加电动势 $\dot{E}_{ad}$ 的装置比较复杂，成本较高，且低速运行时电动机的过载能力较低。串级调速主要适用于调速范围不太大（一般为2~4）的机械，如通风机和提升机等。

6.5 三相异步电动机常见故障分析与排除

三相异步电动机使用不当或使用太久，发生故障是难免的。一般情况下，可将三相异步电动机主要故障分为电气故障和机械故障两大类，下面分别介绍。

6.5.1 电气故障

电气故障的种类很多，表现形式各种各样，大致分为定子绕组接地、短路、断路以及定子铁芯和转子绕组等故障。当出现电气故障时一般会造成电动机不启动或运转不正常。

1. 定子绕组接地故障　定子绕组接地故障通常指绕组与铁芯或机壳间的绝缘损坏而出现的接地现象。绕组接地后，会引起电流增大，绕组发热甚至将绝缘烧坏，严重时会造成相间短路，电动机不能正常工作，同时伴有振动和响声。

（1）故障原因：定子绕组接地故障的产生主要有以下原因。

1）绝缘热老化：电动机使用太久，或经常过载运行，导致绕组及引线的绝缘热老化，降低或丧失绝缘强度而引起电击穿，导致绕组接地。

2）机械性损伤：下线时槽内绝缘物被铁芯毛刺刺破，或下线整形时槽口绝缘物被压裂，使绕组碰触铁芯。

3）局部烧损：由于轴承损坏或其他机械故障，造成定、转子相互摩擦，铁芯产生局部高温并烧损主绝缘而接地。

4）铁磁损坏：槽内或线圈上附有铁磁物质，在交变磁通作用下产生振动，将绝缘磨破。若铁磁物质较大，还会产生涡流，引起绝缘局部热损坏。

（2）故障判断：定子绕组是否接地可用以下方法进行判断。

1）观察法：绕组接地故障易发生在绕组端部和槽口，观察是否有破裂和焦黑的痕迹，若出现焦黑，说明故障点发生在此部位。

2）验电笔法：电动机通电，用验电笔检测机壳，若验电笔中氖灯发亮，则说明绕组有接机壳处。

3）万用表法：将万用表旋至 $R\times10\text{k}\Omega$ 挡，一支表笔与电动机的外壳接触，另一支表笔分别触碰三相绕组的接线端，如果绝缘电阻为零，说明该绕组短路。

4）兆欧表法：用兆欧表检查时，首先应根据被测电动机的电压选择兆欧表的电压等级。一般500V以下的低压电动机可选用500V的兆欧表；500V以上的电动机可选用1000~2500V的兆欧表。将兆欧表接在电动机外壳与绕组组成的电路中，测量其绝缘电阻。若兆欧表示数为零，说明绕组接地；若示数在0.5MΩ以下或接近零，说明绕组严重受潮或绝缘程度很差，这时应对电动机进行烘干处理或深入检查；若示数在0.5MΩ以上，说明电动机绝缘状况尚好，仍可继续投入使用。

5）试灯法：将隔离变压器二次绕组的一端接机壳，另一端经220V/100W灯泡分别与每相绕组的接线端相连。若绕组绝缘良好，则灯泡不亮，否则灯泡亮。

（3）故障处理：在查找到三相异步电动机定子绕组接地故障的确切位置后，应根据绕组故障点具体损坏情况选择维修方法。一般地说，除非电动机绕组绝缘已严重老化变脆，通常均可采用局部维修的方法进行修复。

若故障点发生在槽附近，且没有严重烧损，则不必拆出线圈，只需在接地处的导线和铁芯之间插入绝缘材料并涂上绝缘漆即可。若绕组受潮，需将绕组预烘（60～80℃），然后浇上绝缘漆并烘干（120℃左右），直到绕组对地绝缘电阻大于0.5MΩ。若绕组严重受潮，绝缘物老化脱落，且接地点较多，或接地点在槽内，一般应更换绕组。

2. 定子绕组短路故障　定子绕组短路指线圈导线绝缘损坏，使相邻的线匝直接相通，引起电流变大、线圈发热等现象。绕组短路严重时，电动机根本不能启动；若短路匝数少，电动机虽能启动，但电流很大且三相不平衡，导致电磁转矩不平衡，电动机产生振动并发出“嗡嗡”声。另外，由于短路线匝中流过很大电流，绕组迅速发热、冒烟，发出焦臭味甚至烧坏。常见的短路故障有相间短路和匝间短路。

（1）故障原因：定子绕组短路故障的产生主要有以下原因。

1）电动机长期过载运行，导致绝缘物老化脱落。

2）绕组受潮严重，未经烘干处理就连接电源，造成电源电压击穿绝缘。

3）维修中碰伤绝缘物，或绕组端部、层间、相间绝缘纸未垫好。

（2）故障判断：定子绕组是否短路可用以下方法进行判断。

1）外部观察法：首先通电让电动机空载运转10min左右（如发现电动机冒烟或发出焦臭味，应立即断电），然后停车并迅速拆开端盖，用手触摸绕组端部。若有一个或一组绕组的端部温度明显高于其他绕组，说明短路点即在此处；也可仔细观察绕组端部，若存在黑色烧焦痕迹，说明这部分绕组极有可能存在短路故障。

2）万用表或兆欧表法：将三相绕组的头尾接线头拆开，用万用表或兆欧表测量绕组相间电阻，阻值很小或为零的即为短路相。

3）电阻法：用万用表或电桥测量三相绕组的直流电阻，阻值过小的一相绕组可能短路。注意，测量时，被测绕组接头的绝缘漆必须清理干净，否则会产生很大误差。

4）短路侦察器法。短路侦察器又称为开口变压器，由H形铁芯和励磁线圈构成。测量时，将铁芯跨放在被检测的定子铁芯槽口上，励磁线圈中通过交流电，产生的磁通 Φ_1 与被测线圈相交链，如图6－37所示。此时，侦察器与定子的一部分组成一个变压器，侦察器的铁芯与定子铁芯组成变压器磁路，侦察器的励磁线圈相当于变压器一次绕组，而被检测的定子绕组相当于变压器二次绕组。拿一块薄铁片放在被测绕组另一侧槽口上，若被检测的定子绕组线圈中有短路故障，相当于变压器二次绕组短路，电流表读数增大，短路线圈产生的磁通 Φ_2 经铁片形成回路，把铁片吸附在定子铁芯上，并发出“吱吱”声。需要说明的是，使用该方法检测△接法或多支路的绕组时，应把并联点拆开，以切断其回路。

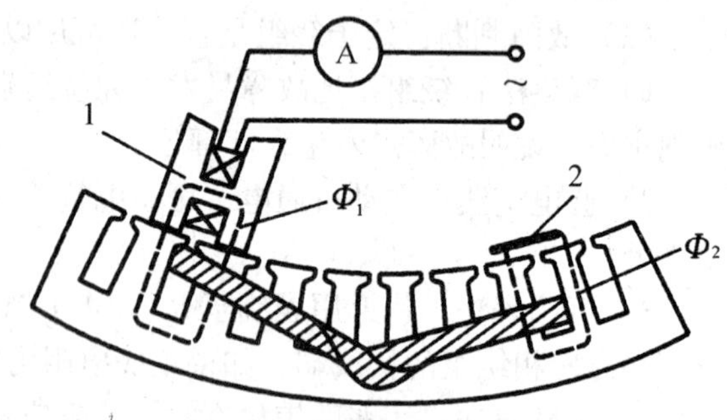

图6－37　用短路侦察器检查匝间短路
1. 短路侦察器　2. 铁片

（3）故障处理：将定子绕组短路故障点找出后，可根据具体损坏情况进行维修。若短路点在线圈表层且不严重，可将定子绕组加热至120℃左右，待线圈软化后，用胶木板条把受损伤的绕组挑起，垫上绝缘纸、涂上绝缘漆并放回原处，整理绑扎后再涂以绝缘漆烘干即可。若短路故障采用局部维修有困难，可将发生短路故障的少数线匝裁除。其方法具体介绍如下：

首先，把绕组加热到70～80℃（或刷上浓度为90%的酒精静置30min），待绝缘漆软化后将线圈拨开；然后，用钳子将短路线圈的端部断开并抽出槽外；最后，将完好的线圈连接包扎起来即可。若短路故障比较严重或故障点难以处理，则必须更换绕组。

3. 定子绕组断路故障　定子绕组断路指导线、连接线、引出线等断开或接线头脱落。三相异步电动机绕组发生断路故障后将无法正常运行。如果是一相断路，Y接法的电动机通电后不能自行启动；△接法的电动机虽能自行启动，但三相电流极不平衡，其中一相电流比另外两相约大70%，且转速低于额定值。

定子绕组断路故障常发生在线圈端部、极相组间连接线及三相绕组的引出线等位置。造成绕组断路的主要原因有绕组导线受外力作用而断开，引出线焊接不良，压接端子压接不牢，接线盒接线端紧固件未拧紧，电动机电流过大等。

定子绕组断路故障的常用检查方法有以下几种：

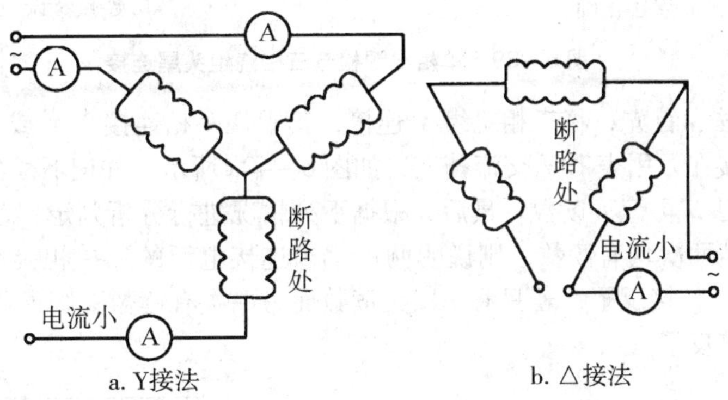

图6－38　三相电流平衡法检测绕组断路

（1）万用表法：如果绕组为Y接法，用万用表分别测量各相绕组，表针不动的一相便是断路相。如果绕组为△接法，先将三相绕组的头尾全部拆开，再用万用表（或兆欧表）分别测量，表针不动的一相便是断路相。

（2）电阻平衡检测法：先用电桥（或万用表的欧姆挡）测量各相绕组的直流电阻，阻值偏大的那一相可能有断股或支路断路，再分组寻找，便可查出故障线圈。

（3）三相电流平衡法：如果绕组为Y接法，如图6－38a所示，将电动机空载运行，并用电流表测量其三相空载电流，若三相电流不平衡且又无绕组短路的迹象，则电流较小的一相就是存在断路的一相。如果绕组为△接法，如图6－38b所示，应将接头拆开，用电流表分别测量各相电流，电流较小的一相就是存在断路的一相。

若绕组断路故障由引出线端头的断裂、焊接不良或松脱等引起，可重新接线、焊接或更换引出线后并用同级绝缘包扎好。若断路故障点位于铁芯槽外的端部，应将断裂的一根或多根导线仔细分清核对，重新连接并焊好。若断路故障点位于铁芯槽内，应视断路故障点的具体位置和线圈及绝缘材料的老化程度，确定更换单个断路线圈还是更换全部绕组。

4. 定子绕组接错故障　如果定子绕组出现接线错误，电动机有可能出现启动困难、噪声刺耳及三相电流不平衡等现象，严重时甚至无法启动，并发出低沉吼声和剧烈振动，如不及时停车，电动机绕组可能冒烟并烧毁。定子绕组接线错误主要有两种：①绕组引出线头尾接反；②绕组内部个别线圈或极相绕组接错。

发现绕组出现接线错误的故障时，首先检查三相绕组首末端及其连接是否正确，其次检查内部个别线圈或极相绕组及其连接。电动机定子绕组接错故障常用的检查方法如下：

（1）灯泡法检查相序：如图 6－39 所示，将任意两相串联起来连接 36V 交流电源，第三相的两端连接 24V 或 36V 灯泡，此时灯泡上的电压是两相绕组感应电动势的矢量和。若灯亮，则说明两相绕组为顺向串联，即一相绕组的首端与另一相绕组的末端相连；若灯不亮，则说明两相绕组为反向串联，即一相绕组的末端与另一相绕组的末端相连。用同样的方法可确定第三相的始端和末端。

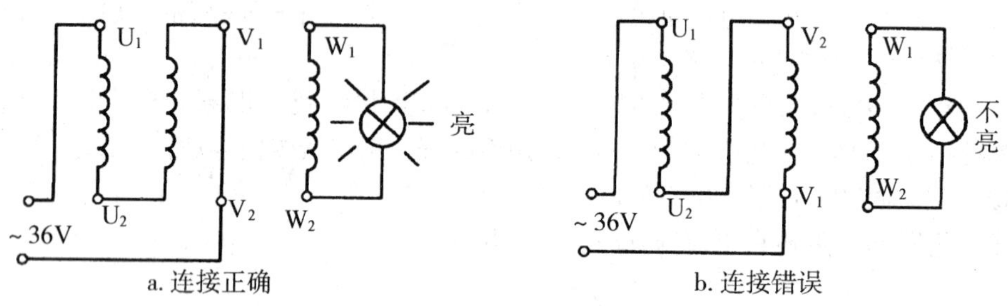

图 6－39　单相电源检查三相绕组头尾连接

（2）万用表法：首先，将三相绕组 Y 连接，其中任一相连接 24V 或 36V 低压交流电源，其他两相出线端接在万用表 10V 交流挡上，如图 6－40a 所示，并记下读数。然后，改接为图 6－40b 所示的接法，再记下读数。最后，根据下列情况进行分析判定：若两次均无读数，则说明接线正确；若两次均有读数，则说明两次都未连接电源的那一相接反了，即图6－40 的中间一相（V_1-V_2）接反了；若只有一次无读数而另一次有读数，则说明无读数的那次连接电源的一相绕组接反了。

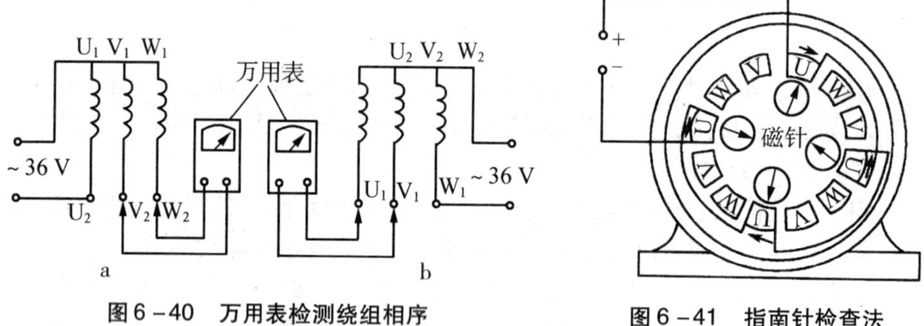

图 6－40　万用表检测绕组相序

图 6－41　指南针检查法

（3）指南针法：对于个别绕组或极相绕组接错或嵌反，可采用指南针法进行检查。如图 6－41 所示，将定子横放，将某相绕组两端通入低压直流电源，用一只指南针沿定子内圆周移动。若指南针在每一个极相绕组内方向不变，在相邻两个极相绕组上方向轮流变化，则表示绕组接线正确。反之，若在相邻两个极相绕组上指南针方向均相同，则表示一个极相绕组接反。若在一个极相绕组中指南针指向轮流变化，则表示该极相绕组中有的接线嵌反。若指南针方向指示不清楚，则说明电源电压太低。此时，应该先提高电源电压，再进行检查。

5. 笼型转子断条故障　三相笼型异步电动机的转子绕组为铸铝的鼠笼条和端环，一般不易损坏。但是，如果材料质量、制造工艺、结构设计差，或者启动频繁、操作不当、急促的正反转等造成剧烈冲击，就有可能导致笼型转子的损坏。笼型转子断条后，将出现转矩减小、负载运行时转速下降、启动困难、电磁噪声及振动加剧等问题，并严重影响电动机正常运行。

（1）检查方法：笼型异步电动机转子断条故障的检查方法主要有以下几种。

1）观察法：电动机启动时，先仔细观察定子与转子之间的气隙，看是否有火光闪现，若有，说明笼型转子极有可能已产生断条故障。然后拆开电动机两侧的端盖，将转子抽出，察看转子铁芯表面，特别是转子的端环与导条交接处，若发现有青蓝色的过热变色现象，则说明该处就是断裂处。

2）铁粉检查法：这种方法利用的是电磁感应原理，如图6－42所示。转子的两端环接变压器的二次侧，缓慢调节调压器，使其输出电压从零开始逐渐增大，当电流表指示为10A时，停止调节。此时，转子导条中有电流流过，并在其周围形成磁场。将细铁粉撒在转子铁芯表面，若铁粉能按铁芯槽的方向整齐排列，则说明该笼型转子绕组没有断条故障；若转子铁芯某槽不能吸附铁粉或吸附很少铁粉，则说明该槽内的导条极有可能已经断裂。

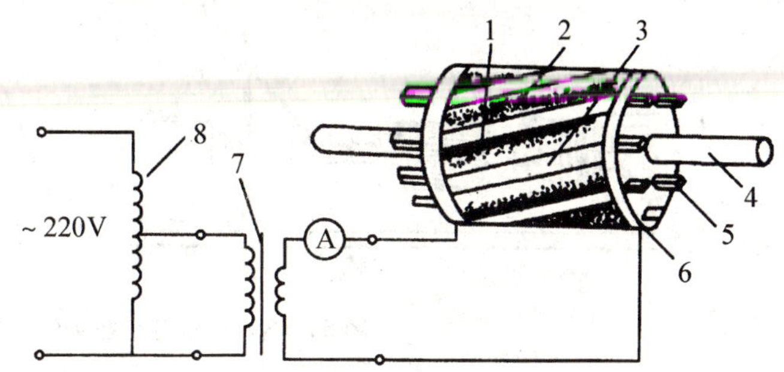

图6－42 铁粉检查法检查笼型转子断条

1. 正常导条 2. 铁粉 3. 断裂导条 4. 轴
5. 风叶 6. 端环 7. 变压器 8. 调压器

3）短路侦察器检查法：将串联电流表的短路侦察器接通220V交流电源后放在铁芯槽口，并沿转子铁芯外圆逐槽移动。若发现电流表数值突然明显下降，则说明被测槽内有断条故障。

4）替换法：若条件允许，可将型号、规格完全相同的转子换上，并试运行一段时间。若电动机在负载能力、启动转矩、转速、温升、振动、噪声等方面均正常，则说明被换下的笼型转子有断条故障。

（2）故障排除：当笼型转子断条故障找出后，可按以下几种方法进行修理。

1）若断裂处在槽外或端环等明显部位，则可将裂纹凿成V形槽，并用电焊焊平。

2）对于铜质转子导条，若只是个别笼条断裂，则可先在断条两侧的端环上各开一个缺口，将断条敲掉，然后换上一根与原铜条截面积相同的新笼条，但新笼条两端应比端环长约20mm，再将长出的部分敲弯紧贴在端环上，最后用电焊焊牢，在车床上车平、校正平衡后即可。

3）若笼型转子断条很多，则可以采用更换全部笼型绕组的方法进行维修。

6.5.2 机械故障

常见的机械故障有转轴故障、端盖和机座故障、轴承损坏故障等。

1. 转轴故障　转轴是电动机传递转矩带动生产机械的主要部件，同时还起着支撑转子铁芯正常旋转，并保持气隙均匀的作用，通常电动机转轴弯曲度不允许超过0.2mm/m。引起电动机转轴损坏的原因除转轴本身材质不良及强度不足外，还与安装不当及使用失误等有关。常见的电动机转轴故障有轴弯曲、轴颈磨损、轴裂纹、局部断裂、转子松动等。

（1）轴弯曲：转轴弯曲变形是由安装不正确、长期超负荷运转或受外力碰撞引起的，主要表现为定子与转子摩擦，发出摩擦声和机械噪声。

通常情况下，可采用千分表或划线盘检查轴弯曲故障，如图6－43a所示。将电动机转子放在车床上对正夹紧，并缓慢转动，用千分表或划线盘测定轴与转子的不同部位，即可找出弯曲的部位和大小。还可将电动机转子放置在平整的工作台上，用两块高度相等的V形铁块支撑轴承，再用千分表或划线盘检查，如图6－43b所示。

若转轴弯曲度超过0.2mm/m，则必须进行矫直。可将待矫直的转轴放置在压力机下，在转轴的弯曲处加压矫直。

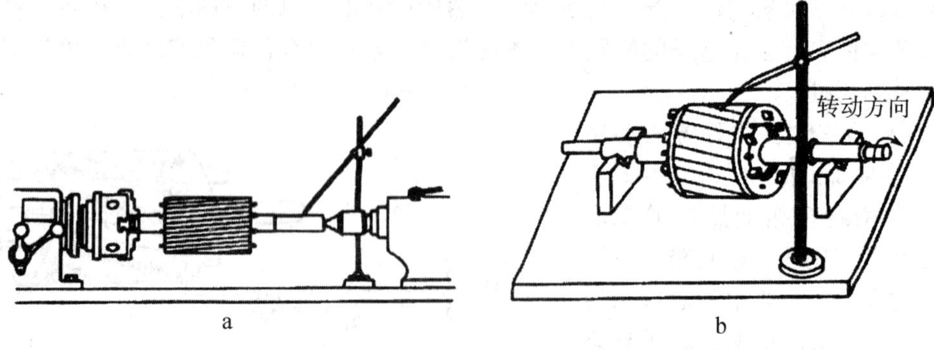

图6－43　用千分表或划线盘检查轴弯曲

（2）轴颈磨损：轴颈磨损是由于轴承内圈与轴颈的配合公盈过小，在运行中出现轴与内圈相对运动而引起的。若轴颈磨损不大，则可采用电镀法先在轴颈表面镀一层铬，然后将其磨削到规定尺寸；也可利用金属喷镀法先在轴颈上喷上薄薄一层金属，再磨削到规定尺寸。若轴颈磨损比较严重，则可先用电焊在轴颈磨损处进行堆焊，退火消除其焊接应力后，再在车床上切削磨光至规定尺寸。若轴颈磨损较大或局部烧损发蓝退火，则可先将轴颈车圆后镶套，套筒一般用2.5～4mm厚的30钢～45钢，将其加热后套入轴颈，冷却后就会紧箍在转轴上，然后精车磨削至规定尺寸。

（3）键槽磨损：若转轴键槽磨损较小，则可将磨损处稍微加宽后另配新键，注意其加宽量不能超过原键槽宽度的15%。若转轴的键槽磨损比较严重，则可先在键槽磨损处堆焊（图6－44a），然后车圆重铣键槽；也可在转轴已磨损键槽的对面另铣键槽。

（4）转轴裂纹或断裂：若电动机转轴出现裂纹或断裂，通常情况下都应采用与旧轴钢牌号相同的新轴进行更换。若电动机转轴的横向裂纹深度不超过轴径的10%～15%，纵向裂纹长度不超过轴长的10%，则可在裂纹处堆焊处理后继续使用。

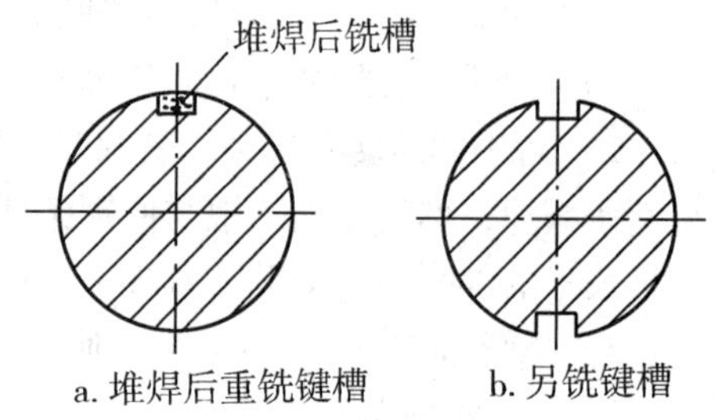

图6－44　键槽磨损的维修

（5）转子铁芯松动：若出现转子铁芯松动故障，则会影响电动机的转速，还会伴有噪声。一般情况下，转速越高，噪声越大；噪声的大小还和铁芯松动度有关，松动度越大，冲击噪声越大。

判断转子铁芯是否松动的方法很简单：把转子抽出，一只手握紧转轴，另一只手握住转子，用力扭转，感觉转轴与铁芯间有无松动。

若出现转子铁芯松动，一般需要更换一只相同型号和规格的转子，或者把转轴压出来，加工一根新轴压进去，其材料应选用45钢。

2. 端盖和机座故障　电动机端盖和机座一般用生铁铸成，常见故障有两种：一种是产生裂纹，另一种是内圆磨损。

裂纹一般由敲打和碰撞引起。若裂纹长度小于该处工件结构长度的50%，可采用铸铁焊条或铜焊条补焊。补焊时须先将工件预热到700～800℃（若用铜焊条补焊，则可不预热），然后用直流弧焊机焊接，补焊后要注意保温使其逐渐冷却以防变形。若裂纹较短，不至于影响电动机的安全使用，可采用在裂纹终端钻一个小孔的方法防止裂纹的继续延伸。

内圆磨损一般是由于内圆与轴承外圈配合较松，在运行时产生相对运动造成的，电动机频繁的正反转也会加速端盖内圆的磨损。维修端盖内圆磨损可采用以下两种方法：

（1）打“麻点”（或打“样冲眼”）：这种方法适用于端盖出现轻微磨损的小型电动机。使用高硬度的尖冲头在端盖内圆周面上打出均匀的凹凸点，从而缩小内圆直径，加固与轴承外圈配合的紧密度。

（2）焊锡法：先用汽油清洗轴承及端盖轴承室，并用抹布擦拭干净；然后用细砂布打磨轴承外圆三等分处并涂上少许盐酸；最后用紫铜电烙铁在该处平整焊上一层薄锡，磨平、清理干净即可。该方法简单易行、坚固耐用，可修复间隙不大于0.3mm的端盖内圆磨损故障。

3. 轴承损坏故障　轴承起着支持整个转子旋转的作用，是电动机最易磨损的部件。电动机常用的轴承有滑动轴承和滚动轴承两大类。滑动轴承精度高、振动小，在保证液体摩擦的条件下，能够长时间在高速状况下平稳工作，但由于安装与维修比较复杂，因此一般用于大型电动机；滚动轴承装配方便、维修简单，广泛用于中、小型电动机。滚动轴承有滚珠轴承和滚柱轴承两种。小型电动机的前后端一般使用滚珠轴承；中型电动机一般在传动端使用滚柱轴承，另一端使用滚珠轴承。下面仅介绍滚动轴承的故障检查与维修。

电动机正常运行时，滚动轴承会发出均匀连续的轻微“嗡嗡”声。若轴承出现故障，电动机运行时则会出现噪声、振动和过热等现象。检修时，可用手触摸前轴承外盖，将其温度与电动机机壳温度相比较；也可用一把大螺丝刀抵在轴承外盖上，并将耳朵贴在螺丝刀木柄上，看是否能听到不正常的噪声。若轴承出现异常噪声，则应立即停车检查。

将电动机拆开，用清洁的刷子或抹布蘸汽油清洗轴承后可进行以下检查：检查轴承的内外圈或滚柱（滚珠）有无裂痕和破损；轴承滚道上是否有缺陷、严重锈蚀，滚道是否变形扭曲；用手转动轴承外圈，观察其有无松动；也可用一只手捏住轴承外圈，另一只手转动轴承内圈，检查轴承内外圈之间轴向窜动和径向晃动是否正常、转动是否灵活。

对于有锈蚀的轴承，可将其放在煤油中浸泡。如轴承经清洗后运转良好，即可注入润滑脂，其充填量约为轴承室容量的$\frac{1}{3}\sim\frac{1}{2}$。润滑脂的选择原则有以下几点：轴承工作温度应低于润滑脂滴点10～30℃，转速较高的电动机应选用针入度较大的润滑脂，负荷较大的电动机应选用针入度较小的润滑脂。常用的润滑脂有复合钙基润滑脂、钙钠基润滑脂、二硫化钼润滑脂等，各种润滑脂的特点如表6－1所示。

表6－1　各种润滑脂的特点

名称	代号	外观	滴点（不低于）/℃	抗水性	适用场合
钠基润滑脂	ZN－2	深黄色到暗褐色均匀软膏	140	易溶于水，亲水性强	较高工作温度、清洁无水分的条件下，适用于开启式电动机
	ZN－3		140		
	ZN－4		150		
钙基润滑脂	ZG－2	深黄色到暗褐色均匀软膏	85	不易溶于水，抗水性较强	一般工作温度、潮湿或与水接触的条件下，适用于封闭式电动机
	ZG－3		90		
	ZG－4		95		
	ZG－5		120		

续表

名称	代号	外观	滴点（不低于）/℃	抗水性	适用场合
钙钠基润滑脂	ZGN－1	黄色至棕色均匀软膏	120	抗水性强	较高工作温度、有水蒸气的条件下，适用于开启式及封闭式电动机
	ZGN－2		135		
复合钙基润滑脂	ZFG－1	淡黄色到暗褐色光滑透明油膏	180	抗水性强	高温工作条件下，与水接触或严重潮湿的场所，适用于封闭式电动机
	ZFG－2		200		
	ZFG－3		220		
合成复合铝基润滑脂	ZFU－1H	淡黄色到暗褐色光滑透明油膏	180	抗水性强	高温工作条件下，与水接触且严重潮湿的场所，适用于开启式及封闭式电动机
	ZFU－2H		190		
	ZFU－3H		200		
MoS_2 复合钙基润滑脂	3	灰色或褐色光泽软膏	220	抗水性强	高温工作条件下，严重潮湿的场所，特别适用于湿热带电动机
	4		210		

为便于参考，表 6－2 给出了三相异步电动机常见故障现象及处理方法。

表 6－2　三相异步电动机常见故障现象及处理方法

故障现象	可能原因	处理方法
电动机不能启动	1. 三相供电线路断路	1. 更换熔断器中的熔丝
	2. 定子绕组中有一相或两相断路	2. 用万用表查找断路处，发现故障后再进行相应处理
	3. 开关或启动装置的触点接触不良	3. 检查开关或启动装置的触点，如不能修复，则应更换
	4. 电源电压过低	4. 适当提高电源电压
	5. 负载过大或传动机械有故障	5. 适当减轻所拖动的负载
	6. 轴承过度磨损，转轴弯曲，定子铁芯松动	6. 更换轴承，校正转轴，将定子铁芯复位并固定
	7. 定子绕组严重短路	7. 找出匝间、相间的短路点，进行绝缘处理或重新更换绕组
	8. 定子绕组重绕后接线错误	8. 检查三相绕组的首末端，然后按正确接线图进行接线

续表

故障现象	可能原因	处理方法
电动机运行时声音异常或振动厉害	1. 电动机放置不平 2. 电动机安装不牢固 3. 定、转子铁芯摩擦 4. 转轴严重弯曲 5. 轴承严重磨损或缺油 6. 定子绕组短路	1. 将电动机重新固定平稳 2. 将电动机固定牢固 3. 检查定子和转子 4. 更换转轴 5. 重新加润滑脂或更换轴承 6. 查找短路点并修理或更换绕组
电动机温升过高或冒烟	1. 电源电压过高或过低 2. 绕组接法错误 3. 电动机过载运行 4. 电动机的使用环境温度过高 5. 电动机的通风不良 6. 定子绕组有短路或接地故障 7. 定、转子铁芯摩擦、轴承磨损等引起气隙不均匀 8. 电动机受潮或浸漆后烘干不够 9. 重绕定子绕组时匝数或导线截面积过小 10. 铁芯硅钢片间的绝缘损坏，使铁芯涡流损耗增大	1. 调整电源电压 2. 正确连接绕组 3. 减轻负载或换用功率较大的电动机 4. 采取降温措施，避免阳光直接照射电动机 5. 检查风叶是否脱落，清理进、出风口，保持风道畅通 6. 局部修复或更换绕组 7. 更换磨损的轴承、校正转子铁芯或转轴，并进行修理 8. 检查绕组的受潮情况，进行烘干处理 9. 按标准数据重绕，或重测原始数据后重绕 10. 对铁芯片进行绝缘处理
电动机转速不稳定	1. 笼型转子断条或脱焊 2. 绕线型转子其中一相接触不良 3. 绕线型电动机的滑环短路装置接触不良	1. 查找并修补断条处 2. 更换转子绕组 3. 调整电刷压力，改善电刷与滑环的接触面，修理或更换滑环短路装置
电动机外壳带电	1. 电源线与接地接错 2. 电动机的引出线破损 3. 电动机绝缘老化 4. 电动机受潮	1. 纠正接线 2. 更换电动机的引出线 3. 更换绕组及绝缘 4. 用兆欧表测电动机的绝缘性能，确定绝缘物是否受潮。若是，则进行干燥处理
运行一段时间后轴承过热	1. 轴承损坏 2. 转轴弯曲，使轴承受外力 3. 缺润滑油或润滑油太脏 4. 电动机两侧端盖或轴承盖未装平 5. 传动皮带过紧 6. 联轴器装配不良	1. 更换轴承 2. 矫直转轴 3. 清洗轴承，重注润滑油 4. 将端盖或轴承盖止口装平，旋紧螺栓 5. 调松传动皮带 6. 重装联轴器

续表

故障现象	可能原因	处理方法
负载运行时转速低于额定值	1. 电源电压过低	1. 调高电源电压
	2. △连接误接成 Y 连接	2. 按正确接法连接
	3. 笼型转子断条或脱焊	3. 修补断条处
	4. 绕线型电动机的电刷与滑环接触不良	4. 调整电刷压力，用细砂布打磨好电刷与滑环的接触部位
	5. 电源缺相	5. 更换熔断器中的熔丝
	6. 定子绕组的并联支路或并绕导线断路	6. 找到断路点后，再进行相应处理
	7. 绕线转子串联的电阻过大	7. 适当减小转子电路串联的变阻器阻值
	8. 过载运行	8. 减轻负载，或换用容量较大的电动机

相关技能训练四

试验一　三相笼型异步电动机试验

一、试验目的

（1）掌握三相笼型异步电动机空载试验的方法。

（2）掌握三相笼型异步电动机启动的方法。

二、试验内容

（1）三相笼型异步电动机的空载试验。

（2）三相笼型异步电动机的直接启动。

（3）三相笼型异步电动机的 Y－△换接启动。

三、试验设备

DD03：导轨、测速发电机及转速表。DJ16：三相笼型异步电动机。D33：交流电压表。D32：交流电流表。D34－3：单三相智能功率、功率因数表。D51：波形测试及开关板。DJ17－1：启动与调速电阻箱。

四、试验步骤

（一）空载试验

（1）按图 6－45 接线，绕组采用△接法（注意 $U_N=220V$），直接与测速发电机同轴相连，测功机不接。

（2）把交流调压器调至电压最小位置，接通电源，逐渐升高电压，电机启动旋转，根据转速表指针偏转的方向将其调到适当的位置。

（3）保持电动机在额定电压（$U_N=220V$）下空载运行数分钟，使机械损耗达到稳定后再进行试验。

（4）调节电压从 $1.2U_N$ 开始逐渐降低电压，直至电流或功率显著变化为止，在这个范围内测 U_0、I_0、P_0，在额定电压附近多测几点，取 7～9 组数据记录于表 6－3 中。

表 6－3　试验数据记录表 1

序号	U_0（V）				I_0（A）				P_0（W）		
	U_{AB}	U_{BC}	U_{BC}	U_{0L}	I_A	I_B	I_C	I_{0L}	P_1	P_2	P_2
1											
2											
3											
4											

（二）三相笼型异步电动机直接启动

（1）按图 6－45 接线，绕组采用△接法，异步电动机直接与测速发电机同轴连接，不连接负载电机 DJ23。把交流调压器调到零，接通三相交流电源。

（2）调节调压器，使输出电压达到电机额定电压 220V，电动机启动旋转（注意转速表指针的偏向）。

（3）断开三相交流电源，待电动机停止旋转后，按下“开”按钮，接通三相交流电源，使电机全压启动，观察电机启动瞬间电流值。

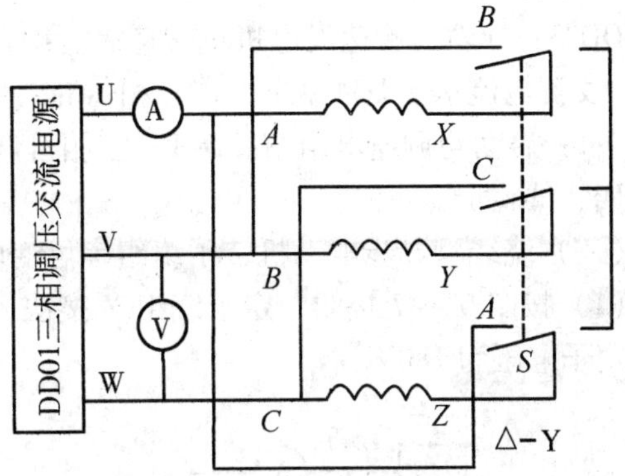

图 6－45　三相笼型异步电动机试验接线

（三）三相笼型异步电动机 Y－△启动

（1）按图 6－46 接线将调压器调到零。

（2）三刀双掷开关 S 合向右边（Y 接法），合上电源开关（注意转速表的偏向），调节调压器使电机额定电压为 220V，再断开电源开关，电机停转。

（3）启动：首先合上电源开关（定子绕组为 Y 接法），观察启动瞬间电流值，然后把 S 合向左边（定子绕组为△接法），电机正常运行，整个启动过程结束，将启动瞬间电流值和直接启动时相比，比较降压启动和全压启动时的启动电流的大小。

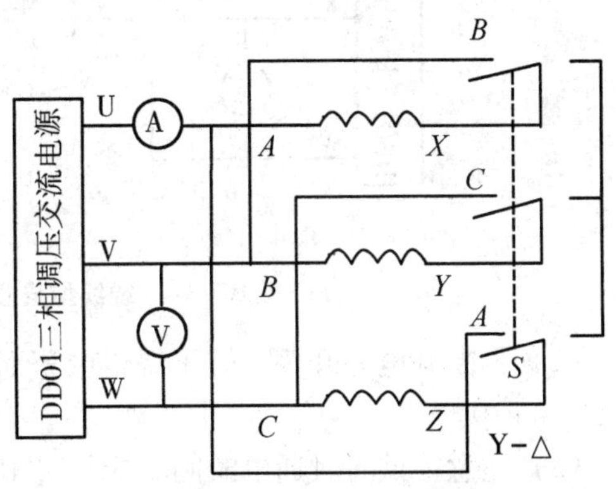

图 6－46　三相笼型异步电动机 Y－△启动

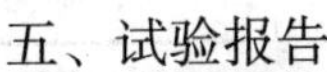

五、试验报告

（1）比较异步电动机不同启动方法的优缺点。

（2）由启动试验数据求下述两种情况下的启动电流和启动转矩．

（1）直接启动时，外施额定电压 U_N。

（2）Y－△启动时，外施电压为$\frac{U_N}{\sqrt{3}}$。

试验二　绕线型异步电动机试验

一、试验目的

（1）掌握三相绕线型异步电动机启动和调速的方法。

（2）掌握三相绕线型异步电动机能耗制动的方法。

二、试验内容

（1）三相绕线型异步电动机转子绕组串可变电阻器启动。

（2）三相绕线型异步电动机转子绕组串可变电阻器调速。

（3）三相绕线型异步电动机的能耗制动。

三、试验设备

DD03：导轨、测速发电机机转速表。DJ17：三相绕线型异步电动机。D33：交流电压表。D32：交流电流表。D34－3：单三相智能功率、功率因数表。D51：波形测试及开关板。DJ17－1：启动与调速电阻箱。D41：三相可调电阻器。D31：直流电压、毫安、安培表。

四、试验步骤

（一）绕线型异步电动机转子绕组串可变电阻器启动

（1）按图6－47接线，定子绕组Y接法，调压器调到零位，接通交流电源，调节输出电压使定子电压为180V。

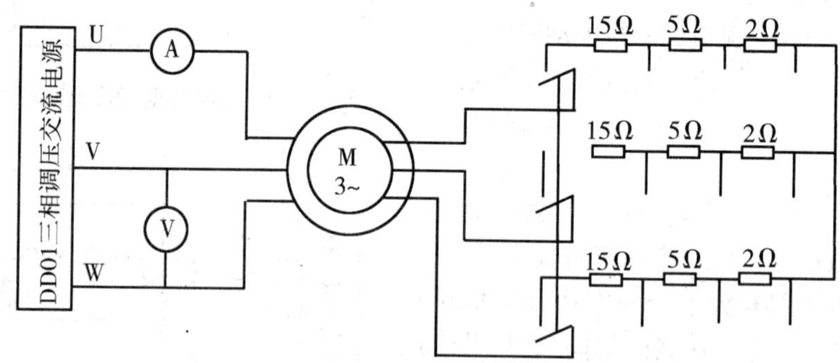

图6－47　绕线型异步电动机转子绕组串电阻启动

（2）再断开电源开关，转子绕组中分别串入不同电阻值时，测取定子的启动电流，并填入表6－4中。

（3）注意：试验时通电时间不应超过10s，以免绕组过热。

表6－4　试验数据记录表2

R_{st}（Ω）	0	2	5	15
I_{st}（A）				

（二）绕线型异步电动机转子绕组串可变电阻器调速

（1）试验线路同图6－47，合上电源开关，电机空载启动，调节调压器，使电机额定电压为220V，转子附加电阻调至零。

（2）改变转子所串电阻的值，分别测取电机稳定运行时的转速，记录于表6－5中。

表 6-5　试验数据记录表 3

R_{st}（Ω）	0	2	5	15
n（r/min）				

（三）三相绕线型异步电动机的能耗制动

（1）按图 6-48 接线，定子绕组 Y 接，R_3 为 900Ω 可调电阻，将电枢电源调至 220V，三相交流电源调至 220V。S_1 合向左边，和三相交流电源相接，S_2 合向右边，使转子绕组中串入三相变阻器。

（2）R_3 调至最大，打开电枢电源开关，开启电源总开关，绕线型异步电动机串电阻启动，此时处于电动状态。待转速稳定后，将开关 S_1 快速的从左边合向右边，此时异步电动机定子绕组和直流电源相接，处于能耗制动状态，异步电动机快速停机。

（3）重新启动异步电动机，待转速稳定后，断开开关 S_1，异步电动机处于自由停机状态，比较两次停机时间的长短。

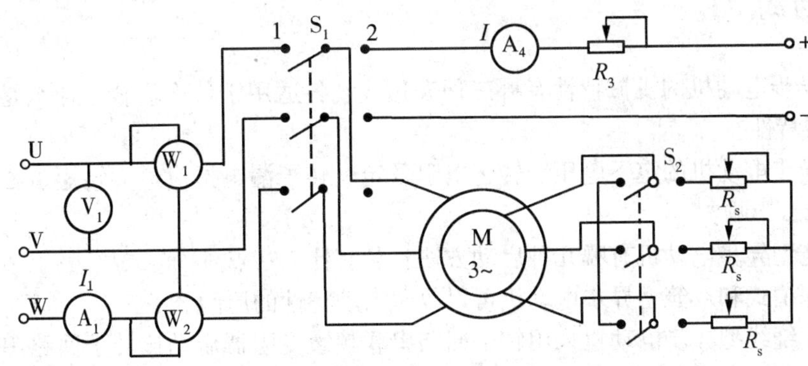

图 6-48　绕线型异步电动机能耗制动接线

五、试验报告

（1）分析绕线型异步电动机转子绕组串入电阻对启动电流的影响。

（2）分析绕线型异步电动机转子绕组串入电阻对电机转速的影响。

（3）异步电动机能耗制动停机和自由停机哪个时间短？分析原因。

小　结

本章主要讲述了三相异步电动机的电力拖动，包括其机械特性、启动、制动和调速。

三相异步电动机的机械特性有三种表达式，分别从不同角度描述了异步电动机的外在特性。物理表达式反映异步电动机电磁转矩产生的物理本质，适用于电动机运行的定性分析；参数表达式反映电磁转矩与电源参数及电动机参数之间的关系，适用于分析各种参数对电动机运行的影响；实用表达式简单，便于记忆，适用于工程计算。

三相异步电动机的机械特性是描述、分析异步电动机电力拖动系统各种运行状态的有力工具，根据电动机运行时电气参数的不同，可分为固有机械特性和人为机械特性。对人为机械特性曲线分析时，关键要抓住最大转矩、临界转差率和启动转矩这三个量随参数变化的规律。

三相异步电动机具有启动电流较大、启动转矩较小的特点。小容量的三相异步电动机可以采用直接启动，容量较大的笼型异步电动机可以采用降压启动，深槽式及双笼型异步电动机的

启动性能和运行性能都较好，绕线型异步电动机可以采用转子串联电阻或频敏变阻器启动。

三相异步电动机有三种制动方法：能耗制动、反接制动（电源两相反接和倒拉反转反接）和回馈制动。应着重理解各种制动的产生条件、机械特性、功率关系及制动电阻的计算，并注意与直流电动机制动进行比较。

三相异步电动机的调速方法有变极调速、变频调速和变转差率调速。变极调速是通过改变定子绕组接线方式来改变电动机的极数，从而改变电动机的转速。变频调速是现代交流调速技术的发展方向，可以实现无级调速。变转差率调速分为转差功率消耗型和转差功率回馈型。转差功率消耗型常见的实现方法有绕线型转子串联电阻调速、定子调压调速和电磁滑差离合器调速等，由于其转差功率全部转换为热能消耗掉，所以效率最低；转差功率回馈型常见的实现方法是绕线型转子串级调速，由于其转差功率大部分能回馈电网，所以效率较高。

三相异步电动机使用不当或使用太久，就会发生故障。三相异步电动机主要故障包括电气故障和机械故障两大类。应着重掌握各种故障产生的可能原因及排除方法。

思考与练习

1. 三相异步电动机的机械特性有哪三种表达式？各适用于什么场合？什么是固有机械特性和人为机械特性？

2. 三相异步电动机的定子电压、转子电阻及定、转子漏电抗对最大转矩、临界转差率和启动转矩有什么影响？

3. 三相笼型异步电动机有哪几种启动方法？各有什么特点？

4. 说明深槽式和双笼型异步电动机可以改善启动特性的原因。

5. 为什么绕线型异步电动机采用转子回路串联频敏变阻器启动比转子回路串联电阻启动效果更好？

6. 为使三相异步电动机快速停车，可采用哪几种制动方法？如何改变制动的强弱？试用机械特性说明其制动过程。

7. 当三相异步电动机拖动位能性负载时，为了限制负载下放时的速度，可采用哪几种制动方法？如何改变制动运行时的速度？电动机在各种制动运行时的能量关系如何？

8. 变频调速的一般控制规律是什么？为什么？

9. 绕线型异步电动机转子串联电阻调速时，为什么低速时的机械特性变软？为什么轻载时的调速范围不大？

10. 何谓串级调速？其原理是什么？绕线型异步电动机串级调速机械特性有什么特点？

11. 用什么方法可以检查异步电动机定子绕组是否出现接地故障？

12. 三相异步电动机常见的机械故障有哪些？

13. 一台三相笼型异步电动机的数据如下：$U_N = 380V$，△连接，$I_N = 20A$，$k_I = 7$，$k_{st} = 1.4$。要求：

（1）若采用 Y－△降压启动，启动电流为多少？能否带半载启动？

（2）若用自耦变压器带半载启动，启动电流为多少？试选择抽头比。

14. 一台三相笼型异步电动机数据如下：$P_N = 40kW$，$U_N = 380V$，$n_N = 2930r/min$，$\eta_N = 0.9$，$\cos\varphi_N = 0.85$，$k_I = 5.5$，$k_{st} = 1.2$，定子绕组为△连接。供电变压器允许的启动电流为 150A，试分析在下列情况下能否用 Y－△降压启动：

(1) 负载转矩为 $0.25T_N$；(2) 负载转矩为 $0.5T_N$。

15. 一台三相绕线型异步电动机数据如下：$P_N=5\text{kW}$，$n_N=960\text{r/min}$，$E_{2N}=164\text{V}$，$I_{2N}=20.6\text{A}$，$\lambda_T=2.3$。该电动机拖动起重机提升机构，下放重物时负载转矩 $T_L=0.75T_N$，转速 $n=-300\text{r/min}$，试求转子每相绕组应串联多大阻值的电阻。

16. 一台三相笼型异步电动机的数据如下：$P_N=11\text{kW}$，$U_N=380\text{V}$，$f_N=50\text{Hz}$，$n_N=1460\text{r/min}$，$\lambda_T=2$。若采用变频调速，负载转矩为 $0.8T_N$，要使 $n=1000\text{r/min}$，则 f_1 和 U_1 应分别调为多少?

自测题三

一、填空题

1. 一个基波脉振磁通势可以分解为两个幅值大小________，转向______，转速____的圆形旋转磁通势。

2. 为了削弱谐波磁通势中的五次和七次谐波的幅值，交流电机双层绕组的线圈节距一般为________________左右。

3. 一台三相异步电动机的额定转速为 1430r/min，则该异步电动机的极数为______，同步转速为______r/min，转差率为________，电机运行于______状态。

4. 有一台三相异步电动机，额定运行时的转差率 $s=0.03$，这时输出功率和电磁功率之比为________。(忽略机械损耗和附加损耗)

5. 一台三相异步电动机，六极，电源频率为 50Hz，如果运行在转差率 $s=0.035$ 下，定子绕组产生的旋转磁动势转速等于________r/min，转子绕组产生的旋转磁动势相对于定子的转速为__________r/min，切割转子绕组的转速等于__________r/min。

6. 一台三相异步电动机，电源频率为 50Hz，转子转速 $n=1440\text{r/min}$，则转子绕组感应电动势的频率为____Hz，转子电流产生的旋转磁动势相对于转子的转速为______r/min，相对于定子的转速为______r/min，相对于定子旋转磁动势的转速为________r/min。

7. 一台三相异步电动机，额定频率为 50Hz，额定转速为 575r/min，此电动机的同步转速为_________r/min，极数为________，额定运行时的转差率为__________。

8. 异步电机转子绕组折算和频率折算必须遵循的原则是____________________。

9. 只要在异步电机转子各相电路中串入__________电阻，就可以将旋转的转子等效为静止的转子。

10. 三相笼型异步电动机采用定子 Y－YY 接法的变极调速方法属于____________调速方式，采用定子△－YY 接法的变极调速方法属于____________调速方式。

11. 三相绕线型异步电动机带额定恒转矩负载，当转子每相串接某值电阻时，电动机转速________，过载能力________，转子电流__________，定子电流__________。

12. 三相绕线型异步电动机通过转子串入附加电势 E_{ad} 的调速方法称为__________调速，当电势 E_{ad} 和 E_{2s} 同相位，增大 E_{ad} 时，电动机转速______________。

13. 增大绕线型异步电动机的转子电阻，则最大电磁转矩 T_m __________，临界转差率 s_m ______________。

14. 降低异步电动机的定子电压 U_1，则最大电磁转矩 T_m ____，临界转差率 s_m ____。

15. 异步电动机带额定负载运行时，如果电源电压降低，其最大电磁转矩 T_m ____，启动转矩 T_{st} ____________，气隙磁通 Φ_m __________，励磁电流 I_0 __________，转子每相电流

I_2 ________，转差率 s ______。

16. 普通笼型异步电动机在额定电压下启动时，启动电流______，但启动转矩______。

17. 深槽式和双笼型三相异步电动机启动时，由于________效应，增加了________，因而具有较高的启动转矩倍数。

18. 变极调速异步电动机的转子必须是________________。

19. 双笼型异步电动机启动时电流主要分布在________笼，因此该笼又叫________笼。

二、判断题

1. 由于三相交流绕组对称性的要求，三相绕组的引出线在圆周必须保证相差120°的空间几何角度。(　　)

2. 交流绕组一般采用60°相带，故极相槽数 q 和槽距角 α 的乘积恒等于60°。(　　)

3. 一个整距线圈通入正弦电流时将产生在空间呈矩形波分布，幅值随时间正弦交变的脉振磁动势。(　　)

4. 在交流电机中，无论是单层绕组还是双层绕组，只要适当选取短距，都能削弱绕组磁势中的谐波磁势。(　　)

5. 在三相交流电机中通入三相对称电流时产生基波合成旋转磁动势；在三相变压器中通入三相对称电流时也能产生基波合成旋转磁动势。(　　)

6. 异步电机不论处于何种运行状态，只要是稳定运行，定、转子磁动势总是相对静止的。(　　)

7. 异步电动机转子旋转时，转子电流产生的磁动势以同步转速切割转子。(　　)

8. 异步电动机等效电路中的电阻 $\frac{1-s}{s}R_2$ 模拟的是输出功率。(　　)

9. 只要在转子各相电路中分别串入合适的电阻或电抗，就可用静止的转子代替实际旋转的转子。(　　)

10. 异步电动机采用在额定电压下直接启动时，启动电流可能达额定电流的4～7倍，由于这一电流过大，可能烧毁电机绕组，因此异步电机不能采用直接启动。(　　)

11. 由于异步电动机的定、转子电流均与负载大小有关，因此如果电机不带负载，就可以采用直接启动。(　　)

12. 异步电动机增大转子电阻启动是一种很好的启动方法，因为它不仅减小启动电流，而且还可以增大启动转矩。(　　)

13. 笼型以及绕线型异步电动机均可以采用变极调速。(　　)

14. 正向电动状态的笼型异步电动机只要断开交流电源就可实现能耗制停机。(　　)

15. 绕线型异步电动机可以在转子回路串电阻改善启动性能，所串电阻越大，启动转矩也越大。(　　)

16. 笼型异步电动机为降低启动电流，不论其定子如何连接，均可采用Y－△换接启动。(　　)

三、选择题

1. 一台交流电机的极距 $\tau=10$ 槽，欲消除交流绕组中的五次谐波电动势，该绕组的线圈节距 y 应取为（　　）。

A. 10槽　　B. 9槽　　C. 8槽　　D. 6槽

2. 三相双层绕组的线圈节距 y 一般按 $\frac{5}{6}\tau$ 左右选取，其目的在于（　　）。

A. 削弱电势和磁势中的基波
B. 削弱电势和磁势中的三次谐波
C. 削弱电势和磁势中的五次谐波
D. 削弱电势和磁势中的七次谐波
E. 同时削弱电势和磁势中的五次和七次谐波

3. 2 个元件串联的分布绕组通入正弦电流时产生的脉振磁动势为（　　）。

A. 空间正弦波分布
B. 空间矩形波分布
C. 空间阶梯波分布
D. 空间马鞍形波分布

4. 基波圆形旋转磁动势的特点是（　　）。

A. 空间固定正弦波形
B. 最大幅值随时间正弦交变
C. 最大幅值恒定
D. 空间正弦波形，但随时间旋转
E. 幅值的瞬时位置为电流瞬时最大值的绕组轴线

5. 设异步电动机定子旋转磁动势的转速为 n_1，转子电流产生的旋转磁动势相对于定子的转速为 n_2，则（　　）。

A. $n_2 > n_1$
B. $n_2 < n_1$
C. $n_2 = n_1$
D. 由异步电机的运行状态决定

6. 如果一台三相异步电动机运行在转差率 $s = 0.25$ 下，此时通过气隙传递到转子的功率有（　　）。

A. 25% 是转子铜损耗
B. 75% 是转子铜损耗
C. 25% 是输出功率
D. 75% 是输出功率

7. 一台三相四极异步电动机 $s_N = 0.03$，额定运行时，转子磁动势相对于转子的转速为（　　）。

A. 1500r/min　B. 1455r/min　C. 45r/min　D. 0r/min

8. 一台三相六极异步电动机接到 $f = 50$Hz、额定电压的电源上，额定运行时的转差率 $s = 0.02$，此时转子电流的频率为（　　）。

A. 50Hz　B. 1Hz　C. 0Hz　D. 25Hz

9. 三相异步电动机定子绕组接到三相对称电源上，每个极面下的气隙磁通的大小主要取决于（　　）。

A. 气隙大小　B. 磁路饱和程度　C. 负载大小　D. 电源电压

10. 在异步电机的等效电路中，模拟电阻 $\frac{1-s}{s}R_2$ 是模拟（　　）。

A. 电磁功率
B. 铜损耗
C. 总的机械功率
D. 输出机械功率

11. 一台空载运行异步电动机，如果将外施电压降低 20%，则转子空载转速（　　）。

A. 将提高约 20%
B. 变化不大
C. 将降低约 20%
D. 将降低约 40%

12. 异步电动机负载增大时，转子磁动势在空间的转速（　　）。

A. 增大　B. 减小　C. 保持不变　D. 先增大后减小

13. 降低电源电压时的机械特性与固有机械特性相比（　　）。

A. s_m 不变，$T_m \propto U_1$，$T_{st} \propto U_1$
B. $s_m \propto U_1$，$T_m \propto U_1$，$T_{st} \propto U_1$
C. s_m 不变，T_m 不变，$T_{st} \propto U_1^2$
D. s_m 不变，$T_m \propto U_1^2$，$T_{st} \propto U_1^2$

14. 如果三相异步电动机电源电压下调 10%，负载转矩不变，则转子电流 I_2（　　）。

A. 减小 B. 增加 C. 不变 D. 不一定

15. 一台笼型异步电动机，采用 Y－△启动，和△接法直接启动相比（ ）。

A. 启动电流降低$\sqrt{3}$倍，启动转矩降低$\sqrt{3}$倍

B. 启动电流降低$\sqrt{3}$倍，启动转矩降低 3 倍

C. 启动电流降低 3 倍，启动转矩降低 3 倍

D. 启动电流降低 3 倍，启动转矩降低$\sqrt{3}$倍

16. 一台两极绕线型异步电动机，要把转速调上去，可采用的调速方法是（ ）。

A. 变极调速 B. 变频调速

C. 转子绕组串电阻 D. 降压调速

17. 一台三相异步电动机带额定恒转矩负载运行时，若电源电压下降 10%，这时电动机的电磁转矩（ ）。

A. $T_{em}=0.81T_N$ B. $T_{em}=T_N$ C. $T_{em}=0.9T_N$ D. $T_{em}>T_N$

18. 异步电动机采用能耗制动停机的方法是（ ）。

A. 电源相序反接 B. 断开电源，定子绕组短接

C. 断开电源 D. 断开电源，同时定子通入直流电流

19. 一台异步电动机采用自耦变压器降压启动，自耦变压器的变比为$\sqrt{2}$，则（ ）。

A. 启动电流降低 2 倍，启动转矩降低 2 倍

B. 启动电流降低$\sqrt{2}$倍，启动转矩降低$\sqrt{2}$倍

C. 启动电流降低 2 倍，启动转矩降低$\sqrt{2}$倍

D. 启动电流降低$\sqrt{2}$倍，启动转矩降低 2 倍

20. 在异步电动机采用降频调速的同时必须（ ）。

A. 转子回路串电阻或电抗 B. 定子串电阻或电抗

C. 降低电源电压 D. 改变电源相序

21. 若三相绕线型异步电动机采用转子串电阻启动时，则（ ）。

A. 启动电流减小，启动转矩增大 B. 启动电流减小，启动转矩减小

C. 启动电流减小，启动转矩可能增大 D. 启动电流减小，启动转矩不变

第四篇 同步电机

同步电机是根据电磁感应原理工作的一种旋转电机，转子转速与定子电流频率维持严格的关系。同步电机可作为发电机、电动机或调相机，在实际中主要用作发电机。

本篇主要介绍了同步电机的结构、基本原理，分析了其电磁关系及运行特性，并介绍了同步电动机的电力拖动。

第7章 同步电机的结构及工作原理

同步电机是一种三相交流电机，因其转速恒等于同步转速而得名。同步电机按照运行方式分为发电机、电动机和调相机。现代电力工业中，无论是火力发电、水力发电，还是核能发电，几乎全部采用同步发电机。同步电动机主要用于功率较大、转速不要求调节的生产机械，如大型水泵、空气压缩机、矿井通风机等。同步调相机相当于空载运行的电动机，专门用来改善电网的功率因数，以提高电网运行的经济性及电压的稳定性。微型同步电动机凭借它的同步特性在控制领域中得到广泛应用。

7.1 同步电机的基本结构

和异步电机一样，同步电机也是由静止的定子和转动的转子两个基本部分组成的，如图7-1所示。

7.1.1 定子

定子又称为电枢，和异步电机的定子功能相同，均起着接受电能、产生旋转磁场的作用。因此，它们的结构形式基本相同，均由导磁的定子铁芯、导电的定子绕组以及固定铁芯用的机座和端盖等部件组成。

定子铁芯由厚度为0.35mm或0.5mm的硅钢片冲压后叠装而成。当大型同步电机冲片外

径大于1m时，由于材料标准尺寸的限制，冲片必须制成扇形，如图7-2所示，然后对接成圆形。定子绕组也是对称三相绕组。大型高压同步电机定子绕组绝缘性能要求较高，采用云母带作为绝缘材料。

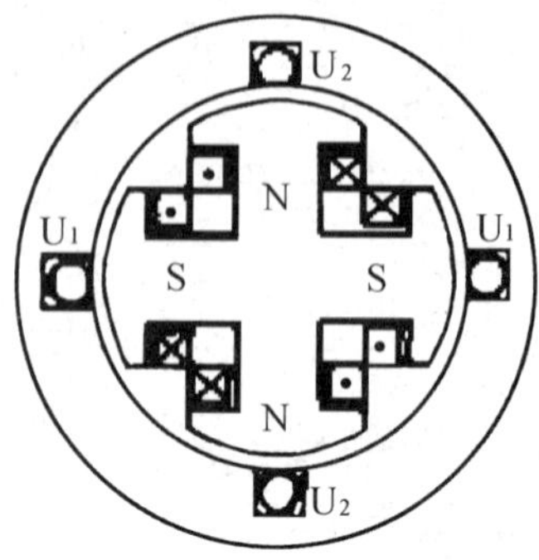

图7-1 同步电机的构造原理

电机的机座是支撑和固定定子铁芯和定子绕组的部分。中小型同步电机的机座和端盖与异步电机的一样，大型同步电机的机座常由钢板焊接而成，它的结构形式与采用的通风系统有密切联系。

7.1.2 转子

同步电机可分为旋转电枢式和旋转磁极式两类。旋转磁极式同步电机根据转子磁极形状的不同，可分为凸极式和隐极式两类。

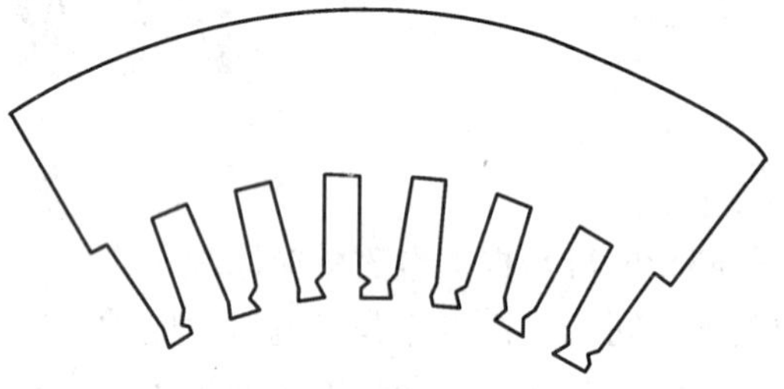
图7-2 定子扇形冲片

凸极同步电机的转子（图7-3a）有明显的磁极，多制成4极以上的多极同步电机，以满足低转速的需要。这种电机的气隙是不均匀的，极下气隙较小，而极间部分气隙较大。磁极铁芯和直流电机一样，由钢板压制成冲片后叠装而成，磁极铁芯上放置集中的励磁绕组。励磁电流由另外的直流电源供给，经过电刷和滑环引入励磁绕组。整个磁极利用T形尾部固定在磁轭上。磁极的表面常装设类似笼型异步电机转子绕组的短路绕组，称为阻尼绕组或启动绕组，它具有促使同步发电机趋于稳定运行的作用。整个转子由磁极、磁轭、励磁绕组、阻尼绕组、转子支架（用于大型同步电动机）、轴以及集电环等部件组成。

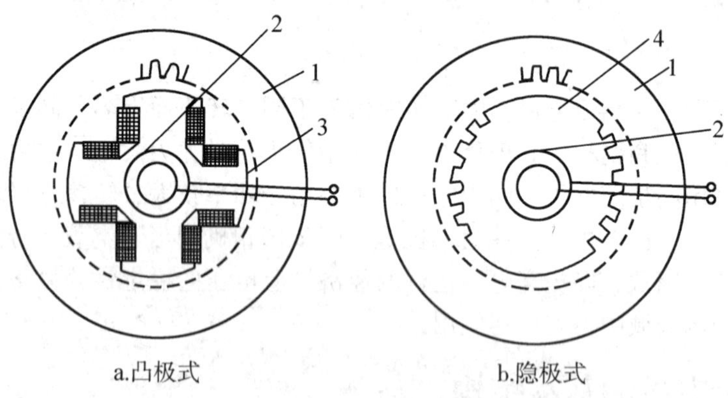

图7-3 旋转磁极式同步电机的基本类型

1. 定子 2. 滑环 3. 凸极式转子 4. 隐极式转子

隐极同步电机的转子（图7-3b）没有明显的磁极，多制成2极，以满足高转速的需要。这种电机的气隙是均匀的。转子通常为圆形，由整块铸钢制成，沿着转子圆周的2/3部分铣有槽和齿，励磁绕组分布在各槽中。转子圆周上没有开槽的1/3部分形成所谓的大齿，是磁极的中心区域。

凸极式转子的优点是制造方便，缺点是机械强度较低。因此，凸极式转子多用于离心力较小、转速较低的中、小型电机，或用于极数较多、转速较低的大功率水轮发电机。同步电动机、柴油发电机和调相机的转子一般也做成凸极式。

隐极式转子的优点是机械强度高，但是制造工艺较复杂，因此多用于离心力较大、转速较高的电机，例如汽轮发电机。

7.2 同步电机的工作原理

当励磁绕组中通过直流电流时，转子中建立恒定磁场。如果同步电机作为发电机运行，当原动机拖动转子旋转时，该磁场切割定子绕组产生交流电动势，该电动势的频率为

$$f=\frac{pn}{60} \tag{7-1}$$

式中，p 为电机的磁极对数；n 为转子转速。

如果同步发电机连接负载，就有三相电流流过。这说明同步发电机把机械能转换为电能。同步发电机单独给负载供电时，对频率的要求并不十分严格，对原动机的转速要求也不很严格。但实际的发电机很少单独供电，绝大多数向共同的大电网供电，这就对同步发电机的频率要求很严格。由于我国电网频率为 50Hz，所以发电机产生的交流电动势的频率也必须是 50Hz，否则会造成严重事故。

如果同步电机作为电动机运行，则需要在定子对称三相绕组上加对称三相交流电压，使同步电机内部产生一个速度为同步转速 n_1 的圆形旋转磁场。如果转子绕组上已经通过直流励磁电流，则转子将在定子旋转磁场的带动下，拖动负载沿定子磁场的方向以相同的转速旋转，转子的转速为

$$n=n_1=\frac{60f}{p} \tag{7-2}$$

此时，同步电动机将电能转换为机械能。

综上所述，同步电机无论作为发电机运行还是电动机运行，其转速和频率之间都将保持严格不变的关系，即同步电机在恒定频率下的转速恒为同步转速。

7.3 同步电机的额定值

（1）额定功率 P_N：指同步电机在额定运行时轴上所输出的有功功率，单位为千瓦特（kW）。

（2）额定电压 U_N：指同步电机在额定运行时加在定子三相绕组上的线电压，单位为伏特（V）或千伏特（kV）。

（3）额定电流 I_N：指同步电机在额定运行时流过定子三相绕组的线电流，单位为安培（A）或千安培（kA）。

（4）额定功率因数 $\cos\varphi_N$：指同步电机在额定运行时的功率因数。

（5）额定效率 η_N：指同步电机在额定运行时的效率。

（6）额定转速 n_N：指同步电机在额定电压、额定频率下运行时，每分钟所转的转数，单位为转/分（r/min）。

除了上述额定值以外，铭牌上还列出电动机的额定频率 f_N、额定励磁电流 I_{fN} 和额定励磁电压 U_{fN} 等。

第 8 章　同步发电机

同步发电机具有很多优点，是应用最广泛的一种交流电机，目前它主要用于发电厂，作为三相工业频率的交流电源。根据原动机类别不同，同步发电机可分为汽轮发电机、水轮发电机和柴油发电机等。由于汽轮机高转速运行较为经济，故汽轮发电机应该有尽可能高的转速，现在的汽轮发电机都是两极的，转速为 3000r/min。水轮机转速较低，从几十转每分到数百转每分，依水位差及流量而定，故水轮发电机称为低速电机。柴油机的转速通常为 500 ~ 1500r/min，由此决定了柴油发电机的转速。随着电力系统的不断扩大及现代技术的发展，倾向于制造容量极大的同步发电机。但随着发电机容量的增加，转子尺寸及导体边转速都要提高，定子绕组的电压也要提高。因此，在制造技术上有下列问题：

（1）随着容量的增大、损耗及发热量增加，引起通风冷却的问题。

（2）随着转子导体边转速的增大，为了能承受巨大的离心力，引起机械强度的问题。

（3）由于电压提高，引起定子绕组的绝缘问题。

8.1　同步发电机的空载运行

同步发电机被原动机拖动到同步转速，励磁绕组中通过直流电流，定子绕组开路时的运行称为空载运行。同步发电机空载运行时，发电机内部唯一存在的磁场就是由直流励磁电流产生的主磁场。由于同步发电机处于空载状态，三相定子电流均为零，所以又把主磁场称为空载磁场。其中，既交链转子、又经过气隙交链定子的磁通称为主磁通，即空载时的气隙磁通，它的磁通密度波形是沿气隙圆周空间分布的近似正弦波。忽略高次谐波分量，主磁通基波每极磁通量用 Φ_0 表示。而另一部分没有穿过气隙、仅和励磁绕组本身交链的磁通称为主极漏磁通 Φ_σ，这部分磁通不参与发电机的机电能量转换。由于主磁通的路径（主磁路）主要由定、转子铁芯和两段气隙构成，而漏磁通的路径主要由空气和非磁性材料构成，所以主磁路的磁阻比漏磁路的磁阻小得多。因此，在磁极磁动势的作用下，主磁通远大于漏磁通。

同步发电机空载运行时，气隙中仅存在由直流励磁并随转子旋转的空载磁场，称为直流励磁的旋转磁场或机械旋转磁场。其主磁通切割定子绕组，在定子绕组中感应出频率为 f 的三相基波电动势，其有效值为

$$E_0 = 4.44 fN_1 k_{w1} \Phi_0 \tag{8-1}$$

式中，Φ_0 为每极基波磁通；N_1 为定子绕组每相串联匝数；k_{w1} 为基波电动势的绕组系数。

由式（8-1）可知，改变励磁电流 I_f 就可以相应地改变主磁通 Φ_0 和空载电动势 E_0。

8.2　同步发电机的电枢反应

当同步发电机连接对称三相负载后，如果要保持转速和励磁电流不变，发电机的端电压将随着负载的性质不同而变化。若为电阻性负载，电压将减小；若为电感性负载，电压将下降更多；若为电容性负载，电压则可能增加。为什么同步发电机带负载后端电压会发生变化?

下面从同步发电机带负载后对气隙磁场的影响来分析。

同步发电机空载运行时，气隙中仅存在一个以同步转速旋转的主极磁场，在定子绕组中感应空载电动势 E_0。当连接对称三相负载时，就有对称三相电流流过定子绕组，产生一个旋转的电枢磁动势，这个磁动势称为交流励磁的旋转磁动势或电气旋转磁动势。因此，负载运行时，在同步发电机的气隙中同时存在着两个磁动势。这两个磁动势以相同的转速、相同的方向旋转，彼此没有相对运动。因此，负载运行时气隙的合成磁动势是由主极的励磁磁动势和电枢磁动势的基波之和构成的，气隙磁场发生变化，定子绕组中的电动势也发生变化，端电压 E_0 也相应改变。也就是说，电枢磁动势的基波在气隙中将使气隙磁动势的大小及位置均发生变化，这种影响称为电枢反应。电枢反应的性质取决于同步发电机所带负载的性质。同步发电机带感性负载（$0° < \varphi < 90°$）和纯电阻性负载（$\varphi = 0°$）时，电枢反应起去磁作用，端电压随负载电流的增大而下降；带容性负载（$-90° < \varphi < 0°$）时，电枢反应起增磁作用，端电压随负载电流的增大而升高，如图 8－1 所示。因此，同步发电机连接不同类型的负载，其端电压的变化不同。电枢反应是引起负载运行时发电机端电压变化的主要原因。

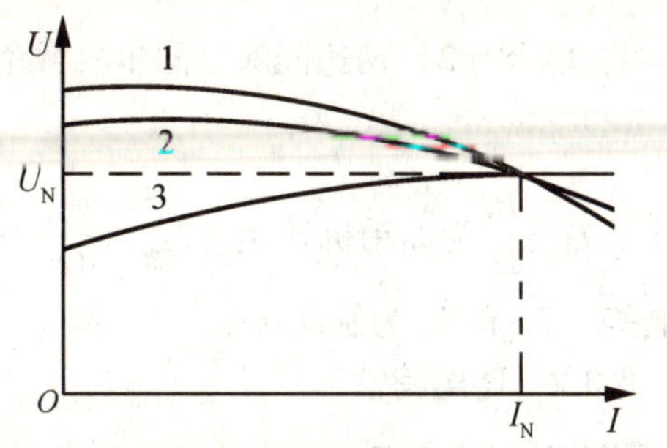

图 8－1　不同功率因数时同步发电机的外特性

1. $\cos\varphi = 0.8$（滞后）　2. $\cos\varphi = 1$

3. $\cos\varphi = 0.8$（超前）

另外，从同步发电机的运行情况来看，空载运行时不存在电枢反应，也就不存在由转子到定子的能量传递。当同步发电机负载运行时，就产生电枢反应。因此，电枢反应是同步发电机在负载运行时重要的物理现象，它是发电机实现机电能量转换的枢纽。

8.3　同步发电机的功率、转矩和功角特性

8.3.1　功率传递与转矩平衡

同步发电机并入电网后，必须向电网输送功率，并根据电力系统的需要随时进行调节，以满足电网负载变化的需要。同步发电机的功率转换流程如图 8－2 所示。P_1 为来自原动机的输入机械功率，这个功率的一部分用来补偿机械摩擦损耗 p_{mec}、铁损耗 p_{Fe} 和附加损耗 p_{ad}，其余部分便以电磁感应的方式传递到电枢绕组，这部分功率称为电磁功率 P_{em}，即

$$P_1 - (p_{mec} + p_{Fe} + p_{ad}) = P_{em} \tag{8-2}$$

若励磁系统采用同轴励磁机，则输入功率还应扣除励磁损耗。

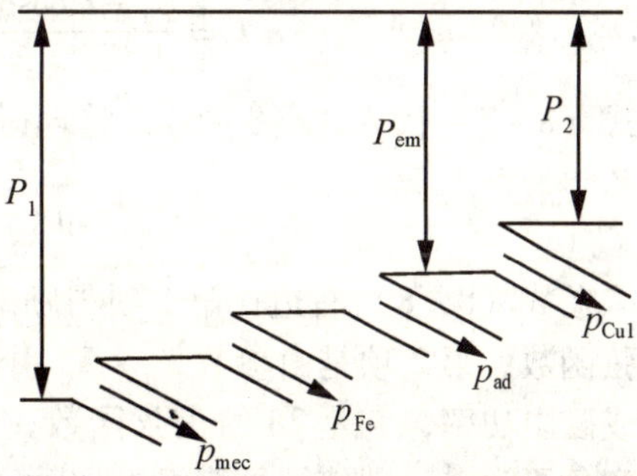

图 8－2　同步发电机的功率转换流程

电磁功率 P_{em} 扣除电枢绕组的铜损耗 $p_{Cu1} = 3R_aI^2$，才为同步发电机输出的电功率 P_2，即

$$P_2 = P_{em} - p_{Cu1} \tag{8-3}$$

把式（8－3）代入式（8－2），整理得

$$P_1 = P_2 + (p_{mec} + p_{Fe} + p_{ad} + p_{Cu1}) = P_2 + \sum p \tag{8-4}$$

式中，$\sum p = p_{mec} + p_{Fe} + p_{ad} + p_{Cu1}$ 为发电机的总损耗。

式（8－4）即为同步发电机的功率平衡方程式。对于大、中型同步发电机，由于定子铜损耗很小，一般不超过额定功率的1%，因此可略去不计。

将式（8－2）两边同除以同步机械角速度 $\Omega_1=\dfrac{2\pi n_1}{60}$，可得转矩平衡方程式

$$T_{em}=T_1-T_0 \tag{8-5}$$

式中，$T_1=\dfrac{P_1}{\Omega_1}$为原动机转矩；$T_{em}=\dfrac{P_{em}}{\Omega_1}$为电磁转矩；$T_0=\dfrac{p_{mec}+p_{Fe}+p_{ad}}{\Omega_1}$为空载转矩；$T_1$ 为驱动转矩，T_{em}和 T_0 为制动转矩。

8.3.2 功角特性

指当励磁电动势 E_0 不变（即 I_f 不变）时，同步发电机的电磁功率 P_{em}和励磁电动势 $\dot{E}_0$与端电压 $\dot{U}$ 的夹角 δ（称为功角）之间的关系 $P_{em}=f(\delta)$。下面分别介绍凸极和隐极同步发电机的功角特性。

对凸极同步发电机，当忽略定子绕组电阻时，由式（8－3）可得

$$\begin{aligned}P_{em}&\approx P_2=mUI\cos\varphi=mUI\cos(\Psi-\delta)\\&=mUI(\cos\Psi\cos\delta+\sin\Psi\sin\delta)\\&=mI_qU\cos\delta+mI_dU\sin\delta\end{aligned} \tag{8-6}$$

式中，φ 为端电压 $\dot{U}$ 和负载电流 $\dot{I}$ 之间的夹角；Ψ 为励磁电动势 $\dot{E}_0$与负载电流 $\dot{I}$ 之间的夹角，称为内功率因数角；$I_q=I\cos\Psi$ 为交轴电流；$I_d=I\sin\Psi$ 为直轴电流。它们之间的相位关系如图 8－3 所示。

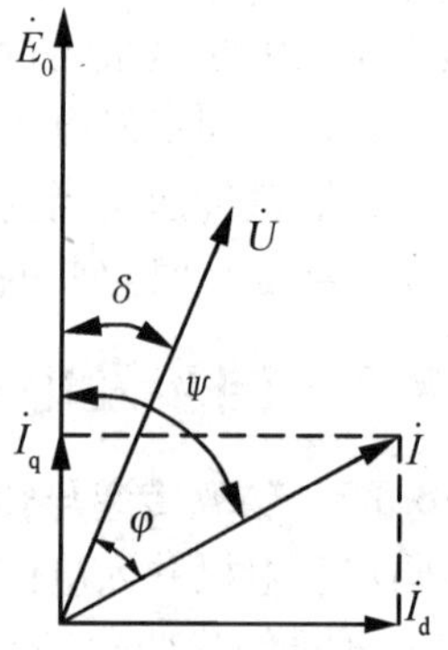

交轴电流 I_q、直轴电流 I_d 和交轴同步电抗 X_q、直轴同步电抗 X_d 之间的关系分别为

$$\left.\begin{aligned}I_q&=\frac{U\sin\delta}{X_q}\\I_d&=\frac{E_0-U\cos\delta}{X_d}\end{aligned}\right\} \tag{8-7}$$

图 8－3　凸极同步发电机相量图

将式（8－7）代入式（8－6），整理得

$$P_{em}=m\frac{E_0U}{X_q}\sin\delta+m\frac{U^2}{2}\left(\frac{1}{X_q}-\frac{1}{X_d}\right)\sin2\delta \tag{8-8}$$

在式（8－8）右边：第 1 项与励磁电动势 E_0 成正比，称为基本电磁功率，它是功角 δ 的正弦函数；第 2 项是由参数 $X_q\neq X_d$ 引起的，即由发电机的凸极式转子引起，称为附加电磁功率或磁阻功率，它是 2δ 的正弦函数，与励磁电动势 E_0 无关，即只要定子绕组上加有电压、功率角不为零，即使转子绕组不加励磁电流也会有附加电磁功率。

因此，凸极同步发电机的功角特性曲线是由基本电磁功率（图 8－4a 中的曲线 1）和附加电磁功率（图 8－4a 中的曲线 2）两条特性曲线叠加而成的，如图 8－4a 所示。其中，基本电磁功率是主要的，附加电磁功率的数值要小得多。

对于隐极同步发电机，由于同步发电机的气隙均匀，即 $X_q=X_d=X_t$，附加电磁功率为零，则电磁功率为

$$P_{em}=m\frac{E_0U}{X_t}\sin\delta \tag{8-9}$$

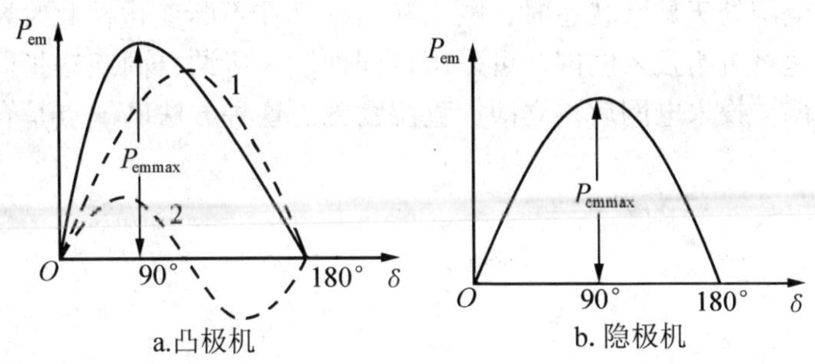

图 8 -4　同步发电机的功角特性

1. 基本电磁功率特性曲线　2. 附加电磁功率特性曲线

隐极同步发电机的功角特性如图 8 -4b 所示。由于 P_{em} 与功角 δ 的正弦函数成正比，当 $\delta = 90°$ 时，电磁功率达到最大值 $P_{emmax} = m\dfrac{E_0 U}{X_t}$；当 $\delta > 180°$ 时，电磁功率 $P_{em} < 0$，同步发电机进入电动机运行状态。而凸极同步发电机的最大电磁功率将比具有同样 E_0、U 和 X_q（即 X_t）的隐极同步发电机稍大一些，并且在 $\delta < 90°$ 时出现。

综上可知，同步发电机电磁功率（近似为输出的有功功率）的大小直接与功角 δ 有关，正如转差率是异步电机中主磁场与转子之间相对速度的基本变量一样，功角则是同步电机的一个基本变量。它不仅决定同步发电机并联运行时的输出功率，而且反映转子运动的空间位置，它把同步发电机的电磁关系和机械运动紧密联系起来。

8.4　同步发电机的并联运行

现代电力系统总是由许多发电厂（包括利用不同能源发电的火电厂、水电站和核电站）并联组成的，而每个发电厂或电站通常又有多台发电机在一起并联运行。这样，一方面可以根据负载的变化，统一调度投入运行的机组数目，提高机组的运行效率；另一方面又可合理安排定期轮流检修，提高供电的可靠性，减少电机检修和事故的备用容量。特别是对于水电站和火电厂并联的系统，可以充分利用水能，合理调度电能。如在丰水期，主要由水电站提供大量廉价的电能，火电厂则可以少发电；而在枯水期，则主要由火电厂提供电能，水电机组则作为调峰或调相机运行。这样使总的电能成本降低，从而保证整个电力系统在最经济的条件下运行。由于许多发电厂并联在一起，形成强大的电力网，因此负载的变化对电网电压和频率的影响就很小，从而提高供电的质量和可靠性。

同步发电机与电网并联合闸时，为了避免产生巨大的冲击电流，防止发电机组的转轴受到突然的冲击扭矩而遭到损坏，以至于电力系统受到严重干扰，需要满足以下并联条件：①发电机和电网电压大小、相位要相同；②发电机的频率和电网频率相同；③发电机和电网的电压波形要相同，即均为正弦波；④发电机和电网的相序要相同。

上述条件中，③项在制造发电机时已得到保证；④项要求一般在安装发电机时，根据发电机规定的旋转方向，确定发电机的相序，因而得到满足。在并网操作时，一般只需注意满足①和②两项条件。事实上，完全符合这两个条件只是一种理想状态，通常允许在小的冲击电流下将发电机投入电网并联运行。

把发电机调整到完全符合上述四条并联条件后并入电网，这种方法称为准同期法。准同期法的优点是投入瞬间，发电机与电网间无电流冲击；其缺点是手续复杂，需要较长的时间

进行调整，尤其是电网处于异常状态时，电压和频率都在不断变化，此时要用准同期法并联就相当困难。为迅速将机组投入电网，可采用自同期法。所谓自同期法指同步发电机在不加励磁情况下投入电网，投入电网后再立即加直流励磁。这种方法的缺点是合闸及投入励磁时产生电流冲击。

第 9 章　同步电动机

9.1　同步电动机的基本理论

和其他旋转电机一样，同步电机也遵循可逆原理，既可以作为发电机运行，也可以作为电动机运行，完全取决于它的输入功率是机械功率还是电功率。当原动机拖动同步电机并励磁时，电机从原动机吸收机械功率，向电网输出电功率，为发电机运行方式；当同步电机连接电网并励磁，拖动机械负载运行时，从电网吸收电功率，从轴上输出机械功率，为电动机运行方式。下面以图 9 – 1 所示的同步电机物理模型为例，说明同步电机从发电机运行状态过渡到电动机运行状态的物理过程。其中，N_1、S_1、N_2、S_2 分别表示同步电机的气隙合成磁场磁极和转子磁极。

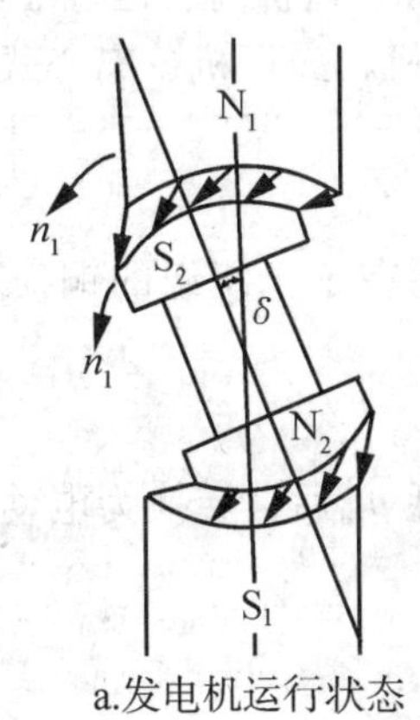

a.发电机运行状态

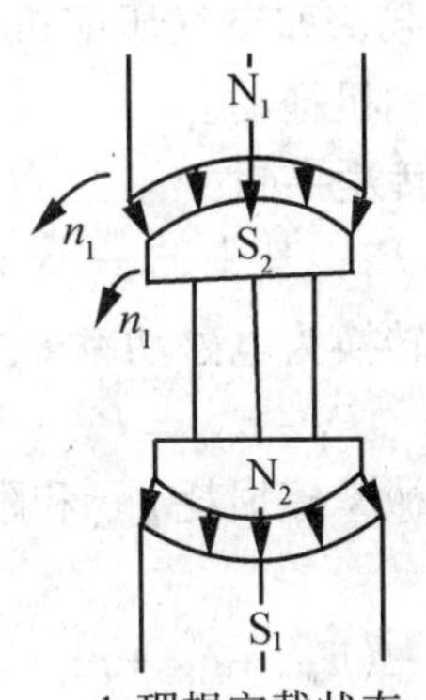

b.理想空载状态

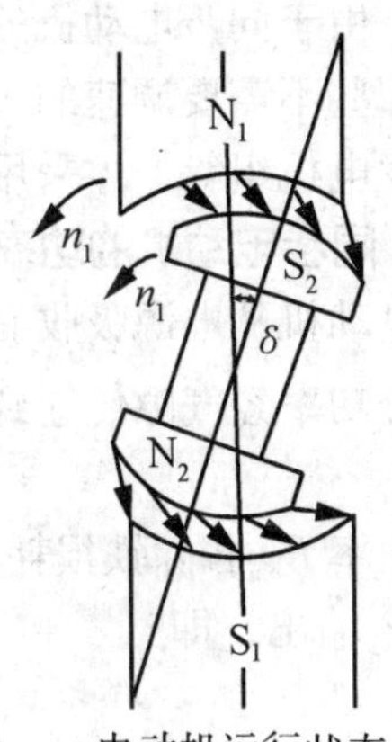

c.电动机运行状态

图 9 – 1　同步电机物理模型

当同步电机运行于发电机运行状态时，如图 9 – 1a 所示，原动机拖动同步电机转子运行，磁感线斜着穿过气隙，两对磁极间形成磁拉力和电磁转矩。转子磁极通过磁拉力拖动气隙合成磁场磁极同步旋转，将机械功率转换为电功率输出。此时，转子磁极是拖动者，气隙合成磁场磁极是被拖动者，两者轴线存在一定的功角 δ，表示存在一定的功率转换。如果输入机械功率逐渐减小，电机中所产生的电磁功率和输出电功率也相应减少，可以形象地说，由于原动机的拖动转矩减小，磁拉力使 δ 角逐渐变小。

当 $\delta = 0°$时，两磁极轴线相重合，磁感线垂直穿过气隙，电动机所产生的电磁功率为零，原动机的输入功率只能补偿空载损耗，这时同步电动机处于空载运行状态，不向电网输送功率，如图 9 – 1b 所示。

若将原动机从同步电动机转轴上脱开，在轴承摩擦和风阻等阻力转矩的作用下，将迫使电动机转子磁极轴线落后于气隙合成磁场磁极轴线一个微小的 δ 角，如图 9 – 1c 所示。这个 δ 角相对于发电机运行方式来说是负值，这时气隙合成磁场磁极是拖动者，转子磁极是被拖动

者，两者仍同步旋转，实现电功率向机械功率的转换，同步电动机处于电动机运行方式。此时，磁感线从另一个方向斜着穿过气隙，形成的电磁转矩的方向与转子旋转方向一致，属于拖动转矩。若电动机转子与机械负载相连，就能拖动负载继续旋转，功角 δ 必然增大，切向磁拉力和电磁转矩相应增大，同步电动机处于负载运行状态。

同步电动机和异步电动机比较，最大的区别是它的转速恒定，与负载大小无关，并且它的功率因数可以调节。在 20 世纪 20 年代以前，由于同步电动机的启动问题没有很好解决，又需要直流发电机提供励磁电流，因而限制了它的应用。30 年代以后，随着工业的发展，采用异步启动方法，特别是采用可控硅整流装置作为励磁电源，使同步电动机广泛用于拖动那些不需要调速的生产机械。其功率多为几百千瓦，直至几万千瓦。

与异步电动机相比，同步电动机有以下显著优点：

（1）功率因数高，特别在过励状态下。

（2）低速同步电动机的体积和重量比同功率、同转速的异步电动机小。电机的主要尺寸是由其视在功率决定的，在输出相同功率的情况下，由于异步电动机的功率因数低，所以它的视在功率大，从而体积增大。

（3）同步电动机的气隙较大，便于制造和安装。

（4）效率高、过载能力大。

但是，由于同步电动机的结构复杂，需要有另外的励磁电源、造价高、运行维护不方便，所以只有那些不需要调速的大功率负载，如空气压缩机、球磨机、鼓风机、离心式水泵以及电动机 - 发电机组等，才采用同步电动机拖动。

9.1.1 同步电动机的功率传递与转矩平衡

同步电动机从电源吸收有功功率 P_1，其中的一小部分消耗在定子绕组的铜损耗 p_{Cu1} 上，其余大部分功率经气隙传递到转子，转换为电磁功率 P_{em}，即

$$P_1 - p_{Cu1} = P_{em} \tag{9-1}$$

电磁功率 P_{em} 扣除铁损耗 p_{Fe}、机械摩擦损耗 p_{mec} 和附加损耗 p_{ad} 后，转换为电动机轴上的机械功率 P_2 输出，即

$$P_{em} - (p_{mec} + p_{Fe} + p_{ad}) = P_2 \tag{9-2}$$

将式（9 - 2）代入式（9 - 1），整理可得

$$P_1 = P_2 + (p_{mec} + p_{Fe} + p_{ad} + p_{Cu1}) = P_2 + \sum p \tag{9-3}$$

式中，$\sum p = p_{mec} + p_{Fe} + p_{ad} + p_{Cu1}$ 为电动机的总损耗。

同步电动机的功率转换流程如图 9 - 2 所示。

将式（9 - 2）两边同除以同步机械角速度 $\Omega_1 = \dfrac{2\pi n_1}{60}$，可得转矩平衡方程式为

$$T_2 = T_{em} - T_0 \tag{9-4}$$

式中，$T_2 = \dfrac{P_2}{\Omega_1}$ 为电动机轴上的输出转矩；$T_{em} = \dfrac{P_{em}}{\Omega_1}$ 为电磁转矩；$T_0 = \dfrac{p_{mec} + p_{Fe} + p_{ad}}{\Omega_1}$ 为空载转矩。T_{em} 为驱动转矩，T_2 和 T_0 为制动转矩。

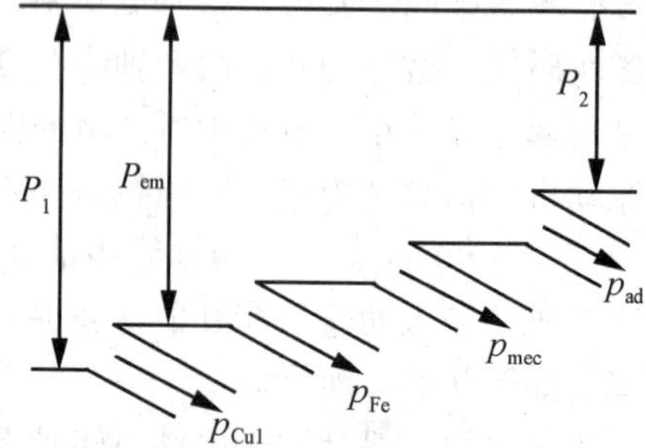

图 9 - 2　同步电动机功率转换流程

9.1.2 同步电动机静态稳定问题

同步电动机的电磁功率 P_{em} 与功角 δ 之间也存在一定的关系，其功角特性与同步发电机类似。与异步电动机一样，同步电动机也存在静态稳定运行问题，下面以隐极同步电动机为例来说明。

隐极同步电动机的电磁转矩与功角的关系为

$$T_{em} = m\frac{E_0 U}{\Omega_1 X_t}\sin\delta \tag{9-5}$$

式（9－5）称为隐极同步电动机的矩角特性。当电动机拖动负载在 $0° < \delta < 90°$ 范围内运行时，假设功角为 δ_1，如图 9－3a 所示。电磁转矩和负载转矩相平衡，即 $T_{em} = T_L$。由于某种原因，负载转矩突然增大，此时转子减速使功角 δ 增大，电磁转矩相应增大。当电磁转矩和负载转矩再次平衡时，电动机仍能继续同步运行，功角变为 δ_2。如果负载转矩减小，则电动机的功角 δ 减小，电磁转矩相应减小，当电磁转矩和负载转矩再次平衡时，电动机仍能继续同步运行。因此，$0° < \delta < 90°$ 是隐极同步电动机的稳定工作区。

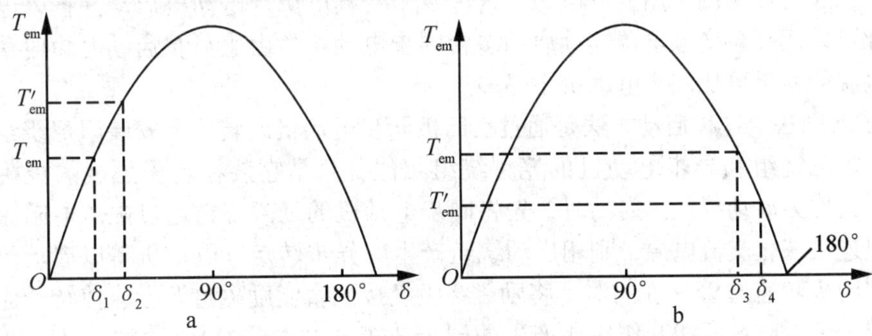

图 9－3 同步电动机稳态运行

当电动机拖动负载在 $90° < \delta < 180°$ 范围内运行时，假设功角为 δ_3，如图 9－3b 所示，此时电磁转矩和负载转矩相平衡，即 $T_{em} = T_L$。由于某种原因，负载转矩突然增大，此时转子减速使功角 δ 增大为 δ_4，由矩角特性可知，δ_4 对应的电磁转矩 T'_{em} 减小，由于 $T'_{em} < T'_L$，电动机继续减速从而偏离同步转速，即失去同步，因而无法工作。因此，$90° < \delta < 180°$ 是隐极同步电动机的不稳定工作区。

隐极同步电动机额定运行时 $\delta_N \approx 16.5° \sim 30°$，凸极同步电动机额定运行时功角要小些。

9.2 同步电动机的启动

9.2.1 同步电动机的启动

同步电动机只有在定子旋转磁场与转子励磁磁场相对静止时，才能得到平均电磁转矩。若在同步电动机的定子三相绕组中通过频率为 50Hz 的对称三相电流，由于转子在启动时是静止的，定子旋转磁场以同步转速 n_1 对转子磁场作相对运动。在这一瞬间，定子旋转磁场将吸引转子磁场向前，由于转子具有转动惯量，来不及转动；而在另一瞬间，定子磁场又推斥转子磁场向后。这样，定子旋转磁场与转子磁极之间的吸引和推斥频繁交替，转子受到的便是一个方向交变的电磁转矩，如图 9－4 所示，其平均转矩为零，不可能产生稳定的磁拉力使转子以同步转速 n_1 旋转，故同步电动机不能自行启动。因此，同步电动机的启动必须借助其他方法。

同步电动机常用的启动方法有辅助电动机启动法、变频启动法和异步启动法等。

1. 辅助电动机启动法　通常先用一台与待启动的同步电动机极数相同的小型异步电动机将同步电动机拖动到异步转速，然后投入电网，加入直流，利用同步转矩将转子牵入同步。这种启动方法的缺点是投资大、不经济、占地面积大，不适合带负载启动。因此，很少采用这种方法，个别地用于同步补偿机的启动。

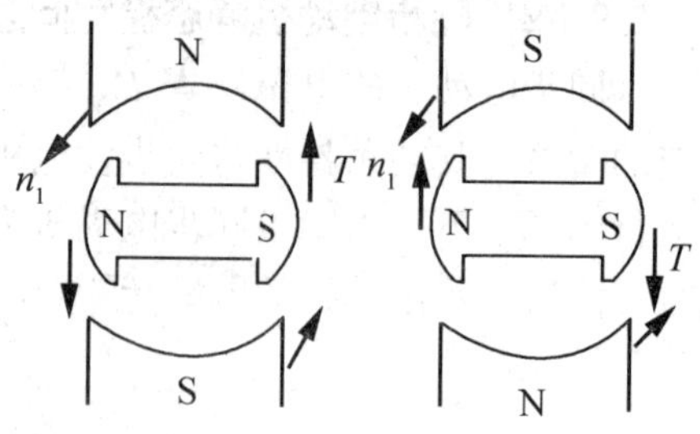

图 9－4　同步电动机启动时定子磁场对转子磁场的作用

2. 变频启动法　这种启动方法是一种性能很好的启动方法，启动电流小、对电网冲击小。启动前，在转子绕组中通过直流励磁电流，借助变频器逐步升高加在定子上的电源频率，使转子磁极在开始启动时就与旋转磁场建立起稳定的磁拉力而同步旋转，并在启动过程中同步加速，直到额定转速。对这种启动方法，只要有变频电源就很容易实现。目前，除了可以采用变频调速的变频电源外，还可以使用专用变频电源。这种专用变频电源待电动机启动并投入电网后即被切除，因此可以用一台变频电源连续启动多台同步电动机。由于只在启动时短时采用，所以这种变频电源的容量可比同步电动机小得多。

3. 异步启动法　这种启动方法是通过在凸极同步电动机的转子上安装阻尼绕组来获得启动转矩的。阻尼绕组和异步电动机的笼型绕组相似，只是它装在转子磁极的极靴上，如图 9－5所示，又称为启动绕组。启动时，先将同步电动机的励磁绕组通过限流电阻短接，然后把定子绕组连接三相交流电源，利用启动绕组产生的异步转矩，电动机得以启动；待电动机转速上升到同步转速的95%左右时，将励磁绕组换接到直流励磁电源上，使转子建立励磁磁场；利用定、转子磁场间相互作用所产生的同步转矩（基本分量），再加上凸极效应所引起的磁阻转矩（附加分量），便可以将转子逐渐牵入同步。

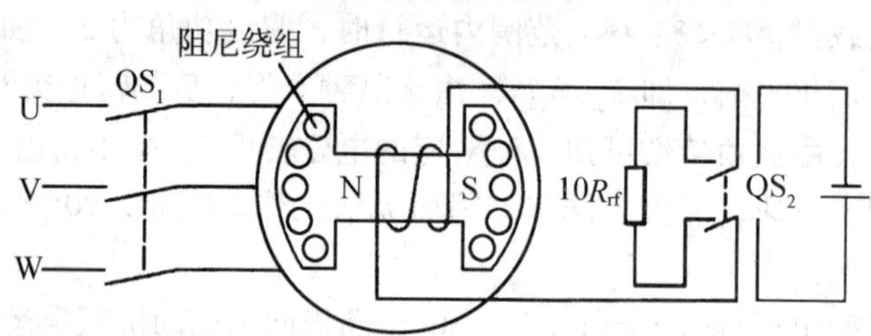

图 9－5　同步电动机异步启动的原理

可见，这种启动方法分两个阶段：异步启动阶段和牵入同步阶段。在异步启动阶段，转子直流励磁绕组不能通过直流励磁电流，其原因是如果通过直流励磁电流，随着转速上升，转子磁极在定子绕组中感应出一个频率随转速变化的对称三相电动势。这个电动势的频率与电网电压的频率不相同，它通过电源变压器二次绕组构成回路，产生很大的电流，这一电流与定子绕组的启动电流瞬时叠加，使定子电流过大，这是不允许的。直流励磁绕组也不能开路，其原因是在启动过程中，特别是在低速时，定子旋转磁场以很高的速度切割匝数很多的直流励磁绕组，在其上感应很高的电压。该电压容易击穿绕组绝缘，同时对操作人员的人身安全构成一定威胁。若将直流励磁绕组直接短路，所感应的单相电动势又会产生单相电流，与定子旋转磁场相作用会形成一种对启动不利的所谓的“单轴转矩”。因此，在异步启动阶段，直流励磁绕组应串联一定阻值的短路电阻，其大小约为直流励磁绕组电阻的10倍。

牵入同步阶段是否顺利取决于以下几个因素：①与负载转矩有关，负载越轻越容易牵入；②与系统的转动惯量 GD^2 有关，惯量越小加速越快，越容易牵入；③与通过直流励磁电流的时机有关，显然，当功角等于0°时，通过直流励磁电流最有利，这时牵入的可能性最大。因此，对于负载较重、惯性较大、牵入困难的同步电动机，需要在控制电路中加入测量功角的环节，以保证 δ 为0°时通过直流励磁电流。如果仍牵入困难，还可以加大直流励磁电流，即可以增大励磁电动势 E_0，从而增大同步转矩，这样有助于牵入同步。

因此，同步电动机的异步启动法是先异步启动，然后牵入同步，达到同步后电动机进入稳定运行状态，启动过程结束。

9.2.2 同步电动机的调速

同步电动机始终以同步转速运转，不存在转差。同时同步电动机的极对数又是固定的，因此不能采用变极调速，只能采用变频调速。同步电动机的变频调速系统可分为他控式变频调速系统和自控式变频调速系统两大类。

1. 他控式变频调速系统　他控式变频调速系统是指采用独立的变频装置给同步电动机供电的调速系统，一般采用开环控制。可用的变压变频装置有交 - 直 - 交变频和交 - 交变频两大类。对于运行于低速的同步电动机电力拖动系统，为了省去庞大的机械传动装置，定子的变压变频方式通常采用交 - 交变压变频器；对于运行于高速的同步电动机电力拖动系统，通常采用交 - 直 - 交电流型变压变频器，其电动机侧变换器（即逆变器）比给感应电动机供电时更简单。这种系统并没有解决同步电动机的失步、振荡等问题，所以很少用于实际的调速场合。

2. 自控式变频调速系统　自控式变频调速系统是指用电动机轴上所带转子位置检测器来控制变频装置触发脉冲的一种闭环调速系统，主要由同步电动机、变频器、转子位置传感器和控制装置等组成。变频器的触发信号或通断信号由位置传感器决定，从而使变频器的频率追随电机的速度，可以消除一般同步电机的失步和振荡问题。

自控式同步电机变频调速系统还发展为无换向器电机和无刷电机。这种同步电动机的性能类似于直流电动机，所不同的是不采用机械换向器，而是电子换向器，即以变流装置代替直流电机的换向片，既具有直流电动机良好的传动性能，又可以克服直流电动机需要机械换向器的缺点。无换向器电动机的调速性能好，结构简单，同时又兼有同步电动机功率因数好的优点。

3. 同步电动机的制动　在交流电动机的三种制动中，同步电动机最常用的制动方式是能耗制动。能耗制动时，同步电动机定子三相绕组从供电电源中断开，接到外接电阻或频敏变阻器上，转子励磁绕组中仍保持一定的励磁电流。这时同步电动机相当于一台变速运行的发电机，通过外接电阻或频敏变阻器将由转子的机械能转化而来的电能消耗掉。

第 10 章　其他同步电机

10.1　同步调相机

通常所说的发电机和电动机，仅指有功功率方面。若同步电机向电网输出有功功率，则同步电机便作为发电机运行；若同步电机从电网吸收有功功率，则同步电机便作为电动机运行。同步电机也可以专门供给无功功率，特别是感性无功功率。这种专门供给无功功率的同步电机称为同步调相机或同步补偿机。

电网中的主要负载是异步电动机和变压器，它们所需要的励磁电流必须由电网提供。因此，电网除了供给这些感性负载必要的有功功率之外，还供给很大一部分感性无功功率，从而使整个电网的功率因数降低。功率因数越低，发电机的容量越得不到充分利用。同时，当感性无功功率通过电线传输时，线路中的电压降和功率损耗也将增大，为使电压调整率保持在一定的范围，发电机的励磁损耗又将增加，这样运行很不经济。

随着电力系统的发展，坑口电站、核电站和大型水电站得到迅速发展。这些电站受自然条件的限制，一般远离负荷中心，须通过远距离输电线路输电。当输电线路很长时，要维持各种工况下受电端电压稳定是很困难的。这是因为在电网轻载时，由于线路的电容效应，可能出现容性电流，功率因数变为超前。同时，容性电流对发电机产生增磁作用，使电网电压升高。当负载很大时，感性负载引起电网电压下降。电网负载的变化、功率因数由超前到滞后的变化均在电网上引起很大的电压波动。若在受电端装有自动励磁调节的同步调相机则可以使各种工况下受电端的电压基本保持稳定。

提高电网的功率因数既可以提高发电设备的利用率和效率，也能显著提高电力系统的经济性与供电质量，具有重大的实际意义。可是，如何才能提高电网的功率因数呢？在电网的受电端接上一些同步调相机是提高电网功率因数的重要方法之一。

同步调相机实际上就是一台在空载运行状态下的同步电动机。它从电网吸收的有功功率仅补偿本身的损耗，因此同步调相机总是在电磁功率和功率因数都接近零的情况下运行。若忽略调相机的全部损耗，则电枢电流全是无功分量，其电动势方程式为

$$\dot{U} = \dot{E}_0 + \mathrm{j}X_t \dot{I} \tag{10-1}$$

根据式（10－1）可绘出过励和欠励时同步调相机的相量图（图 10－1）。图 10－1a 为过励时同步调相机的相量图，图 10－1b 为欠励时同步调相机的相量图。由图 10－1 可知，过励时电流 $\dot{I}$ 超前 $\dot{U}$ 90°，欠励时电流 $\dot{I}$ 滞后 $\dot{U}$ 90°。因此，只要调节励磁电流，就能灵活调节同步调相机的无功功率的性质与大小。由于电力系统大多数情况下带感性无功功率，故同步调相机通常在过励状态下运行。

同步调相机的额定容量指它在过励时的视在功率，这时的励磁电流称为额定励磁电流。考虑到稳定等因素，欠励时的容量约为过励时额定容量的 50% ~65% 。

同步调相机一般采用凸极式结构，由于转轴不带机械负载，故在机械结构上要求较低，

转轴较细。因此，同步调相机静态过载倍数也可以小些，相应地可以减小气隙和励磁绕组的用铜量。同步调相机的启动方法与同步电动机相同。

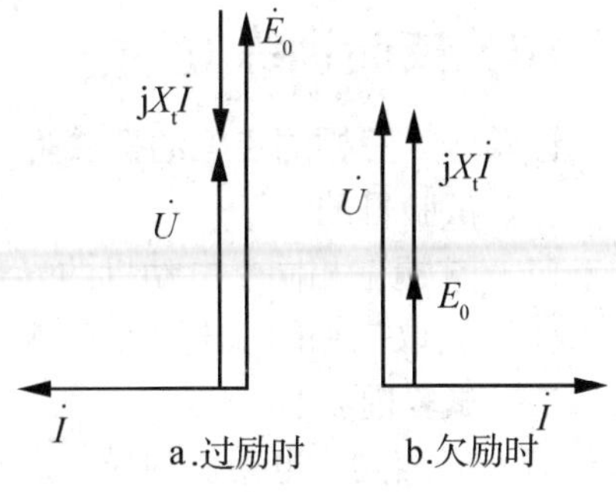

图 10－1　同步调相机的相量图

例 10－1　设有一台同步发电机带有感性负载，需向负载提供有功电流 $I_a=1000\text{A}$，无功电流 $I_r=1000\text{A}$，为了减小发电机和线路中的无功电流，在用户端安装一台同步调相机，该调相机在过励状态下从电网吸收容性（超前）电流 $I_c=250\text{A}$，试求补偿后发电机及线路的无功电流。

解　无补偿时发电机及线路总电流为

$$I=\sqrt{I_a^2+I_r^2}=\sqrt{1000^2+1000^2}=1414\ (\text{A})$$

功率因数为

$$\cos\varphi=\frac{I_a}{I}=\frac{1000}{1414}=0.71$$

线路接入同步调相机，如图 10－2 所示，此时线路的无功电流为

$$I'=I_r-I_c=1000-250=750\ (\text{A})$$

当有功电流不变时，总电流为

$$I'=\sqrt{I_a^2+I_r'^2}=\sqrt{1000^2+750^2}=1250\ (\text{A})$$

补偿后的功率因数为

$$\cos\varphi'=\frac{I_a}{I'}=\frac{1000}{1250}=0.8$$

又因为

$$\frac{I'^2}{I^2}=\frac{1250^2}{1414^2}=0.78$$

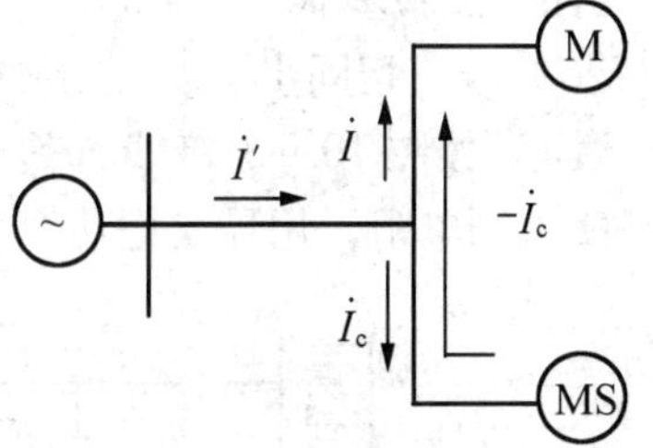

图 10－2　用同步调相机改善电网的功率因数

M—异步电动机（感性负载）

MS—同步调相机

可见，线路损耗为原来的 78%，即线路损耗减小 22%。例 10－1 表明，安装同步调相机能减小线路电流，从而提高功率因数。

10.2　微型同步电动机

微型同步电动机主要有三种类型，即永磁式同步电动机、反应式同步电动机和磁滞式同步电动机。

这些电动机的定子结构都是相同的，或者是三相绕组中通过三相交流电，或者是两相绕组中通过两相电流（包括单相电源经过电容分相），或者是单相罩极式，其主要作用都是为了产生一个旋转磁场。

但是，转子的结构形式和材料却有很大差别，因而其运行原理也就不同。由于在转子上都没有励磁绕组，也不需要电刷和滑环，因而这些电动机具有结构简单、运行可靠、维护方便等优点。

目前，功率从零点几瓦到数百瓦的各种微型同步电动机广泛应用于需要恒速运转的自动控制装置、遥控、无线电通信、有声电影、磁带录音及同步随动系统。

相关技能训练五

试验一　三相同步电动机试验

一、试验目的

（1）掌握三相同步电动机的异步启动法。

（2）测取三相同步电动机的 V 形曲线。

二、试验内容

（1）三相同步电动机的异步启动。

（2）测取三相同步电动机输出功率 $P_2\approx 0$ 时的 V 形曲线。

三、试验设备

DD03：导轨、测速发电机及转速表。D32：交流电流表。D33：交流电压表。DJ18：三相凸极式同步电机。D34－3：单三相智能功率、功率因数表。D31：直流电压、毫安、安培表。D41、D42：三相可调电阻器。D52：旋转灯、并网开关、同步机励磁电源。D51：波形测试及开关板。DJ21：三相电阻启动异步电动机。

四、试验步骤

（一）三相同步电动机的异步启动

（1）按图 10－3 接线，其中 R 为同步电动机励磁绕组电阻的 10 倍（约 90Ω），R_f 为 225Ω 可调电阻，用导线把功率表电流线圈及交流电流表短接，开关 S 合向上端。

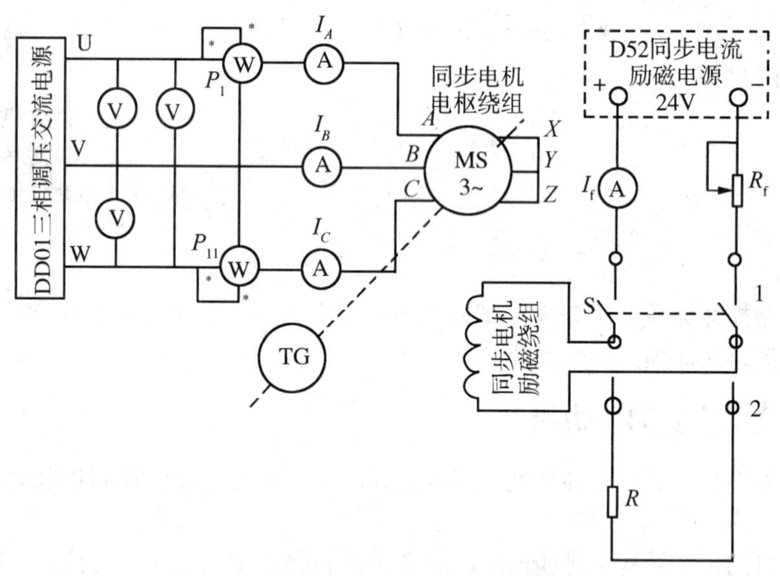

图 10－3　三相同步电动机试验接线

（2）将调压器旋钮调到零，接通电源总开关，调 D52 上同步电机励磁电源调压旋钮，使 $U_f=24V$，调节 R_f，使 $I_f\approx 0.7A$。

（3）将开关 S 合向下端，调节调压器旋钮，使同步电动机的 $U_N=220V$（注意转速表指针的偏转方向）。

（4）当转速接近同步转速 1500r/min 时，把开关 S 迅速从下端切换到上端，让同步电动机励磁绕组加直流励磁而强制拉入同步运行，整个启动过程结束。把功率表和交流电流表短接线拆掉，使仪表正常工作。

（二）测取三相同步电动机输出功率 $P_2\approx0$ 时的V形曲线

（1）接线同图10-3，按照异步启动法启动三相同步电动机。

（2）调节同步电动机的励磁电流 I_f 并使 I_f 增加，这时同步电动机的定子三相电流 I 亦随之增加直至额定值，记录定子三相电流 I 和相应的励磁电流 I_f、输入功率 P。

（3）调节 I_f 使 I_f 逐渐减小，这时 I 亦随之减小直至最小值，记录这时MS的定子三相电流 I、励磁电流 I_f 和输入功率 P。

（4）继续减小同步电动机的励磁电流 I_f，直至同步电动机的定子三相电流反而增大至额定值。

（5）在这个过励和欠励范围内读取数据9～11组，并记录于表10-1中。

表10-1　试验数据记录表　　$n=$____r/min　$U=$____V

序号	定子三相电流 I（A）				励磁电流 I_f（A）	输入功率 P（W）		
	I_A	I_B	I_C	I	I_f	P_1	P_2	P

注：表10-1中，$I=\dfrac{(I_A+I_B+I_C)}{3}$，$P=P_1+P_2$。

五、试验报告

（1）同步电动机异步启动时先把同步电动机的励磁绕组经一个可调电阻构成回路，该可调电阻的阻值调节到同步电动机励磁绕组电阻的10倍，它在启动过程中的作用是什么？若该电阻为零，又将怎样？

（2）根据测得的试验数据绘制 $P_2\approx0$ 时的V形曲线 $I=f(I_f)$，并说明定子电流的性质。

小　结

同步电机最基本的特点是电枢电流的频率、磁极对数与转速有着严格的关系。它在结构上一般采用旋转磁极式。汽轮发电机由于转速高和容量大，采用卧式隐极式结构，水轮发电机则多为立式凸极式结构。一般用途的同步电动机和调相机多数为卧式凸极式结构。

在分析同步发电机对称稳态运行情况下的电磁过程时，电枢反应占有重要地位。电枢反应的性质取决于负载的性质和电枢内部的参数。交轴电枢反应是机电能量转换的关键。

同步发电机的外特性说明，在不调节励磁时，端电压随负载变化而变化。

同步电动机与同步发电机的区别在于有功功率的传递方向不同。同步发电机向电网输送有功功率，因而功率角为正值。同步电动机从电网吸收有功功率，因而功率角为负值。同步电动机最突出的优点是功率因数可以根据需要在一定范围内调节，但同步电动机不能自行启动是其主要问题，现在广泛应用的是异步启动法。同步调相机实质上就是空载运行的同步电动机。作为无功功率电源，同步调相机对改善电网的功率因数、保持电压稳定及电力系统的经济运行起着重要作用。微型同步电动机主要有永磁式同步电动机、反应式同步电动机和磁滞式同步电动机。这些电动机的定子结构都可以是相同的，但转子的结构形式和材料却有很大差别，因而其运行原理也就不同。由于这些电动机转子上都没有励磁绕组、电刷和滑环装

置，因而结构简单、运行可靠，广泛应用于需要恒速运转的各种自动控制、无线电通信及同步随动等系统。

思考与练习

1. 什么叫同步电机？1500r/min、50Hz 的同步电机是几极的？隐极式结构和凸极式结构有什么特征？

2. 为什么大容量同步电机都采用旋转磁极式结构？

3. 何谓同步发电机的电枢反应？电枢反应与机电能量转换有何关系？

4. 同步电动机为什么没有启动转矩？通常采用什么方法启动？

5. 同步电动机异步启动时，其励磁绕组为什么既不能开路，又不能短路？

6. 判别同步电机是发电机还是电动机的依据是什么？

7. 同步电抗对应什么磁通？它的物理意义是什么？

自测题四

一、填空题

1. 同步发电机对称负载运行时，气隙中存在两种旋转磁场，一种是__________，另一种是__________。

2. 对称负载运行时，同步电机电枢电流建立的电枢旋转磁场的转速由__________决定；而励磁磁场的转速则由__________决定。这两个旋转磁场在空间上__________。

3. 同步电机的转子结构型式有__________式和__________式。__________式转子的同步电机的气隙均匀。

4. 同步电动机常用的启动方法有________启动法、________启动法和________启动法。

5. 同步发电机的内功率因数角 Ψ 是________和________之间的夹角，功角是________和________之间的夹角。

二、判断题

1. 同步电机中定、转子两个磁动势在空间同步旋转，而异步电机中定、转子两个磁动势在空间异步旋转。(　　)

2. 单相异步电动机能自己启动和运行。(　　)

3. 为保证测量精度，直流测速发电机负载电阻越小越好。(　　)

4. 伺服电动机怕自转，步进电动机怕失步。(　　)

5. 步进电动机的工作过程也就是实现失调角为零的过程。(　　)

6. 交流伺服电动机的转子电阻一般都做的较大，其目的是使转子在转动时产生制动转矩，使它在控制绕组不加压时，能及时制动，防止自转。(　　)

三、选择题

1. 同步发电机的内功率因数角 Ψ 表示（　　）。

A. $\dot{E}_0$与$\dot{I}$间的相位差角　　B. $\dot{U}$与$\dot{I}$间的相位差角

C. $\dot{E}_0$与$\dot{U}$间的相位差角　　D. $\dot{F}_f$与$\dot{F}_\delta$间的相位差角

2. 关于同步电机，下列说法不正确的是（　　）。

A. 与隐极同步电机相比，凸极同步电机的过载能力差

B. 同步电机内部产生的是圆形旋转磁场

C. 同步电机无论作为发电机运行还是电动机运行，其转速始终是同步转速

D. 描述同步电机电磁转矩和负载的关系通常用功角特性，而不是转速特性

3. 同步发电机带容性负载时，其调整特性是一条____ 。(　　)

A. 上升的曲线　　B. 下降的曲线　　C. 水平直线　　D. 不好确定

4. 同步电动机异步启动时，转子励磁绕组必须____ 。(　　)

A. 开路　　B. 短路　　C. 串联一个 $10R_{rf}$的电阻　　D. 串联一个 $2R_{rf}$的电阻

第五篇

控制电机

控制电机是电机中的一类，主要是指因为使用环境和制作工艺的特殊而区别于通用电机的电机，它们主要应用于自动控制和计算装置中，在仪表、工业自动化等方面得到了广泛应用，并逐步用于日常生活中。对控制电机的要求是运行可靠、高精度和快速响应。控制电机的发展趋势是产品的永磁化、无刷化、无铁芯化、智能化、数字化、固态化、组合化、机电一体化及小型化。

本篇主要介绍了最为常用的控制电机的基本结构、工作原理及有关特性，要求了解它们的基本结构，理解它们的工作原理以及熟悉它们的应用。

第 11 章　伺服电机

伺服电机又称为执行电机，是应用较广的一种控制电机，它可将输入的电信号转换成电动机轴上的角位移或角速度等机械信号输出，其特点是：在信号来到之前静止不动；信号来到之后，转子立即转动；当信号消失，转子能立即自行停转。由于这种“伺服”的性能，因此而命名。伺服电机通常在自动控制系统中用作执行元件，它可与自整角机或旋转变压器配合，用于飞行器、舰船导航及雷达天线转角等控制，也可用于高温、高压或有害气体、液体阀门开闭的控制。

按照在自动控制系统中的工作所要求，伺服电机必须具备可控性好、稳定性高和速应性强等基本性能。可控性好是指讯号消失以后，能立即自行停转；稳定性高是指转速随转矩的增加而均匀下降；适应性强是指反应快、灵敏。

按照伺服电机的控制电压来分，伺服电机可分为两大类，以交流电源工作的称为交流伺服电机，以直流电源工作的称为直流伺服电机。直流电机的输出功率通常为 1 ~ 600W，可用于较大功率的控制系统中。交流伺服电机的输出功率较小，一般为 0．1 ~ 100W，用于功率较小的控制系统中。

11.1 直流伺服电机

11.1.1 直流伺服电机的结构

直流伺服电动机的控制电源为直流电压，根据功能不同，伺服电动机可分为普通型直流伺服电动机、盘形电枢直流伺服电动机、空心杯转子直流伺服电动机和无槽直流伺服电动机。

1. 普通型直流伺服电动机　普通型直流伺服电动机的结构与他励直流电动机相同，由定子和转子两大部分组成。根据励磁方式不同，普通型直流伺服电动机又可分为电磁式和永磁式两种。电磁式直流伺服电动机的定子磁极上安装励磁绕组，励磁绕组接励磁控制电压产生磁通；永磁式直流伺服电动机的磁极是永久磁铁，其磁通是不可控的。

与普通直流电动机相同，直流伺服电动机的转子一般由硅钢片叠压而成，转子外圆有槽，槽内装有电枢绕组，绕组通过换向器和电刷与电枢控制电路连接。为提高控制精度和响应速度，直流伺服电动机的电枢铁芯长度与直径之比比普通直流电动机要大，气隙较小。当定子中的励磁磁通和转子中的电流相互作用时，就会产生电磁转矩驱动电枢转动，恰当控制转子中电枢电流的方向和大小，就可以控制直流伺服电动机的转速。若电枢电流为零，则直流伺服电动机停转。普通的电磁式和永磁式直流伺服电动机性能接近，它们的转动惯量比其他类型伺服电动机大。

2. 盘形电枢直流伺服电动机　盘形电枢直流伺服电动机的定子由永久磁铁和前后铁轭共同组成，磁铁可以在圆盘电枢的一侧，也可在其两侧。盘形伺服电动机的转子电枢由线圈沿转轴的径向圆周排列，并用环氧树脂浇注成圆盘形。盘形绕组中通过的电流是径向电流，而磁通是轴向的，径向电流与轴向磁通相互作用产生电磁转矩，使伺服电动机旋转。图 11－1 所示为盘形电枢直流伺服电动机的结构。

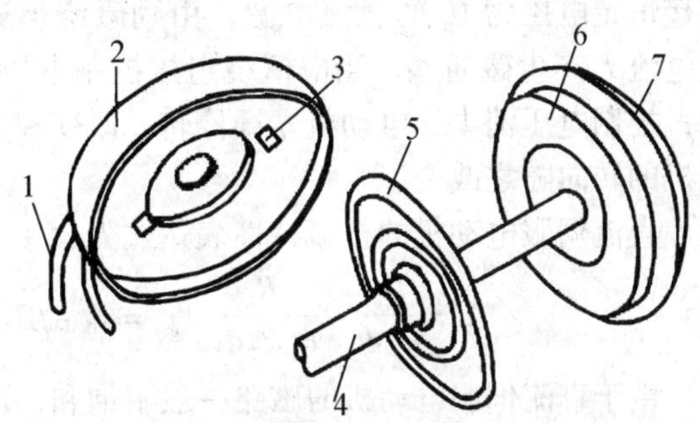

图 11－1　盘形电枢直流伺服电动机的结构

1. 引线　2. 前盖　3. 电刷　4. 转轴　5. 盘形电枢　6. 磁钢　7. 后盖

3. 空心杯转子直流伺服电动机　空心杯转子直流伺服电动机有两个不同的定子（图 11－2），分别是由软磁材料构成的内定子和由永磁材料构成的外定子，外定子产生磁通，内定子主要起导磁作用。空心杯转子伺服电动机的转子由单个成型线圈沿轴向排列成空心杯形，并用环氧树脂浇注成型。空心杯转子电枢直接装在转轴上，在内外定子间的气隙中旋转。

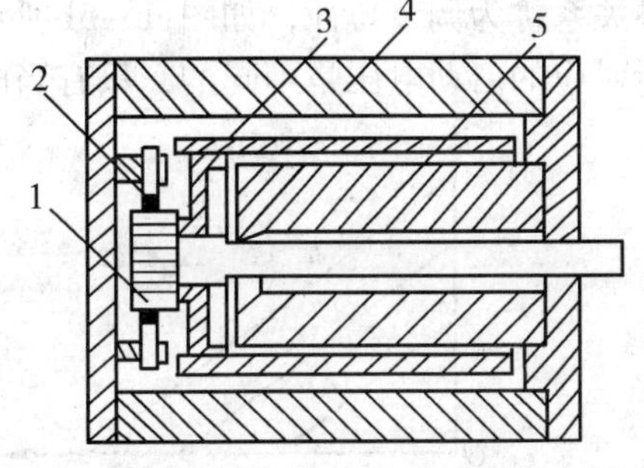

图 11－2　空心杯转子直流伺服电动机的结构

1. 换向器　2. 电刷　3. 电枢　4. 外定子　5. 内定子

4. 无槽直流伺服电动机　无槽直流伺服电动机的转子是直径较小的细长形圆柱铁芯，铁芯上不开元件槽，电枢绕组元件直接放置在铁芯的外表面，然后用环氧树脂浇注成型，具有散热好、速应性强等特点，如图 11－3 所示。

与普通型直流伺服电动机相比，其余三种直流伺服电动机的转动惯量小、电枢等效电感小，因此它们的动态特性较好，适用于快速响应系统。

11.1.2 直流伺服电机的控制方式及特性

直流伺服电动机的工作原理和普通直流电动机相同，只要在励磁绕组中有电流流过且产生磁通，当电枢绕组中通过电流时，这个电枢电流就与磁通相互作用产生转矩，使伺服电动机转动。若其中一个绕组断电，电动机立即停转。因此，直流伺服电动机的转速控制方式有两种：电枢控制和磁场控制。

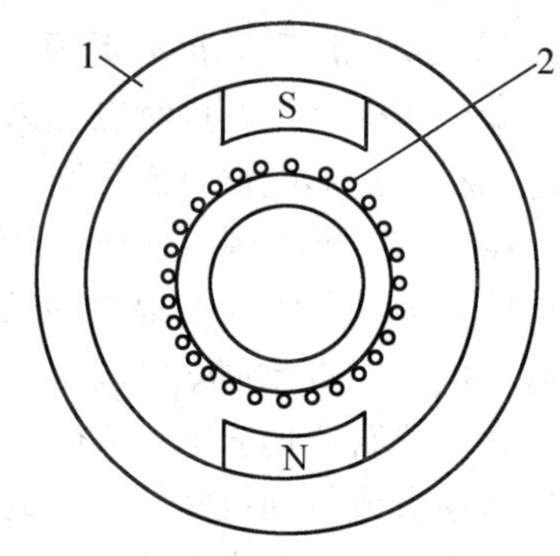

图 11－3 无槽直流伺服电动机的结构

1. 定子 2. 转子电枢

电枢控制是在电动机的励磁绕组上加恒压励磁，将控制电压作用于电枢绕组来进行控制；磁场控制是在电动机的电枢绕组上加恒压，将控制电压作用于励磁绕组来进行控制。由于电枢控制中回路电感小、响应快、特性好，因此在自动控制系统中多采用电枢控制。

下面以电枢控制方式为例简要分析直流伺服电动机的主要特性。

图 11－4 是电枢控制的直流伺服电动机的原理图。励磁绕组连接恒定电压为 U_f 的直流电源，由励磁绕组进行励磁，其中通过电流 I_f 产生磁通 Φ。当电枢绕组接控制电压 U_c 时，电动机转动；控制电压消失，电动机立即停转；改变控制电压的方向，电动机的转向随之改变。

图 11－4 电枢控制直流伺服电动机的原理

直流伺服电动机的机械特性表达式为

$$n=\frac{U_c}{C_e\Phi}-\frac{R_a}{C_eC_T\Phi^2}T_{em}=n_0-\beta T_{em} \qquad (11-1)$$

由于直流伺服电动机的磁路一般不饱和，可以不考虑电枢反应，即认为主磁通 Φ 大小不变。当作用于电枢回路的控制电压 U_c 不变时，电磁转矩 T_{em} 越大，转速 n 越小，电磁转矩的增加与电动机的转速降成正比，不同控制电压作用下的机械特性如图 11－5a 所示。由图 11－5a 可知，不同控制电压下的机械特性曲线为一组平行线，当控制电压一定时，不同的负载转矩对应不同的机械转速。

当电动机的负载转矩恒定时，控制电压 U_c 的增加与转速 n 的增加成正比。转速与控制电压的这种关系称为调节特性，如图11－5b所示。由图 11－5b 可知，当转速 $n=0$ 时，不同负载转矩所对应的启动电压是不同的，只有当电枢控制电压大于启动电压时，电动机才能转动。

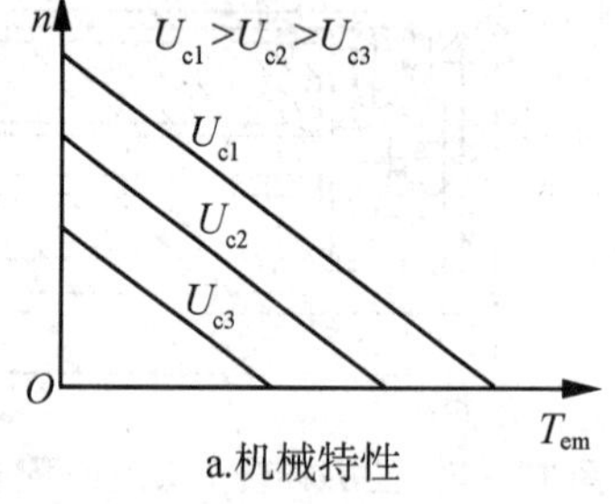

a.机械特性

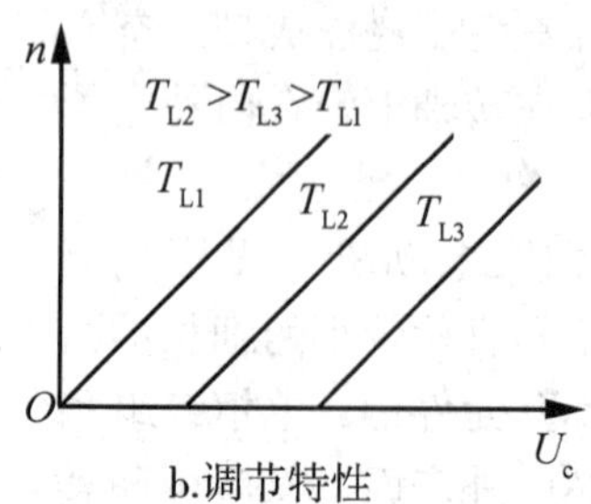

b.调节特性

图 11－5 直流伺服电动机的特性

由图 11－5 可知，直流伺服电动机的机械特性和调节特性的线性度好，调整范围大，启动转矩大，效率高。直流伺服电动机的缺点是电枢电流较大，电刷和换向器维护工作量大，接触电阻不稳定，电刷与换向器之间的火花有可能对控制系统产生干扰。

11.2 交流伺服电机

11.2.1 交流伺服电机的结构

交流伺服电动机一般是两相交流电动机，主要由定子和转子组成。定子铁芯上嵌放着两套在空间上相差90°电角度的绕组，这两套绕组结构完全相同，使用时一套绕组用于励磁，另一套绕组用于控制。转子可分为笼型转子和空心杯转子两种类型。笼型转子的结构与一般笼型异步电动机的转子相同，但转子细而长，转子导体用高电阻率的材料制成，其目的是减小转子的转动惯量、增强启动转矩对输入信号的快速响应能力和克服“自转”现象。空心杯转子交流伺服电动机的结构如图11－6所示。它的定子分为内定子和外定子两部分。外定子的结构与笼型交流伺服电动机定子的结构相同，铁芯槽内放有两相绕组。内定子由硅钢片叠装在一个端盖上，一般不放绕组，其目的是减小磁路的磁阻。空心杯转子由导电的非磁性材料做成薄壁圆筒形状，放在内、外定子之间。杯底固定在转轴上，杯壁薄而轻，其厚度一般为0.2～0.8mm，因而转动惯量较小，响应迅速。

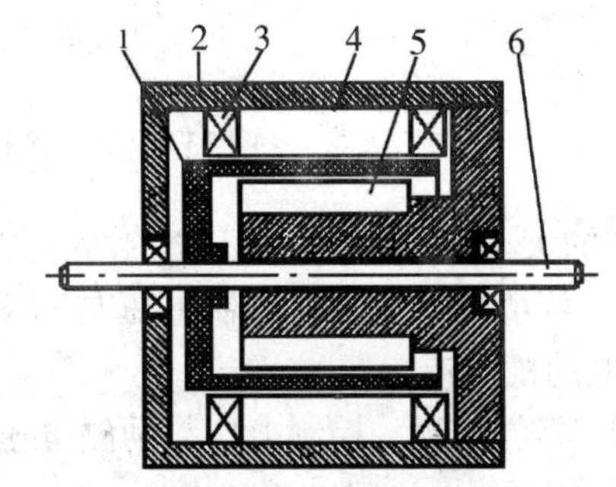

图11－6 空心杯转子交流伺服电动机的结构

1. 空心杯转子 2. 机壳 3. 外定子绕组 4. 外定子 5. 内定子 6. 转轴

11.2.2 交流伺服电机的工作原理

交流伺服电动机的工作原理与单相异步电动机的工作原理相似。工作时，励磁绕组和控制绕组加相位互差90°电角度的交流电压，在气隙中产生旋转磁场，转子在磁场的作用下旋转。若控制电压消失，气隙中只有励磁绕组产生的脉动磁场，转子由于没有启动转矩而停转。对伺服电动机的要求不仅是在控制电压作用下就能启动，而且电压消失后电动机应能立即停转。如果伺服电动机在控制电压消失后继续转动，就会出现失控现象，即“自转”，这是伺服电动机不允许的。

如何消除伺服电动机的“自转”现象？由电机学原理可知，异步电动机的临界转差率 s_m 与转子电阻有关，增大转子电阻可使临界转差率 s_m 增大。图11－7所示为交流伺服电动机单相励磁时的机械特性。由图11－7a可以看出，当交流伺服电动机的控制电压为零时，若转子电阻较小，电磁转矩的方向与转速相同，则电动机仍按原来的方向转动，此时的电磁转矩仍为拖动性转矩。在同样条件下，若转子电阻较大，电磁转矩的方向与转速相反，变为制动性转矩，在电磁转矩的作用下，电动机能够迅速停转，从而消除交流伺服电动机的“自转”，如图11－7b所示，其中 T_1 和 T_2 为电磁转矩的两个分量。

11.2.3 交流伺服电机的控制方式

交流伺服电动机不仅须具有启动和停止的伺服性，还须具有转速的大小和方向的可控性。

根据旋转磁场理论可知，旋转磁场的方向是由电流超前相的绕组转向滞后相的绕组。控制电压 $\dot{U}_c$ 的相位改变180°，可以改变两相绕组的超前滞后关系，从而改变旋转磁场的方向，交流伺服电动机转速方向也会发生变化。改变控制电压 $\dot{U}_c$ 的大小，可以改变气隙旋转磁场的磁通，从而改变电动机的电磁转矩，交流伺服电动机转速也会发生变化。因此，改变控制电

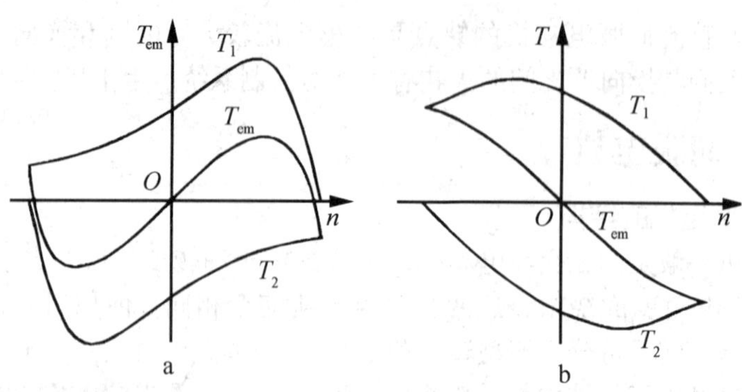

图 11－7　交流伺服电动机单相励磁时的机械特性

压 $\dot{U}_c$ 的大小和相位，就可以控制电动机的转速。交流伺服电动机的控制方法有以下三种：

1. 幅值控制　保持控制电压与励磁电压的相位相差 90°，只改变控制电压的幅值来控制伺服电动机的转速。

2. 相位控制　控制电压与励磁电压均为额定电压，通过改变控制电压与励磁电压的相位差来控制伺服电动机的转速。

3. 幅相控制　通过改变控制电压的幅值及控制电压、励磁电压的相位差来控制伺服电动机的转速。

在以上三种控制方法中，虽然幅相控制的机械特性和调节特性最差，但由于所采用的控制设备简单，不需要移相装置，因此幅相控制在实际中应用最广泛。

第 12 章　测速发电机

测速发电机是机械转速测量装置，它输入的是转速，输出的是与转速成正比的电压信号。在自动控制系统和计算装置中，测速发电机常作为测速元件、校正元件、计算元件使用，但不能作为电源使用。按照测速发电机的功能，对它有以下三点要求：①线性度要好，输出电压与速度保持严格的线性关系，且不随外界条件的改变而变化；②转动惯量要小，以保证测速的快速性；③灵敏度要高，较小的转速变化就可引起输出电压的变化。

根据输出电压的不同，测速发电机可分为直流测速发电机和交流测速发电机。直流测速发电机的输出电压为直流电压，包括永磁式测速发电机和电磁式测速发电机。交流测速发电机的输出电压为交流电压，包括同步测速发电机和异步测速发电机。

12.1　直流测速发电机

12.1.1　直流测速发电机的结构

直流测速发电机的结构与小型普通直流发电机的结构相同。根据励磁方式的不同，直流测速发电机可分为电磁式测速发电机和永磁式测速发电机两种。电磁式直流测速发电机工作时，励磁绕组发热会引起励磁绕组电阻的变化，从而引起励磁电流变化，造成一定测量误差。永磁式直流测速发电机的磁极由永久磁铁构成，结构简单，由温度变化引起的误差小，应用广泛。

12.1.2　直流测速发电机的输出特性

直流测速发电机的工作原理与普通直流发电机的工作原理相同，如图 12 - 1 所示。在忽略电枢反应的情况下，电枢以转速 n 旋转，电枢上的导体切割磁通，在电刷两端产生的空载感应电动势为

$$E_0 = C_e \Phi n \tag{12-1}$$

直流测速发电机空载运行时，由于输出电压就是空载感应电动势，所以输出电压与转速 n 成正比。如果接入负载电阻 R_L，电刷两端输出的电压为

$$U = E_0 - I_a R_a = E_0 - U\frac{R_a}{R_L} \tag{12-2}$$

将式（12 - 1）代入式（12 - 2），整理得

$$U = \frac{C_e \Phi}{1 + \frac{R_a}{R_L}} n = Cn \tag{12-3}$$

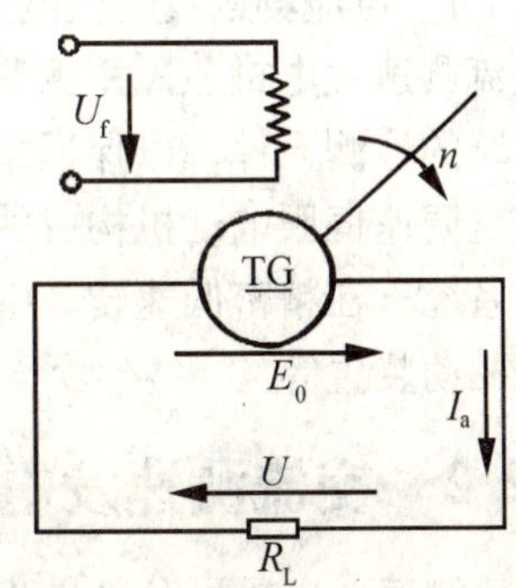

图 12 - 1　直流测速发电机工作原理

式中，$C = \dfrac{C_e \Phi}{1 + \frac{R_a}{R_L}}$为测速发电机的输出特性斜率。

由式（12 - 3）可知，当 Φ、R_a 和 R_L 不变，直流测速发电机的输出电压 U 与转速 n 仍成

线性关系。R_L 为常数时，输出电压 U 与转速 n 的关系 $U=f(n)$ 称为测速发电机的输出特性，如图 12－2 所示。

12.1.3 直流测速发电机的误差及减小误差的方法

直流测速发电机运行时，其输出电压与转速并不能保持严格的线性关系。对于直流测速发电机，产生误差的原因主要有以下几个方面：

1. 电枢反应的去磁作用　直流测速发电机带负载运行时，由于电枢反应的影响，主磁通 Φ 发生变化，因此实际的输出特性曲线会向下弯曲。

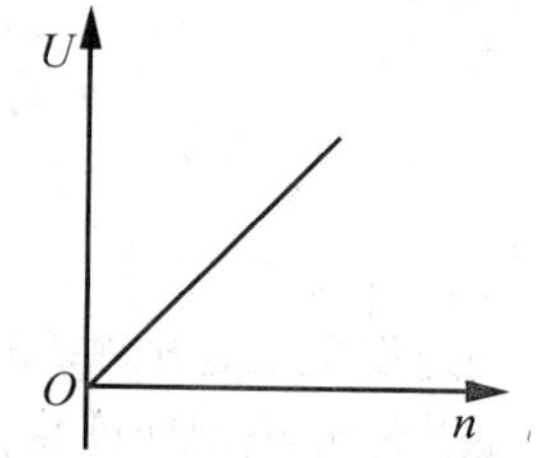

图 12－2　直流测速发电机实际输出特性

为了消除电枢反应的影响，除在设计时采用补偿绕组、结构上加大气隙外，还可以使发电机的负载电阻等于或大于负载电阻的规定值，这样可使负载电流对电枢反应的影响尽可能小。此外，增大负载电阻还可以使发电机的灵敏性增强。因此，直流测速发电机工作时，对于外接负载电阻的最小值和发电机转速的最大值都有规定。

2. 电刷接触电阻的影响　电刷接触电阻是非线性的，尤其当测速发电机的转速和输出电压较低时，接触电阻较大，电刷接触电阻压降在总电枢电压中所占比重大，实际输出电压较小。而当转速升高时，接触电阻变小，接触电阻压降也变小，这样会造成直流测速发电机在低速运行时，输出特性受接触电阻的非线性影响而存在一个不灵敏区。

为了减小电刷接触电阻的非线性影响，缩小不灵敏区，直流测速发电机常选用接触压降较小的金属—石墨电刷，有些高精度的直流测速发电机还选用铜电刷。

3. 温度的影响　直流测速发电机工作时，绕组中通过电流时会引起温度升高。温度升高，一方面会导致电枢电阻变大，输出电压减小；另一方面导致电磁式直流测速发电机励磁绕组电阻变大，励磁电流减小，磁通减小，最终也会导致输出电压减小。

为了减小温度对励磁电流的影响，在实际使用过程中，可以在励磁回路串联由温度系数较低的康铜或锰铜制成的附加电阻，限制励磁电流的变化；在设计时，也可使磁路较为饱和，即使励磁电流波动较大，磁通变化也不大。

12.1.4 直流测速发电机的应用

直流测速发电机在民用工业中的应用十分广泛。例如：在大型轧钢机中，主要作为速度伺服系统的检测元件，以保证比较高的调速精度；在高精度数控机床中，由直流测速发电机和直流宽调速伺服电动机构成的宽调速范围直流伺服—测速机组已广泛用于机床的主轴系统和进给系统；在精密低速转台中，常作为低速、宽调速范围的稳速器及低速测速发电机试验的稳速驱动装置等。

12.2 交流测速发电机

交流测速发电机可分为异步测速发电机和同步测速发电机两种。同步测速发电机的输出频率和电压幅值均随转速变化，因此一般用做指示式转速计，很少用于控制系统的转速测量。异步测速发电机的输出电压频率与励磁电压频率相同，与转速无关，而输出电压与转速 n 成正比，因此在控制系统中得到广泛应用。下面简要介绍交流异步测速发电机。

12.2.1 交流异步测速发电机的结构

交流异步测速发电机分为笼型和空心杯型两种。由于空心杯转子异步测速发电机的测量精度高、转动惯量小，因此应用最广泛。

空心杯转子异步测速发电机的结构与空心杯转子交流伺服电动机基本相同，为了使测速发电机输出特性的线性度好、性能稳定，要求它的转子电阻比伺服电机的转子电阻更大一些，通常由电阻率大、温度系数小的硅锰青铜或锡锌青铜制成，杯壁厚 0.2～0.3mm。

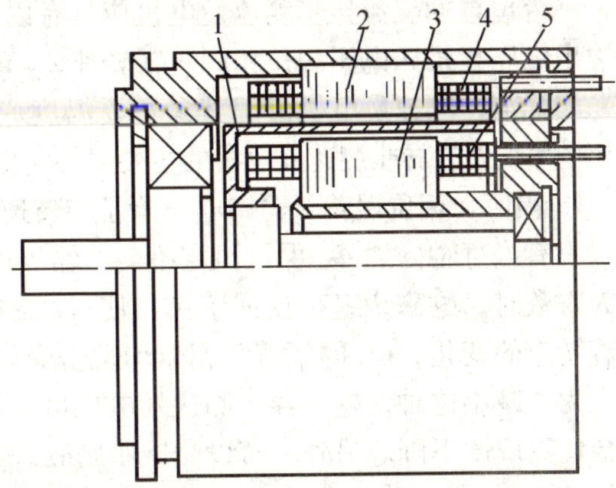

图 12－3　空心杯转子异步测速发电机的结构

1. 空心杯转子　2. 外定子　3. 内定子
4. 励磁绕组　5. 输出绕组

交流异步测速发电机的定子由内定子和外定子组成，定子上嵌放空间上相差 90°电角度的两相绕组，一相绕组作为励磁绕组，另一相绕组作为输出绕组。在机座号较小（功率小）的测速发电机中，两相绕组均嵌放在内定子上；而机座号在 36 号（外径为 36mm）以上的测速发电机中，励磁绕组嵌放在外定子上，输出绕组嵌放在内定子上，以便调整两相绕组的相对位置使剩余电压最小。图 12－3 所示为空心杯转子异步测速发电机的结构。

12.2.2　空心杯转子异步测速发电机的工作原理

图 12－4 所示为空心杯转子异步测速发电机的工作原理，励磁绕组加恒频恒压的励磁电压 U_f，则有励磁电流 I_f 流过，产生沿励磁绕组轴线方向与电源同频率的脉振直轴磁动势 F_d 和脉振直轴磁通 Φ_d。对于转子和输出绕组中的电动势及由此而产生的感应磁动势，根据发电机的转速可分两种情况讨论。

1. 发电机不转，$n=0$ 时　当转速 $n=0$ 时，脉振磁通在空心杯转子多相绕组（空心杯转子可看做相数非常多的笼型转子）中感应电动势及电流，其方向可按右手定则判断。转子中的电动势为变压器性质的电动势，该电动势产生的转子磁动势性质和励磁磁动势性质相同，均为直轴磁动势。输出绕组由于与励磁绕组在空间上相差 90°电角度，因此不产生感应电动势，输出电压 $U_2=0$。

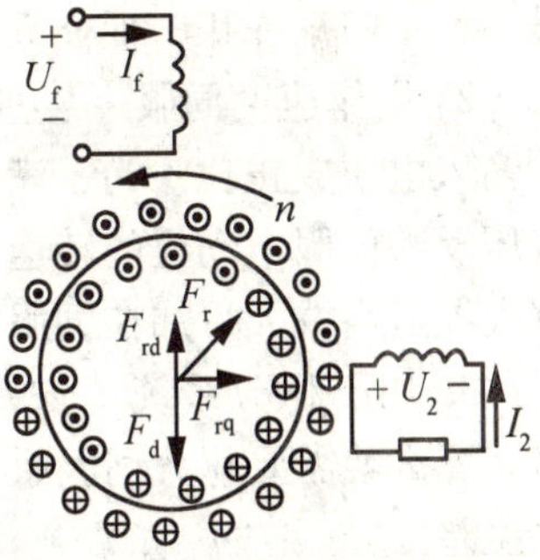

图 12－4　空心杯转子异步测速发电机的工作原理

2. 发电机旋转，$n\neq0$ 时　当转子转动时，转子切割脉振直轴磁通 Φ_d，感应出转子电动势 E_r，其大小为

$$E_r=C_r\Phi_d n \tag{12-4}$$

式中，C_r 为转子电动势常数。由式（12－4）可知，转子电动势的幅值与转速成正比，其方向可用右手定则判断。

转子电动势在转子中产生短路电流 I_S，考虑转子漏感抗的影响，转子电流要滞后转子电动势一定的电角度。短路电流 I_S 产生脉振磁动势 F_r，转子的脉振磁动势可分解为直轴磁动势 F_{rd} 和交轴磁动势 F_{rq}，直轴磁动势 F_{rd} 将影响励磁磁动势并使励磁电流发生变化，交轴磁动势 F_{rq} 产生交轴磁通 Φ_q。交轴磁通与输出绕组交链感应出频率与励磁频率相同、幅值与交轴磁通 Φ_q 成正比的电动势 E_2。

由于 $\Phi_q\propto F_{rq}\propto F_r\propto E_r\propto n$，所以 $E_2\propto\Phi_q\propto n$，即输出绕组的感应电动势的幅值正比于测

速发电机的转速，其频率为励磁电源的频率，而与转速无关。

12.2.3 异步测速发电机的误差

一台理想的交流异步测速发电机应具有以下特性：①输出电压与转速成严格的线性关系；②输出电压与励磁电压相位相同；③转速 $n=0$ 时，输出电压 $U_2=0$。

实际上，测速发电机由于其参数受温度变化影响和工艺的原因往往难以满足上述要求，难免产生误差。异步测速发电机的主要误差包括幅值误差、相位误差和剩余电压误差。

1. 幅值、相位误差　输出电压除了与转速有关以外，还与直轴磁通有关。由上述分析可见，只有当直轴磁通 Φ_d 保持恒定不变，输出电压 U_2 才能与转速 n 保持正比关系。当励磁电压为常数时，励磁绕组存在漏感抗，使得励磁绕组电动势与外加励磁电压存在一个相位差，随着转速的变化，Φ_d 的幅值和相位均发生变化，造成输出电压的误差。

为了减小这种误差，异步测速发电机可采用电阻值大的非磁性空心杯转子，但电阻值过大会使灵敏度下降。另外，可设法减小励磁绕组的漏感抗，还可在励磁绕组中串联电容给予补偿校正。

2. 剩余电压误差　对于理想的测速发电机，当转速为零时，输出电压也为零。实际上，由于在加工、装配过程中存在机械上的不对称及定子磁性材料性能的不一致性，致使测速发电机转速为零时实际输出电压并不为零，此时的输出电压称为剩余电压。剩余电压引起的测量误差称为剩余电压误差。在电机设计制造过程中，减小剩余电压误差的方法一般有两种：改进工艺和材料性能，选择各方向特性一致的高质量磁性材料，在加工和装配过程中提高机械精度；也可通过装配补偿绕组的方法加以补偿。而测速发电机使用者可通过外电路补偿的方法减小剩余电压的影响。

12.2.4 交流测速发电机的应用

1. 用作阻尼　当系统发生振荡时，交流测速发电机能够向系统提供一个加速或减速信号，产生阻尼作用，促使系统振荡加速或衰减，从而提高系统的稳定性。

2. 用作速度伺服　某些仪器或试验设备往往要求驱动设备主轴的伺服电动机的速度与某一输入电压成正比。为了满足这个要求，就需要采用速度伺服系统。异步测速发电机的输出电压反映伺服电动机的转速，交流控制信号减去输出电压后得到一个差值信号，差值信号经放大器适当放大后加在伺服电动机的控制绕组上，从而驱动伺服电动机。

3. 用于积分系统　如果在控制系统中需要得到代表某一输入函数积分值的电压或轴位移，那么就需要积分伺服系统。采用异步测速发电机作为积分元件的伺服系统可以校正微小的误差。

第 13 章 自整角机

自整角机是一种能对角位移或角速度的偏差自动整步的感应式控制电机。在自动控制系统中，自整角机总是成对使用或多台组合使用，能将机械转角变换为电信号，或者将电信号变换为转轴的转角，使互不相连的两根或多根转轴能够保持相同的转角变化或同步的旋转变化，以实现角度的传输、变换和接收。自整角机广泛应用于随动控制系统。在随动控制系统中，多台自整角机协调工作，其中产生控制信号的自整角机称为发送机，接受控制信号、执行控制命令与发送机保持同步的自整角机称为接收机。

自整角机按工作原理不同，可分为控制式自整角机和力矩式自整角机两类。力矩式自整角机输出的力矩较大，可直接驱动接收机转轴上的负载，主要用于指示系统或角传递系统，以实现角度的传递。控制式自整角机主要用于传输系统，作为检测元件，其接收机不直接带负载，而是在接收机上输出与发送机、接收机转子之间的角位差有关的一个电压信号。

13.1 自整角机的结构与工作原理

13.1.1 力矩式自整角机的结构与工作原理

为了在整个圆周范围内能够准确定位，力矩式自整角机通常采用两极电机，并且绝大部分采用凸极式结构，只在频率较高、尺寸较大的力矩电机中才采用隐极式结构。

力矩式自整角机的定、转子铁芯均采用高磁导率的薄硅钢片冲压成型。为减小铁损耗，薄硅钢片经过涂漆处理后铆制成整体定子或整体转子。力矩式自整角机的励磁采用单相励磁，励磁绕组放置在凸极铁芯上，作为三相绕组的整步绕组星形连接并放置在铁芯槽中。励磁绕组可放置在定子上也可放置在转子上。当励磁绕组放置在凸极定子上时，整步绕组放置在转子铁芯上并通过滑环和电刷引出；当励磁绕组放置在凸极转子上时，通过两相滑环和电刷把励磁绕组和外部励磁电路相连，整步绕组放置在定子铁芯上。

图 13－1 所示为力矩式自整角机的三种结构。转子凸极式结构的转子质量小，电刷和滑环数量少，适用于小容量的自整角机。在定子凸极式结构的转子上放置三相分布绕组，其平衡性好，但转子质量大，电刷数量和滑环数量多，适合于较大容量的自整角机。

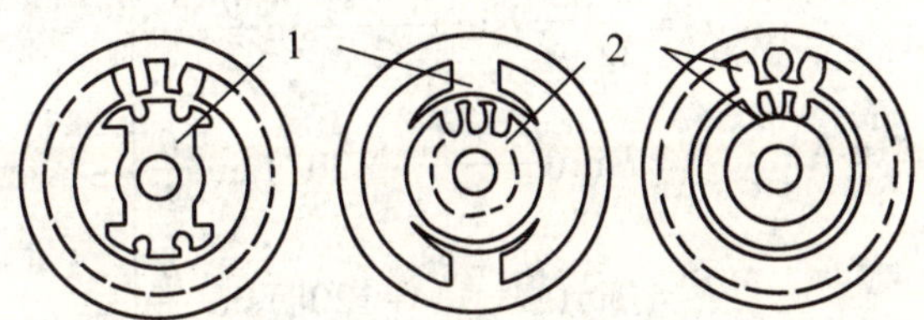

a.转子凸极结构 b.定子凸极结构 c.定、转子隐极结构

图 13－1 力矩式自整角机基本结构

1. 凸极 2. 隐极

图 13－2 所示为自整角机的原理，两台自整角机的结构参数一致。在图 13－2 中，左边

的自整角机作为发送机，右边的自整角机作为接收机，它们的励磁绕组接在同一单相交流励磁电源上，两台电机的三相整步绕组彼此对应相连。为了分析方便，规定励磁绕组与整步绕组的 a 相的夹角 θ 作为转子的位置角。

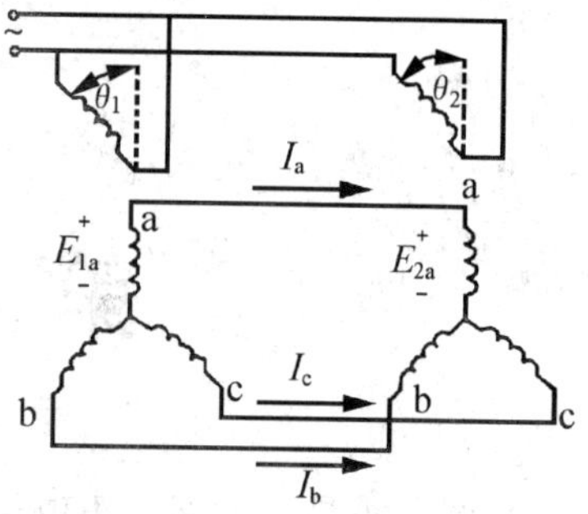

1. 力矩式自整角机整步绕组中的电动势与电流　在图 13－2 中，发送机的转子位置为 θ_1，接收机的转子位置为 θ_2，失调角 θ 为

$$\theta = \theta_1 - \theta_2 \tag{13-1}$$

由于励磁绕组为单相，当励磁绕组中通过励磁电流时，在电机的气隙中产生脉振磁动势，脉振磁动势在各整步绕组中感应出变压器电动势。由于电机各绕组空间位置不同，每相整步绕组中的感应电动势幅值相等、相位互差 120°，则对于发送机和接收机分别有

图 13－2　力矩式自整角机的原理

$$\left.\begin{aligned} E_{1a} &= E\cos\theta_1 \\ E_{1b} &= E\cos(\theta_1 - 120°) \\ E_{1c} &= E\cos(\theta_1 + 120°) \end{aligned}\right\} \tag{13-2}$$

$$\left.\begin{aligned} E_{2a} &= E\cos\theta_2 \\ E_{2b} &= E\cos(\theta_2 - 120°) \\ E_{2c} &= E\cos(\theta_2 + 120°) \end{aligned}\right\} \tag{13-3}$$

式中，E 为整步绕组中感应电动势的幅值，其大小为

$$E = 4.44 f N k_{w1} \Phi_m \tag{13-4}$$

式中，Φ_m 为每极磁通幅值；f 为励磁电源的频率，即为主磁通的脉振频率；N 为整步绕组每相匝数；k_{w1} 为整步绕组基波绕组系数。

各相绕组中总电动势分别为

$$\left.\begin{aligned} E_a &= E_{2a} - E_{1a} = 2E_{\sin}\frac{\theta_1 + \theta_2}{2}\sin\frac{\theta}{2} \\ E_b &= 2E\sin\left(\frac{\theta_1 + \theta_2}{2} - 120°\right)\sin\frac{\theta}{2} \\ E_c &= 2E\sin\left(\frac{\theta_1 + \theta_2}{2} - 120°\right)\sin\frac{\theta}{2} \end{aligned}\right\} \tag{13-5}$$

各相绕组中的电流分别为

$$\left.\begin{aligned} I_a &= \frac{E_a}{2Z_a} = I\sin\frac{\theta_1 + \theta_2}{2}\sin\frac{\theta}{2} \\ I_b &= I\sin\left(\frac{\theta_1 + \theta_2}{2} - 120°\right)\sin\frac{\theta}{2} \\ I_c &= I\sin\left(\frac{\theta_1 + \theta_2}{2} + 120°\right)\sin\frac{\theta}{2} \end{aligned}\right\} \tag{13-6}$$

式中，Z_a 为自整角机整步绕组的等效阻抗。

由式（13－6）可知，只有失调角 $\theta = 0°$，整步绕组的各相电流才为零。

2. 力矩式自整角机的转子磁动势　整步绕组中有电流流过时将产生磁动势，虽然整步绕组为三相绕组，但各相电流同相位，因此整步绕组电流产生合成的磁动势仍为脉振磁动势。

每极脉振磁动势分别为

$$\left.\begin{aligned}F_{1a}&=\frac{4\sqrt{2}INk_{w1}}{2\pi p}\sin\frac{\theta_1+\theta_2}{2}\sin\frac{\theta}{2}=F\sin\frac{\theta_1+\theta_2}{2}\sin\frac{\theta}{2}\\F_{1b}&=F\sin\left(\frac{\theta_1+\theta_2}{2}-120^\circ\right)\sin\frac{\theta}{2}\\F_{1c}&=F\sin\left(\frac{\theta_1+\theta_2}{2}+120^\circ\right)\sin\frac{\theta}{2}\end{aligned}\right\}\tag{13-7}$$

式中，$F=\frac{4\sqrt{2}INk_{w1}}{2\pi p}$为每极脉振磁动势的幅值。

将脉振磁动势分解为两个互相垂直的直轴磁动势 F_d 和交轴磁动势 F_q，则合成磁动势 F 为直轴磁动势和交轴磁动势的矢量和。发送机的交轴磁动势分量为

$$\begin{aligned}F_q&=F_{qa}+F_{qb}+F_{qc}\\&=-F_{1a}\sin\theta_1-F_{1b}\sin(\theta_1-120^\circ)-F_{1c}\sin(\theta_1+120^\circ)\\&=-\frac{3}{4}F\sin\theta\end{aligned}\tag{13-8}$$

发送机的直轴磁动势分量为

$$\begin{aligned}F_d&=F_{da}+F_{db}+F_{dc}\\&=F_{1a}\cos\theta_1+F_{1b}\cos(\theta_1-120^\circ)+F_{1c}\cos(\theta_1+120^\circ)\\&=-\frac{3}{4}F(1-\cos\theta)\end{aligned}\tag{13-9}$$

合成磁动势的幅值为

$$F_1=\sqrt{F_q^2+F_d^2}=\frac{3}{2}F\sin\frac{\theta}{2}\tag{13-10}$$

合成磁动势与交轴磁动势的夹角定义为合成磁动势的相位角 α_1，则

$$\tan\alpha_1=\frac{F_d}{F_q}=\frac{1-\cos\theta}{\sin\theta}\tag{13-11}$$

由式（13－11）求得发送机合成磁动势的相位角 $\alpha_1=\frac{\theta}{2}$。

同理，求得接收机的整步磁动势为

$$F_2=\frac{3}{2}F\sin\frac{\theta}{2}\tag{13-12}$$

接收机合成磁动势的相位角 $\alpha_2=\frac{\theta}{2}$。

3. 力矩式自整角机的转矩　力矩式自整角机的电磁转矩由励磁磁通与整步绕组磁动势相互作用产生。当失调角较小时，直轴磁动势 $F_d\approx0$，电磁转矩主要由直轴磁通与交轴磁动势相互作用产生。整步转矩的计算公式为

$$T_{em}=k_1F_q\Phi_d\cos\varphi\tag{13-13}$$

式中，k_1 为转矩系数；φ 为直轴磁通与交轴磁动势间的夹角。当失调角不为零时，交轴磁动势不为零，因此整步转矩存在并使接收机跟随发送机转子转过 θ 角；当失调角等于零时，整步转矩为零，系统进入新的协调位置，从而实现转角传输。

13.1.2　控制式自整角机的结构与工作原理

控制式自整角机与力矩式自整角机的结构基本相同，不同的是接收机的励磁绕组不再与

发送机的励磁绕组连接在同一励磁电源上，而是处于开路状态，作为信号输出端，如图 13－3 所示。当发送机转子由主令轴转过 θ 角，即出现失调角时，接收机转子绕组即输出一个与失调角 θ 具有一定函数关系的电压信号，这样就实现转角信号的变换。在这样的情况下，接收机处于变压器状态，故控制式自整角机的接收机又称为自整角变压器。

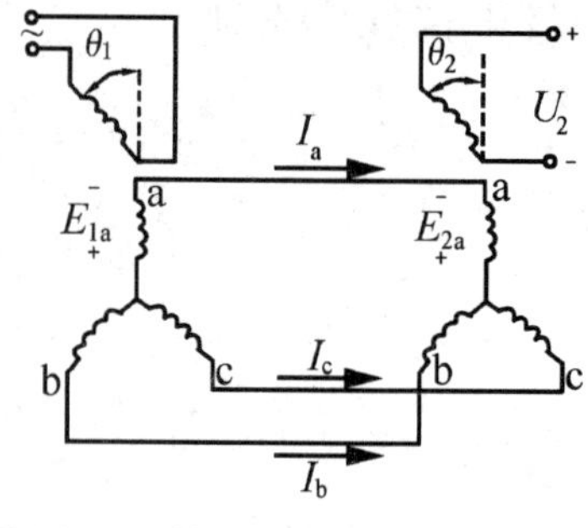

图 13－3　控制式自整角机的原理

接收机整步绕组在输出绕组中感应的变压器电动势为

$$E_2 = E_{2m}\cos\theta \qquad (13-14)$$

式中，E_{2m}是 $\theta = 0°$时的输出绕组最大感应变压器电动势。

当接收机空载时，变压器感应电动势即为输出电压，即 $U_2 = E_2$。

13.2　自整角机的误差分析与选用

13.2.1　自整角机的误差分析

力矩式自整角机的整步转矩必须大于其接收机转轴的阻尼转矩（包括负载转矩和摩擦转矩等），才能驱动接收机转子跟随发送机转动，因此发送机和接收机之间必然保存一定的失调角。当力矩式自整角机系统处于静态协调时，接收机、发送机转子转角之差称为力矩式自整角接收机的静态误差，其大小主要取决于比整步转矩（失调角 $\theta = 1°$时产生的整步转矩称为比整步转矩）和摩擦力矩。

力矩式自整角机的静态误差是衡量接收机跟随发送机的静态准确程度的指标，静态误差越小，则接收机跟随发送机的能力越强。由于凸极式结构会产生反应转矩，可增大比整步转矩，因此力矩式自整角机的转子制成凸极式。

为了提高控制式自整角机的精度，其发送机和接收机的转子都制成隐极式。但实际上，由于结构、工艺、材料等方面的原因，即使在协调位置，输出绕组中仍存在某些电压，它们一方面会引起转角随动误差，另一方面会使放大器和系统工作恶化。尤其当控制式自整角变压器转速较高时，其输出绕组切割整步绕组，合成磁通会产生速度电动势，从而使接收机转子最后所处位置偏离协调位置。

13.2.2　自整角机的选用

力矩式和控制式自整角机各具有不同的特点，应该根据实际需要合理选用。

1. 力矩式自整角机的选用　其功能是直接达到转角随动的目的，即将机械角度变换为力矩输出，但无力矩放大作用、接收误差稍大、负载能力较差，其静态误差范围一般为 0.5°～2°。因此，力矩式自整角机只适用于轻负载转矩及精度要求不太高的开环控制伺服系统，如飞机和舰船的航向指示，舰船船身的横向及纵向偏摆指示，阀门开启指示，水位高低指示等。

2. 控制式自整角机的选用　作为角度和位置检测元件，它可将机械角度转换为电信号或将角度的数字量转换为电压模拟量，而且精密程度较高，误差范围一般为 3′～14′。因此，控制式自整角机多用于精度较高、负载较大的闭环控制的伺服系统，如雷达高低角自动显示系统等。选用自整角机还应注意以下几个问题：

（1）自整角机的励磁电压和频率必须与电源相符合，若电源可任意选择，则应选用电压较高（一般 400V）的自整角机，其性能较好、体积较小。

（2）相互连接使用的自整角机对应绕组的额定电压和频率必须相同。

（3）在电源容量允许的情况下应选用输入阻抗较低的发送机，以便获得较大负载能力。

（4）选用自整角变压器时，应选输入阻抗较高的产品，以减轻发送机的负载。

13.3 自整角机的应用

13.3.1 角位置的远距离指示

这是力矩式自整角机的典型应用。下面以力矩式自整角机测水塔水位为例进行说明，如图13－4所示。在图13－4中，浮子随水面的升降而上下移动，并通过绳子、滑轮和平衡锤使自整角发送机转子旋转。根据力矩式自整角机的工作原理可知，由于发送机和接收机的转子是同步旋转的，因此接收机转子上固定的指针能准确指向刻度盘对应的角度，即发送机转子旋转的角度。若将角位移换算成线位移，就可方便测出水面的高度，实现远距离测量的目的。这种测位器不仅可以测量水面或液面的位置，还可以测量阀门的位置、电梯和矿井提升机的位置、变压器分接开关的位置等。

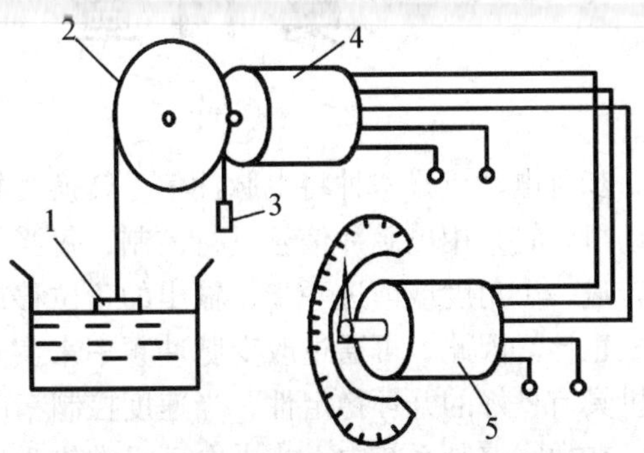

图13－4 作为测位器的力矩式自整角机

1. 浮子 2. 滑轮 3. 平衡锤
4. 自整角发送机 5. 自整角接收机

13.3.2 发射制导雷达伺服系统

发射制导雷达伺服系统如图13－5所示。由控制式发送机、S/D变换器及串并行输出接口电路等组成的轴角编码系统，输出的数字脉冲与经升速后的编码器的数字脉冲相比较后，输入至计算机进行补偿和校正，以提高系统的动态性能。经补偿和校正后的数字脉冲先经D/A转换器转换放大为模拟量，然后控制伺服电动机，再经减速器以驱动天线。由于编码器通过升速装置带动，故此系统适用于对快速移动目标的截获和跟踪。

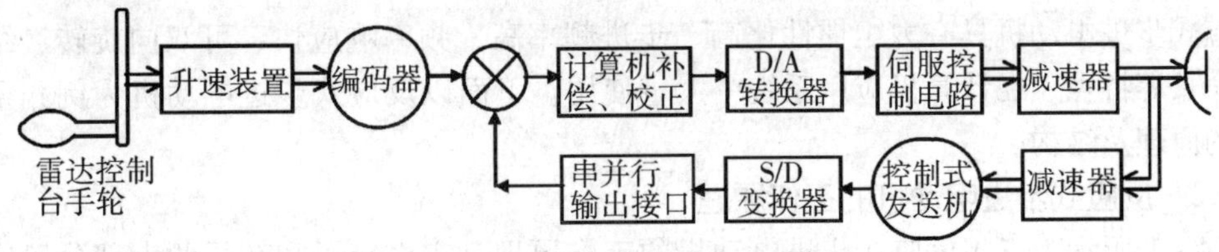

图13－5 发射制导雷达伺服系统

第 14 章　步进电动机

步进电动机是一种将电脉冲信号转换为相应的角位移或线位移的电动机，故又称为脉冲电动机。它采用电脉冲信号进行控制，每当一个电脉冲加在步进电动机的控制绕组上时，它就转过一个角度或前进一步，输出的角位移或线位移与输入的脉冲数成正比，转速与脉冲频率成正比。因此，可通过改变脉冲频率来实现调速、快速启停、正反转控制及制动。步进电动机具有良好的开环稳定性，当速度控制精度要求更高时，也可采用闭环控制技术。

在数字控制系统中，步进电动机常作为执行元件，以实现对生产过程或设备的数字控制。近年来，由于计算机应用技术的迅速发展，步进电动机常常和计算机一起组成高精度的数字控制系统，广泛应用于数控机床、计算机外围设备、机器人驱动系统、自动化仪表等领域。

14.1　步进电动机的结构与工作原理

14.1.1　步进电动机的结构

按相数不同，步进电动机可分为三相、四相、五相和六相等；按工作原理不同，步进电动机可分为反应式（又称为磁阻式）和永磁式。永磁式步进电动机的转子是由永久磁钢制成的，也有通过滑环由直流电源供电的励磁绕组制成的转子。该种步进电动机在转子中形成励磁。与永磁式步进电动机不同，反应式步进电动机的转子由软磁材料制成齿状，转子的齿称为显极，转子中没有励磁绕组。

反应式步进电动机具有力矩惯性比高、步进频率高、频率响应快、可双向旋转、结构简单和寿命长等特点，在计算机应用系统中大量使用。下面以反应式步进电动机为例介绍步进电动机的原理及结构。

14.1.2　反应式步进电动机的工作原理

图 14－1 所示为三相反应式步进电动机的工作原理。它由定子和转子两大部分组成，在定子上有三对磁极，磁极上安装励磁绕组。励磁绕组分为三相，分别为 A、B 和 C 三相绕组。反应式步进电动机的转子是由软磁材料制成的，在转子上均匀分布四个凸极，极上不安装绕组，转子的凸极也称为转子的齿。

当 A 相绕组通入电脉冲时，气隙中产生一个沿 A－A′轴线方向的磁场，由于磁通总要经过磁阻最小的路径形成闭合磁路，于是产生磁拉力，使转子铁芯的齿 1、齿 3 和定子的 A－A′轴线对齐，如图 14－1a 所示。此时，转子只受沿 A－A′轴线方向上的拉力作用而具有自锁能力。若将通入的电脉冲由 A 相换到 B 相，和 A 相通电时的情况一样，磁通也要经过磁阻最小的路径形成闭合磁路，这样转子逆时针转过一定角度，使转子铁芯的齿 2、齿 4 与 B－B′轴线对齐，转子在空间转过的角度为 30°，如图 14－1b 所示。当 C 相通电而 B 相断电时，转子铁芯的齿 1、齿 3 转到与 C－C′轴线对齐，转子逆时针转过 30°角，如图 14－1c 所示。若按照 A－B－C－A 的通电顺序往复下去，则步进电动机的转子将按一定速度沿逆时针方向旋转，步进电动机的转速取决于三相控制绕组的通、断电源的频率。当按照 A－C－B－A 的通电顺序时，步进电动机将沿顺时针方向旋转。

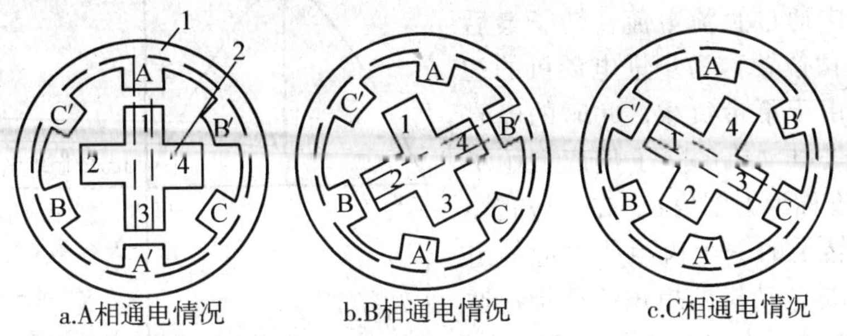

图 14－1　三相反应式步进电动机工作原理

1. 定子　2. 转子

在步进电动机控制过程中，定子绕组每改变一次通电方式，称为一拍，每一拍中转子转过的角度称为步距角。上述通电方式称为三相单三拍控制方式，“单”是指每次只有一相绕组通电，“三拍”是指一个循环只换接三次，其步距角为30°。除此种控制方式外，还有三相单、双六拍工作方式和三相双三拍控制方式。在三相单、双六拍工作方式中，控制绕组通电顺序为 A－AB－B－BC－C－CA－A（转子逆时针旋转）或 A－AC－C－CB－B－BA－A（转子顺时针旋转），步距角为 15°。在三相双三拍控制方式中，控制绕组的通电顺序为 AB－BC－CA－AB 或 AC－CB－BA－AC，步距角为 30°。

以上讨论的是最简单的反应式步进电动机的工作原理。这种步进电动机的步距角较大，不能满足生产实际的需要，而且在一相控制绕组断电而另一相绕组开始通电时容易造成“失步”，因此很少采用。实际使用的步进电动机定、转子的齿都比较多，而步距角一般较小。图 14－2 所示为小步距角的反应式步进电动机的原理。

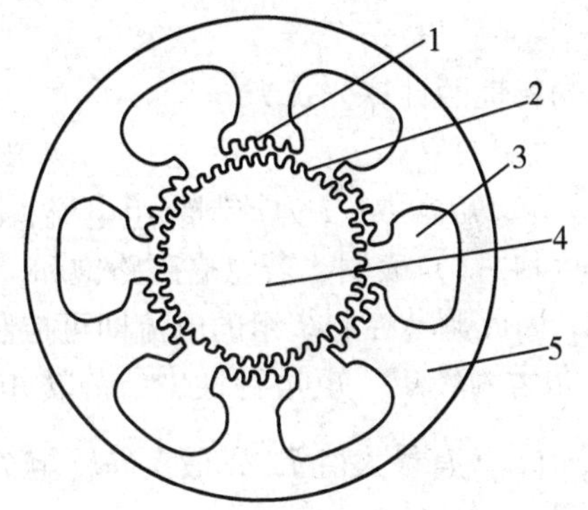

图 14－2　小步距角反应式步进电动机的原理

1. 定子齿　2. 转子齿　3. 控制绕组　4. 转子　5. 定子

步进电动机的步距角 θ_{se} 的计算公式为

$$\theta_{se} = \frac{360}{mZ_r C} \qquad (14-1)$$

式中，m 为步进电动机的相数，对于三相步进电动机 $m=3$；C 为通电状态系数，单拍或双拍方式工作时 $C=1$，单双拍混合方式工作时 $C=2$；Z_r 为步进电动机转子的齿数。

步进电动机的转速 n 的计算公式为

$$n = \frac{60f}{mZ_r C} \qquad (14-2)$$

式中，f 为步进电动机每秒的拍数（或每秒的步数），称为步进电动机的通电脉冲频率。

14.2　反应式步进电动机的特性

14.2.1　反应式步进电动机的静特性

它是指步进电动机在通电状态不变，即稳定的状态下所表现出来的性质，包括矩角特性和最大静转矩。

1. 矩角特性　在步进电动机空载条件下，控制绕组中通过直流电流，转子最后处于稳定的平衡位置称为步进电动机的初始平衡位置。由于不带负载，此时的电磁转矩为零。步进电动机的转子偏离初始平衡位置的电角度称为失调角 θ。在反应式步进电动机中，转子的一个齿距所对应的电角度为 2π。步进电动机的矩角特性指在通电状态不变的条件下步进电动机的静转矩 T 与失调角 θ 之间的关系 $T=f(\theta)$，如图 14－3所示。

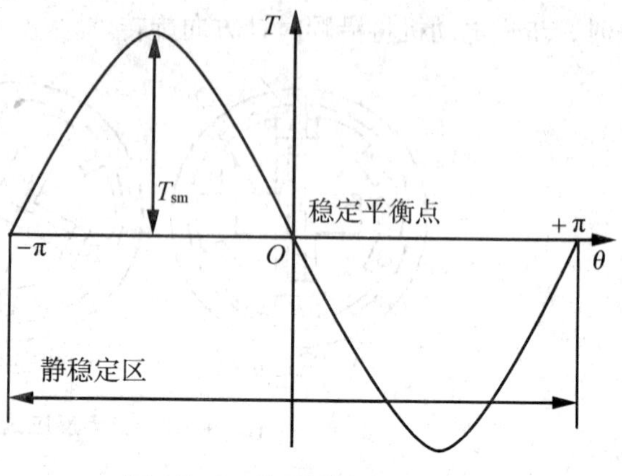

图 14－3　步进电动机矩角特性

由图 14－3 可知，步进电动机的矩角特性曲线是一条正弦曲线，其正方向取失调角增大的方向。在静转矩作用下，转子有一个平衡位置。在空载条件下，转子的平衡位置可通过 $T=0$ 求得。当 $\theta=0$ 时 $T=0$，由于某种原因使转子偏离 $\theta=0$ 的点，电磁转矩都能使转子恢复到 $\theta=0$ 的点，因此 $\theta=0$ 的点称为步进电动机的稳定平衡点。当 $\theta=\pm\pi$ 时，同样可使 $T=0$，但当 $\theta>\pi$ 或 $\theta<-\pi$，转子由于某种原因离开 $\theta=\pm\pi$ 的点，电磁转矩却不能再恢复到原平衡点，因此 $\theta=\pm\pi$ 的点称为步进电动机的不稳定平衡点。两个不稳定的平衡点之间即为步进电动机的静态稳定区域，稳定区域为 $-\pi<\theta<\pi$。

矩角特性的计算公式为

$$T=-kI^2\sin\theta \tag{14-3}$$

式中，k 为转矩常数；I 为控制绕组电流；θ 为失调角。

式（14－3）表明，若忽略磁路饱和，步进电动机的静转矩 T 与其控制绕组电流 I 的平方成正比，因此调节控制绕组的电流即可控制步进电动机的静转矩，电流大，转矩也大。

2. 最大静转矩　矩角特性中，静转矩的最大值称为最大静转矩，也称为保持转矩。当 $\theta=\pm\frac{\pi}{2}$时，T 有最大值 T_{sm}，最大静转矩 $T_{sm}=kI^2$。

14.2.2　反应式步进电动机的动特性

该特性指步进电动机在从一种通电状态转换到另一种通电状态的过程中所表现出来的性质，包括动稳定区、启动转矩、启动频率及频率特性。

1. 动稳定区　步进电动机的动稳定区指步进电动机从一个稳定状态切换到另一稳定状态而不失步的区域，如图 14－4 所示。假定步进电动机的初始状态的矩角特性曲线如图 14－4 中的曲线 1 所示，稳定点为 A 点；通电状态改变后的矩角特性曲线如图 14－4 中的曲线 2 所示，稳定点为 B 点。由矩角特性可知，起始位置只有在 a 点和 b 点之间，步进电动机才能到达新的稳定点 B，ab 区间称为步进电动机的空载稳定区。用失调角表示的区间为

$$-\pi+\theta_{se}<\theta<\pi+\theta_{se}$$

稳定区的边界点 a 到初始稳定平衡点 A 的角度 θ_r 称为稳定裕量角。稳定裕量角 θ_r 与步距角 θ_{se}之间的关系为

$$\theta_r=\pi-\theta_{se}=\frac{\pi}{mC}(mC-2) \tag{14-4}$$

由式（14－4）可知，步距角 θ_{se}越小，稳定裕量角 θ_r 越大，步进电动机运行越稳定。当

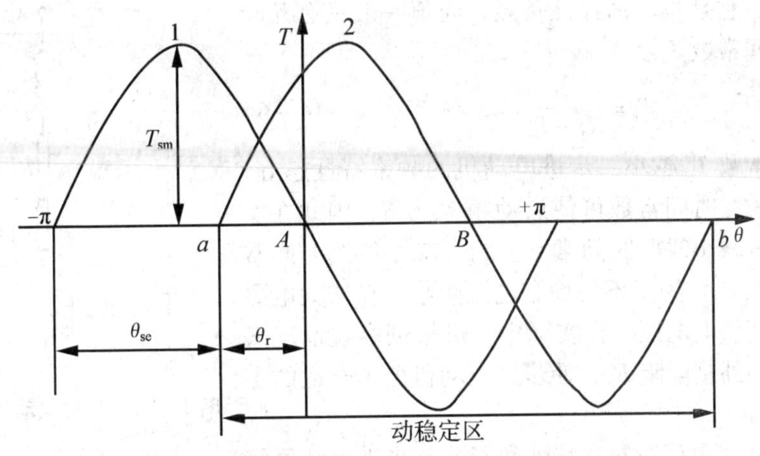

图 14－4　步进电动机的动稳定区

1. 初始状态下的矩角特性曲线　2. 状态改变后的矩角特性曲线

稳定裕量角趋于零时，步进电动机不能稳定工作。

2. 启动转矩　理论分析表明，反应式步进电动机的最大启动转矩 T_{stm} 与最大静转矩 T_{sm} 之间的关系为

$$T_{stm}=T_{sm}\cos\frac{\pi}{mC} \tag{14-5}$$

当负载转矩大于最大启动转矩时，步进电动机将不能启动。

3. 启动频率　步进电动机启动时，启动转矩不仅要克服负载转矩，还要克服惯性转矩。如果脉冲频率过高，转子跟随不上，电动机就会失步。在一定负载条件下，步进电动机能够不失步运行的最高频率称为启动频率。步距角 θ_{se} 越小，最大静转矩 T_{sm} 越大，则启动频率越高。而线路时间常数越大，启动频率越低。对于电动机使用者，若要升高启动频率，可采用增大启动电流或减小线路时间常数的方法。

4. 频率特性　指步进电动机的工作频率 f 与对应转动力矩 T 之间的关系，如图 14－5 所示。由图 14－5 可以看出，步进电动机的转矩随频率的升高而减小。步进电动机的频率特性和步进电动机的转子直径、转子铁芯有效长度、齿数、齿形、齿槽比、步进电动机内部的磁路、绕组的绕线方式、定转子间的气隙、控制线路的电压等因素有关。某些因素（如转子直径、转子铁芯有效长度、齿数、齿形、齿槽比等）是在制造步进电动机时确定的，使用者不能改变，但某些因素（如控制方式、绕组工作电压、线路时间常数等）是可以改变的。

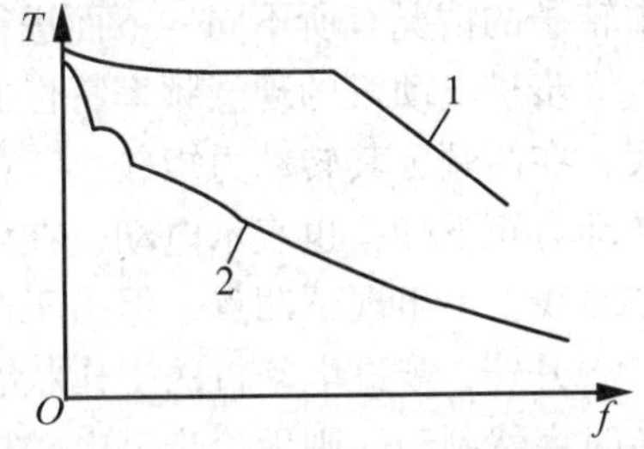

图 14－5　步进电动机频率特性

1. 功率型步进电动机频率特性曲线

2. 一般步进电动机频率特性曲线

（1）控制方式对频率特性的影响：对于同一台三相反应式步进电动机，单三拍控制方式的频率特性最差，六拍工作方式频率特性最好，而双三拍介于两者之间，使用时最好采用六拍工作方式。

（2）线路时间常数对频率特性的影响：步进电动机的每相绕组供电都是由功率开关电路来完成的。图 14－6 所示为步进电动机一相绕组的开关电路。其中，V 为大功率晶体管；L 为步进电动机绕组电感；R_L 为绕组电阻；VD 为续流二极管，为绕组放电提供回路；R_c 是外

接的功率电阻，它是一个消耗性负载，阻值一般只有几欧姆。其线路时间常数 T_j 为

$$T_j = \frac{L}{R_L + R_c} \tag{14-6}$$

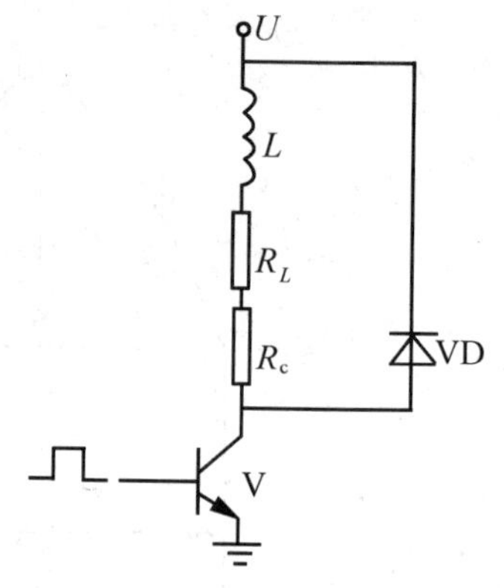

图 14－6　步进电动机一相驱动电路

线路时间常数 T_j 越小，步进电动机的频率特性越好；同时，较小的线路时间常数可使启动频率升高，因此在实际使用时应尽量减小线路时间常数。为了减小线路时间常数，可增大电阻 R_c。为了不使稳态电流减小，在增大电阻的同时，可提高供电电压。在实际中，可根据客观情况来考虑选择恰当的外接电阻 R_c，使步进电动机处于合适的工作状态。

（3）开关回路电压对频率特性的影响：步进电动机绕组的开关回路电压，有时也称为步进电动机的电压，指控制绕组通电或断电的功率开关回路的供电电压，而不是加在电动机绕组两端的电压。图 14－6 中的 U 为开关回路电压，由于大功率晶体管 V 和外接电阻 R_c 上存在压降，因而加到步进电动机绕组两端的电压要比 U 小得多。步进电动机上所标的电气参数，包括电压和电流，都和通常电动机的意义不同，它们不是额定的电压、电流值。步进电动机的电压和电流是可以改变的，实际使用时仅作为参考，但实际电压、电流不应与步进电动机所标电压、电流相差很多。

当外接电阻 R_c 不变时，单纯提高开关回路电压，必定使步进电动机绕组的电流增大，进而增大步进电动机的转动力矩。同时，开关回路电压的提高使电流的上升率提高，故步进电动机的工作频率也升高。当改变外接电阻 R_c 的阻值时，无论开关回路电压是否改变，步进电动机的电气参数和频率特性均随之改变。通常在改变开关电压的同时，改变外接电阻的阻值，可以使步进电动机的频率特性得到改善。

步进电动机的工作频率范围可分成三个区间：低频区、共振区、高频区。在这三个区间中转子的情况有所不同，下面进行分析。

步进电动机的理想频率特性曲线应该是一条十分平滑的连续曲线，在低频区电磁力矩较大，在高频区其转动力矩较小。如果在曲线上出现上凸点或下凹点，那么说明电动机这时的转动力矩下降，也表示电动机在该点上产生振荡。若步进电动机在很低的频率下运行，虽然在曲线上不出现下凹点，但由于此时电动机处于单步运行状态，故转子也会产生明显的振荡。

另外，步进电动机的工作状态改变也会产生振荡现象。例如，步进电动机在正常步进旋转时突然制动，则无论步进电动机原来以何种换相频率工作，都会产生振荡。再者，在改善线路时间常数、增大回路电压、提高工作频率时，也会产生分频振荡点。步进电动机进行单步旋转时，其工作频率必定处于低频区。开始工作时，转子的磁场力指向平衡点，又形成反向过冲，由于机械摩擦力矩及电磁力矩的作用，形成一个衰减振荡过程，最后转子则稳定停留在平衡点。

步进电动机运行在共振区时，转子的振动有可能不表现为衰减运动；在转子反冲过平衡点时，若它的冲幅足够大，则会返回原来的平衡点稳定下来，显然会引起失步。对于步进电动机的控制系统，振荡所产生的最严重后果是失步，而不是过冲。

步进电动机运行在高频区时，由于换相周期很短，故步进的周期很短，绕组中的电流尚未达到稳定值，电动机吸收的能量不足够大，且转子也没有时间反向过冲，因此转子是不会产生振荡的。在使用步进电动机时，应使步进电动机工作于高频稳定区。

14.3 步进电动机驱动电源

步进电动机不能直接连接交直流电源工作，而必须使用专用的驱动电源。步进电动机驱动系统的性能不但取决于电动机自身的性能，也在很大程度上取决于驱动器的性能。因此，对步进电动机驱动器的研究几乎是与步进电动机的研究同步进行的。

14.3.1 对驱动电源的基本要求

步进电动机的驱动电源应满足以下几个要求：

（1）驱动电源的相数、通电方式、电压和电流都应满足步进电动机的控制要求。

（2）驱动电源要满足启动频率和运行频率的要求，能在较宽的频率范围内实现对步进电动机的控制。

（3）驱动电源能抑制步进电动机的振荡。

（4）驱动电源的工作可靠，对工业现场的各种干扰有较强的抑制作用。

14.3.2 步进电动机驱动电源的组成

步进电动机的驱动电源一般由脉冲信号发生电路、脉冲分配电路和功率放大电路等部分组成，用于大功率步进电动机的驱动器还要有多种保护线路。

脉冲信号发生电路产生基准频率信号供给脉冲分配电路，脉冲分配电路完成对控制步进电动机用的各相脉冲信号的分配，功率放大电路对脉冲分配电路输出的控制信号进行放大并驱动步进电动机的各相绕组，最终使步进电动机转动。脉冲分配器有多种类型，早期的有环型分配器，现在逐步被单片机取代。保护线路一般可根据需要设置过电压保护、过热保护、过压保护、欠压保护等，有时还需要对输入信号进行监控，发现异常即提供保护等。常用的功率放大电路有单电压、双电压、斩波型、调频调压型和细分型等多种类型。近年来，出现了将控制信号形成和功率放大电路合为一体的集成驱动电路。

1. 单电压功放电路　它是指在电动机工作过程中只用一个方向电压对绕组供电的电路，如图 14－7 所示。单电压功放电路是步进电动机控制电路中最简单的一种驱动电路，其特点是结构简单，但效率较低，在高频时效率更低，一般只适合小功率步进电动机的驱动。

单电压驱动电路有多种改进形式，图 14－7 所示为基本改进型单电源驱动电路。其特点如下：电容 C 改善注入步进电动机绕组的电流前沿，在高频时提高效率；电阻 R_{VD} 使线路时间常数变小，从而改善控制电路的高频性能。图 14－8 所示为单电压恒流功放电路。该电路用三极管组成的恒流源代替外接电阻，使线路的等效电阻大大提高，系统的时间常数变小。采用恒流源电路可有效改善驱动电源的效率，使电源效率较高。

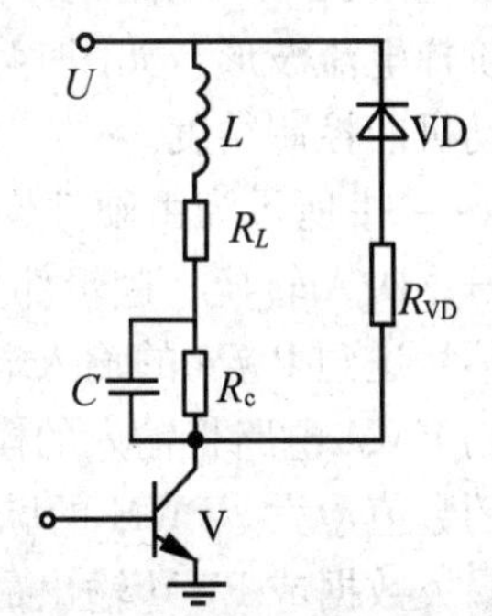

图 14－7　基本改进型单电源驱动电路

2. 双电压功放电路　该类电路采用高压和低压两种电源电压供电，主要解决驱动信号前沿上升慢、过渡时间长等问题。其特点是高压供电时驱动信号前沿变陡，使瞬态过程变短，相当于使系统时间常数变小；低压供电时步进电动机电流稳定，保持为稳态电流，步进电动机在低压电流作用下完成步进过程。

采用双电压功放电路，一方面可有效提高步进电动机的工作频率，另一方面也使步进电动机的高频转动力矩得到提高，因此该类驱动电路常用于大、中功率步进电动机的驱动电路。

图 14－9 所示为一简单的双电源功放电路，U_1 为高压电源，U_2 为低压电源。为保证在驱动信号前沿时高压电源起作用，正常驱动时低压电源起作用，整个电路不能共用一个控制信号，必须产生一个高压驱动信号，高压驱动信号和正常工作信号相互配合完成一步驱动工作。

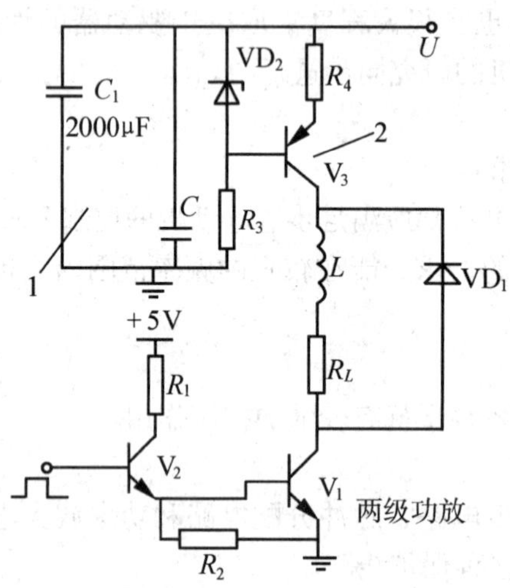

图 14－8 单电压恒流功放驱动电路

1. 滤波电路 2. 恒流源

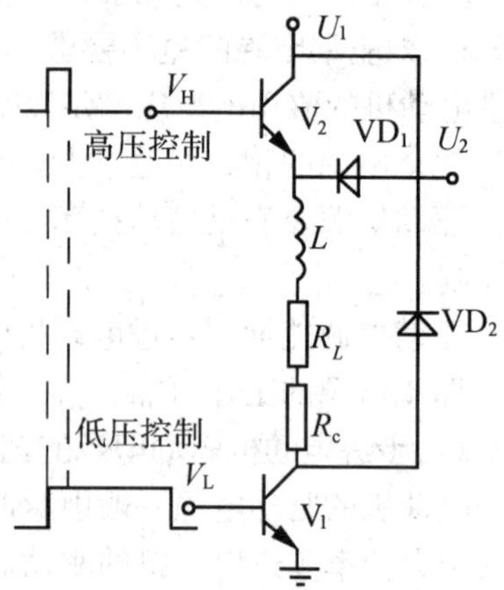

图 14－9 双电源驱动电路

3. 细分控制功放驱动电路 步进电动机的转动是利用脉冲电压完成的，对应一个脉冲电压，步进电动机转子转动一步，步进电动机的各相绕组电流轮流切换，使转子旋转。每次进行脉冲切换时，如果仅改变对应绕组中额定电流的一部分，那么转子相应的每步转动也只是原步距角的一部分，即通过控制绕组中的电流数值来控制转子的步距角的大小。这种把原步距细分成若干步来完成的控制方式称为细分控制方式。

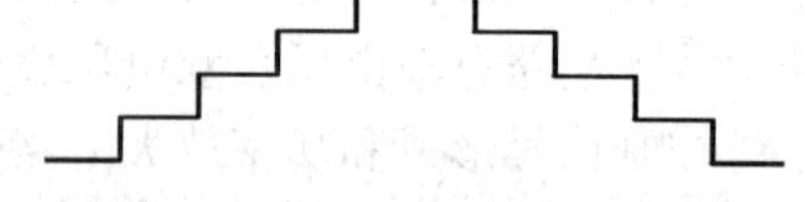

图 14－10 细分驱动绕组电流波形

步进电动机中对电流进行细分的本质是在绕组上对电流进行叠加，使原来的矩形电流波形变为阶梯电流波形，如图 14－10 所示。细分控制可使步进电动机的步距角变小，从而提高步进电动机的控制精度。

图 14－11 所示为由硬件构成的一种细分驱动电路一相原理。微型计算机可提供驱动电路所需信号，D/A 转换、逻辑部分接收计算机控制的脉冲分配信号，输出相应的电压基准和时序控制信号送到 PWM 的输入端。

专用 PWM 电路将输入的模拟量变换为输出频率固定但脉宽可变的脉冲序列。微型计算机输出的数值愈大，PWM 的脉宽越宽，产生的相电流和电动机转动的角度越大。当微型计算机输出最大数据或 PWM 输出最宽脉冲时，步进电动机将转动一个步距角。若微型计算机输出的数据为最大值的 1/64、1/32 或 1/16，则电动机将以步距角的 1/64、1/32 或 1/16 做微步运动。

细分控制功放驱动电路有以下特点：①能提高步进电动机步距角的分辨率；②能使步进电动机运行平稳、提高匀速性，并能减弱振荡、降低噪声；③微机与硬件结合可制成智能化驱动器。

步进电动机的控制电路还有许多形式，如晶闸管功放电路、斩波型功放电路及调频调压功放电路等，此外市场上也有一体化步进电动机驱动电路。

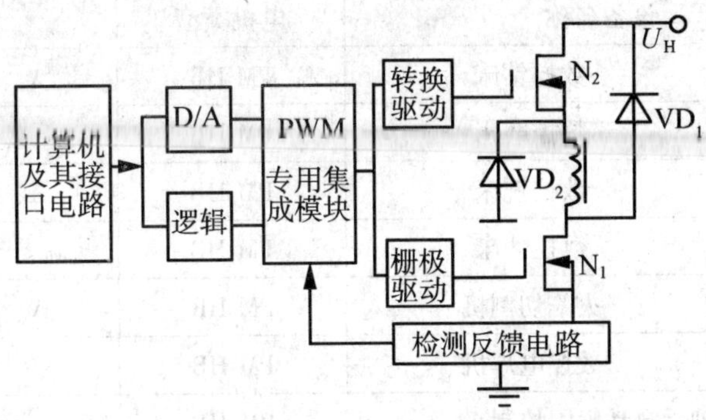

图 14－11　PWM 斩波细分驱动电路一相原理

14.4　步进电动机的应用

步进电动机在精密小型电动机、办公自动化机械、车间自动化机械和计算机外部设备等领域广泛应用。步进电动机的典型应用如表 14－1 所示。

表 14－1　步进电动机的典型应用

	设备名称	电机类型	使用位置
计算机外部设备	磁盘、磁头驱动器	PM	磁头
	打印机	PM	送纸、送色带、选纸
	XY 绘图仪	PM	*X*、*Y* 两个坐标位移
	电脑刻字机	PM	*X*、*Y* 两个坐标位移
	电脑雕刻机	PM	*X*、*Y*、*Z* 三个坐标位移
	电脑雕花机	PM	*X*、*Y* 两个坐标位移
办公设备	传真机	PM	送纸、驱动器磁头
	复印机	PM	送纸、驱动器滚筒
	打字机	PM	定车、走纸
	扫描仪	PM	*X*、*Y* 两个坐标位移

续表

设备名称			电机类型	使用位置
工作机械	数控机床	数控钻床	PM HB	X、Y、Z 三个坐标位移
		数控磨床	PM HB	磨头进给、拖板位移
		数控铣床	PM HB	X、Y、Z 三个坐标位移
		数控冲床	PM HB	自动进料
		火焰切割机	PM HB	X、Y、Z 三个坐标位移
		数控电焊机	PM HB	弧焊头
	轴承自动紧固控制		PM HB	紧固操作
	尼龙抽丝盘励光钻孔		PM HB	钻孔位移
	饮料罐装机		PM HB	送料进给、罐装位移
	数控椭圆齿轮成型机		PM HB	驱动转轴、变动刀具
	X－Y 工作台		PM HB	X、Y 坐标定位
	自动纺织机（缝纫机）		PM HB	刻度切换
工作机械	包装设备	PM HB	PM HB	包装及切纸
		PM HB	PM HB	大、小分拣
	舞台灯光	PM HB	PM HB	灯光位移、旋转
		数码扫描灯	PM HB	灯光位移、旋转
		舞台摇头灯	PM HB	灯光位移、旋转
	医疗设备	核磁共振	PM HB	扫描位移
		CT	PM HB	透视位移
		B 超	PM HB	透视位移
		输液器	PM HB	输液进量
	机器人		PM HB	机械位移
	产品编号机		PM HB	产品供给、编号
	地图标高仪		PM HB	X、Y、Z 三个坐标位移
	拉力强度试验机		PM HB	拉动位移
	记录仪		PM HB	定车、给纸

20 世纪中叶，步进电动机的应用渗透到数字控制的各个领域，尤其在数控机械中广泛应用。步进电动机及其驱动器构成伺服驱动单元，它与微型计算机可构成开环点位控制、连续轨迹控制甚至半闭环控制等。经济型数控机床以微型计算机为控制核心，以 ISO 数控标准代码编程，用软件实现数控装置全部功能，采用大功率步进电动机直接驱动机床工作台，组成了全数字化开环数控装置。

14.4.1 在数控钻床中的应用

数控钻床的工作方式是工作台沿 X、Y 两个方向移动，相对于钻头轴线进行坐标定位。

定位精度由丝杆螺距、减速齿轮比及步进电动机步距角等决定。首先，将待钻孔的零件（如模具）在工作台上定位固定后，启动钻床使工作台回到机械原点。其次，根据事先编制好的软件程序，由计算机发出的信号控制步进电动机先走 X 或 Y，后走 Y 或 X 到达一个加工点，计算机收到中断请求信号后，通过输出口命令主轴头完成钻孔。然后，主轴头退回原位，产生一个新的中断，直到信号完成，全部孔加工完毕。最后，计算机收到最后一次主轴头复位信号，命令机床重新回到机械原点。可见，数控钻床实际上属于点位控制系统。

14.4.2 在计算机磁头驱动系统中的应用

由于磁盘驱动器通过磁头写入或读出数据，因而必须对磁头进行准确定位。磁头定位是先通过传动机构将步进电动机的旋转运动转换为直线运动，再驱动磁头沿盘面实现径向运动。

对于软盘驱动，除要求步进电动机启、停速度快外，还要求定位精度高。软盘驱动器是具有互换性的设备，要求步进电动机驱动系统具有很高的定位精度，宜选用步距误差小于3%、静态转矩大、步进均匀的电动机产品。

高密度磁盘对定位精度要求更高。例如，标准 5.25in（合 13.34mm）软盘有 26 个扇区，80 条磁道，传送速率 500kbit/s。在同样的旋转速度（360r/min）和传送速率下，使磁盘容量加倍，磁道密度必须加倍成为 192 道/in，即每面 160 条磁道。这时，磁道宽度为 100μm，磁道之间的距离很小。由于热膨胀、主轴电动机的偏心度、磁盘错位和步进电动机的定位误差等，磁头和磁道很可能发生错位。针对这一问题，应采用更完善的磁道随动技术和微步距细分控制技术。

细分控制技术就是将步进电动机的一次整步运动细分为若干微步，每个微步走过的角度为整步（步距角）的 $1/N$。绕组电流通常可按线性规律或正余弦规律变化，细分控制时，可采用类似线性的规律变化，即用梯形曲线近似正余弦曲线。磁道随动控制系统的原理如图 14－12所示。

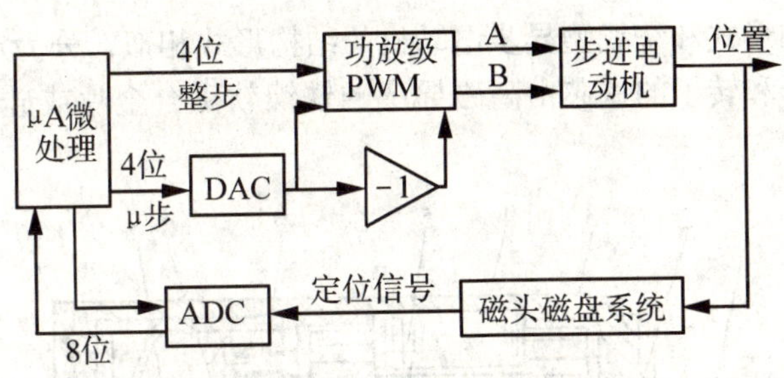

图 14－12　磁道随动控制系统的原理

步进电动机每转为 400 步，每步 0.9°，每步对应走过相邻磁道之间的距离为 132μm，每相绕组由具有电流反馈回路的 PWM 功率放大器供电。该系统由 μA 微处理器控制。

第 15 章　旋转变压器

旋转变压器是一种二次侧（转子）铁芯和绕组可以在空间旋转的变压器。当旋转变压器一次侧接单相交流电源励磁时，转动的转子可改变一、二次绕组的磁耦合状况，使二次侧输出电压与转子转角严格保持某种函数关系。在控制系统中，它可作为解算元件，用于坐标变换、三角函数变换；在随动系统中，它可代替控制式自整角机，传输与机械角度有关的电信号；在数码变换装置中，它还可以作为电感移相器。

旋转变压器有多种分类方法。按照有无电刷和滑环的滑动接触，旋转变压器可分为接触式旋转变压器和非接触式（无刷）旋转变压器两类。非接触式旋转变压器还可分为有限转角和无限转角两种。无特别说明时，均指接触式旋转变压器。旋转变压器采用无刷结构，可提高可靠性，更能适应恶劣环境条件。

按照磁极对数不同，旋转变压器可分为单极对旋转变压器和多极对旋转变压器两类。无特别说明时，均指单极对旋转变压器。采用多对磁极是为了提高输出精度，常用的磁极对数为4、5、8、15、16、25、30、32、36、40、64，最多可达128 对磁极。

按照用途的不同，可分为计算用旋转变压器和数据传输用旋转变压器两大类。

15.1　旋转变压器的结构

旋转变压器的结构形式和绕线型异步电动机的结构形式相似，分为定子和转子两大部分，如图 15－1 所示。定子和转子的铁芯由高磁导率的铁镍软磁合金片或硅钢薄板冲制的槽状芯片叠压而成。

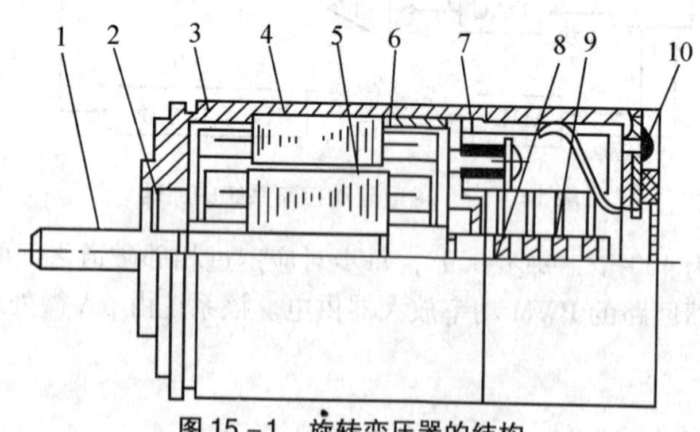

图 15－1　旋转变压器的结构

1. 转轴　2. 挡圈　3. 机壳　4. 定子　5. 转子　6. 波纹垫圈　7. 挡圈　8. 集电环　9. 电刷　10. 接线柱

在定、转子铁芯的槽中均嵌放两个在空间互成 90°电角度分布的绕组，这两个绕组的匝数、线径和接线方式等参数都相同。旋转变压器一般制成两极，定子引出线直接接在接线端子上，转子绕组则通过集电环和电刷接在接线端子上。为了保证旋转变压器的精度，在结构与工艺上均采取一些特殊措施，如定子绕组采用正弦绕组，气隙均匀，气隙磁通密度按正弦规律分布，定、转子铁芯叠片每片错开一齿槽，采用精加工及严格工艺等。

15.2 旋转变压器的工作原理

15.2.1 正余弦旋转变压器的工作原理

正余弦旋转变压器通常采用两极结构：定子上放置两个互差90°空间角度的匝数、形式完全相同的正弦绕组，其中一个绕组为励磁绕组，另一个绕组为交轴绕组；转子上也有两个形式完全相同、空间位置互差90°电角度的正弦绕组，其中一个绕组的输出电压与转子转角 θ 成正弦函数关系，另一个绕组的输出电压与转子转角 θ 成余弦函数关系。正余弦旋转变压器的工作原理如图15－2所示。

图15－2中的 S_1S_3、S_2S_4 为定子的两相绕组，R_1R_3 和 R_2R_4 为转子的两相绕组，定、转子各相绕组所处的相对位置为基准电气零位。空载运行时，若在 S_1S_3 绕组上加励磁电压 U_{S_1}，则转子两相绕组的输出电压分别为

$$\left.\begin{aligned} U_{R_1} &= kU_{S_1}\cos\theta \\ U_{R_2} &= -kU_{S_1}\sin\theta \end{aligned}\right\} \tag{15-1}$$

式中，k 称为变比，定义为转子、定子绕组有效匝数比，即空载二次侧最大输出电压与一次侧励磁电压之比，k 是一个常数；θ 为转子位置偏离基准电气零位的角度（°），从轴伸出端看去，逆时针方向为正。

同理，若 S_2S_4 绕组上加励磁电压 U_{S_2}，则转子两相绕组的输出电压分别为

$$\left.\begin{aligned} U_{R_1} &= kU_{S_2}\sin\theta \\ U_{R_2} &= kU_{S_2}\cos\theta \end{aligned}\right\} \tag{15-2}$$

如果 S_1S_3 和 S_2S_4 绕组同时励磁，则转子两绕组的输出电压为前述两种励磁状态下输出电压的叠加，即

$$\left.\begin{aligned} U_{R_1} &= k(U_{S_1}\cos\theta + U_{S_2}\sin\theta) \\ U_{R_2} &= k(U_{S_2}\cos\theta - U_{S_1}\sin\theta) \end{aligned}\right\} \tag{15-3}$$

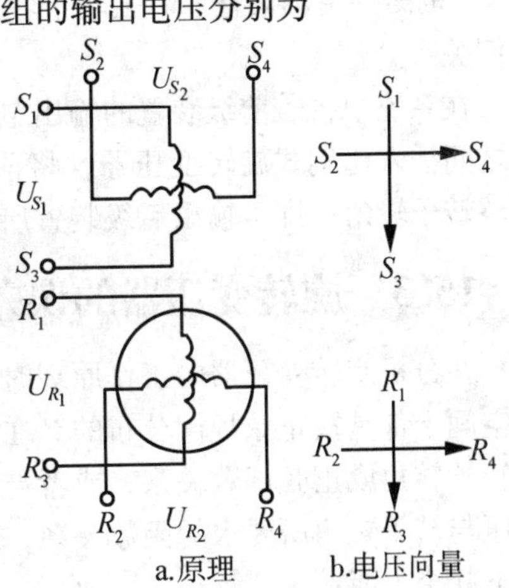

图15－2 正余弦旋转变压器的工作原理

当转子绕组外接负载时，转子绕组中有电流流过，转子电流产生的磁场在交轴方向存在一个分量。该分量引起转子绕组中的输出电压发生畸变，使输出电压不再是转角的正、余弦函数。为了减小旋转变压器有负载时输出特性的畸变，必须采取相应的补偿措施，通常将定子的交轴绕组短接或接入一个很小的阻抗，利用电磁耦合来补偿交轴磁场引起的输出电压畸变。因此，交轴绕组也称为补偿绕组。

15.2.2 线性旋转变压器的工作原理

如果在一定的转角范围内输出电压与转子转角 θ 成线性关系，则此类旋转变压器称为线性旋转变压器。图15－3所示是线性旋转变压器的原理，与图15－2相比，可以看出线性旋转变压器实质上是将正余弦旋转变压器的定子绕组 S_1S_3 与转子绕组 R_1R_3 串联，作为输入绕组。当在输入绕组上加励磁电压 U_S 时，转子绕组 R_2R_4 的输出电压 U_{R_2} 与转子转角 θ 有如下关系式：

$$U_{R_2} = kU_S\frac{\sin\theta}{1 + k\cos\theta} \tag{15-4}$$

通过分析表明，在 θ 为±60°转角范围内当选取最佳变比 $k\approx0.52$ 时，U_{R_2} 与 θ 具有线性关

系，这种线性关系与理想直线关系比较，误差不超过1%。因此，线性旋转变压器输出电压随转角的线性变化是在一定条件下的一种近似特性。但在实际设计中，最佳变比还与其他参数有关，通常选取变比 $k=0.56\sim0.57$，对机座号较小的线性旋转变压器，其最佳变比取较大值。

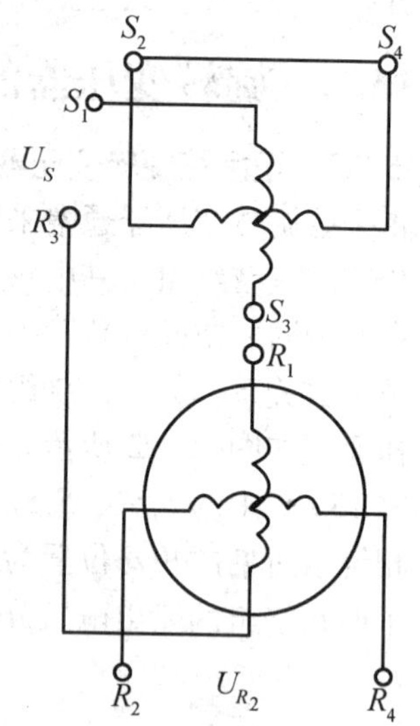

图 15－3　线性旋转变压器的原理

15.2.3　比例式旋转变压器的工作原理

比例式旋转变压器具有把输入电压与输出电压精确调整到一定比例关系的功能。其工作原理与正余弦旋转变压器相同，在结构上只增加一个转子锁定装置（有些产品不带转子锁定装置，由用户自配）。若在定子绕组 S_1S_3 上加励磁电压 U_{S_1}，则转子绕组 R_1R_3 的输出电压 U_{R_1} 和正余弦旋转变压器的一样，即为

$$U_{R_1}=kU_{S_1}\cos\theta \tag{15-5}$$

式（15－5）可改写为

$$\frac{U_{R_1}}{U_{S_1}}=k\cos\theta \tag{15-6}$$

式中，θ 为转子转角，可在 $0°\sim360°$ 区间内变化；k 为变比，为常数。故 U_{R_1} 与 U_{S_1} 的比值可在 $\pm k$ 范围内精确调整。若把转子转到合适位置后锁定，则 U_{R_1} 与 U_{S_1} 之间即有固定、精确的比例关系。

在系统中，若前级装置的输出电压与后级装置需要的输入电压不匹配，可在前、后级装置之间插入比例式旋转变压器，将前级装置的输出电压作为比例式旋转变压器的输入电压，调整转子转角，即可输出后级装置所需要的输入电压。

15.3　旋转变压器的误差及其改进方法

在分析旋转变压器的工作原理时，假定任何一个绕组通过电流后，在气隙中产生的磁场在空间上都是按正弦规律分布的。在这种理想条件下，采取适当的接线方式就能使输出电压与转子转角成正弦函数关系，或者与转子转角成正比关系。实际上，有许多因素影响到输出电压与转子转角所要求的函数关系，从而引起输出电压的误差。产生这些误差的原因主要有以下几个方面：

（1）当绕组中有电流通过时，它所产生的磁动势在空间上按非正弦规律分布，引起磁场的绕组谐波。

（2）定、转子铁芯齿槽的影响，引起绕组中感应电动势的齿谐波。

（3）由于铁芯磁路饱和的影响，使电动机中气隙磁通密度在空间上按非正弦规律分布，因此引起谐波电动势。

（4）材料和制造工艺的影响，包括：如果定、转子铁芯材料导磁性能有方向性，在铁芯叠装时又未采取必要的措施，那么将使电动机中沿气隙圆周各处的导磁性能不同；电动机绕组或铁芯部分绝缘损坏而形成“短路匝”效应；各种原因造成的定、转子偏心，引起电动机中气隙不均匀；铁芯冲片上齿槽的分度不均匀，造成两个绕组的不对称等。

（5）在实际使用时，由于接入电动机的阻抗未能完全满足补偿条件而使电动机中存在交轴磁场，从而造成输出电压的误差。

在产生误差的诸多因素中，工艺误差可以通过在电动机制造中保证严格的工艺要求，使它降低到所允许的限度。由绕组的结构形式引起的绕组谐波，定、转子铁芯齿槽影响引起的齿谐波和铁芯磁路饱和引起的谐波，以及由此带来的误差，必须在电动机设计中加以考虑解决。对于电路接入产生的误差，使用者可以根据系统的要求采用一次侧对称补偿、二次侧对称补偿或两侧同时补偿来消除。

小　结

单相异步电动机无启动转矩。为获得启动转矩，它通常采用在定子上安装启动绕组的方法。根据所采取的启动方法不同，单相异步电动机分为分相电动机和罩极电动机。

直流伺服电动机的工作原理与普通直流电动机相同，交流伺服电动机的工作原理与两相交流电动机相似。

伺服电动机在控制系统中主要作为执行元件，因此要求伺服电动机的启动、制动及跟随性能要好。交流伺服电动机无控制电压时应无“自转”现象。伺服电动机的转子与普通电动机不同：直流伺服电动机的转子要求低转动惯量以保证启、制动特性；交流伺服电动机的转子除要求低转动惯量外，其电阻值还要大，以克服“自转”现象。直流伺服电动机输出功率大，交流伺服电动机输出功率小。

直流伺服电动机的控制方式比较简单，可通过控制电枢电压实现对直流伺服电动机的控制。交流伺服电动机的控制方式分为幅值控制、相位控制和幅相控制三种。在这三种控制方式中，相位控制方式特性最好，幅相控制线路最简单。

测速发电机在自动控制系统中用做机械转速、加速度等的检测元件，将转速转换为电压信号。它有交流测速发电机和直流测速发电机两大类。交流测速发电机是交流伺服电动机的逆运行。在定子的两个绕组中，一个为励磁绕组，另一个为输出绕组。转子转动时，输出绕组输出一个与转速成正比的电压，但其频率与转速无关，仍等于励磁电流频率。交流测速发电机的主要性能指标是幅值误差、相位误差、剩余电压误差。直流测速发电机实际上是一台小容量直流发电机，其空载输出电压与转速成正比。它存在由温度、电枢反应等引起的线性误差，使用时负载电阻值要大，转速不能超过额定值。

自整角机是同步传递系统中的关键元件，使用时需要成对使用，一个作为发送机，另一个作为接收机。

自整角机有两种，一种为力矩式自整角机，另一种为控制式自整角机。控制式自整角机的精度比力矩式自整角机高，主要应用于随动系统；力矩式自整角机输出力矩大，可直接驱动负载，一般用于控制精度要求不高的指示系统。

步进电动机是计算机控制系统中常用的执行元件，其作用是将控制脉冲信号转换为角位移或直线位移。步进电动机具有启、制动特性好，反转控制方便，工作不失步，通过细分电路控制步距精度高等优点。步进电动机广泛应用于开环式控制系统，特别是数控机床的控制系统。步进电动机的驱动电路对电动机的控制性能有较大影响，要求掌握各种驱动电路的特点和适用场合。

旋转变压器是一种电磁耦合情况随转角变化的高精度机电式解算元件。它能实现输出电压与转角之间的正余弦关系或线性关系，改变其接线方式还可得到其他函数关系。旋转变压器工作原理的分析方法与自整角机一样。当它带负载运行时，输出绕组通过电流产生交轴磁

动势，破坏了输出电压与转角的函数关系，必须进行补偿，以消除其影响。

思考与练习

1. 什么叫伺服电动机的“自转”现象？两相伺服电动机如何防止“自转”？

2. 如何从电磁关系上说明电枢控制方式和磁场控制方式直流伺服电动机的性能不同？

3. 交流伺服电动机的理想空载转速为何总是低于同步转速？控制电压变化时，电动机的转速为何能发生变化？

4. 何谓直流测速发电机的输出特性？理想输出特性和实际输出特性有何区别？为什么？

5. 为何直流测速发电机的转速不得高于规定的最高工作转速，负载电阻不能小于规定值？

6. 什么是异步测速发电机的剩余电压？如何减小剩余电压？

7. 什么是交流测速发电机的线性误差和相位误差？产生的原因是什么？对这些误差可采取哪些措施来减小？

8. 简要说明力矩式自整角机中发送机和接收机整步绕组中合成磁动势的性质。

9. 力矩式自整角机运行过程中，整步绕组有一相断开，这时系统有无整步特性？

10. 反应式步进电动机的步距角如何计算？

11. 步距角为 1.5°/0.75° 的反应式三相六极步进电动机转子有多少个齿？若频率为 2000Hz,电动机转速是多少？

12. 步进电动机的转速与哪些因素有关？如何改变其转向？

13. 影响步进电动机性能的因素有哪些？使用时应如何改善步进电动机的频率特性？

14. 简要说明旋转变压器产生误差的原因和改进方法。

15. 正余弦旋转变压器工作时应如何接线？线性旋转变压器工作时应如何接线？

自测题五

一、填空题

1. 交流伺服电动机的控制方式有______、______和______。

2. 根据励磁方式的不同，直流测速发电机有______式和 ______式两种。

3. 他励直流测速发电机输出特性产生误差的原因有______、______和______ 。

4. 自整角机是一种能对______偏差自动整步的感应式控制电机，旋转变压器是一种输出电压随______变化的信号元件，步进电动机是一种把______信号转换成角位移或直线位移的执行元件。

5. 自整角机按工作原理不同，可分为______式和______式两种。

6. 线性旋转变压器的输出电压与转子转角成______关系。

二、判断题

1. 为保证测量精度，直流测速发电机负载电阻越小越好。(　　)

2. 伺服电动机怕自转，步进电动机怕失步。(　　)

3. 步进电动机的工作过程也就是实现失调角为零的过程。(　　)

4. 交流伺服电动机的转子电阻一般都做的较大，其目的是使转子在转动时产生制动转矩，使它在控制绕组不加压时，能及时制动，防止自转。(　　)

5. 自整角机一般是成对或多台配合使用。(　　)

三、选择题

1. 测速发电机输出电压值与转速成正比，频率与转速（　　）。

A. 成正比　　B. 成反比　　C. 无关　　D. 无法确定

2. 下面是一台三相六极步进电机的通电方式，其中（　　）为三相双三拍控制方式。

A. A－B－C－A　　B. AB－BC－CA－AB

C. A－AB－B－BC－C－CA－A　　D. A－B－C－AB－BC－CA

第六篇

电动机的选择

电力拖动系统主要由电动机、传动机构、工作机构、控制设备、电源等组成，不同类型的生产机械负载对电动机提出不同的要求，这必然存在着电动机的选择问题。对于电力拖动系统电动机的选择，首要的是各种工作制下电动机功率的选择。

如果功率选得过大，设备投资增加，电动机经常轻载运行，效率过低，运行费用较高；如果功率选得过小，电动机将过载运行，影响电动机的寿命。因此，电动机功率选得过大或过小都是不经济的。

额定功率的选择要考虑电动机的发热、允许过载能力与启动能力三方面的因素，其中以发热问题最为重要。

第 16 章　电动机的发热和冷却

电动机在运行时，能量转换过程中有一定的能量损失，由这些损失能量转换来的热能使电动机温度升高。若电动机的温度高于周围环境的温度，电动机就要向周围散热。电动机温度比环境温度高出的数值称为电动机的温升。

温升的大小同电动机发热量的多少和散热的快慢有关。若电动机单位时间内产生的热量等于散发的热量，电动机的温度不再增加，而保持一个稳定不变的温升值，此时电动机处于发热与散热的动平衡状态。

根据能量守恒原理，可推导出电动机发热过程中温升τ随时间 t 的变化规律，即

$$\tau = \tau_Q e^{-\frac{t}{T}} + \tau_w (1 - e^{-\frac{t}{T}}) \tag{16-1}$$

式中，τ_Q 为发热过程的起始温升；τ_W 为发热过程的稳定温升；T 为电动机的发热时间常数，小容量电动机 $T = 20 \sim 30\text{min}$，大容量电动机 $T = 2 \sim 3\text{h}$。

若发热过程由周围介质温度开始，即$\tau_Q = 0$，则式（16-1）变为

$$\tau = \tau_W (1 - e^{-\frac{t}{T}}) \tag{16-2}$$

由式（16－1）和式（16－2）可知，电动机发热过程中的温升是按指数规律变化的，当 $t \to \infty$ 时，$\tau = \tau_W$，说明当负载一定时，电动机产生的热量是一定的，稳定温升也是一定的，与起始温升无关，对应的温升曲线如图 16－1 所示。

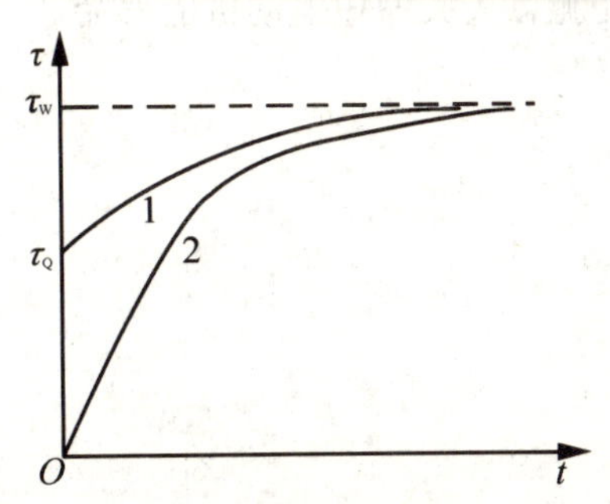

图 16－1　电动机发热过程的温升曲线

1. $\tau_Q \neq 0$　2. $\tau_Q = 0$

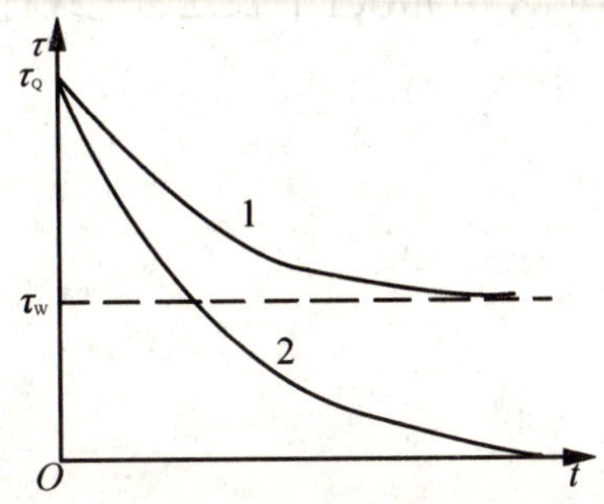

图 16－2　电动机冷却过程的 $\tau = f(t)$ 曲线

1. 负载减小时　2. 电动机脱离电网时

由图 16－1 可知，发热过程开始时，由于温升较小，散发的热量较少，大部分热量被电动机吸收，因而温升 τ 增长较快；随着温度的升高，散发的热量不断增长，而电动机产生的热量因负载不变而维持不变，电动机吸收的热量不断减少，温升曲线趋于平缓；当发热量与散热量相等时，电动机温度不再升高，温升达到稳定值。

电动机冷却过程的温升变化曲线与发热过程的温升曲线在形式上是相同的，可表示为

$$\tau = \tau_Q e^{-\frac{t}{T'}} + \tau_W (1 - e^{-\frac{t}{T'}}) \tag{16-3}$$

式中，τ_Q 为冷却开始时的温升；τ_W 为冷却后的稳定温升，显然，$\tau_W < \tau_Q$；T' 为冷却时间常数，一般情况下，$T' > T$。

当电动机脱离电网时，损耗为零，电动机不再发热，即 $\tau_W = 0$，式（16－3）变为

$$\tau = \tau_Q e^{-\frac{t}{T'}} \tag{16-4}$$

由式（16－3）和式（16－4）可知，电动机冷却过程中的温升也是按指数规律变化的，对应的温升曲线如图 16－2 所示。

由冷却过程的温升曲线可知，电动机冷却时，发热减小或没有，原来储存在电动机中的热量逐渐散发，电动机温升下降；冷却开始时，电动机的温升大，散热量大，温升下降快；随着温升的不断下降，散热量越来越小，温升下降变得平缓，最后趋于 τ_W 或 0。

电动机运行时允许达到的最高温度由绕组的绝缘材料决定。绝缘材料的耐热程度称为绝缘等级，电动机中常用的绝缘材料分为五个等级：

1. A 级绝缘　A 级绝缘包括经过绝缘浸渍处理的棉纱、丝、纸板、木材等，以及普通漆包线的绝缘漆。其最高允许温度为 105℃。

2. E 级绝缘　E 级绝缘包括环氧树脂、聚酯薄膜、青壳纸、三醋酸纤维薄膜以及高强度漆包线的绝缘漆。其最高允许温度为 120℃。

3. B 级绝缘　B 级绝缘包括由云母、玻璃纤维、石棉等制成的材料，用有机材料黏合或浸渍；矿物填料塑料。其最高允许温度为 130℃。

4. F 级绝缘　F 级绝缘包括与 B 级绝缘相同的材料，但黏合剂及浸渍漆不同。其最高允许温度为 155℃。

5. H 级绝缘　H 级绝缘包括与 B 级绝缘相同的材料，但用耐温 180℃的硅有机树脂黏合或浸渍。H 级绝缘还包括硅有机橡胶和无机填料塑料。其最高允许温度为 180℃。

目前我国生产的电动机多采用 E 级和 B 级绝缘，发展趋势是使用高允许温度等级的绝缘材料，如 F 级和 H 级绝缘材料。若电动机温度不超过所用绝缘材料的最高允许温度，绝缘材料的寿命可达 20 年以上；反之，绝缘材料易老化、变脆，大大缩短电动机的寿命。

第 17 章　电动机的工作制分类

电动机的发热及温升不仅与负载的大小有关，还与带负载时间的长短有关。为了使电动机能得到充分利用，通常把电动机设计成三种工作制，即连续工作制、短时工作制及周期断续工作制。

17.1　连续工作制

采用连续工作制的电动机的工作时间 $t_g>(3\sim4)T$，可达几小时甚至几昼夜，故其温升可达稳定值。属于这类工作制的生产机械有水泵、鼓风机、造纸机、机床主轴等，其功率负载曲线 $P=f(t)$ 及温升曲线 $\tau=f(t)$ 如图 17－1 所示。

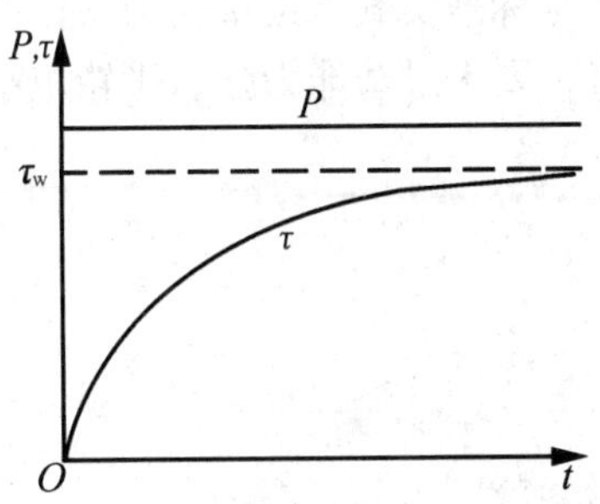

图 17－1　连续工作制电动机 $P=f(t)$ 及 $\tau=f(t)$ 曲线

17.2　短时工作制

短时工作制电动机的工作时间 t_g 较短，$t_g<(3\sim4)T$，在此时间内温升达不到稳定值；而其停车时间 t_0 却很长，$t_0>(3\sim4)T'$，电动机在停车时温度可降到周围环境的温度。属于这类工作制的生产机械有水闸闸门、吊车、车床的夹紧装置等，其功率负载曲线 $P=f(t)$ 及温升曲线 $\tau=f(t)$ 如图 17－2 所示。

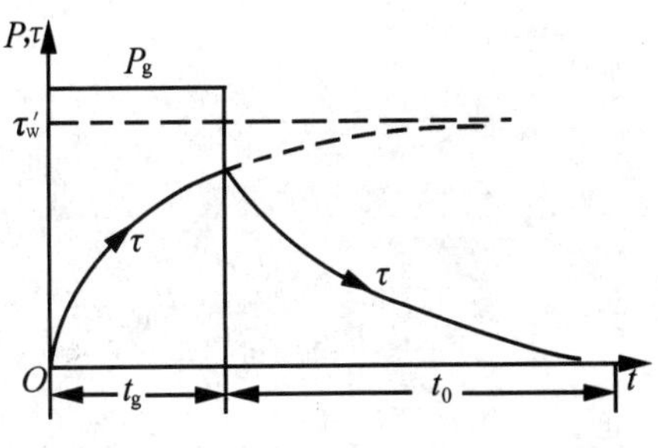

图 17－2　短时工作制电动机 $P=f(t)$ 及 $\tau=f(t)$ 曲线

由图 17－2 可知，若把 t_g 结束时的温升设计为绝缘材料允许的最高温升，则电动机带同样负载处于连续工作时，会因稳定温升大大超过允许温升而烧坏。我国短时工作制电动机的标准工作时间有 15min、30min、60min 和 90min 四种。

17.3　断续周期工作制

断续周期工作制又称为重复短时工作制。在这种工作方式下，电动机的工作时间 t_g 和停车时间 t_0 轮流交替，并且两段时间都很短，$t_g<(3\sim4)T$，$t_0<(3\sim4)T'$。因此，工作时电动机温升达不到额定值，停车时温升也降不到零。属于这类工作制的生产机械有起重机、电梯、轧钢辅助机械等，其功率负载曲线 $P=f(t)$ 及温升曲线 $\tau=f(t)$ 如图17－3 所示。

断续周期工作制中工作时间与周期之比称为负载持续率（或暂载率）$FC\%$，即

$$FC\%=\frac{t_g}{t_g+t_0}\times100\% \tag{17-1}$$

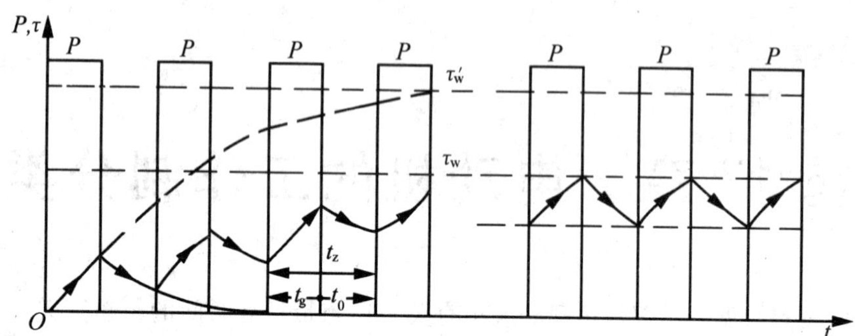

图 17－3　断续周期工作制 $P=f(t)$ 及 $\tau=f(t)$ 曲线

我国规定标准负载持续率为 15％、25％、40％、60％四种。断续周期工作制的电动机由于启动频繁，要求过载能力强、飞轮矩小、机械强度高，因此需要专门设计。

第 18 章　电动机容量的选择

18.1　连续工作制电动机容量的选择

生产部门有各种各样长期运转的生产机械，虽然它们的负载性质各不相同，但综合起来可分为两类：常值负载和变化负载。常值负载在电动机运行期间保持不变或变化不大，如压缩机、风机、泵等；变化负载在电动机运行期间大小按某一规律周期性变化，且周而复始，如恒速轧钢机、运输机械等。下面分别就这两种情况讨论连续工作制下电动机容量的选择。

18.1.1　常值负载下电动机容量的选择

当环境温度为 40℃时，电动机容量的选择非常简单，不需要进行发热校验，只要在产品目录中选择一台额定容量 P_N 等于或略大于负载容量 P_L、转速又合适的电动机即可，即

$$P_N \geqslant P_L \tag{18-1}$$

若选用的是三相笼型异步电动机，一般还需要校验其启动能力。

注意，电动机工作时的环境温度直接影响电动机的实际输出容量。若环境温度不是 40℃，电动机的实际输出容量与额定容量有差别，这个差别的大小与实际环境温度有关。此时，应对电动机标定的额定容量进行修正，以利于电动机容量的充分利用，方法如下。

为了充分利用电动机，电动机在不同的环境温度下，都应能达到绝缘材料的最高允许温度 θ_{max}。假设环境温度为 40℃，电动机的稳定温升为τ_{WN}，额定功率为 P_N，对应的损耗为 Δp_N，散热系数为 A，则

$$\tau_{WN} = \theta_{max} - 40 = \frac{\Delta p_N}{A} \tag{18-2}$$

环境温度为 θ_0 时，电动机稳定温升为τ_W，容许输出功率为 P，对应的损耗为 Δp，则

$$\tau_W = \theta_{max} - \theta_0 = \frac{\Delta p}{A} \tag{18-3}$$

式（18－3）除以式（18－2），得

$$\frac{\theta_{max} - \theta_0}{\theta_{max} - 40} = \frac{\Delta p}{\Delta p_N} \tag{18-4}$$

假设电动机输出额定功率时不变损耗 p_0 与可变损耗 p_{CuN}之比为 k，则 Δp_N 和 Δp 可分别表示为

$$\left.\begin{aligned} \Delta p_N &= p_{CuN} + p_0 = p_{CuN}(1+k) \\ \Delta p &= p_{Cu} + p_0 = p_{CuN}\left(\frac{p_{Cu}}{p_{CuN}} + k\right) = p_{CuN}\left(\frac{I^2}{I_N^2} + k\right) \end{aligned}\right\} \tag{18-5}$$

将式（18－5）代入式（18－4），整理得

$$I = I_N \sqrt{\frac{\theta_{max} - \theta_0}{\theta_{max} - 40}(1+k) - k} \tag{18-6}$$

电动机运行时，若电压与转速保持不变，则功率与电流近似成正比，因此当实际环境温度为 θ_0时，电动机输出的额定功率应修正为

$$P = P_{\mathrm{N}}\sqrt{\frac{\theta_{\max}-\theta_0}{\theta_{\max}-40}(1+k)-k} \tag{18-7}$$

由式（18－7）可知，当环境温度高于 40℃时 $P<P_{\mathrm{N}}$，当环境温度低于 40℃时$P>P_{\mathrm{N}}$。在工程实际中，有时并不按式（18－7）计算电动机功率的修正值，而是按表 18－1 粗略估算。

表 18－1　不同环境温度下电动机功率修正系数

环境温度/℃	30	35	40	45	50	55
修正系数	+8%	+5%	0	－5%	－12.5%	－25%

还应指出的是，工作环境的海拔高度对电动机温升也有影响，原因是海拔高的地区由于空气稀薄、散热条件恶化，致使同样负载下电动机的温升比平原地区高。故国家标准规定，当电动机运行在海拔超过 1000m 但低于 4000m 的地区时，其最高允许温升应在1000m的基础上，每上升 100m，按 1% 的降低率下降。

18.1.2　变化负载下电动机容量的选择

电动机在变化负载下运行时（图 18－1），输出功率及内部的损耗不断变化，因此其发热和温升也不断变化。由于这类负载仍属于连续工作方式，因此仍应从连续工作制的电动机中选择。只是由于负载功率是变化的，因而电动机容量的选择就比较麻烦。

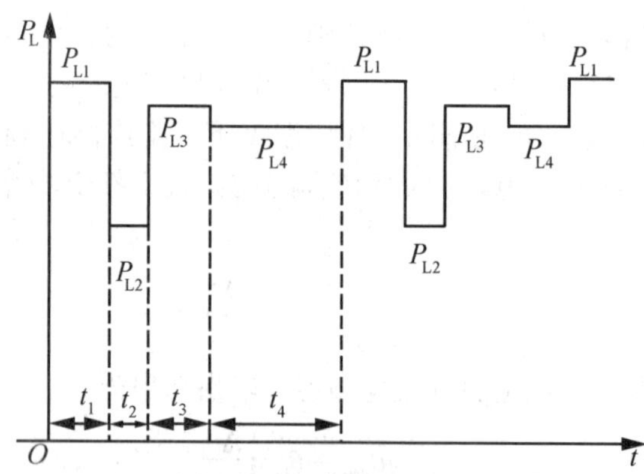

图 18－1　电动机带连续周期性变化负载运行特性

变化负载下电动机容量选择的步骤如下：

（1）计算并绘制生产机械负载运行特性 $P_{\mathrm{L}}=f(t)$ 或 $T_{\mathrm{L}}=f(t)$。

（2）求出负载的平均功率 P_{Ld}或平均转矩 T_{Ld}：

$$P_{\mathrm{Ld}} = \frac{P_{\mathrm{L1}}t_1 + P_{\mathrm{L2}}t_2 + \cdots + P_{\mathrm{L}n}t_n}{t_1 + t_2 + \cdots + t_n} = \frac{\sum_{i=1}^{n} P_{\mathrm{L}i}t_i}{\sum_{i=1}^{n} t_i} \tag{18-8}$$

$$T_{\mathrm{Ld}} = \frac{T_{\mathrm{L1}}t_1 + T_{\mathrm{L2}}t_2 + \cdots + T_{\mathrm{L}n}t_n}{t_1 + t_2 + \cdots + t_n} = \frac{\sum_{i=1}^{n} T_{\mathrm{L}i}t_i}{\sum_{i=1}^{n} t_i} \tag{18-9}$$

(3) 按 $P_N \geqslant (1.1 \sim 1.6) P_{Ld}$ 预选电动机并确定电动机的发热情况：系数的取值视负载变化的具体情况而定，一般情况下，若大负载运行时间长，取上限，反之取下限。

(4) 进行发热、过载及启动校验：校验通过，说明预选电动机合适，否则应重新选电动机。如此反复进行，直到选好为止。校验电动机发热的依据是电动机的温升不超过绝缘材料允许的最高温升。要进行发热校验，通常可采用以下方法。

1) 等效电流法：指用一个不变的等效电流 I_{eq} 来代替实际变化的负载电流，使同一个周期内等效电流 I_{eq} 产生的损耗与实际变化的负载电流产生的损耗相等。

电动机的损耗包括不变损耗和可变损耗，若不变损耗和绕组电阻不随时间变化，由于可变损耗与电流的平方成正比，则可得到等效电流为

$$I_{eq} = \sqrt{\frac{I_1^2 t_1 + I_2^2 t_2 + \cdots + I_n^2 t_n}{t_1 + t_2 + \cdots + t_n}} \tag{18-10}$$

采用等效电流法时，首先要绘制出电动机运行时电流变化曲线 $I = f(t)$，并按式(18-10)计算出等效电流 I_{eq}，然后便可校验电动机的温升。

2) 等效转矩法：通常情况下，已知的并不是负载的电流图，而是负载的转矩图。电动机运行时，若其转矩与电流成正比（如他励直流电动机中磁通恒定、异步电动机中磁通与功率因数乘积恒定等），则式（18-10）可改写为等效转矩公式：

$$T_{eq} = \sqrt{\frac{T_1^2 t_1 + T_2^2 t_2 + \cdots + T_n^2 t_n}{t_1 + t_2 + \cdots + t_n}} \tag{18-11}$$

采用等效转矩法时，只要能绘制出电动机运行时的转矩图，便可以根据式（18-11）求出等效转矩 T_{eq}。若 $T_N \geqslant T_{eq}$，则温升校验通过。

3) 等效功率法：若拖动系统转速基本不变，则可由等效转矩法引出等效功率法，即

$$P_{eq} = \sqrt{\frac{P_1^2 t_1 + P_2^2 t_2 + \cdots + P_n^2 t_n}{t_1 + t_2 + \cdots + t_n}} \tag{18-12}$$

当 $P_N \geqslant P_{eq}$ 时，温升校验通过。

需要注意的是，采用等效法对电动机的容量进行选择时，必须根据最大负载来校验电动机的过载能力是否符合要求。若不符合，应当按过载能力选择较大容量的电动机。

18.2 短时工作制电动机容量的选择

对于短时工作制的负载，应选用专用的短时工作制电动机。在条件不具备的情况下，也可选用连续工作制电动机或断续周期工作制电动机。

18.2.1 直接选用短时工作制的电动机

为了充分挖掘电动机温升的发热潜力，我国专门设计制造一种专供短时工作制使用的电动机，其标准工作时间 t_g 分为15min、30min、60min 和 90min 四种，每种工作时间对应不同的功率。若以工作时间为额定功率的下标，则 $P_{15} > P_{30} > P_{60} > P_{90}$。

如果短时工作制的负载功率 P_L 恒定，并且工作时间 t_{gx} 与上述标准工作时间 t_g 一致，这时只需选择额定功率 P_N 稍大于负载功率 P_L、具有相同标准工作时间的短时工作制电动机即可。如果负载是变动的，可按算出的等效功率选择，同时还应进行过载能力和启动能力（对笼型异步电动机）的校验。专为短时工作制设计的电动机一般有较大的过载倍数与启动转矩。

当电动机实际工作时间 t_{gx} 与标准工作时间 t_g 不同时，应把 t_{gx} 下的功率 P_{gx} 换算到 t_g 下的功率 P_g，再按 P_g 进行电动机功率的选择或发热校验。换算的原则是 t_{gx} 与 t_g 下的能量损耗相等，

即发热情况相同，则可得到短时工作时电动机容量的折算公式为

$$P_g=\frac{P_{gx}}{\sqrt{\frac{t_g}{t_{gx}}+k(\frac{t_g}{t_{gx}}-1)}} \tag{18-13}$$

式中，$k=\dfrac{p_0}{p_{CuN}}$为电动机额定运行时的损耗比，其数值与电动机的类型有关。

18.2.2 选用连续工作制的电动机

从发热的观点看，选用连续工作制的电动机，可以提高电动机的输出功率。为了充分利用电动机，选择连续工作制电动机额定功率 P_N 的原则是：在短时工作时间 t_g 内达到的温升 τ_g，恰好等于电动机连续运行并输出额定功率时的稳定温升τ_W，即电动机绝缘材料允许的最高温升τ_m，如图 18－2 所示。其中，P_g 表示短时负载功率。由温升曲线表达式，可得

$$\tau_g=\frac{\Delta p_g}{A}(1-e^{-\frac{t_g}{T}})=\tau_W=\frac{\Delta p_N}{A} \tag{18-14}$$

式中，Δp_g 是功率为 P_g 时的损耗；Δp_N 是功率为 P_N 时的损耗。

利用式（18－5）对式（18－14）化简，并考虑到电流近似与功率成正比，可得

$$\lambda_Q=\frac{P_g}{P_N}=\sqrt{\frac{1+ke^{-t_g/T}}{1-e^{-t_g/T}}} \tag{18-15}$$

式中，λ_Q 表示按发热观点的功率过载倍数。若 λ_Q 已知，按发热观点可确定短时工作负载时，应选择的连续工作制电动机的额定功率为

$$P_N\geqslant\frac{P_g}{\lambda_Q} \tag{18-16}$$

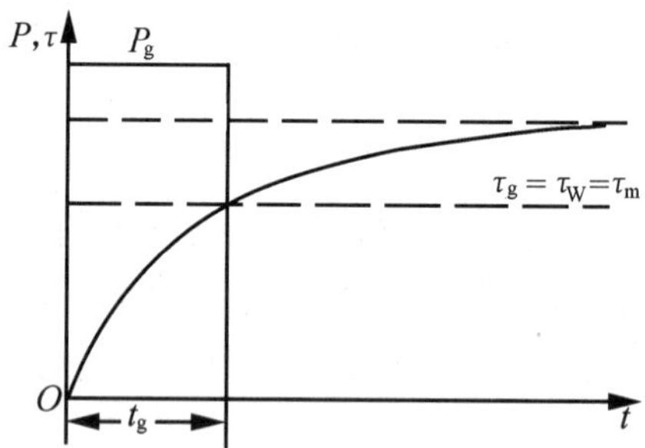

图 18－2　短时工作时的 $P=f(t)$ 及 $\tau=f(t)$

当工作时间 $t_g<(0.3\sim0.4)T$ 时，按式（18－15）计算的 P_N 比 P_g 小很多，因此发热问题不大。此时，决定电动机额定功率的主要因素是电动机的过载能力和启动能力（对笼型异步电动机）。在这种情况下连续工作制电动机额定功率可按短时过载能力 λ_T 确定，即

$$P_N\geqslant\frac{P_g}{\lambda_T} \tag{18-17}$$

18.2.3 选用断续周期工作制的电动机

若没有合适的短时工作制的电动机，则可以采用断续周期工作制的电动机来代替。短时工作制电动机的工作时间 t_g 与断续周期工作制电动机的负载持续率 $FC\%$ 之间的对应关系为：$t_g=30\text{min}$ 相当于 $FC\%=15\%$；$t_g=60\text{min}$ 相当于 $FC\%=25\%$；$t_g=90\text{min}$ 相当于 $FC\%=40\%$。

18.3　断续周期工作制电动机容量的选择

与短时工作制相似，断续周期工作方式下也可选用普通连续工作制的电动机。但是由于这种工作方式工作周期短（小于 10min），启、制动频繁，普通电动机难以胜任，所以一般应选择专用的断续周期工作制电动机。这类电动机能在金属粉尘、潮湿及高温下工作，具有启动和过载能力强、机械强度高、飞轮矩小、机械强度高、绝缘材料等级高等特点，最适合断续性和启、制动频繁的工作方式。

断续周期工作制电动机的额定功率与铭牌上标出的负载持续率相对应。若实际负载持续率 $FC_x\%$ 与标准负载持续率 $FC\%$ 相同，且负载恒定，则可直接按产品样本选择合适的电动机。若两者相差较大，就需要依据不同负载持续率下的平均温升不变的原则。先按式（18－18）把 $FC_x\%$ 下的实际负载功率 P_x 换算成相应 $FC\%$ 下的功率 P：

$$P = P_x \sqrt{\frac{FC_x\%}{FC\%}} \tag{18-18}$$

然后，根据换算后的功率 P 和标准负载持续率 $FC\%$ 选择合适的电动机。

第 19 章　电动机电流种类、型式、额定电压、额定转速的选择

选择电动机时，除正确选择功率外，还要根据生产机械及工作环境的要求，正确选择电动机的电流种类、型式、电压及转速。

19.1　电动机电流种类的选择

电动机分为直流电动机和交流电动机，直流电动机包括他励、并励、串励、复励电动机等；交流电动机包括笼型、绕线型异步电动机及同步电动机等。电动机电流种类的选择主要从生产机械在技术与经济等方面的要求来考虑，大体原则如下：

（1）尽量优先选择价格便宜、结构简单、维护方便的交流笼型异步电动机。这类电动机已广泛用于水泵、通风机等生产机械。

高启动转矩的笼型异步电动机适用于某些要求启动转矩较大的生产机械，如某些纺织机械、压缩机、皮带运输机等。笼型多速异步电动机可用于要求有级调速的生产机械，如电梯及某些机床等。

随着变频技术及晶闸管调压调速技术的不断发展，笼型异步电动机将大量应用在要求无级调速的生产机械上，它们的应用范围还将大大扩大。

（2）一些要求平滑调速且调速范围不大（$D<10$）的生产机械可以采用滑差电动机和交流换向电动机。随着交流调速系统的不断改进，两者将逐步被其他产品取代。

（3）由于绕线型异步电动机能限制启动电流、提高启动转矩，因此多用于起重机及矿井提升机等生产机械。虽然采用转子电路串联电阻启动与调速，调速范围较小（$D\approx1.5$），但随着晶闸管串级调速的发展，将大大扩大绕线型异步电动机的应用范围。

（4）当电动机功率较大且又无调速要求时，为了提高工厂企业的电功率因数，一般采用交流同步电动机。交流无换向电动机的发展也大大扩大了交流同步电动机的应用范围。

（5）由于直流电动机调速性能优良，目前大量应用在功率较大、调速范围要求较高的生产机械上，如可逆轧钢机、高精度数控机床等。

随着交流调速系统的不断发展，目前交流电动机在调速性能方面已可与直流电动机相媲美，并有取代直流电动机的趋势。

19.2　电动机型式的选择

各种生产机械的工作环境差异很大，生产机械与电动机也有各种不同的联接方式。因此，应当根据生产机械对电动机安装位置的要求及周围环境的情况选择电动机的结构形式及防护方式。

根据安装位置的不同，电动机分卧式和立式两种结构形式。卧式电动机的转轴是水平安放的，立式电动机的转轴则与地面垂直，两者的轴承不同，因此不能混用。一般情况下选用卧式；立式电动机的价格较高，只有在简化传动装置又必须垂直运转时才被采用，如立式深井水泵及钻床等。

为防止电动机被周围媒介损坏，或因电动机本身的故障引起灾害，必须根据不同环境选择适当的防护方式。电动机防护方式主要有以下几种：

1. 开启式　开启式电动机价格便宜、散热条件好，但由于容易浸入水汽、铁屑、灰尘、油污等，影响电动机的寿命及正常运行，所以只能用于清洁、干燥的环境。

2. 防护式　防护式电动机一般可防滴、防雨、防溅及防止外界物体从上面落入电动机内部，但是不能防止湿气及灰尘的浸入，因此适用于干燥、灰尘不多、没有腐蚀性和爆炸性气体的环境。由于在这类电动机的机座下面有通风口，所以其通风冷却条件比较好，一般情况下可选用此类电动机，如 J 型和 JR 型异步电动机、Z2 型直流电动机都属于防护式电动机。

3. 封闭式　封闭式电动机的价格较高，一般情况下尽量少用。这类电动机可分为自扇冷式、他扇冷式和密封式三类。前两类可用于潮湿、多腐蚀性灰尘、易受风雨侵蚀等环境；第三类一般用于浸入水中的机械（如潜水泵电动机）。

4. 防爆式　防爆式电动机用在有爆炸危险的环境中，如煤矿的井下或油池附近等。

对于湿热地带或船用电动机，还有特殊的防护要求。

19.3　电动机额定电压的选择

电动机额定电压的选择一般是由工厂或车间的供电条件所决定的。对于交流电动机，其额定电压应选得与供电电网的电压相一致。一般车间低压电网为 380V，因此中、小型异步电动机的额定电压有 220V/380V（△/Y 连接）和 380V/660V（△/Y 连接）两种，后者可采用 Y－△降压启动。当电动机功率较大、供电电压为 6000V 及 10000V 时，可选用3000V、6000V 甚至 10000V 的高压电动机，此时可以节省铜的用量并减小电动机的体积（当选用 3000V 以上的高压电动机时，必须另设变压器）。

直流电动机的额定电压也要与电源电压互相配合。直流电动机由单独的直流发电机供电时，常用的额定电压有 220V 和 110V。对于大功率电动机，额定电压可提高到 600～800V，甚至达到 1000V。若直流电动机由晶闸管整流装置直接供电，为了配合不同的整流电路，新改进的 Z3 型电动机除了原来的电压等级，还增设 160V（配合单相整流）及 440V（配合三相桥式整流）两种电压等级；Z2 型电动机也增设 180V、340V、440V 等电压等级。

19.4　电动机额定转速的选择

电动机额定转速的选择关系到电力拖动系统的经济性和生产机械的效率，其选择的原则通常由初投资和维护费用的大小决定，应考虑到电动机与生产机械两方面的各种因素。在频繁启制动或反向的拖动系统中，还应根据电动机瞬态过程时间最短、能量损耗最小来选择适当的额定转速。

小　结

本篇主要阐述了电力拖动系统中电动机容量的选择问题；此外，还简单介绍了电动机电流种类、型式、电压及转速的选择。

电动机容量的选择主要由电动机的发热情况决定，而发热程度由电动机使用的绝缘材料、

负载大小和工作时间长短决定，因此电动机容量的选择要根据负载大小和工作制的不同进行综合考虑。

根据生产机械现场的供电条件、安放方式、转速要求，可以选择电动机的种类、型式、电压和转速。

思考与练习

1. 确定电动机额定容量主要考虑哪些因素？

2. 电动机有哪几种工作方式？各有什么特点？设计制造电动机时为什么要区分这些工作方式？

3. 电动机发热和冷却各按什么规律变化？

4. 如何根据环境温度修正电动机的额定功率？

5. 对于短时工作制的负载，可选用设计为连续工作制的电动机吗？若可选用，怎么确定电动机的容量？当负载变化时，怎么校验电动机的温升及过载能力？

附录一　主要符号表

a　直流电机电枢绕组并联支路对数
B　磁感应强度；磁通密度
B_0　空载磁通密度
B_a　电枢磁通密度
B_{av}　平均磁通密度
C_e　电动势常数
C_T　转矩常数
D　直流电机电枢外径；调速范围
E　感应电动势
E_0　空载电动势
E_1　变压器一次侧电动势；交流电机定子绕组感应电动势
E_2　变压器二次侧电动势；交流电机转子绕组感应电动势
E_{2s}　异步电动机转子旋转时的电动势
$E_{1\sigma}$　变压器一次侧漏磁电动势；定子漏磁电动势
$E_{2\sigma}$　变压器二次侧漏磁电动势
E_a　电枢电动势
e　电动势瞬时值
e_a　直流电机换向元件中的电枢反应电动势
e_L　直流电机换向元件中的自感电动势
e_M　直流电机换向元件中的互感电动势
F_a　直流电机电枢磁动势
F_{ad}　直轴电枢反应磁动势
F_{aq}　交轴电枢反应磁动势
F_f　励磁磁动势
F_δ　气隙磁动势
f　频率
f_1　异步电动机定子电路频率
f_2　异步电动机转子电路频率
f_N　额定频率
GD^2　飞轮矩
H　磁场强度
I　电流
I_0　空载电流
I_{eq}　等效电流
I_1　变压器一次绕组电流；交流电机定子电流
I_2　变压器二次绕组电流；交流电机转子电流
I_{1L}　负载分量电流
I_a　电枢电流
I_f　励磁电流
I_N　额定电流
I_S　短路电流
I_{0a}　铁损耗电流
I_{0r}　励磁分量电流
I_{st}　启动电流
i_a　电枢支路电流
J　转动惯量
k　变压器变比
k_a　自耦变压器变比
k_e　异步电动机电动势变比
k_i　异步电动机电流变比
k_I　异步电动机启动电流倍数
k_{st}　异步电动机启动转矩倍数
k_{w1}　交流绕组基波绕组系数
L　自感系数
l　有效导体的长度
M　互感系数
m　相数；直流电动机启动级数
N　直流电机电枢绕组总导体数
N_1　变压器一次绕组匝数；异步电动机定子绕组每相串联匝数

N_2 变压器二次绕组匝数；异步电动机转子绕组每相串联匝数

n 转速

n_0 直流电动机理想空载转速

n_1 同步转速

n_N 额定转速

P_1 输入功率

P_2 输出功率

P_{em} 电磁功率

P_{MEC} 总机械功率

P_N 额定功率

p 磁极对数

p_0 空载损耗

p_{ad} 附加损耗（杂散损耗）

p_{Cu} 铜损耗

p_{Fe} 铁损耗

p_f 励磁损耗

p_{mec} 机械摩擦损耗

p_S 短路损耗

R 电阻

R_1 变压器一次绕组电阻；异步电动机定子电阻

R_2 变压器二次绕组电阻；异步电动机转子电阻

R_a 直流电机电枢回路电阻

R_{cr} 直流发电机励磁回路的临界电阻

R_f 励磁回路电阻

R_L 负载电阻

R_S 变压器的短路电阻；异步电动机的短路电阻

R_m 磁阻；变压器的励磁电阻；异步电动机的励磁电阻

S_N 变压器额定容量

s 异步电动机转差率

s_N 异步电动机额定转差率

s_m 异步电动机临界转差率

T 转矩；周期；发热时间常数

T_0 空载转矩；制动转矩

T_1 输入转矩；拖动转矩

T_2 输出转矩

T_{em} 电磁转矩

T_L 负载转矩

T_m 最大电磁转矩

T_N 额定转矩

T_{st} 启动转矩

U 电压

U_1 变压器一次侧电压；交流电机定子电压

U_2 变压器二次侧电压；交流电机转子电压

U_{20} 变压器二次侧空载电压

U_f 励磁电压

U_N 额定电压

U_S 变压器短路电压

$u_S\%$ 短路电压百分值

v 线速度

X 电抗

X_1 变压器一次侧漏电抗；交流电机定子漏电抗

X_2 变压器二次侧漏电抗；交流电机转子漏电抗

X_{2s} 异步电动机转子转动时的漏电抗

X_a 电枢反应电抗

X_d 直轴同步电抗

X_q 交轴同步电抗

X_L 负载电抗

X_f 励磁电抗

X_σ 漏电抗

Z 电机槽数；阻抗

Z_1 变压器一次侧漏阻抗；异步电动机定子漏阻抗

Z_2 变压器二次侧漏阻抗；异步电动机转子漏阻抗

Z_L 负载阻抗

Z_f 励磁阻抗

Z_r 步进电动机转子齿数

Z_S 短路阻抗

β 角度；变压器负载系数；电机机械特性斜率

δ 气隙长度；损耗角；功角

η　效率

η_{max}　最大效率

θ　角度；温度

θ_{se}　步进电动机的步距角

μ　磁导率

μ_r　相对磁导率

τ　极距；温升

τ_{max}　绝缘材料允许的最高温升

Φ　主磁通；每极磁通

Φ_m　变压器主磁通最大值

$\Phi_{1\sigma}$　一次侧漏磁通

$\Phi_{2\sigma}$　二次侧漏磁通

Φ_0　空载磁通；异步电动机气隙主磁通

φ　相移；相差；功率因数角

φ_1　变压器一次侧功率因数角；异步电动机定子功率因数角

φ_2　变压器二次侧功率因数角；异步电动机转子功率因数角

Ψ　磁链；内功率因数角

Ω　机械角速度

Ω_1　同步机械角速度

ω　电角速度；角频率

λ_T　过载能力

附录二 部分习题参考答案

第 2 章

13. 25A，625A   14. 43.74A，274.94A

自测题一

一、填空题

1. 相同，Φ 超前 E 90°，$E=4.44fN\Phi_m$ 2. 不变，可变

3. 空载 4. 漏，漏，主，励磁 5. 绕组，副边磁动势和功率关系不变，匝数

6. 铁损耗，铜损耗 7. 平顶，尖顶

二、判断题

1、2、4、7、8 错，3、5、6、9、10 对

三、选择题

1. C 2. D 3. A 4. C 5. B 6. A

第 3 章

9. （1）152.17A；（2）40kW

10. （1）93.1A；（2）20.48kW

11. （1）1.83A；（2）51.65A；（3）209.67V；（4）103.42N·m

12. （1）电动机；（2）115.02N·m；（3）89.79%

13. （1）127.39N·m；（2）137.44N·m

17. （1）9.98kW；90.18%；（2）9.47kW，62.4N·m

第 4 章

14. （1）67.56N·m，63.69N·m，3.87N·m

16. （1）5.92Ω；（2）0.69Ω

17. （1）1.65Ω；（2）能耗制动，1.17Ω；倒拉反转反接制动，4.74Ω；（3）2.32Ω；-2031.97r/min

18. （1）1528.18r/min；（2）93.93A，1738.33r/min；（3）2.47Ω

自测题二

一、填空题

1. 电枢绕组中的交变电势，电刷两端的直流电势；电刷外的直流电流，电枢绕组元件内的交变电流

2. 处于同一主极极性下，处于所有相同主极极性下

3. 与主极轴线对齐，与主极间的几何中性线对齐

4. 平顶，三角形，马鞍形

5. 磁场空间波形发生畸变，物理中性线偏离几何中性线，磁通 Φ 较空载时减小

6. 专门的直流励磁电源，电枢的感应电势

7. $I_a = I + I_f$

8. 电动机主极铁芯中有剩磁存在，励磁回路并接与电枢两端的极性要正确，励磁回路的总电阻要小于临界电阻值

9. 线性，延迟，加速

10. 在定子加装换向磁极

11. 主极间的几何中性线处

12. 电枢

13. 降压，电枢串电阻

14. 电枢串电阻调速，降压调速，减弱励磁磁通调速，降压调速，电枢串电阻调速，减弱励磁磁通调速

15. 一、三；二、四

16. 硬

17. T_L 大小，阻；T_L 大小和方向，阻，驱动性

二、判断题

1、2、5、6、7、8、9、13、14、16、17、18、23 错

3、4、10、11、12、15、19、20、21、22 对

三、选择题

1. ABD　2. D　3. D　4. B　5. AC　6. B　7. ABD　8. AB

9. ABC　10. B，A，BCD　11. B　12. A，B，D，C　13. B

第 5 章

24. 2Hz，315.9W，15.86A，87.17%

25. （1）1455r/min；（2）65.66N·m；（3）1.82N·m；（4）67.48N·m

26. 86.21kW；90.9kW；0.86

27. （1）7965W；（2）270.81W；（3）7694.19W

28. （1）87.83%；（2）0.036；（3）1446r/min；（4）35.35N·m；（5）34.82N·m

29. （1）1455r/min；（2）67.46N·m

30. （1）1.9Hz；（2）86.9%；（3）15.86A；（4）75.73N·m

第 6 章

13. （1）46.67A，不能；（2）选择 64% 的抽头，57.52A；选择 73% 的抽头，74.59A

自测题三

一、填空题

1. 相等，相反，相同

2. 极距的 5/6

3. 4，1500，0.047，电动

4. 0.97∶1

5. 1000，1000，35

6. 2，60，1500，0

7. 600，10，0.0417

8. 折算前后转子的磁动势以及功率关系不变

9. $\frac{1-s}{s}R_2$

10. 恒转矩，恒功率

11. 降低，不变，不变，不变

12. 串级，增大

13. 不变，增加

14. 减小，不变

15. 降低，降低，减小，减小，增大，增大

16. 很大，不变

17. 集肤，转子电阻

18. 鼠笼型　　19. 上，启动

二、判断题

1、4、5、7、8、9、10、11、12、13、14、15、16 错　　2、3、6 对

三、选择题

1. C　2. E　3. C　4. CDE　5. C　6. A　7. C　8. B　9. D　10. C　11. B
12. C　13. D　14. B　15. C　16. B　17. B　18. D　19. A　20. C　21. C

自测题四

一、填空题

1. 机械旋转磁场，电枢旋转磁场　　2. 电枢电流频率，转子转速，相对静止
3. 分相电动机，罩极电动机　　4. 为零，不能
5. 幅值控制，相位控制，幅相控制　　6. 角位移或角速度，转子转角，电脉冲

二、判断题

1、2、3、错　　4、5、6 对

三、选择题

1. C　2. A　3. C　4. B　5. A

参考文献

[1] 徐建俊．电机与电气控制．北京：北京交通大学出版社，2004．
[2] 张勇．电机拖动与控制．北京：机械工业出版社，2004．
[3] 吴浩烈．电机及电力拖动基础．重庆：重庆大学出版社，1995．
[4] 冉文．电机与电气控制．西安：西安电子科技大学出版社，2006．
[5] 郑立平，张晶．电机与拖动技术．大连：大连理工大学出版社，2007．
[6] 戴文进．电力拖动．北京：电子工业出版社，2004．
[7] 张金运．电机与拖动．南京：江苏科学技术出版社，1993．
[8] 许晓峰．电机及拖动．2 版．北京：高等教育出版社，2000．
[9] 许实章．电机学．3 版．北京：机械工业出版社，1996．
[10] 周立，张龙．电机与拖动基础．北京：中国铁道出版社，2006．
[11] 金续曾．三相异步电动机使用与维修．北京：中国电力出版社，2003．
[12] 金续曾．电动机选型及应用．北京：中国电力出版社，2003．
[13] 刘景峰．电机与拖动基础．北京：中国电力出版社，2006．
[14] 李发海，王岩．电机与拖动基础．2 版．北京：清华大学出版社，1994．
[15] 林瑞光．电机与拖动基础．杭州：浙江大学出版社，2002．
[16] 邓星钟，周祖德，邓坚．机电传动控制．2 版．武汉：华中理工大学出版社，1998．
[17] 陈伯时．电力拖动自动控制系统．3 版．北京：机械工业出版社，2003．
[18] 武惠芳，郭芳．电机与电力拖动．北京：清华大学出版社，2005．
[19] 羌予践．电机与电力拖动基础教程．北京：电子工业出版社，2008．
[20] 王季秩，贡俊，顾鸿祥．微特电机应用技术手册．上海：上海科学技术出版社，2003．
[21] 中国电器工业协会微电机分会，西安微电机研究所．微特电机应用手册．福州：福建科学技术出版社，2007．
[22] 张家生．电机原理与拖动基础．北京：北京邮电大学出版社，2006．
[23] 顾绳谷．电机及拖动基础（上册）．北京：机械工业出版社，1997．
[24] 顾绳谷．电机及拖动基础（下册）．北京：机械工业出版社，1997．
[25] 金续曾．电动机常见故障维修．北京：中国电力出版社，2003．
[26] 刘建清．从零开始学电动机控制与维修技术．北京：国防工业出版社，2007．
[27] 陈家斌．电机故障查找与处理．郑州：河南科学技术出版社，2006．